高职高专建筑工程技术专业系列规划教材

建设监理概论与实践

主　编　石元印
副主编　刘世贵　李　兵　张华涛
主　审　王泽云

重庆大学出版社

内容简介

全书共13章,附录共8篇。主要内容有:第1~6章介绍了工程监理的基本理论和规定,监理概念、依据、任务、建设程序、监理费用、监理企业、监理工程师和承接业务的程序、实施监理的步骤、监理合同、目标监控等;第7~11章具体介绍了11个项目的质量监理(材料、设备、安装、装饰、给排水、市政道路、公路桥梁、水利水电工程等项目);第12章简介了工程建设监理信息、资料、档案的管理;第13章简介了土木工程建设监理实用监控技术。每章的开始均有“内容提要和要求”,结尾有“本章小结”、“复习思考题”、“近年监理工程师考题摘录及案例选编”。书后附有最常用的监理文件、监理系列范本、监理大纲、规范、细则、月报、旁站监理、监理总结、已实施的监理案例工程项目全过程、监理专业教学文件、监理工程师执业资格考试相关问题及题型选编一系列资料。

该书可作为土木、建筑、市政、水利水电工程等专业高职高专监理课程、专业技术培训等教学用书以及监理专业技术人员继续教育和备考监理工程师的参考用书。

图书在版编目(CIP)数据

建设监理概论与实践/石元印主编.—重庆:重庆大学出版社,2013.9

高职高专建筑工程技术专业系列规划教材

ISBN 978-7-5624-7595-8

Ⅰ.①建… Ⅱ.①石… Ⅲ.①建筑工程—监理工作—高等职业教育—教材 Ⅳ.①TU712

中国版本图书馆CIP数据核字(2013)第192122号

高职高专建筑工程技术专业系列规划教材

建设监理概论与实践

主　编　石元印

副主编　刘世贵　李　兵　张华涛

主　审　王泽云

策划编辑:彭　宁　何　梅

责任编辑:彭　宁　何　梅　　版式设计:彭　宁　何　梅

责任校对:任卓惠　　责任印制:赵　晟

*

重庆大学出版社出版发行

出版人:邓晓益

社址:重庆市沙坪坝区大学城西路21号

邮编:401331

电话:(023)88617190　88617185(中小学)

传真:(023)88617186　88617166

网址:http://www.cqup.com.cn

邮箱:fxk@cqup.com.cn(营销中心)

全国新华书店经销

万州日报印刷厂印刷

*

开本:787×1092　1/16　印张:21.5　字数:537千

2013年9月第1版　2013年9月第1次印刷

印数:1—3 000

ISBN 978-7-5624-7595-8　定价:39.00元

前言

《建筑工程监理概论》自2007年7月出版以来，已经重印9次。作为高职高专建筑工程系列教材，被不少高职院校建工类相关专业采用；很多建筑企业、建设监理公司、高等学校所办的工程监理培训班，把本书作为施工技术人员和工程监理人员的培训教材；本书已广泛作为报考全国注册监理工程师的首选教材和自学参考书。近五年来，编者收到了许多对本书的赞扬之语，也收到了不少很好的修改建议和意见。随着建筑业的快速发展，该教材部分内容已无法满足教材市场的需求，为此，重庆大学出版社重新组织学校，在《建筑工程监理概论》的基础上编写成本书。

《建设监理概论与实践》不但保留了和强化了《建筑工程监理概论》的特点，且适应性更广、实用性更强、可操作性和针对性更具体，还紧扣当前施工监理和教学需求，增加了新内容、新的监理方法。主要有以下八个方面：

1. 对原版内容逐章、逐节进行修改、补充、完善，充实了新规范内容，增加了监理的监控技巧，收集、整理了近十年出版的新规范目录，以及近年开始实施的最新规范目录置于附录中。

2. 对原版内容进行了大幅度调整，保留了原版的特点和实用性很强的多数内容，删去了陈旧、过时、不常用的监理内容和方法；删去了概念性、可有可无的说明；删去了能在规范和手册中查找到的表格、材料规格、设备使用说明等内容。

3. 新增《建筑安装工程施工阶段质量监理》、《土木工程建设监理实用监控技术简介》两章内容，对量大面广的常见砖混结构、框架结构的事前、事中、事后监理进行了可操作性的简介，置于附录中。宜于广大读者、高校学生、实际监理工作者选用。有些章节增加了新的内容，如第1章中增加了"工程建设监理的服务费用"，"工程建设安全文明生产的有关规定"，第11章中增加了"水利工程施工阶段质量监理简介"。

4. 每章均增加了"近年监理工程师考题摘录及案例选编"的相关内容，特别值得注意的是每章摘录的考题和答案不一定在本章中都能找到标准答案. 由于监理工程师考试属于全国统考，涉及题面广、范围大、内容多等特点，本章篇幅有限，不能全部编入本书，故请自行参阅有关资料。

5. 附录中新增加了"有关监理工程师执业资格考试相关问题""全国监理工程师执业资格考试题型选编"，为广大读者、在校学生、自考生等报考监理工程师提供了详细的资料。

6. 新增由美国纳德华公司、北京市建筑设计研究院联合设计的，由深圳市九州建设监理有限公司监理的"深圳市福田区体育公园""深圳市福田保税区—商务中心"两大国内外知名建筑的《监理规划》和《监理实施细则》的摘录。

7. 在附录中，为本专业任课教师组织监理课程教学时，提供了"高职（大专）工程监理专业方向学生毕业前教学任务参考文件"。

8. 本书收集了针对施工监理中容易出现的监理问题、监理中常发生的通病、近年创新的并有推广价值的新技术、新监理方法和手段，进行了收集、整理并编写在相关章节中。

《建设监理概论与实践》编写小组，由西南交通大学、西华大学（含凤凰学院古城教学区）、成都理工大学、攀枝花学院、四川电力职业技术学院、多家监理公司和希望教育集团等单位的教师、监理人员和教学主管，以及深圳、成都各一家监理公司的总监、工程建设高工等组成。

承担本书资料采集、探讨、修改、编写、汇总等工作，参与本书修改的工作人员如下：

一、为本书修改提供资料的人员有：石元印、王泽华、刘世贵、李兵、张华涛、陈文富、胡艳玲、陈华兵、李莉、高正文、吴建伟。

二、参加本书"修改纲要"讨论定稿的人员有：石元印、王泽华、刘世贵、李兵、张华涛、邓富强、黄伟、廖龙、梁浩、罗杰文、杨永耀、冯涛、杨国勇、吴建伟。

三、承担章节修改和补充的编写人员有：石元印（第2、4章、附录6、8）、刘世贵（第1、8章、附录1、2）、李兵（第3、5、6章、附录6）、张华涛（第1、10、12章、附录7）、邓富强（第7、8、13章、附录4）、黄伟（第3、12章、附录5）、罗杰文（第7、9章、附录2）、廖龙（第4、9章、附录5）、梁浩（第2、11章、附录3）。

四、参加章节校稿的人员有：石元印、张华涛、李兵、胡鹏程、刘艺平、冯涛、杨国勇。

五、本书主编：石元印，副主编：刘世贵、李兵、张华涛。

六、主审：西华大学教授王泽云。

在建筑业迅猛发展的今天，建筑工程监理技术、新工艺层出不穷，需要监理工作者加强学习新的监理方法，适应新的监理工作新局面，加之原教材已出版达五年以上，必将会使修改量大、资料繁杂、汇整整理难度大，在出版时间紧、编辑水平有限的情况下，书中难免存在不妥之处，恳切希望选用本书的高校师生、从事施工和监理的技术人员、广大读者和同行专家批评指正。同时编者在编辑过程中，参阅、摘录、借鉴和继承了很多有价值的文献资料，以及高校同类教材和各类施工规范规程及网上介绍的新技术，为此谨向这些作品的作者致以诚挚的谢意。

编　者

2013 年 6 月

目 录

第1章 工程建设监理概述

内容提要和要求

我国的监理制度全面推行已有24年了，形成了具有中国特色的监理制度，适应国内建设大发展、国际工程项目多的新局面，对工程建设监理这个行业要求更高，参与的人员更多，必须加强管理，学好监理技术。

本章介绍了我国工程建设监理制度的建立，新型建设监理的组织格局，建设程序的新规定，监理的依据和任务，我国对实施建设监理的八点规定，同时介绍了工程建设监理服务费用的计算和确定方法。本章还摘录了《近年全国监理工程师考题和案例选编》，为进一步学习和掌握监理概论提供了参考。

对上述内容重点要掌握的是：工程建设监理是怎样的新格局，工程建设程序有哪些新规定，监理工作有哪些依据和主要任务，我国对实施工程建设监理的八点规定等。这些规定过去在监理工程师全国统考试题中不断出现，需要好好掌握，对监理费用的计算方法也应该适当了解，对监理工程师考试题型和案例也应牢固掌握。

1.1 我国监理制度简介

随着我国工程建设事业突飞猛进的发展，我国建设工程监理制度不断得到完善，并受到国内外的广泛关注和重视。2000年，我国发布了中华人民共和国国家标准《建设工程监理规范》(GB 50319—2000)，相关行业根据国家监理规范，已制定了行业规范标准，如《公路工程施工监理规范》(JTGG10—2006)，保证我国的工程建设监理制度全面健康地推行，我国的基本建设管理已经参照工程建设国际惯例，结合中国国情建立起了具有中国特色的建设监理制度，在工程建设中取得了显著成效，并向国际监理水准迈进。总体上讲，中国加入世界贸易组织后，促使我国的建设监理更加制度化、规范化、科学化和国际化，对中国的监理行业提出了更严峻的挑战。

中国监理行业如何适应这种挑战？我们必须清楚地认识到，建设监理事业在我国才经历20余年的历史，同国外相比，我们的差距很大。例如，对国际通行的合同条款和惯例，国外许多监理公司已有上百年的经验积累，经验丰富。尽管我们在20余年监理实践中接触了许多涉外工程，熟悉了许多国际惯例，积累了一定的经验，但差距毕竟还是存在。中国加入世贸组织后，监理单位和监理工程师必须正视这一现实，要加强管理，练好内功，学好监理技术，做好监理工作。

1.1.1 工程建设监理的简介

什么是监理？简介为：一个执行机构或执行者，依据一项准则，对某一行为的有关主体进行督察、监控和评价，守“理”者不问，违“理”者则必究；同时，这个执行机构或执行人还要采取组织、协调、疏导等措施，协助有关人员更准确、更完整、更合理地达到预期目标。

工程建设监理是指针对工程项目建设，社会化、专业化的工程建设监理单位接受业主的委托和授权，根据国家批准的工程项目建设文件、有关工程建设的法律、法规和工程建设监理合同以及其他工程建设合同所进行的旨在实现建设项目投资目的的微观和具体的监督管理工作。

概括地说，监理是受业主委托，起协调约束工程建设各方的行为和权益关系，确保达到建设目标的作用。监理的本质就是人们经常使用的“协调约束机制”一词的主要含义，就是促使人们为了共同的目标相互密切协作，按规矩办事，顺利达到预期的效果。

要实施监理，需要具备一些基本条件：如应当有明确的监理“执行者”，也就是必须有监理的组织；应当有明确的行为“准则”，它是监理的工作依据；应当有明确的被监理“行为”和被监理的“行为主体”，它是监理的对象；应当有明确的监理目标和行之有效的思想、理论、方法和手段，它就是监理合同。

根据以上分析，得出如下工程建设监理的概念：工程建设监理的对象是工程项目建设，执行监理是指社会化、专业化的工程建设监理单位，接受业主的委托和授权后，根据国家批准的工程项目建设文件、有关工程建设的法律、法规和工程建设监理合同，以及其他工程建设合同，所进行的旨在将质量、进度、投资三大控制贯穿于始终的微观活动之中，从而实现项目投资目的。

1.1.2 监理概念八要点

①工程建设监理是针对工程项目建设所实施的微观监督管理活动；②工程建设监理的行为，框架是两个层次、一个体系；③工程建设监理的实施必须以业主委托和授权为前提；④工程建设监理行为是有明确依据的；⑤现阶段工程建设监理主要发生在项目建设的实施阶段；⑥工程建设监理属于微观性质的监督管理活动；⑦工程建设监理是一种特殊的工程建设活动；⑧实施工程建设监理是有条件的。这八个方面与政府的宏观管理有本质不同，现分别简述如下：

(1)工程建设监理是针对工程项目建设所实施的微观监督管理活动

工程建设监理的对象是：新建、改建和扩建的各种工程建设项目。这就是说，无论项目业主、设计单位、施工单位、材料设备供应单位，还是监理单位，他们的工程建设行为的载体都是工程建设项目。离开工程建设项目，他们的行为就不在工程建设监理的范围之内。工程建设监理活动都是围绕工程项目来进行的，并应以此来界定工程建设监理范围。这里所说的工程项目实际上就是微观的建设项目。所谓微观的建设项目就是一项固定资产投资项目。它是指将一定量（限额以上）的投资，在一定的制约条件下（时间、资源、质量），按照一个科学的程序，经过决策（设想、建议、研究、评估）和实施（勘察、设计、施工、竣工、验收、使用），最终形成固定资产特定目标的一次性建设项目。

(2)工程建设监理的行为

建设监理的基本框架是两个层次、一个体系。两个层次是指政府建设监理和社会建设监理。一般讲工程建设监理,单指社会建设监理、监理公司的监理。一个体系是指在组织上和法规上形成一个系统。政府建设监理,是指政府建设管理部门及其监理机构,对其所辖区域内的工程项目建设的业主和承建者的资质和活动,以及其所属的社会监理单位的资质和活动,依据法规所实施的宏观管理。社会建设监理是指由社会上的建设监理单位,受业主的委托和授权,依照法规对其工程项目建设的活动所实施的监理,亦即实现工程建设活动监督管理的专业化与社会化。从狭义上讲工程建设监理,就是指社会监理,就是本教材重点讲的监理公司监理,单独承担的工程建设监理。监理单位是具有独立性、社会化、专业化、具有独立法人特点的、专门从事工程建设监理和其他技术服务活动的组织。只有监理单位才能按照独立、自主的原则,以"公正的第三方"的身份开展工程建设监理活动。非监理单位所进行的监督管理活动一律不能称为工程建设监理。例如,政府有关部门所实施的监督管理活动就不属于工程建设监理范畴,项目业主进行的所谓"自行监理",以及不具备监理单位资格的其他单位所进行的所谓"监理"都不能纳入工程建设监理范畴,这种不合规定的监理行为是违法的、无效的。非经批准的监理单位,未办监理资质的单位,不能进行有酬的监理活动。

(3)工程建设监理的实施必须以业主委托和授权为依据

通过业主委托和授权方式来实施工程建设监理是工程建设监理与政府对工程建设所进行的行政性监督管理的重要区别。这种方式也决定了在实施工程建设监理的项目中,业主与监理单位的关系是委托与被委托关系,授权与被授权的关系;决定了他们是合同关系,是需求与供给关系,是一种委托与服务的关系。

(4)工程建设监理行为是有法律、法规依据的

工程建设监理是严格按照有关法律、法规和其他有关准则实施的。工程建设监理的依据是国家批准的工程项目建设文件、有关工程建设的法律和法规(不限于此)、工程建设监理合同和其他工程建设合同。例如政府批准的建设项目可行性研究报告、规划、计划和设计文件,工程建设方面的现行规范、标准、规程,有各级立法机关和政府部门颁发的有关法律和法规,依法成立的工程建设监理合同、工程勘察合同、工程设计合同、工程施工合同、材料和设备供应合同等多项依据。特别应当指出:各类工程建设合同(含监理合同)是工程建设监理的最直接依据。

(5)现阶段工程建设监理行为主要发生在项目建设的实施阶段

工程建设监理这种监督管理服务活动主要出现在工程项目建设的设计阶段(含设计准备)、招标阶段、施工阶段以及竣工验收和保修阶段。监理单位的服务活动是否是监理活动还要看业主是否授予监理单位的监督管理权。之所以这样界定,主要是因为工程建设监理是"第三方"的监督管理行为,它的发生不仅要有委托方,需要与项目业主建立委托与服务关系,而且要有被监理关系。同时,工程建设监理的目的是协助业主在预定的投资、进度、质量控制内建成项目,它的主要内容是进行投资、进度、质量控制、合同管理、组织协调,这些活动都发生在项目建设的实施阶段。工程项目还未授权,就不存在工程建设监理。

(6)工程建设监理属于微观性质的监督管理活动

监理单位的微观监理与由政府进行的行政性宏观监督管理活动有着明显的区别。工程建设监理活动是针对一个具体的工程项目展开的,项目业主委托监理的目的就是期望监理单位能够协助他实现项目投资目的。工程建设监理是紧紧围绕着工程项目建设的各项投资活动、生产活动和经营管理等进行的监督管理。它注重具体工程项目的实际效益和工程质量。

(7)工程建设监理是一种特殊的工程建设活动

它与其他工程建设活动有着明显的区别和差异。这些区别和差异使得工程建设监理与其他工程建设活动之间划出了清楚的界限。工程建设监理具有服务性、科技性、公正性和独立性,是一种专业化的高技术技能服务,因此工程建设监理在建设领域中必将作为我国一种新兴的独立行业,随着我国建筑业的发展,建设监理这种新兴行业也会不断发展壮大,而且逐渐适应国际市场,投入国际工程建设监理行列中去。

(8)实施工程建设监理还应具备三个基本条件

实施工程建设监理的三条基本条件是市场经济的存在和发展、良好的法制环境、对应配套的制度,这三个条件的具备和完善程度直接影响工程建设监理的实施和效果。

1)基本条件之一　市场经济体制

在市场经济条件下,为了完成工程建设监理制赋予的使命,实现工程建设的目的和任务,也是为了自己的生存和发展,监理单位和监理工程师必然努力地探索项目建设规律,完善监理的思想、理论、方法和手段,力求使之达到更先进、更科学的水平。工程建设监理正是通过市场经济的竞争机制得以发展的,从而实现投资建设的目标。

2)基本条件之二　良好的法制环境

这里定义的市场经济是法制经济,作为协调约束机制存在的监理制度,没有良好的法制环境作为运行条件就不能存在和发展。首先,工程建设监理的依据之一是工程建设合同。其次,法律、法规是实施工程建设监理的重要依据,没有完善的法律、法规体系,就无法实施监理活动。再次,监理委托合同是监理单位权益的基本保障。在合同环境中,监理单位要维护自己的利益,就必须正确行使监理合同赋予自己的权利和履行自己的合同义务,权利和义务缺一不可。

3)基本条件之三　对应的配套机制完善

配套对应的相关机制,这些机制主要有:①工程建设监理需求机制;②竞争机制;③科学决策机制。

1.2　工程建设监理的体制和建设程序

1.2.1　工程项目建设管理体制

(1)新型建设管理组织格局

我国实施建设监理制的目的就是要改革我国传统的工程建设管理体制。这个新型工程建设管理体制就是在政府有关部门的监督管理之下,由项目业主、承建商、监理单位直接参加的"三方"管理体制。这种管理体制的建立和实施为我国的工程项目建设管理体制与国际惯例的接轨创造了可靠条件。这种"三方"管理体制,适应了我国的建筑市场。这种"三方"构成的工程建设管理体制是目前工程项目建设的国际惯例,是国外绝大多数国家公认的工程项目建设的重要原则,也是我国正在开展的工程项目建设管理系统的新格局形式,如图1.1所示。

(2)新型工程项目建设管理体制与传统的管理体制相比发生了重要变化

这种变化首先表现在两个"加强"上。一是加强了政府对工程建设的宏观监督管理,改变

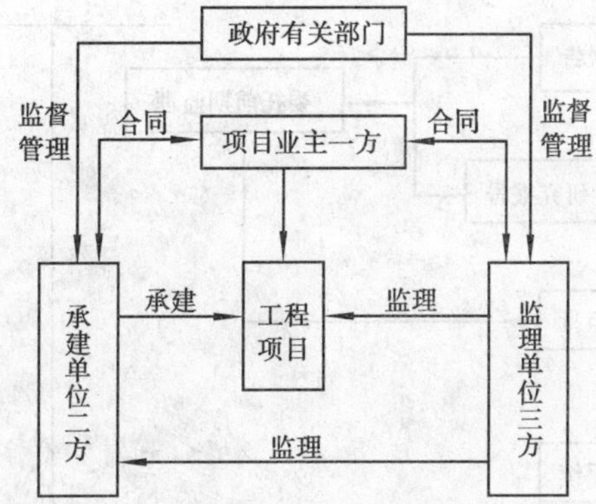

图 1.1　工程项目建设管理系统的新格局

过去既要抓工程建设的宏观监督,又要抓工程建设的微观管理的不切实际的做法,将微观管理的工作转移给社会化、专业化的监理单位,并形成专门行业。在工程建设中真正实现政企分开,使政府部门集中精力去做好立法和执法工作,归位于宏观调控,归位于“规划、监督、协调、服务”上来,这种政府职能的调整和转变,对项目建设无疑将产生良好的影响。二是加强了对工程项目的微观监督管理,使得工程项目建设的全过程在监理单位的参与下得以科学有效地监督管理,为提高工程建设水平和投资效益奠定基础,促使传统管理体制发生了重要变化。

1.2.2　工程项目建设程序的规定

(1)工程建设程序的意义

所谓工程项目建设程序是指一项工程从设想、提出到决策,经过设计、施工直至投产使用的整个过程中应当遵循的内在规律和组织制度。严格遵守工程项目建设的内在规律和组织制度,是每一位建设工作者的分内职责,更是监理工程师的重要职责。建设监理制的基本内容之一就是明确科学的建设程序,并在工程建设中监督实施这个科学的建设程序。我国常用的工程项目建设程序如图 1.2 所示。

(2)工程项目建设程序

目前我国的工程建设程序一般分为立项、项目实施、竣工验收及使用后评价阶段。

1)立项阶段

建设项目立项阶段的工作主要是编制立项报告书、可行性研究报告及主管部门审批和办理建设手续 3 个大的步骤:

①建设项目建议书

建设项目建议书,又称为项目立项报告,是建设某一项目的建议性文件,是对拟建项目的轮廓设想,立项报告的主要作用是为推荐拟建项目提出说明,论述建设它的必要性,以便供有关部门选择并确定是否有必要进行该工程项目建设。立项报告经批准后,方可进行可行性研究报告。

②可行性研究报告

可行性研究是在项目立项报告批准后开展的一项重要的决策性准备工作。可行性研究报告是对拟建项目的技术和经济的可行性进行分析和论证,为项目投资决策提供依据,经批准后,方可办理建设手续。

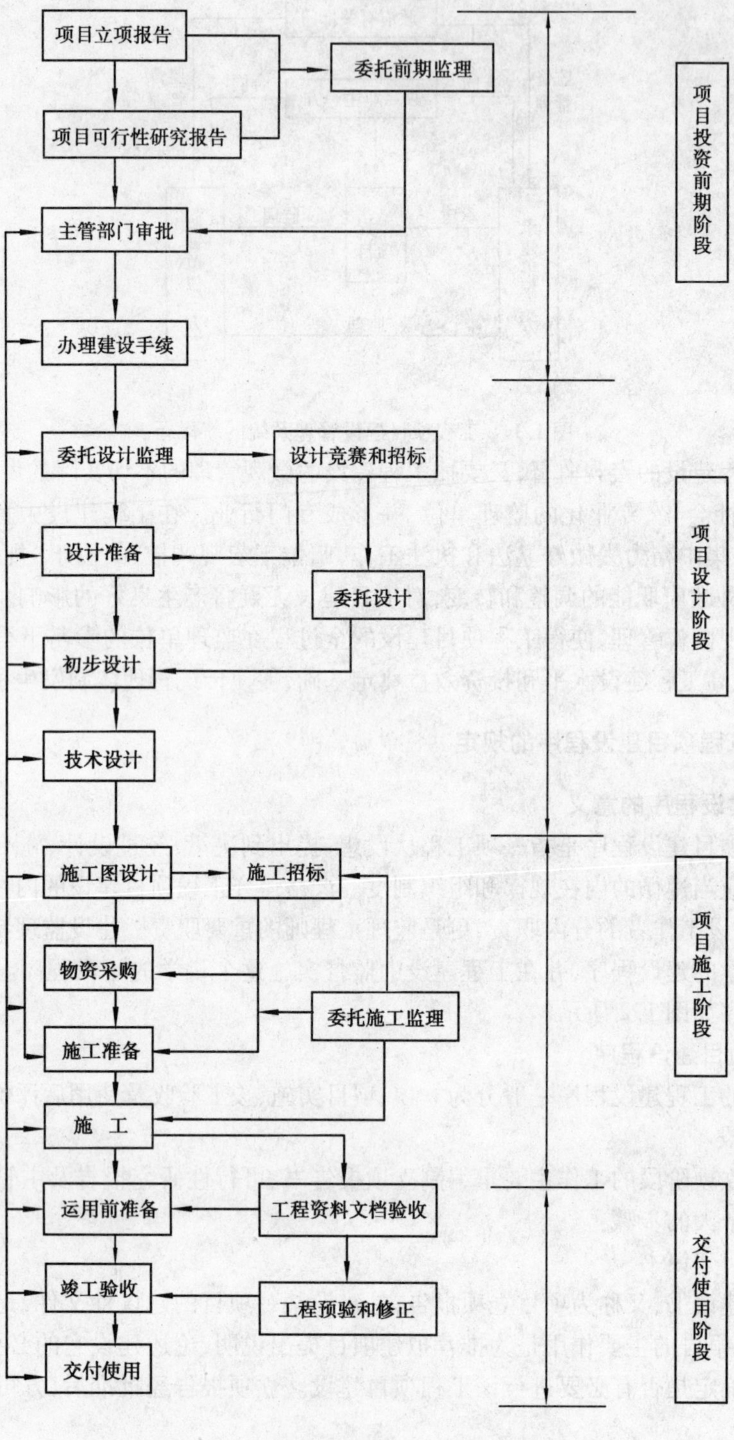

图 1.2　我国常用工程项目建设程序

③办理建设手续

项目建设应到城市规划、土地管理等有关部门办理规定的手续。

2)项目实施阶段

办理完建设项目各种建设手续后,项目就可以进入实施阶段。项目实施阶段的主要工作包括设计阶段、施工阶段和验收使用阶段等方面的工作。

①项目设计

设计工作开始前,项目业主按建设监理制的要求委托工程建设监理。在监理单位的协助下,根据立项研究报告,做好勘察和调查研究工作,落实外部建设条件,组织开展设计方案竞赛或设计招标,确定设计方案和设计单位。

对一般项目,设计按初步设计和施工图设计两个阶段进行。有特殊要求的项目可在初步设计之后增加技术设计阶段。

②建设准备

项目施工前必须做好建设准备工作。其中包括征地、拆迁、平整场地、通水、通电、通路以及组织设备、材料订货,组织施工招标,选择施工单位,报批开工报告等工作。

③施工和使用前准备

按工程设计、现场条件和施工合同编制施工组织设计,进行施工和安装,建成工程实体。

3)竣工验收及使用后评价阶段

①申请验收需要做好整理技术资料、绘制项目竣工图纸、编制项目决算、施工总结等准备工作。

②对大中型项目的验收应当经过该项目的法人组织的验收组对单元工程、分部工程、单位工程、单项工程进行初步验收,验收合格后,再请上级有关部门进行最终的竣工验收。简单、小型项目可以一次性进行全部项目的竣工验收。在建设项目全部完成,各单项工程已全部验收完成且符合设计要求,并且具备项目竣工图、项目决算、汇总技术资料以及工程总结等资料后,由施工单位向业主和监理单位提出申请,再由业主单位向上级主管部门提出申请,最后由上级主管部门组织成立工程竣工验收班子或成立专家组,组织验收。项目验收合格即交付使用,同时按合同规定由施工单位实施保修,保修时间按合同约定执行。项目不合格的不验收。

③建设项目竣工投产后,一般经过1~2年生产运营后,要进行一次系统的项目后评价,主要内容包括:影响评价——项目投产后的各方面的影响评价;经济效益评价——项目投资、国民经济效益、财务效益、技术进步和规模效益、可行性研究深度等进行评价;过程评价——对项目的立项、设计施工、建设管理、竣工投产、生产运营等全过程评价。

④项目后评价一般按三个层次组织实施,即项目法人的自我评价、项目行业的评价、计划部门(或主要投资方)的评价。

1.3　工程建设监理的依据和任务

1.3.1　工程建设监理的目标分析

工程建设监理在项目实施的全过程中,应以工程建设项目的投资、进度、质量目标的优化为总目标,通过项目目标规划与动态的目标控制,尽可能地实现工程建设监理这个总目标,以提高建设水平和投资收益,取得好、快、省的建设效果和社会效益。总目标又可分解为以下目标:

①工程项目建设目标

工程项目建设目标也称为工程建设的总目标，总目标由投资目标、进度目标、质量目标三项分目标组成。

②项目监理规划和监理工作计划

在实施项目时，就应执行监理工作计划和监理规划，它反映了监理工作中投资控制、进度控制、质量控制、合同管理、组织协调及信息管理六个方面的任务及实际运作中监理工作的流程，是建设监理实施全过程中的指导性文件。制定监理规划可使监理工作规范化、标准化，避免工作的随意性、盲目性，从而确保监理工作的合理、顺利地稳步实施。

③工程项目的动态目标控制

动态的目标控制是指在项目实施过程中，定期地对建设项目目标的计划值和实际值进行比较，按照实施的具体情况进行必要的调整，确保项目总目标的实现。

为保证监理总目标实现主要注意两点：一是做好项目目标实施规划，二是搞好动态项目目标控制。对于最初编制的规划目标，在执行过程中如发现不能实现，就应对其进行修正。同时要对下阶段目标进行再论证，以使规划目标能符合实际情况，而动态项目目标控制则是要对各个项目目标分阶段进行检查、对比、核实，又要不断地将项目目标的计划值与实际值进行比较，若目标不符，则根据产生偏离的原因采取相应的纠偏措施，确保各项目标按阶段如期完成，从而实现工程建设的总目标。

1.3.2　工程建设监理的依据

工程建设监理的主要依据有以下七个方面：

①国家和有关主管部门制定的法律、法规、办法、规定、各项监理文件。

A. 法律，主要是指与工程建设活动有关的法律。如《中华人民共和国建筑法》(2011 修正版)、《合同法》、《中华人民共和国招标投标法》等。

B. 法规，主要包括：a. 国务院制定的行政法规，如《建设工程质量管理条例》等；b. 省、自治区、直辖市的人民代表大会及其常务委员会根据本行政区域的具体情况和实际需要，可以制定地方性法规。

②国家、建设主管部门和地方制定的标准、规范、规程及有关技术法规（多种法规有出入时，原则上以最上一级规定为准）。

③已批准的建设项目立项报告、可行性研究报告、建设选址报告、规划方案及设计任务书等，及其相关的审批文件。

④业主和参与建设各方签订的各种建设合同，如勘察、设计合同；工程施工承包合同；材料、设备订货合同；加工合同及运输合同等。依法签订的工程建设合同，是工程建设监理工作具体控制工程投资、质量、进度的主要依据。监理工程师以此为尺度严格监理，并努力达到工程实施的依据。监理单位必须依据监理委托合同中的授权行事。

⑤设计文件，包括施工图纸、设计说明、标准图、设计变更通知书等。

⑥材料，设备出厂合格证及技术证明文件；试验、检查、验收签证等。

⑦其他合法规定。

1.3.3 建设监理任务的分析

根据我国的国情,工程建设中所提出的建设监理任务,就是指建设监理公司所完成的全部任务。政府监督已经从工程建设监理中分离出来,作为政府的行政管理内容。监理公司承担的建设监理任务有如下规定:

①按国家规定所有建设工程,必须接受政府有关部门监督。

②公有制单位和私人投资的大中型工业交通建设项目和重要的民用建筑工程,外资,中外合资和国外贷款建设的工程,都应委托监理单位实施社会监理,一般小型工程是否需要委托监理单位实施监理,由投资者自行决定,政府要求投资者委托监理单位实施监理。这里所指的监理单位,就是具有法人资格,已经政府批准注册,有管理经营全套合法证件的监理公司。

③监理公司各阶段的主要监理任务。

具体监理的任务要以业主与监理单位签订的监理合同为准,按工程实施的五个阶段(决策、设计、招标、施工、保修),但目前一般只委托施工阶段的监理任务。全过程的主要监理任务有:

A. 决策阶段的监理任务

主要有:建设项目的可行性研究报告的审查、参与设计任务书的编制和协助选择设计单位。

B. 设计阶段监理任务

主要有提出设计要求,组织评选设计方案;协助选择勘察,设计单位,商定勘察,设计合同并组织实施;审查设计和概(预)算。

C. 施工招标阶段监理任务

主要有准备与发送招标文件,协助评审投标书,提出决标意见;协助建设单位与承建单位签订承包合同,对拟定的合同条款,逐条向业主作好解释并提出执行合同时可能出现的问题的措施。

D. 施工阶段监理任务

主要有协助建设单位审批承建单位提出的开工报告;协助承建单位选择的分包单位;审查承建单位提出的施工组织设计,施工技术方案和施工进度计划,提出改进意见;审查承建单位提出的材料和设备清单及其所列的规格与质量;监督、检查承建单位严格执行工程承包合同和工程技术标准;调节建设单位与承建单位之间的争议;检查工程使用的材料、构件和设备的质量,检查安全防护设施;检查工程进度和施工质量,验收分部分项工程,签署工程付款凭证;监督整理合同文件和技术档案资料;组织设计单位和施工单位进行工程竣工初步验收,审批竣工验收报告;参与工程竣工预验收和正式验收;审查工程决算和其他工作。

E. 保修阶段监理任务

主要有负责检查工程状况,鉴定质量问题责任,监督保修,协助业主和施工单位向用户提出在使用中注意的问题,或由于使用不当所造成的责任,不属于保修内容,提醒用户按规范规定的使用方法进行使用和对工程实行保护。属于施工问题应由施工单位全面承担保修,属于使用中不按规定造成别的事故应由使用者负责,实行有偿服务。

按工程监理的总目标而言,中心任务要定位在控制工程的投资、进度、质量三大目标。三大目标投资、进度、质量追求目标系统的整体效益,按工程项目五个实施阶段全过程中,工程监理都力争完成这三大中心目标。

1.4 我国对实施建设监理的主要规定

1.4.1 国家在开始阶段对实施建设监理的六点规定

建设部在1988年7月25日的通知中指出,建立建设监理制度和开展建设监理工作的六个方面初步规定,包括:关于建设监理的范围和对象;关于建设监理主管机构及其职能;关于社会建设监理组织和监理内容;关于建立监理法规;关于开展建设监理的步骤;关于加强对建设监理工作的领导。

1.4.2 关于工程建设监理的管理规定

关于工程建设监理的管理规定有:国家计委和建设部共同负责推进建设监理事业的发展;建设部归口管理全国工程建设监理工作;省、自治区、直辖市人民政府建设主管部门归口管理本行政区内工程建设监理工作;国务院工业、交通等部门管理本部门工程建设监理工作。

1.4.3 工程建设监理范围规定

工程建设监理范围主要是:大中型工程项目;市政、公用工程项目;政府投资兴建开发建设的办公楼、社会发展事业项目和住宅工程项目;外资、中外合资、国外贷款、赠款、捐款建设的工程项目。所有这些工程项目都应委托工程建设监理,除此之外的其他项目政府鼓励投资者委托监理单位实施工程建设监理。

1.4.4 工程建设监理的主要工作内容规定

主要工作内容是:控制工程建设的投资、建设工期、工程质量;进行工程建设合同管理、信息管理,协调有关单位的工作关系,执行工程建设监理所确定的内容、目标、责任。

1.4.5 关于工程建设监理的实施规定

(1)业主委托监理的方式

项目业主委托监理单位实施监理的方式有直接指名委托和竞争择优委托两种,一般应通过招标投标方式择优选定监理单位。

(2)签订工程建设监理合同

监理单位承担监理业务应当与项目法人签订书面工程建设监理合同。

(3)组建项目监理组织

监理单位在工程项目上实施建设监理时,首先应组建监理机构。监理机构一般由总监理工程师(专业或子项目)、监理工程师和现场监理员组成。工程项目建设监理实行总监理工程师负责制。

(4)工程建设监理程序的规定

工程建设监理一般按下列程序开展:编制项目监理规划;按工程建设进度,分专业编制工程建设监理细则;根据项目监理规划和监理细则开展工程建设监理活动;参与工程预验收并签署意见;完成监理业务后,向项目法人提交监理档案资料。

(5)有关监理事项的规定

在开展工程建设监理业务之前,项目业主应当将所委托的监理单位、监理范围和内容、总监理工程师姓名及权限书面通知被监理单位,项目总监理工程师应将各专业监理工程师的权限书面通知被监理单位。

(6)被监理单位必须接受监理的规定

凡是实施工程建设监理的项目,被监理单位应当按建设监理制的有关规定以及与业主签订的工程建设合同接受监理。

(7)监理单位、业主和承建商都是建筑市场的主体

工程项目建设中,它们的关系是平等之间的关系。项目业主与监理单位之间是委托与被委托的合同关系;监理单位与被监理单位之间是监理与被监理的关系。监理单位应本着"公开、公平、公正"的原则开展工程建设监理工作,公平地维护项目业主和被监理单位的合法权益。

1.4.6　监理单位实行资质审批制度的规定

设立监理单位须报工程建设行业主管机关进行行业的资质审查,审查合格后,向工商行政管理机关申请企业法人登记注册,经核准登记注册后,方可从事工程建设监理活动。监理单位资质等级实行分级审批,经审核符合等级标准的,发给相应的《资质等级证书》。监理单位资质等级定期核定,以确认保级或降级。监理单位必须在核准的监理业务范围内从事工程建设监理活动。监理单位不得擅自越级承接监理业务,不得转让监理业务,不得承包工程,不得经营建材、设备、构配件和建筑机械销售业务。

1.4.7　监理工程师实行资格考试和注册制度的规定

参加监理工程师资格考试应具备中级职称条件,或者具有工程类相关专业学习和工作经历(大专毕业且工作八年以上、本科毕业且工作五年以上、硕士研究生毕业且工作三年以上),并按要求向行业监理工程师资格考试委员会提出书面申请,经审查批准后方可参加考试。经监理工程师资格考试合格者,由监理工程师注册机关核发《监理工程师资格证书》。监理单位统一向本行业的监理工程师注册机关提出申请。对符合条件的,颁发《监理工程师岗位证书》。监理工程师不得出卖、出借、转让、涂改《监理工程师岗位证书》。

1.4.8　工程建设监理实行有酬服务

有酬服务的规定将在本书1.5节"工程建设监理的服务费用"中学习。

1.5　工程建设监理的服务费用

1.5.1　计算工程建设监理酬金的新规定

2007年3月30日,国家发改委发改价格[2007]670号《建设工程监理与相关服务收费管理规定》中指出:为规范建设工程监理与相关服务收费行为,维护发包人和监理人的合法权益,根据《中华人民共和国价格法》及有关法律、法规,制定本规定。并提出:本规定自2007年5月1日起施行,规定生效之日前已签订服务合同及在建项目的相关收费不再调整。原国家物价局与建设部联合发布的《关于发布工程建设监理费有关规定的通知》([1992]价费字479号)同时废止。国务院有关部门及各地制定的相关规定与本规定相抵触的,以本规定为准。具体规定如下:

①建设工程监理与相关服务,应当遵循公开、公平、公正、自愿和诚实信用的原则。依法须招标的建设工程,应通过招标方式确定监理人。监理服务招标应优先考虑监理单位的资质等级,社会信誉程度、监理方案的优劣等技术因素。

②发包人和监理人应当遵循国家有关价格法律法规的规定,接受政府价格主管部门的监督、管理。

③建设工程监理与相关服务收费,应当体现优质优价的原则。在保证工程质量的前提下,由于监理人提供的监理与相关服务节省投资,缩短工期,取得显著经济效益的,发包人可根据合同约定奖励监理人。

1.5.2　工程建设监理必须实行有偿服务

我国建设监理有关规定指出:"工程建设监理是有偿的服务活动。酬金及计费办法,应依据国家《建设工程监理与相关服务收费标准》规定,由监理单位与建设单位依据所委托的监理内容和工作深度协商确定,并写入监理委托合同"。执行监理合同,维护合同的权威性这条规定与国际惯例是吻合的,不同的服务规模所要求的费用是不同的,这些都由建设单位和监理单位事先谈判确定,并在委托合同中预先说明。从建设单位的立场看,为了使监理单位能顺利地完成任务,达到自己所提出的要求,必须付给他们适当的报酬,用以补偿监理单位去完成任务时的支出(包括合理的劳务费用支出以及需要交纳的税金),这也是委托方的义务。支付这部分费用是必须的,这符合市场经济规律。

1.5.3　监理服务费用包含的内容

(1)直接成本

其内容包括直接监理人员的酬金、差旅费用、可确定的专项开支、所需的外部服务支出等。

(2)间接成本

所有管理、后勤、间接服务人员的工资、酬金、劳保退休和法定支出工资、办公和设备维修费、基建费、固定资产折旧费、保险费、利息和其他杂费。

(3)利润、税金、发展基金

(4)其他专项合法支出

综上所述,可作为监理单位在单位工程项目监理所需要的成本,也就是监理单位在招标中的报价。

1.5.4　监理单位报价差别分析

实行政府指导价的建设工程施工阶段监理收费,其基准价根据《建设工程监理与相关服务收费标准》计算,浮动幅度为上下20%。发包人和监理人应当根据建设工程的实际情况在规定的浮动幅度内协商确定收费额。实行市场调节价的建设工程监理与相关服务收费,由发包人和监理人协商确定收费额。

监理单位是根据自己的经营成本、利润来确定收费报价的,在国外一般没有统一的取费标准,这也是存在的差别之所在。具体来说,有以下几个原因:经营的成本原因不同;各监理单位服务难易程度理解不同;监理经验不同;监理单位的资质、业绩、地位和形象不同,故监理单位报价会不一样。

1.5.5 监理费常用计算方法

监理费用的计算方法,一般是由建设单位和监理单位协商确定。在发达国家,建设监理制经过了较长的发展过程,监理费的计算方法已经形成制度。在我国是吸收国际上先进的做法,并结合我国国情制定的。常用的方法有:

(1)按时计算法

这种方法是根据合同项目直接使用的时间,再加上一定补贴来决定监理费用的多少。单位时间的费用一般以监理单位职员的基本工资为基础,在考虑一定的管理费用和利润的增加系数来确定。

(2)工资加一定比例的其他费用

这种办法实际上是按时计算的又一种形式。即以建设单位支付直接参加项目监理的工作人员的实际工资加上一个百分比。这个百分比还应包括间接成本和利润,还有劳保、退休人员的补助等。

(3)建设成本百分比的计算方法

这种方法是按照工程规模的大小和所委托的工作内容的繁简,以建设成本的一定比例来计算的。一般的情况是,工程规模越大,建设成本费用越多,监理取费所占的比例越小。采用这种办法的关键是如何确定项目建设成本。通常可以用概算的建设工程直接费用作为计费基础,也可以按实际工程费作为计费基础,究竟采用何种计费为基础应当在合同中加以明确。

(4)监理成本加固定费用计算方法

采用这种方法时,监理费用由成本和固定费用决定。成本的内容变化很大,由多项费用组成,一般包括发放的工资总额,其中含全部直接工资、间接工资及其他工资、现金支付的生活补贴和差旅费,还有通讯费、制图费和拍照费等。间接成本还包括使用的办公室和工作间、租用家具设备和仪器等的折旧费以及有关的税收等。固定费用主要包括监理单位的利润、收入所得税、投资所得的利润、风险经营的补偿以及不包括在监理成本中的其他工资、管理和消耗的费用。

(5)固定价格计算方法

这种方法特别使用于小型或中等规模的工程项目。当监理单位在承接一项能明确规定服务内容的业务时,经常采用这种方法。这种方法又可分为两种计算形式:一是确定工程内容后,以一笔总价一揽子包死,工作量有所增减,一般也不调整报酬总额;二是按确定的工作内容分别确定不同项目的价格,以计算报酬总额。

1.5.6 建设工程监理与相关服务收费管理规定

(1)规定中计费考虑的主要因素

计费应考虑三方面的因素:委托监理业务的范围、深度;工程的性质、规模、难易程度;工作条件。前述五种收费的方法是目前较为常用的监理计酬方法,当然,还会有其他的计算方法。但是不论采用哪种方法,对于建设单位和监理单位来说,都有有利和不利的地方。虽然说有利和不利是相对的,但是要对有利与不利作分析,这将有利于帮助监理工程师选择合适的计费建议,也可以供建设单位和监理工程师在费用谈判时参考。

(2)计费办法

①实行政府指导价的建设工程施工阶段监理收费,其基准价根据《建设工程监理与相关服务收费标准》计算,浮动幅度为上下20%。发包人和监理人应当根据建设工程的实际情况在规定的浮动幅度内协商确定收费额。实行市场调节价的建设工程监理与相关服务收费,由发包人和监理人协商确定收费额。

②建设工程监理与相关服务收费,应当体现优质优价的原则。在保证工程质量的前提下,由于监理人提供的监理与相关服务节省投资,缩短工期,取得显著经济效益的,发包人可根据合同约定奖励监理人。

③监理人应当按照《关于商品和服务实行明码标价的规定》,告知发包人有关服务项目、服务内容、服务质量、收费依据,以及收费标准。

1.5.7 监理酬金计算和商订中应注意的主要内容

①监理费用与监理工作内容有直接关系,监理工作内容和项目越多,显然酬金和费用相应增加。

②监理费用与实施监理的项目复杂性有关,工程越复杂,高层、结构复杂的工程,显然监理费用相应增加。

③监理费用与监理项目的总目标有关,工程质量要求高,施工时间长、投资多的工程,显然监理费用相应增加。

④监理费用与投入的人力、物力、财力有关,监理实施中,投入越多,成本越高,监理费用也应增加。

⑤监理费用与被监理的工程项目所处位置、环境有关,位于市区、繁华闹市区以及交通不便的位置都可能增加监理费用。

⑥在监理合同中,对监理工作内容有特殊要求的,对监理工作的项目不确定因素太多的,也要相应增加监理费用。

还可以考虑更多的影响监理酬金的问题,签订监理合同的双方(业主和监理公司)都应实事求是,根据国家相关政策和监理市场的价格规律,将监理费用在监理合同中定下来,共同遵守合同条款。只有在签订监理合同时,对监理费用中的问题考虑周到些,今后实施工程监理出现的问题就可能少些,确保工程监理的任务顺利完成。

1.6　工程建设安全、文明生产的有关规定

1.6.1　有关安全生产的国际公约

(1)《职业安全和卫生公约》(第 155 号公约,1981 年)

要求成员国制定、实施并定期评审国家职业安全卫生和工作环境方针,实现在合理可行的范围内,把工作环境中存在的危险因素减少到最低限度。

(2)《建筑业安全卫生公约》(第 167 号公约,1988 年)

要求成员国参照国际标准制定有关建筑业安全健康的法律和条例并使之生效。在建筑施工中应明确雇主、工程技术人员和工人为保证安全生产所应负的责任,确保建筑工地具有安全健康的工作条件。公约还对建筑施工工作场地、机械、作业方式以及工人的个人防护和急救措施等做了具体规定。

(3)《作业场所安全使用化学品公约》(第 170 号公约,1990 年)

要求成员国制定和实施一项有关作业场所安全使用化学品的政策,以保证作业场所安全使用化学品政策的连续性,并进行定期检查。

(4)《预防重大工业事故公约》(第 174 号公约,1993 年)

要求成员国应制定、实施并定期检讨有关保护工作、工作和环境免于重大事故风险的国家政策,并通过为重大危害制订预防和保护措施来实施这一政策。

1.6.2　我国安全生产监理的法律责任

建设工程安全生产监理责任最明确的出处来自《建设工程安全生产管理条例》。其中:

第四条　建设单位、勘察单位、设计单位、施工单位、工程监理单位及其他与建设工程安全生产有关的单位,必须遵守安全生产法律、法规的规定,保证建设工程安全生产,依法承担建设工程安全生产责任。

第十四条　工程监理单位应当审查施工组织设计中的安全技术措施或者专项施工方案是否符合工程建设强制性标准。

工程监理单位在实施监理过程中,发现存在安全事故隐患的,应当要求施工单位整改;情况严重的,应当要求施工单位暂时停止施工,并及时报告建设单位。施工单位拒不整改或者不停止施工的,工程监理单位应当及时向有关主管部门报告。

工程监理单位和监理工程师应当按照法律、法规和工程建设强制性标准实施监理,并对建设工程安全生产承担监理责任。

第五十七条　违反本条例的规定,工程监理单位有下列行为之一的,责令限期改正;逾期未改正的,责令停业整顿,并处 10 万元以上 30 万元以下的罚款;情节严重的,降低资质等级,直至吊销资质证书;造成重大安全事故,构成犯罪的,对直接责任人员,依照刑法有关规定追究刑事责任;造成损失的,依法承担赔偿责任:

(一)未对施工组织设计中的安全技术措施或者专项施工方案进行审查的;
(二)发现安全事故隐患未及时要求施工单位整改或者暂时停止施工的;
(三)施工单位拒不整改或者不停止施工,未及时向有关主管部门报告的;
(四)未依照法律、法规和工程建设强制性标准实施监理的。

第五十八条 注册执业人员未执行法律、法规和工程建设强制性标准的,责令停止执业3个月以上1年以下;情节严重的,吊销执业资格证书,5年内不予注册;造成重大安全事故的,终身不予注册;构成犯罪的,依照刑法有关规定追究刑事责任。《水利工程建设安全生产管理规定》根据有关规定并结合水利工程的特点,进一步明确了水利工程安全生产监理的法律责任。

1.6.3 安全、文明生产监理的主要内容

监理企业和监理人员必须正确认识自己的安全监理责任,制定有效地安全监理防范措施,切实履行安全监理职责。

①加强监理企业的自身建设。监理企业必须健全安全生产管理体系,明确安全生产责任,加强安全生产知识和安全操作规程的教育培训,同时对各施工现场实行动态的安全监管,切实做好工程项目的安全监理工作。

②牢固树立安全责任防范意识。在承揽监理业务和履行监理合同中,应善于防范风险,承担与资质、能力相称的监理业务。对不熟悉又缺乏实际经验的建设工程,承接时要慎重;签订监理合同时,应补充关于安全监理权利义务的条款;施工情况发生变更后,应及时评估对安全方面的影响,表明态度并签署意见;遇到压缩工期的情况,监理工程师应协同建设单位、施工企业完善相应施工安全措施;在履行合同过程中,若建设单位存在违法违规的行为,监理工程师应及时提醒或制止,明确表明自己的态度。

③建立健全安全管理机制。监理工程师应督促施工企业建立健全项目安全生产管理体系,加强现场安全管理。做好危险源的分析与辨识,把握工程安全管理的重点和难点,加大对重大危险源的监控力度,杜绝重特大事故发生。要以强化应急管理为主导,督促施工企业加强应急预案的编制和演练,提高应急救援能力。

1.6.4 文明施工措施

①加强文明施工,搞好工地卫生,保证工地整洁。
②作业地点保持干净,做到工完场清,工完料清,保持环境卫生,避免浪费。
③说文明话,做文明事,做文明人,遵守工地的各项规章制度,遵守政府的法律、法令。
④做到合理安排工作时间,重点控制混凝土的浇筑时间,杜绝工地夜间噪声扰民。
⑤严禁浪费现象发生,严禁乱丢材料和工具。
⑥现场道路必须畅通无阻,保证材料物资的顺利进场。排水沟要畅通,场地整洁无积水,材料堆放整齐,无建筑垃圾。
⑦对施工现场进行不定时的检查和督促,发现问题,及时解决。
⑧每月进行一次文明施工大检查,并将检查结果做好记录,文明施工记录等资料由工地资料员整理后归档存查。

1.7 近年监理工程师考题摘录及案例选编

一、近年监理工程师考题摘录

(一)单选

1.(2008 理)监理实施细则中应当明确安全生产监理的方法、措施和控制要点,以及(C)。

A. 对建设单位工程概算中安全施工费项目的审核责任

B. 对设计单位预防生产安全事故措施建议的审核方法

C. 对施工单位安全技术措施的检查方案

D. 对工程机械设备提供单位安全管理制度的检查内容

2.(2008 理)监理工程师应严格遵守的职业道德守则是(C)。

A. 热爱本职工作　　B. 保证执业活动成果的质量

C. 坚持独立自主地展开工作　　D. 为监理项目制定合理的施工方法

3.(2008 理)在计划实施过程中,控制部门和控制人员需要全面及时、准确地了解计划的执行情况及其结果,这一要求表明监理工程师应做好(C)环节的控制工作。

A. 投入　　B. 转换　　C. 反馈　　D. 对比

4.(2008 理)在建设工程监理过程中,要保证项目的参与各方围绕建设工程开展工作,使项目目标顺利实现,监理单位最重要也最困难的工作是(B)。

A. 合同管理　　B. 组织协调　　C. 目标控制　　D. 信息管理

5.(2008 理)依据《建设工程安全生产管理条例》的规定,下列关于分包工程的安全生产责任的表述中,正确的是(D)。

A. 分包单位承担全部责任　　B. 总包单位承担全部责任

C. 分包单位承担主要责任　　D. 总承包单位和分包单位承担连带责任

6.(2009 理)建设工程监理的行为主体是(B)。

A. 建设单位　　B. 工程监理单位　　C. 建设主管部门　　D. 质量监督机构

7.(2009 理)依据《建设工程监理范围和规模标准规定》,下列项目中,必须实行监理的是(A)。

A. 建筑面积 4 000 m^2 的影剧院项目　　B. 建筑面积 40 000 m^2 的住宅项目

C. 总投资额 2 800 万元的新能源项目　　D. 总投资额 2 700 万元的社会福利项目

(二)多选

1.(2009 理)下列关于我国现阶段建设工程监理特点的表述中,正确的有(ABE)。

A. 服务对象具有单一性　　B. 属于强制推行的制度

C. 实现投资效益最大化　　D. 具有监督功能

E. 市场准入实行双重控制

2.(2008 理)我国建设工程监理的特点为(ADE)。

A. 服务对象具有单一性　　B. 市场准入采用双重控制

C. 只提供施工阶段的服务　　D. 不具有监督功能

E. 属强制推行的制度

3.(2008 理)依据《建设工程监理范围和规模标准规定》,(ABDE)必须实行监理。

A. 使用国外政府援助资金的项目　　B. 投资额为 2 000 万元的公路项目

C. 建筑面积在 4 万平方米的住宅小区项目　　D. 投资额为 1 000 万元的学校项目

E. 投资额为 3 500 万元的医院项目

二、工程监理案例选编

1. [案例]

某通信大楼工程,建设单位与监理单位在签订委托监理合同前进行协商,建设单位代表说现在的建筑市场的安全情况十分严峻,应由监理单位承担这一责任,其次才是施工质量,如果工程在这两方面出现一方面问题,则监理费应扣减一半……。

2. [问题]

①《生产安全事故报告和调查处理条例》对事故等级是怎样划分的?

②对事故报告有哪些规定?

③对事故调查有哪些规定?

④对事故处理有哪些规定?

⑤对建设单位代表的说法监理工程师应如何处理?

3. [案例解析]

《生产安全事故报告和调查处理条例》对事故等级的划分如下:

①特别重大事故。特别重大事故是指造成 30 人以上死亡,或者 100 人以上重伤(或者 1 亿元以上直接经济损失的事故;

②重大事故。重大事故是指造成 10 人以上 30 人以下死亡,或者 50 人以上 100 人以下重伤,或者 5 000 万元以上 1 亿元以下直接经济损失的事故;

③较大事故。较大事故是指造成 3 人以上 10 人以下死亡,或者 10 人以上 50 人以下重伤,或者 1 000 万元以上 5 000 万元以下直接经济损失的事故;

④一般事故。一般事故是指造成 3 人以下死亡,或者 10 人以下重伤,或者 1 000 万元以下直接经济损失的事故。

4. 对事故报告的规定

事故发生后,事故现场有关人员应当立即向本单位负责人报告;单位负责人 1 小时内向事故发生地县级以上人民政府安全生产监督管理部门和负有安全生产监督管理职责的有关部门报告。情况紧急时,事故现场有关人员可以直接向事故发生地县级以上人民政府安全生产监督管理部门和负有安全生产监督管理职责的有关部门报告。

特别重大事故、重大事故逐级上报至国务院;较大事故逐级上报至省、自治区、直辖市;一般事故上报至设区的市级人民政府安全生产监督管理部门和负有安全生产监督管理职责的有关部门。逐级上报的时间不得超过 2 小时。

报告的内容包括事故发生单位、时间、地点、现场、简要经过、人员伤亡,初步经济损失,已经采取的措施及其他情况。安全事故发生之日起 30 日内,交通事故、火灾事故自发生之日起 7 日内,事故造成的伤亡人数发生变化的,应当及时补报。

事故单位负责人应立即启动应急预案,组织抢救,防止扩大人员伤亡和财产损失。所在地人民政府、安监部门和有关部门应赶赴现场组织救援。应保护现场及证据,为防止扩大人员伤亡和财产损失及疏导交通,需要移动现场物品的,应做好标志、绘出简图、做好记录。公安机关应立案侦查,犯罪人逃匿的应追捕归案。

5. 对事故调查规定

特别重大事故由国务院及有关部门进行调查,重大事故、较大事故、一般事故分别由省、市、县级人民政府调查。未造成人员伤亡的一般事故,可由县级人民政府委托事故发生单位调查。

调查组应由人民政府安全监察部门及相关部门、监察机关、公安机关以及工会组成。可邀请所需要的专家参与调查。查明事故发生的经过、原因、人员伤亡情况及直接经济损失、确定事故的性质和事故责任,提出处理意见,总结教训,提前防范及整改措施、提出调查报告。

事故发生单位负责人及有关人员应如实提供相关情况,构成犯罪的,调查组应及时将材料移交给司法部门。事故调查组应当自事故发生之日起60日内提交事故调查报告;特殊情况下,经负责事故调查的人民政府批准,提交事故调查报告的期限可以适当延长,但延长的期限最长不超过60日。调查报告应包括发生单位、经过、救援情况、人员伤亡及经济损失、事故原因及性质、对责任人的处理意见、事故防范和整改措施。

6. 对事故处理的规定

重大事故、较大事故、一般事故15日内作出批复;特别重大事故,15日内做出批复,特殊情况需延长的,不可超过15日。有关机关根据批复对单位和个人进行处罚,对负有责任的国家工作人员进行处分、涉嫌犯罪的,依法追究其刑事责任。

事故发生单位应当认真吸取事故教训,落实防范和整改措施,落实情况的监督由工会进行,由安监及有关部门检查。

7. 对建设单位代表的说法监理工程师应如何处理

监理工程师应向建设单位代表坦言:监理工程师不是施工单位的担保人和保证人,没有这个责任。为了工程的顺利实施,监理工程师应尽职尽责,从现场各个环节,部位发现安全隐患要求施工单位整改,尽最大努力减少一般安全事故、质量事故,杜绝重大安全事故、质量事故的发生。若出现安全或质量事故,依据监理工程师应承担事故责任的大小,相应扣减适当的监理费用。

本章小结

我国建设监理制度具有鲜明的中国特色,并积极向国际监理制度接轨,通过学习工程建设监理的概念,认识了我国工程建设监理体制的新格局,掌握了工程建设监理的概念、目标、依据、任务和八项规定,安全文明施工监理有了初步了解。对工程项目的建设程序及图示方法有了进一步的认识,为今后在工程项目施工管理和工程监理的实际岗位上,提供了基本知识,为学习后面章节打下了基础。通过对全国监理工程师考题摘录的单选、多选和实际案例的学习,对监理理论的实际应用更加深化,掌握了解决监理技术问题的方法和技巧。

复习思考题

1. 简述我国建设监理制度。

2. 工程建设监理的概念应怎样表述？包括哪些要点？

3. 简述我国工程建设监理体制的新格局。

4. 工程建设监理的目标和实施依据是什么？

5. 工程建设监理的任务有哪些？

6. 什么是工程项目建设程序？我国是怎样规定的？

7. 试比较监理费用常用计算方法的优缺点。

8. 简述我国对实施建设监理工作有哪些规定,怎样贯彻这些规定？

9. 本章摘录的近年全国监理工程师考题单选有几题？多选有几题？解答是否正确？能否从本书和有关参考资料中找到解答正确与否的原因？

10. 本章选编的监理案例的内容是什么？有几个问题？监理工程师是怎样解决的？

第2章 工程监理企业和监理工程师

内容提要和要求

本章主要介绍工程监理企业设立条件、资质等级与管理、工程监理企业的经营管理等内容；介绍了监理工程师的概念、监理工程师应具备的素质、监理工程师的职责、监理工程师执业资格考试、注册与继续教育等基本知识，同时对监理工程师的法律地位与法律责任也作了详细地介绍，最后，本章还摘录了《近年全国监理工程师考题和案例选编》，为进一步学习和掌握监理概论提供了参考。

对上述内容应重点掌握工程建设监理企业的概念、设立、资质等级与管理；监理工程师的概念、职责、执业资格考试、注册与继续教育等基本知识以及监理工程师的法律地位等内容，同时，对监理企业的申报条件，资质申请和年审，监理工程师的职业道德、法律责任等也应适当了解。

2.1 工程监理企业

2.1.1 工程监理企业的设立及性质

工程监理企业是指从事工程监理业务并取得工程监理企业资质证书的独立法人经营组织。它是监理工程师的执业机构。工程监理企业按所有制划分有全民所有制监理企业、集体所有制监理企业、民营监理企业。

对工程监理企业设立程序进行严格、规范的管理，是监理行业良性发展的基础。

(1) 工程监理企业设立的基本条件

1) 有固定的办公场所。

2) 一定数量的专门从事监理工作的工程经济、工程技术专业人员。

3) 有符合国家规定的注册资金。

4) 订有监理企业的章程。

5) 有主管单位同意设立监理单位的批准文件。

6) 拟从事监理工作的人员中，有一定数量的人员已取得国家建设行政主管部门颁发的监理工程师资格证书和总监理工程师岗位证书，并有一定数量的人取得了监理员培训结业合格证书。

(2)工程监理企业筹备设立时应准备的材料

1)设立监理企业的申请报告。设立监理企业申请报告的内容有：

①设立监理企业的主要原因。

②开展监理工作的可行性。

③设立监理企业的名称、机构设置、人员构成、主要负责人人选以及业务范围、服务宗旨等。

④申请批准的主要内容。

⑤申请报告的附件(如章程等)。

⑥申请报告单位的名称等。

2)设立监理企业的可行性研究报告。

3)有主管单位时,主管单位同意设立监理单位的批准文件。

4)拟订的监理企业组织机构方案和主要负责人的人选名单。

5)监理企业章程。监理企业章程的内容包括：

①申请设立监理企业的名称、性质和办公地点。

②拟开展监理业务的范围,经营活动的宗旨、任务。

③注册资金数额。

④监理企业的组织原则和机构设置方案,主要人选名单。

⑤监理企业的经营方针、议事规则。

⑥监理企业的法定代表人。

⑦监理企业解体、变更等事项的规定。

6)已有的、拟从事监理工作的人员一览表及有关证件。

7)已有的、拟用于监理工作的机械、设备一览表。

8)开户银行出具的资信证明。

9)办公场所所有权或使用权的房产证明。

(3)设立监理企业的资质申请和审批

工程监理企业应当按照其拥有的注册资本、专业技术人员和工程监理业绩等资质条件申请资质,经审查合格,取得相应等级的资质证书后,方可在其资质等级许可的范围内从事工程监理活动。

根据建设部《工程监理企业资质管理规定》第5条、第8条、第9条规定：

1)监理企业的资质等级分为甲级、乙级和丙级,并按照工程性质和技术特点划分若干工程类别。

2)工程监理企业应当向企业注册所在地的县级以上地方人民政府建设行政主管部门申请资质。

中央管理的企业直接向国务院建设行政主管部门申请资质,其所属的企业申请甲级资质的,由中央管理的企业向国务院建设行政主管部门申请,同时向企业注册所在地省、自治区、直辖市人民政府建设行政主管部门报告。

乙、丙级工程监理企业资质,由企业注册所在地省、自治区、直辖市人民政府建设行政主管部门审批。

3)新设立的工程监理企业,到工商行政管理部门登记注册并取得企业法人营业执照后,方可到建设行政主管部门办理资质申请手续。应当注意的是:监理企业营业执照的签发日期为监理企业的成立日期。

新设立的工程监理企业申请资质,应当向建设行政主管部门提供下列资料:

①工程监理企业资质申请表。

②企业法人营业执照。

③企业章程。

④企业负责人和技术负责人的工作简历、监理工程师注册证书等有关证明材料。

⑤工程监理人员的监理工程师注册证书。

⑥需要出具的其他有关证件、资料。

4)新设立的监理企业,其资质等级按照最低等级核定,并设一年的暂定期。

建设监理行政主管部门对申报设立监理企业的资质审查,主要是看它是否具备开展监理业务的能力,同时,审查其是否具备法人资格的起码条件。

工商行政管理部门对申请登记注册监理企业的审查,主要是按企业法人应具备的条件进行审理。经审查合格者,给予登记注册,并签发营业执照。登记注册是对法人成立的确认,没有获准登记注册的,不得以申请登记注册的法人名称进行经营活动。

2.1.2　工程监理企业的资质及管理

工程监理企业资质是企业技术能力、管理水平、业务经验、经营规模、社会信誉等综合性实力指标,它主要体现在监理能力和监理效果上。对工程监理企业进行资质管理的制度是我国政府实行市场准入控制的有效手段。

监理企业的监理能力和监理效果主要取决于监理人员素质、专业配套能力、技术装备、监理经历和管理水平等。建设部《工程监理企业资质管理规定》就是按照上述五点要素来划分和审定监理企业的资质等级。

(1)工程监理企业资质构成要素

1)监理人员的素质

监理企业属于高智能型企业,监理企业的产品是高智能的技术性服务。较一般物质生产企业来说,监理企业对人才的专业技术素质的要求是相当高的。

①监理人员要具备较高的工程技术、经济专业知识以及理论知识和实际运用技能。

②监理人员要具有较强的组织协调能力。

③监理人员要具备高尚的职业道德。

④要拥护共产党的领导、热爱社会主义祖国。

⑤身体健康,能胜任监理工作的需要。

另外,每一个监理人员不仅要具备某一专业技能,而且还应掌握与自身所学专业相关的其他专业方面的知识,以及经营管理方面的基本知识,成为一专多能的复合型人才。

一般情况下对监理企业的负责人,素质应该要求高一点。例如,应具备高级专业技术职称,有较高的组织协调能力和领导才能,并已经取得国家认定的监理工程师资格证书。

2)专业配套能力

建设工程监理活动的开展需要各专业监理人员的相互配合,一个监理企业,应当按照它的监理业务范围的要求,配备专业监理人员。建设行政主管部门在审定监理企业资质时,专业监理人员的配备是否与其申请的监理业务范围相一致是一项重要的审核内容。

3)技术装备

用于监理科学管理的技术装备种类有:计算机,工程测量仪器和设备,检测仪器设备,交通、通讯设备,照相和录像设备等。在一般情况下,监理企业应自行装备的设备主要是计算机,工程测量仪器和设备,照相、录像设备,检测仪器设备,交通、通讯设备的一部分,这几项是考察监理企业技术装备能力的主要内容。而由业主提供使用的设备不属于监理企业的技术装备。

4)管理水平

监理企业的管理水平体现在两个方面,一是监理企业负责人的素质和能力,二是监理企业的规章制度是否健全完善,并且能否有效地执行。例如,组织管理制度、人事管理制度、财务管理制度、设备管理制度、生产经营管理制度、科技管理制度、档案文书管理制度、会议制度、工作报告制度以及党团工会工作管理制度等。此外,行之有效的管理方法和管理手段也十分重要。

5)监理经历和业绩

监理企业的经历是指监理企业成立之后,从事监理工作的历程。

一般情况下,监理企业从事监理工作的年限越长,监理的工程项目就可能越多,监理的成效会越大,监理的经验也会越丰富。所以,监理经历是监理企业的宝贵财富,是构成监理企业资质的要素之一。

监理的业绩是监理活动在控制工程建设项目投资、进度和保证工程质量等方面取得的成效。包括监理业务的多少和监理效果的好坏。因此,建设部《工程监理企业资质管理规定》把监理企业监理过多少工程、监理过什么等级的工程以及取得过什么样的监理效果作为审核监理企业资质的要素。

最后,监理企业还应有一定的经济实力,即要有一定数额的注册资金。例如,建设部《工程监理企业资质管理规定》第5条规定,甲级监理企业注册资金不少于100万元,乙级监理企业注册资金不少于50万元,丙级监理企业注册资金不少于10万元。

(2)工程监理企业资质等级

根据建设部2001年发布的《工程监理企业资质管理规定》,工程监理企业的资质等级分为甲级、乙级和丙级。同时,按照工程性质和技术特点划分为房屋建筑工程、冶炼工程、矿山工程、化工石油工程、水利水电工程、电力工程、林业及生态工程、铁路工程、公路工程、港口与航道工程、航天航空工程、通信工程、市政公用工程、机电安装工程等14个专业工程类别。每个专业工程类别按照工程规模或技术复杂程度又分为三个等级,以房屋建筑工程为例,表2.1是该专业工程划分为三个等级的具体标准。

工程监理企业的资质等级标准如下:

1)甲级

①企业负责人和技术负责人应当具有15年以上从事工程建设工作的经历,企业技术负责人应当取得监理工程师注册证书。

②取得监理工程师注册证书的人员不少于25人。

③注册资金不少于100万元。

④近3年内监理过5个以上二等房屋建筑工程项目或者3个以上二等专业工程项目。

表2.1　房屋建筑工程等级

工程类别		一　等	二　等	三　等
房屋建筑工程	一般房屋建筑工程	28层以上；36 m跨度以上（轻钢结构除外）；单项工程建筑面积3万 m^2 以上	14～28层；24～36 m（轻钢结构除外）；单项工程建筑面积1～3万 m^2 以上	14层以下；24m（轻钢结构除外）以下；单项工程建筑面积1万 m^2 以下
	高耸构筑工程	高度120 m以上	高度70～120 m	高度70 m以下
	住宅小区工程	建筑面积12万 m^2 以上	建筑面积6～12万 m^2	建筑面积6万 m^2 以下

2）乙级

①企业负责人和技术负责人应当具有10年以上从事工程建设工作的经历，企业技术负责人应当取得监理工程师注册证书。

②取得监理工程师注册证书的人员不少于15人。

③注册资金不少于50万元。

④近三年内监理过5个以上三等房屋建筑工程项目或者3个以上三等专业工程项目。

3）丙级

①企业负责人和技术负责人应当具有8年以上从事工程建设工作的经历，企业技术负责人应当取得监理工程师注册证书。

②取得监理工程师注册证书的人员不少于5人。

③注册资金不少于10万元。

④承担过两个以上房屋建筑工程或者一个以上专业工程项目。

甲级工程监理企业可以监理经核定的工程类别中一、二、三等工程；乙级工程监理企业可以监理经核定的工程类别中二、三等工程；丙级工程监理企业可以监理经核定的工程类别中三等工程。甲、乙、丙级资质工程监理企业的经营范围均不受国内地域限制。

(3)工程监理企业资质管理

为了加强对工程监理企业的资质管理，保障其依法经营业务，促使建设工程监理企业的健康发展，国家建设行政主管部门对工程监理企业资质管理工作制定了相应的管理规定，根据我国现阶段管理体制，我国工程监理企业的资质管理确定的原则是"分级管理、统分结合"，按中央和地方两个层次进行管理。工程监理企业资质管理的内容主要是指对工程监理企业的设立、定级、升级、降级、变更、终止等的资质审批或批准以及资质年检工作等。

1）资质审批制度

对于工程监理企业资质条件符合资质等级标准，并且未发生下列行为的，建设行政主管部门将向其颁发相应资质等级的《工程监理企业资质证书》。

①与建设单位或者工程监理企业之间相互串通投标，或者以行贿等不正当手段谋取中标的。

②与建设单位或施工单位串通，弄虚作假、降低工程质量的。

③将不合格的建设工程、建筑材料、建筑构配件和设备按照合格签字的。

④超越本单位资质等级承揽监理业务的。

⑤允许其他单位或者个人以本单位的名义承揽工程的。

⑥转让工程监理业务的。

⑦因监理责任而发生过三级以上工程建设重大质量事故或者发生过两起以上四级工程建设事故的。

⑧其他违反法律法规的行为。

工程监理企业申请晋升资质等级,在申请之日前1年内有上述行为之一的,建设行政主管部门将不予批准。

工程监理企业因破产、倒闭、撤销、歇业的,应当将资质证书交回原发证机关予以注销。

2)资质年检制度

建设行政主管部门对工程监理企业资质实行年检制度。甲级工程监理企业资质,由国务院建设行政主管部门负责年检;乙、丙级工程监理企业资质,由企业注册所在地省、自治区、直辖市人民政府建设行政主管部门负责年检和年审,年检和年审是监理公司能否合法经营的前提。

工程监理企业资质年检和年审按照下列程序进行:

①工程监理企业在规定时间内向建设行政主管部门提交《工程监理企业资质年检表》、《工程监理企业资质证书》、《监理业务手册》以及工程监理人员变化情况及其他有关资料,并交验《企业法人营业执照》。

②建设行政主管部门会同有关部门在收到工程监理企业年检资料后40日内,对工程监理企业资质年检做出结论,并记录在《工程监理企业资质证书》副本的年检记录栏内。

工程监理企业资质年检的内容,是检查工程监理企业资质条件是否符合资质等级标准,是否存在质量、市场行为等方面的违法违规行为。

工程监理企业年检结论分为合格、基本合格、不合格三种。

工程监理企业资质条件符合资质等级标准,且在过去1年内未发生上述①~⑧项行为的,年检结论为合格。

工程监理企业资质条件中监理工程师注册人员数量、经营规模未达到资质标准,但不低于资质等级标准的80%,其他各项均达到标准要求,且在过去1年内未发生上述①~⑧项行为的,年检结论为基本合格。

工程监理企业资质条件中监理工程师注册人员数量、经营规模的任何一项未达到资质等级标准的80%,或者其他任何一项未达到资质等级标准,或者有上述①~⑧项行为之一的,年检结论为不合格。

工程监理企业连续两年年检合格,方可申请晋升上一个资质等级。

工程监理企业资质年检不合格或者连续两年基本合格的,建设行政主管部门应当重新核定其资质等级。新核定的资质等级应当低于原资质等级,达不到最低资质等级标准的,取消资质。

降低资质等级的工程监理企业,经过1年以上时间的整改,经建设行政主管部门核查确认,达到规定的资质标准,且在此期间未发生上①~⑧项行为的,可以重新申请资质。

在规定时间内没有参加资质年检的工程监理企业,其资质证书自行失效,且1年内不得重新申请资质。

2.1.3 工程监理企业的经营管理

(1)工程监理企业的经营内容

监理企业进行监理经营服务的内容包括:工程建设决策阶段监理、工程建设设计阶段监理、工程建设施工阶段监理三大部分,每一阶段的监理又可分为若干内容。而监理企业接受业主委托,为其提供服务时,可根据委托要求进行阶段性监理工作或者全过程监理工作。

1)建设程序划分

①工程建设决策阶段的监理。工程建设决策阶段工作主要是工程项目的投资决策、立项决策和可行性研究决策。但应当注意:工程建设的决策监理,既不是监理企业替业主决策,更不是替政府决策。而是监理企业受业主或政府的委托选择决策咨询单位,协助业主或政府与决策咨询单位签订咨询合同,并监督合同的履行,对咨询意见进行评估。

②工程建设设计阶段监理。工程设计一般分为初步设计、扩大初步设计和施工图设计三个阶段。在工程设计之前还要进行勘察工作(工程地质勘察、水文地质勘察等)。所以,这一阶段也叫做勘察设计阶段。因此,在此阶段的监理称为工程建设设计阶段监理。

③工程建设施工阶段监理。工程建设施工阶段监理包括施工招标阶段监理;施工阶段监理;在规定的工程质量保修期限内,负责检查工程质量状况,组织鉴定质量问题,督促责任单位维修。

2)咨询业务划分

工程建设的咨询业务与工程建设的监理业务有很多相似之处,即都属于高智能的技术服务。因此,监理企业在资质、能力许可的范围内可承担建设工程监理业务以外的工程咨询业务。例如,国外的一些监理公司在申请营业执照和业务范围时,也可将咨询业务列入其中。咨询业务可划分为以下几种:

①工程建设投资风险分析。

②工程建设立项评估。

③编制工程建设项目可行性研究报告。

④编制工程施工招标标底。

⑤编制工程建设投资估算、工程概算和施工图预算。

⑥进行建筑物(构筑物)的技术检测与质量鉴定。

⑦其他专项技术咨询服务等。

(2)工程监理企业经营管理

强化企业管理,提高科学管理水平,是建立现代企业制度的要求,也是监理企业提高市场竞争能力的重要途径。监理企业管理应抓好成本管理、资金管理、质量管理,增强法制意识,依法经营管理,并重点做好以下几方面工作:

①市场定位。要加强自身发展战略研究,适应市场,根据本企业实际情况,合理确定企业的市场地位,制订和实施明确的发展战略、技术创新战略,并根据市场变化适时调整。

②完善服务功能,拓展服务范围,着力开拓咨询服务市场。监理企业应注重企业经营结构的调整,不断开拓市场对工程咨询业的相关需求,不断提高和完善监理企业的服务功能,拓展服务范围,形成监理企业服务产品多样化、多元化的产品结构,化解企业在市场经济中的风险。

③培养企业核心竞争力。要广泛采用现代管理技术、方法和手段，推广先进企业的管理经验，借鉴国外企业现代管理方法，以企业核心竞争力和品牌效应取得竞争优势。

④建立市场信息系统。要加强现代信息技术的运用，建立灵敏、准确的市场信息系统，掌握市场动态。

⑤开展贯标活动。要积极实行 ISO 9000 质量管理体系贯标认证工作，严格按照质量手册和程序文件的要求开展各项工作，防止贯标认证工作流于形式。贯标的作用：一是能够提高企业市场竞争能力；二是能够提高企业人员素质；三是能够规范企业各项工作；四是能够避免或减少工作失误。

⑥要严格贯彻实施《建设工程监理规范》，结合企业实际情况，制订相应的《规范》实施细则，组织全员学习，在签订委托监理合同、实施监理工作、检查考核监理业绩、制定企业规章制度等各个环节，都应当以《规范》为主要依据。

⑦要高度重视监理人才培养。企业应建立长期的人才培养规划，针对不同层次的监理人员制定相应的培训计划，系统地组织开展监理人员培训工作，建立和完善多渠道、多层次、多形式、多目标的人才培养体系，实施人才战略发展措施。

⑧加强企业文化建设。要提高企业本身在同行业中的社会影响，注重品牌效应，加强企业文化建设，争创名牌监理企业，从而加强企业的凝聚力、提高企业的市场竞争力、获得社会公信力和强化企业执行力。企业文化是一个企业在发展过程中形成的以企业精神和经营管理理念为核心，凝聚、激励企业各级经营管理者和员工归属感、积极性、创造性的人本管理理论，是企业的灵魂和精神支柱。企业文化建设的主要目的是提高企业的整体素质，树立企业的良好形象，增强企业的凝聚力，提高企业的竞争力。因此，企业文化既要体现行业共性，更要突出企业个性，才能使企业融入市场，发挥其独具特色的市场竞争优势。建设先进的企业文化是企业提高管理水平、增强凝聚力和打造核心竞争力的战略举措。

⑨建立健全各项内部管理规章制度。监理企业规章制度一般包括以下几方面：

a. 组织管理制度。合理设置企业内部机构和各机构职能，建立严格的岗位责任制度，加强考核和督促检查，有效配置企业资源，提高企业工作效率，健全企业内部监督体系，完善制约机制。

b. 人事管理制度。健全工资分配、奖励制度，完善激励机制，加强对员工的业务素质培养和职业道德教育。

c. 劳动合同管理制度。推行职工全员竞争上岗，严格劳动纪律，严明奖惩，充分调动和发挥职工的积极性、创造性。

d. 财务管理制度。加强资产管理、财务计划管理、投资管理、资金管理、财务审计管理等。要及时编制资产负债表、损益表和现金流量表，真实反映企业经营状况，改进和加强经济核算。

e. 经营管理制度。制定企业的经营规划、市场开发计划。

f. 项目监理机构管理制度。制定项目监理机构的运行办法、各项监理工作的标准及检查评定办法等。

g. 设备管理制度。制定设备的购置办法、设备的使用、保养规定等。

h. 科技管理制度。制定科技开发规划、科技成果评审办法、科技成果应用推广办法等。

i. 档案文书管理制度。制定档案的整理和保管制度，文件和资料的使用、归档管理办法等。

有条件的监理企业，还要注重经营风险管理，实行监理责任保险制度，适当转移经营责任风险。

2.2　监理工程师

2.2.1　监理工程师概述

监理工程师是指建设工程领域中具有中级以上职称的专业技术人员，或者具有工程类相关专业学习和工作经历（大专毕业工作满八年以上、本科毕业满五年以上、研究生毕业满三年以上）通过监理工程师执业资格考试，取得执业资格并经注册的人员。工程建设监理工作是一种高智能的技术服务，而监理工程师是监理活动的主体，监理单位的服务水平主要由监理工程师的水平所决定。由于监理业务是一种集经济、管理、技术和法律知识为一体的综合性活动，因此对监理工程师的业务水平和素质应有较高的要求。

(1) 监理工程师的概念

监理工程师是指经考试合格取得中华人民共和国监理工程师资格证书，并经注册取得中华人民共和国注册监理工程师注册执业证书和执业印章，从事工程监理及相关业务活动的专业人员。

它包含这样几层含义：第一，监理工程师是岗位职务，不是专业技术职称，是经过授权的职务；第二，经全国监理工程师执业资格考试合格，并通过一个监理单位申请注册获得监理工程师岗位证书的监理人员；第三，在岗的监理人员。不在监理工作岗位上，不从事监理活动者，都不能称为监理工程师。

(2) 监理工程师的素质

监理工程师在项目建设管理过程中处于中心地位，这就要求监理工程师不仅要有一定的工程技术和工程经济方面的专业知识，较强的专业技术能力和政策水平，能够对工程项目的勘查、设计、施工中的技术问题进行监督管理和提出具体的指导意见，而且要有一定的组织协调能力，能够管理工程合同、调解争议、协调工程建设各方关系，科学地进行投资、质量、进度的目标控制。因此，监理工程师应具备以下素质：

1) 较高的专业学历和复合型的知识结构

工程建设涉及多门学科，其中主要学科就有几十种。作为一名监理工程师，虽然不可能掌握众多的专业理论知识，但至少应掌握一种专业理论知识。因此，对监理工程师，要求至少应具有工程类大专以上学历，了解或掌握一定的工程建设经济、法律和组织管理等方面的理论知识，熟悉与工程建设相关的现行法律法规、政策规定，并能不断了解新技术、新设备、新材料和新工艺，持续保持较高的知识水准，成为一专多能的复合型人才。

2) 丰富的工程建设实践经验

监理工程师的业务内容体现的是工程技术理论与工程管理理论的应用，具有很强的实践性特点。因此，实践经验是监理工程师的重要素质之一。据有关资料统计分析，工程建设中出现的失误，少数原因是责任心不强，多数原因是缺乏实践经验。工程建设中的实践经验主要指立项评估、地质勘测、规划设计、工程招标投标、工程设计及设计管理、工程施工及施工管理、工程监理、设备制造等方面的工作实践经验。

3)良好的品德

监理工程师的良好品德主要体现在以下几个方面:

①热爱本职工作。

②具有科学的工作态度。

③具有廉洁奉公、为人正直、办事公道的高尚情操。

④能够听取不同的意见,冷静分析问题。

4)健康的体魄和充沛的精力

尽管建设工程监理是一种高智能的技术服务,以脑力劳动为主,但是也必须具有健康的身体和充沛的精力,才能胜任繁忙、严谨的监理工作。尤其在建设工程施工阶段,由于露天作业,工作条件艰苦,往往工期紧迫,业务繁忙,更需要有健康的身体。我国对年满65周岁的监理工程师不再进行注册,主要就是考虑监理从业人员身体健康状况而设定的条件。

(3)监理工程师的职业道德

工程监理工作的特点之一是要体现公正原则。监理工程师在执业过程中不能损害工程建设任何一方的利益,因此,为了确保建设监理事业的健康发展,对监理工程师的职业道德和工作纪律都有严格的要求,在有关法规里也作了具体的规定。在监理行业中,监理工程师应严格遵守如下职业道德守则:

①维护国家的荣誉和利益,按照"守法、诚信、公正、科学"的准则执业。

②执行有关工程建设的法律、法规、规范、标准和制度,履行监理合同规定的义务和责任。

③努力学习专业技术和建设监理知识,不断提高业务能力和专业水平。

④不以个人名义承揽监理业务。

⑤不同时在两个以上监理单位注册和从事监理活动,不在政府部门和施工、材料设备生产供应等单位兼职。

⑥不为所监理项目指定承建商、建筑构配件、设备、材料生产厂家和施工方法。

⑦不收受被监理单位的任何礼品。

⑧不泄露所监理工程各方认为需要保密的事项。

⑨坚持独立自主地开展工作。

监理工程师违背职业道德或违反工作纪律,由政府主管部门没收非法所得,收缴《监理工程师岗位证书》,并可处以罚款。监理单位还要根据企业内部的规章制度给予处罚。

(4)FIDIC道德准则

在国外,监理工程师的职业道德准则,由其协会组织制定并监督实施。FIDIC于1991年在慕尼黑召开的全体成员大会上,讨论批准了FIDIC通用道德准则。该准则分别从对社会和职业的责任、能力、正直性、公正性、对他人的公正5个问题共计14个方面规定了监理工程师的道德行为准则。目前,FIDIC的会员国家都在认真地执行这一准则。

为使监理工程师的工作充分有效,不仅要求监理工程师必须不断增长他们的知识和技能,而且要求社会尊重他们的道德公正性,信赖他们作出的评审,同时给予公正的报酬。

2.2.2 监理工程师的职责

监理工程师的工作不同于普通的工程技术人员。他们不仅要处理和解决工程建设中的技术、经济、管理问题，还要调解工程建设过程中出现的争议等。监理单位根据所承担的监理任务，组建工程建设监理机构进驻施工现场。项目监理机构的监理人员应包括总监理工程师、专业监理工程师和监理员，必要时可配备总监理工程师代表。

(1)总监理工程师

总监理工程师是监理单位派往项目执行组织机构的全权负责人。在国外，有的监理委托合同是以总监理工程师个人的名义与业主签订的。可见，总监理工程师在项目监理过程中，扮演着一个很重要的角色，承担着工程监理的最终责任。总监理工程师在项目建设中所处的位置，要求他是一个技术水平高、管理经验丰富、能公正执行合同，并已取得政府主管部门核发的资格证书和注册证书的监理工程师。在整个施工阶段，总监理工程师人选不宜更换，以有利于监理工作的顺利开展。总监理工程师是项目监理机构的核心，其工作的好坏直接影响到项目监理目标的实现。

《建设工程监理规范》(GB 50319—2000)规定，建设工程监理实行总监理工程师负责制。项目总监理工程师是由监理单位法定代表人书面授权，全面负责委托监理合同的履行、主持项目监理机构工作的监理工程师。总监理工程师在项目监理机构中处于核心的地位。总监理工程师就是监理机构的形象的代表。总监理工程师工作积极性和主观能动性的发挥直接影响到项目监理目标的实现。

按《建设工程监理规范》(GB 50319—2000)要求，总监理工程师应由具有三年以上同类工程监理工作经验的人员担任。

总监理工程师在监理机构中的重要位置，决定了总监理工程师要承担相应的重要职责，《建设工程监理规范》(GB 5031—2000)规定，总监理工程师应履行下列职责：

①确定项目监理机构人员的分工和岗位职责。

②主持编写项目监理规划、审批项目监理实施细则，并负责管理项目监理的日常工作。

③审查分包单位的资质，并提出审查意见。

④检查和监督管理人员的工作。

⑤主持监理工作会议，签发项目监理机构的文件和指令。

⑥审定承包单位提交的开工报告、施工组织设计、技术方案、进度计划，总监理工程师对开工报告的审查应主要审查施工准备情况，看是否具备开工的条件。

⑦审核签署承包单位的申请、支付证书和竣工结算。

⑧审查和处理工程变更。

⑨主持或参与工程质量事故的调查。

⑩调解建设单位与承包单位的合同争议，处理索赔，审批工程延期。

⑪组织编写签发监理月报、监理工作阶段报告、专题报告和项目监理工作总结。

⑫审核签认分部工程和单位工程的质量检验评定资料，审查承包单位的竣工申请，组织监理人员对待验收的工程项目进行质量检查，参与工程项目的竣工验收。

⑬主持审理工程项目的监理资料。

(2)总监理工程师代表

根据工程项目监理的需要，在项目监理机构中可设总监理工程师代表。总监理工程师代表是经监理单位法定代表人同意，由总监理工程师书面授权，代表总监理工程师行使其部分职责和权力的项目监理机构中的监理工程师。总监理工程师代表应履行以下职责：

①负责总监理工程师指定或交办的监理工作。

②按总监理工程师的授权,行使总监理工程师的部分职责和权力。

在总监理工程师代表的设立上,可考虑他与总监理工程师在知识面上的互补。同时,总监理工程师代表也是监理单位培养总监理工程师的有效途径。

(3)专业监理工程师

专业监理工程师是根据专业的不同和监理岗位职责分工,由总监理工程师下指令,负责实施某一专业或某一方面的监理工作,具有相应监理文件签发权的监理工程师。

专业监理工程师应履行以下职责:

①负责编制本专业的监理实施细则。

②负责本专业监理工作的具体实施。专业监理工程师的专业监理工作应依照监理实施细则的要求,结合工程施工的实际情况进行。

③组织、指导、检查和监督本专业监理员的工作,当人员需要调整时,向总监理工程师提出建议。

④审查承包单位提交的涉及本专业的计划、方案、申请、变更,并向总监理工程师提出报告。

⑤负责本专业分项工程验收及隐蔽工程验收。

⑥定期向总监理工程师提交本专业监理工作实施情况报告,对重大问题及时向总监理工程师汇报和请示。

⑦根据本专业监理工作实施情况做好监理日记。

⑧负责本专业监理资料的收集、汇总及整理,参与编写监理月报。

⑨核查进场材料、设备、构配件的原始凭证、检测报告等质量证明文件及其质量情况,根据实际情况认为有必要时对进场材料、设备、构配件进行平行检验合格时,予以签认。

⑩负责本专业的工程计量工作,审核工程计量的数据和原始凭证。

(4)监理员

监理员是经过监理业务培训,具有同类工程相关专业知识,从事具体监理工作的监理人员。监理员要成为监理工程师还必须参加国家组织的监理工程师资格考试,合格后注册,才具有监理工程师资格。

监理员应履行以下职责:

①在专业监理工程师的指导下开展现场监理工作。

②检查承包单位投入工程项目的人力、材料、主要设备及其使用、运行状况,并做好检查记录。

③复核或从施工现场直接获取工程计量的有关数据,并签署原始凭证。

④按设计图及有关标准,对承包单位的工艺过程或施工工序进行检查和记录,对加工制作及工序施工质量检查结果进行记录。

⑤担任旁站工作,发现问题及时指出并向专业监理工程师报告。房屋建筑工程施工旁站监理(简称旁站监理)是指监理人员在房屋建筑工程施工阶段监理中,对关键部位、关键工序的施工质量实施全过程现场跟班的监督活动。其工作范围、职责、记录和相关规定,详见本书附录1文件二。

⑥做好监理日记和有关的监理记录。

2.2.3　监理工程师执业资格考试、注册和继续教育

(1)监理工程师执业资格考试

执业资格是政府对某些责任较大、社会通用性强、关系公共利益的专业技术工作实行的市场准入控制,是专业技术人员依法独立开业或独立从事某种专业技术工作所必备的学识、技术和能力标准。执业资格一般要通过考试方式取得。

为了适应建立社会主义市场经济体制的要求,加强建设工程项目监理,确保工程建设质量,提高监理人员专业素质和建设工程监理工作水平,建设部、人事部自1997年起,在全国举行监理工程师执业资格考试,它是新中国成立以来在工程建设领域第一个设立的执业资格。

1)实行监理工程师执业资格考试制度的意义

①有助于促进监理人员和其他愿意掌握建设监理基本知识的人员努力钻研监理业务,提高业务水平。

②有利于统一监理工程师的基本水准,保证全国各地方、各部门监理队伍的素质。

③有利于公正地确定监理人员是否具备监理工程师的资格。

④有助于建立建设监理人才库,把监理企业以外,已经掌握监理知识的人员的监理资格确认下来,形成蕴含于社会的监理人才库。

⑤通过考试确认相关资格的做法,是国际上通行的方式。这样做,既符合国际惯例,又有助于开拓国际工程建设监理市场,与国际接轨。

2)报考监理工程师的条件

根据建设工程监理工作对监理人员素质的要求,我国对参加监理工程师执业资格考试的报名条件从业务素质和能力两方面做出了限制。

凡是中华人民共和国公民,遵纪守法,具有工程技术或工程经济专业大专以上(含大专)学历,并符合下列条件之一者,可申请参加监理工程师执业资格考试。

①具有按照国家有关规定评聘的工程技术或工程经济专业中级职称,并任职满三年的。

②具有按照国家有关规定取得工程技术或工程经济专业高级职称的。

申请参加监理工程师执业资格考试,由本人提出申请,所在工作单位推荐,持报名表到当地考试管理机构报名,并交验学历证明、专业技术职务证书。

3)考试内容

根据监理工程师的业务范围,监理工程师执业资格考试的内容主要是建设工程监理基本理论、工程质量控制、工程进度控制、工程投资控制、建设工程合同管理和建设工程监理的相关法律法规等方面的理论知识和实务技能。

考试科目为:《建设工程监理基本理论和相关法规》、《建设工程合同管理》、《工程建设质量、投资、进度控制》、《建设工程监理案例分析》。其中,工程建设监理案例分析主要是考评对建设监理理论知识的理解和在工程实际中运用的综合能力。

4)考试方式和管理

监理程师执业资格考试是一种水平考试,是对考生掌握监理理论和监理实务技能的抽检。为了体现公开、公平、公正原则,考试实行全国统一考试大纲、统一命题、统一组织、统一时间、闭卷考试、分科记分、统一录取标准的办法,一般每年举行一次。考试所用语言为汉语。

参加四个科目考试人员成绩的有效期为两年,实行两年滚动管理办法,考试人员必须在连

续两年内通过四科考试,参加两个科目考试的人员必须在一年内通过两科考试。对考试合格人员,由省、自治区、直辖市人民政府人事行政主管部门颁发由国务院人事行政主管部门统一印制,国务院人事行政主管部门和建设行政主管部门共同印制的《监理工程师执业资格证书》。取得执业资格证书并经注册后,即成为监理工程师。

(2)监理工程师注册

监理工程师注册制度是政府对监理从业人员实行市场准入控制的有效手段。监理工程师经注册,即表明获得了政府对其以监理工程师名义从业的行政许可,因而具有相应工作岗位的责任和权力。仅取得《监理工程师执业资格证书》,没有取得《监理工程师注册证书》的人员,则不具备这些权力,也不承担相应的责任。

监理工程师只能在一家工程监理企业按照专业类别注册。监理工程师的注册分为三种形式,即初始注册、续期注册和变更注册。

1)初始注册

经考试合格,已取得《监理工程师执业资格证书》的,可以申请监理工程师初始注册。由本人向聘用单位提出申请,由聘用单位连同申请人的有关材料向所在省、自治区、直辖市人民政府建设行政主管部门提出申请,省、自治区、直辖市人民政府建设行政主管部门初审合格后,报国务院建设行政主管部门,国务院建设行政主管部门对符合条件者予以注册,颁发《监理工程师注册证书》和执业印章。监理工程师本人保管执业印章。

监理工程师初始注册有效期为3年。

2)续期注册

初始注册有效期满要求继续执业的,需要办理续期注册。

由本人向聘用单位提出申请,由聘用单位连同申请人的有关材料向所在省、自治区、直辖市人民政府建设行政主管部门提出申请,省、自治区、直辖市人民政府建设行政主管部门准予续期注册后,报国务院建设行政主管部门备案。

续期注册有效期为3年,从准予续期注册之日起计算。

3)变更注册

监理工程师注册后,若注册内容发生变更,应当向原注册机构办理变更注册。

由本人向聘用单位提出申请,由聘用单位开出解聘证明连同申请人的有关材料向所在省、自治区、直辖市人民政府建设行政主管部门提出申请,省、自治区、直辖市人民政府建设行政主管部门准予变更注册后,报国务院建设行政主管部门备案。

监理工程师办理变更注册后,1年内不能再次办理变更注册。

(3)注册监理工程师的继续教育

注册后的监理工程师不能一劳永逸地停留在原有知识水平上,而要随着时代的进步不断更新知识,扩大其知识面,学习新的理论知识、政策法规,不断提高执业能力和工作水平,以适应建设事业发展及监理实务的需要。因此,注册监理工程师每年都要接受一定学时的继续教育。对于未按照规定参加监理工程师继续教育或继续教育未达到标准的,不予续期注册。

继续教育可采取多种不同的方式,如脱产学习、集中授课、参加研讨会(班)、撰写专业论文等。继续教育的内容应紧密结合业务内容,逐年更新。

2.2.4　监理工程师的法律地位与法律责任

(1)监理工程师的法律地位

监理工程师的主要业务是受聘于工程监理企业从事监理工作,受建设单位委托,代表工程监理企业完成委托监理合同约定的委托事项。监理工程师的法律地位是由国家法律法规确定的,并建立在委托监理合同基础上。监理工程师所具有的法律地位,决定了监理工程师在执业中一般应享有的权利和应履行的义务。

1)监理工程师的权利:

①使用注册监理工程师称谓。

②在规定范围内从事执业活动。

③依据本人能力从事相应的执业活动。

④保管和使用本人的注册证书和执业印章。

⑤对本人执业活动进行解释和辩护。

⑥接受继续教育。

⑦获得相应的劳动报酬。

⑧对侵犯本人权利的行为进行申诉。

2)监理工程师的义务:

①遵守法律、法规和有关管理规定。

②履行管理职责,执行技术标准、规范和规程。

③保证执业活动成果的质量,并承担相应责任。

④接受继续教育,努力提高执业水准。

⑤在本人执业活动所形成的工程监理文件上签字、加盖执业印章。

⑥保守在执业中知悉的国家秘密和他人的商业、技术秘密。

⑦涂改、倒卖、出租、出借或者以其他形式非法转让注册证书或者执业印章。

⑧不得同时在两个或者两个以上单位受聘或者执业。

⑨在规定的执业范围和聘用单位业务范围内从事执业活动。

⑩协助注册管理机构完成相关工作。

(2)监理工程师的法律责任

监理工程师的法律责任主要来源于法律法规的规定和委托监理合同的约定。《建筑法》第 35 条规定:“工程监理单位不按照委托监理合同的约定履行监理义务,对应当监督检查的项目不检查或者不按照规定检查,给建设单位造成损失的,应当承担相应的赔偿责任。”《建设工程质量管理条例》第 36 条规定:“工程监理单位应当依照法律、法规以及有关技术标准、设计文件和建设工程承包合同,代表建设单位对施工质量实施监理并对施工质量承担监理责任。”《建设工程安全生产管理条例》第 14 条规定:“工程监理单位和监理工程师应当按照法律、法规和工程建设强制性标准实施监理,并对建设工程安全生产承担监理责任。”

工程监理企业是订立委托监理合同的当事人。监理工程师一般主要受聘于工程监理企业,代表监理企业从事工程监理业务。监理企业在履行委托监理合同时,是由具体的监理工程师来实现的,因此,如果监理工程师出现工作过错,其行为将被视为监理企业违约,应承担相应的违约责任。监理企业在承担违约赔偿责任后,有权在企业内部向有过错行为的监理工程师追偿损失。所以,由监理工程师个人过失引发的合同违约行为,监理工程师必然要与监理企业承担一定的连带责任。

《刑法》第137条规定:"建设单位、设计单位、施工单位、工程监理单位违反国家规定,降低工程质量标准,造成重大安全事故的,对直接责任人员,处五年以下有期徒刑或者拘役,并处罚金;后果特别严重的,处五年以上十年以下有期徒刑,并处罚金。"导致安全事故或问题的原因很多,有自然灾害、不可抗力等客观原因,也有建设单位、设计单位、施工企业、材料供应单位等主观原因。

如果监理工程师有下列行为之一,则要承担一定的监理责任:

①未对施工组织设计中的安全技术措施或者专项施工方案进行审查。

②发现安全事故隐患未及时要求施工单位整改或者暂时停止施工。

③施工单位拒不整改或者不停止施工,未及时向有关主管部门报告。

④未依照法律、法规和工程建设强制性标准实施监理。

如果监理工程师有下列行为之一,则应当与质量、安全事故责任主体承担连带责任:

①违章指挥或者发出错误指令,引起安全事故的。

②将不合格的建设工程、建筑材料、建筑构配件和设备按照合格签字,造成工程质量事故,由此引发安全事故的。

③与建设单位或施工企业串通,弄虚作假、降低工程质量,从而引发安全事故的。

(3)监理工程师违规行为的处罚

监理工程师在执业过程中必须严格遵纪守法。政府建设行政主管部门对于监理工程师的违法违规行为,将追究其责任,并根据不同情节给予必要的行政处罚。监理工程师的违规行为及相应的处罚办法,一般包括以下几个方面:

①对于未取得《监理工程师执业资格证书》、《监理工程师注册证书》和执业印章,以监理工程师名义执行业务的人员,政府建设行政主管部门将予以取缔,并处以罚款;有违法所得的,予以没收。

②对于以欺骗手段取得《监理工程师执业资格证书》、《监理工程师注册证书》和执业印章的人员,政府建设行政主管部门将吊销其证书,收回执业印章,并处以罚款;情节严重的,3年之内不允许考试及注册。

③如果监理工程师出借《监理工程师执业资格证书》、《监理工程师注册证书》和执业印章,情节严重的,将被吊销证书,收回执业印章,3年之内不允许考试和注册。

④监理工程师注册内容发生变更,未按照规定办理变更手续的,将被责令改正,并可能受到罚款的处罚。

⑤同时受聘于两个及以上单位执业的,将被注销其《监理工程师注册证书》,收回执业印章,并将受到罚款处理;有违法所得的,将被没收。

⑥对于监理工程师在执业中出现的行为过失,产生不良后果的,《建设工程质量管理条例》有明确规定:监理工程师因过错造成质量事故的,责令停止执业1年;造成重大质量事故的,吊销执业资格证书,5年以内不予注册;情节特别恶劣的,终身不予注册。

对于监理工程师在安全生产监理工作中出现的行为过失,《建设工程安全生产管理条例》中明确规定:未执行法律、法规和工程建设强制性标准的,责令停止执业3个月以上1年以下;情节严重的,吊销执业资格证书,5年内不予注册;造成重大安全事故的,终身不予注册;构成犯罪的，依照刑法有关规定追究刑事责任。

2.3　近年监理工程师考题摘录及案例选编

一、近年监理工程师考题摘录

(一)单选

1. (2008理)下列关于监理工程师注册规定的表述中，正确的是(A)。

A. 初始注册者，可自资格证书签发之日起3年内提出申请

B. 注册有效期满需继续执业的，应在有效期满1周前，提出延续注册申请

C. 在注册有效期内变更执业单位时，应办理变更注册手续，变更注册有效期为3年

D. 每次申请注册均需提供达到继续教育要求的证明材料

2. (2008理)《建设工程监理规范》规定，总监理工程师代表应具有(C)年以上同类工程监理工作经验的人员担任。

A. 4　　B. 3　　C. 2　　D. 1

3. (2009理)合理设置企业内部机构职能、建立严格的岗位责任制度，属于监理企业规章制度中(C)管理制度的内容。

A. 人事　　B. 劳动合同　　C. 组织　　D. 项目监理机构

4. (2009理)依据《注册监理工程师管理规定》，注册监理工程师在注册有效期满需继续执业的，要办理(B)注册。

A. 初始　　B. 延续　　C. 变更　　D. 长期

5. (2009理)依据《工程监理企业资质管理规定》，下列工程监理企业资质标准中，属于乙级专业资质标准的是(B)。

A. 具有独立法人资格且注册资本不少于300万元

B. 有必要的工程试验检测设备

C. 注册造价工程师不少于2人

D. 企业技术负责人具有15年以上从事工程建设工作的经历

(二)多选

1. (2009理)我国监理工程师的执业特点主要有(BDE)

A. 执业范围广泛　　B. 执业内容复杂

C. 执业条件高　　D. 执业技能全面

E. 执业责任重大

2. (2009理)依据《注册监理工程师管理规定》，注册监理工程师可以从事(ABDE)等业务。

A. 学校　　B. 文化馆

C. 工业厂房　　D. 医院

E. 商场

3. (2008理)《建筑法》规定，工程监理单位与被监理工程的(ACDE)不得有隶属关系或者其他利害关系。

A. 设计单位　　B. 承包单位
C. 建筑材料供应单位　　D. 设备供应单位
E. 工程咨询单位

二、工程监理案例选编

1. 监理工程师所进行的一般审查,除了对材料、设备的规格、质量、数量、时间等进行审查之外,更重要的是,审查施工单位提交的施工方案。

2. 建立项目监理机构的工作有五项:

①确定各项监理工作,并分类、归并形成部门。

②明确监理总目标并确定各项监理任务。

③制定监理工作流程。

④建立监理组织结构图。

⑤制定监理部门和人员的任务、工作、职能分工。

请排列出先后顺序,为什么?

答:根据目标决定组织,组织是为实现目标服务的原理,首先应当明确监理总目标,并根据目标确定任务(②);然后确定实现目标和任务的活动,并将这些活动按照一定的原则进行分类、归并,形成监理部门(③);接下来按照各类活动的纵向和横向关系将它们联系起来,建立与监理工作相适应的监理组织结构(④);再配合人员,制定监理部门和人员的任务、工作和职能分工(⑤);最后制定监理工作流程以及信息流程等。

3. 监理单位承揽到监理业务后,应当由项目监理结构相继编写的监理工作文件主要是括号内哪些项?为什么?(委托监理合同;监理大纲;监理工作制度;监理规划;监理实施细则)

答:监理规划;监理实施细则。

监理工作文件包括监理大纲、监理规划和监理实施细则。本题在题中已提示监理单位已经承揽到了监理业务,就意味着监理大纲已编制完成了且已签订了委托监理合同。监理工作制度属于监理规划内容的组成部分。所以,在签订委托监理合同后,项目监理机构应相继编写的监理工作文件是监理规划和监理实施细则。

本章小结

工程监理企业主要的责任是向项目业主提供科学的技术服务,对工程项目建设的质量、投资和进度进行监控,是一种全过程、全方位、多目标的管理。工程监理企业只能在核定的业务范围内开展经营活动,工程监理企业应本着守法、诚信、公正、科学的原则开展监理工作。工程监理企业的设立必须在具有一定的基本条件后,经申请核准后才能设立。必须加强对工程监理企业的审批制度和资质等级管理,坚持对监理企业的年审规定,才能促进工程建设的规范化、管理的制度化。监理工程师是指在工程建设监理工作岗位上工作,经全国监理工程师执业资格统一考试合格,并经政府注册的建设工程监理人员。监理工程师除应具备丰富的专业知识和工程建设实践经验之外还应具有良好的思想素质、业务素质、身体与心理素质和职业道德水准,才能担负起建设工程监理工作的责任。监理工程师在执行监理业务时必须遵守国家规范、规程和有关政策法规及监理工作纪律。我国具有较为严格的监理工程师执业资格考试与注册制度。通过对全国监理工程师考题摘录的单选、多选和实际案例的学习，掌握了解决本章内容的方法和技巧，对监理理论的实际应用更加深化。

复习思考题

1. 工程监理企业的设立应具备哪些基本条件？
2. 工程监理企业资质的构成要素有哪些？
3. 工程监理企业的资质等级如何划分？
4. 简述工程监理企业经营活动的内容和管理。
5. 简述监理工程师的概念。
6. 监理工程师应具备哪些素质？
7. 监理工程师应遵守哪些职业道德准则？
8. 专业监理工程师应履行哪些职责？
9. 简述旁站监理的工作范围、职责和相关规定，怎样做好旁站监理工作？
10. 简述监理工程师的法律地位。
11. 本章摘录的近年全国监理工程师考题单选有几题？多选有几题？解答是否正确？能否从本书和有关参考资料中找到解答正确与否的原因？
12. 本章选编的监理案例的内容是什么？有几个问题？监理工程师是怎样解决的？

第 3 章

承接建设工程监理业务

内容提要和要求

本章介绍了建设工程监理业务,即对建设工程监理业务的新认识,承接建设工程监理业务的方式和条件,构思了一套承接建设工程监理业务的程序。编制监理大纲是获取建设工程监理业务重要的文件资料,本章介绍了如何编制监理大纲,以及与监理规划和监理实施细则的联系。根据我国建设工程监理业务的承接多采用招标投标方式的现状,介绍了建设工程监理业务招标概况,重点介绍了建设工程监理业务投标,对建设工程监理合同进行了简单地描述。

最后,本章还摘录了《近年全国监理工程师考题和案例选编》,为进一步学习和掌握监理概论提供了参考。

对上述内容要熟悉监理业务;理解对建设工程监理业务的新认识;了解建设工程监理业务承接方式和条件,以及建设工程监理合同的格式;掌握承接建设工程监理业务的程序,监理大纲的编写。

3.1 承接监理业务简介

3.1.1 建设工程监理业务简介

(1)承接方式

监理单位采用何种方式承接建设工程监理业务,取决于业主选择监理单位、委托监理业务的方式。业主选择监理单位、委托监理业务一般有三种方式,即建设单位点名委托方式、建设单位与多家监理单位协商方式、招标方式。业主根据工程项目的性质、规模和建设工程监理管理机构的规定,在上述三种方式中确定一种方式选择监理企业,委托监理业务。但是对于《中华人民共和国招标投标法》规定范围内的建设工程项目,必须进行招标。

1)点名委托方式

所谓点名委托方式,是指业主直接将监理业务委托某一监理单位的一种方式。由于建设单位直接点名委托,没有竞争,不适用于大中型建设工程项目监理业务。目前采用此种方式的情况不多。

2)协商方式

所谓协商方式,是指业主通过与监理单位协商,确定受托人和委托监理业务有关事宜的一种方式。用协商方式选择监理单位和委托监理业务，形式简单、直接，费用低，周期短，但是缺乏竞争性，透明度不高，适用于监理业务不大的中小型建设工程项目。

3)招标方式

所谓招标方式，是指业主通过招标的方式来选择监理单位和确定委托监理业务有关事宜的一种方式。用招标方式选择监理单位和委托监理业务，竞争性强，透明度高。业主通过招标选择满意的监理单位，监理单位通过投标参与竞争。竞争是市场经济的基本法则，对监理业务实行招标投标，通过招标投标提高监理水平，将推动监理市场的健康方展。所以，大型建设工程项目都应该实行监理招标，以保证建设工程监理的质量。这也是《中华人民共和国招标投标法》所要求的。

(2)业主在选择监理单位时，常常从以下八个方面入手

1)专业技能条件

监理单位专业技能主要表现为各类技术、管理人员的专业构成及等级构成，具备的工作设施与手段，以前的工作实践等。考虑这个因素，主要是判断拟选的监理单位能否有足够的能力来承担这一项目。

2)监理单位经验多少的条件

主要包括对一般工程项目的实际经验和对特殊工程项目的经验。

3)信誉好坏的条件

监理单位在科学、诚实、公正方面是否具有良好的声誉，是决定选择的一个重要因素。

4)理解力水平高低条件

业主(或业主代表)根据与初选监理单位的面谈，来判断每个监理单位及其有关人员对于自己的要求是否能显示出良好的理解力。理解力是保证所聘用监理单位能够提出解决问题的建议的重要条件。

5)监理单位工作人员能否满足监理业务需求的条件

业主(或业主代表)应考虑监理单位是否有足够的可以胜任工作的人员；该监理单位是否有一个完整的人才网络；一旦得到委托任务以后，能否及时聘请或替补所需的工作人员。

6)对项目所在地区的熟悉程度的条件

拟选择的监理单位对于委托项目所在地或所在国的条件和情况是否了解或熟悉，在选择外国或外地监理单位时，应特别考虑这项因素。

7)编制和执行监理规划水平的条件

拟选择的咨询监理单位对于工程项目的组织和管理是否有具体的切实有效的规划和计划，对于在规定的工期和概算成本之内保证完成任务，是否有详细完成任务的措施、规划和细则。

8)合作和团队精神的条件

监理单位是否能全心全意地与业主和承建单位合作，是决定选择的一个不可忽视的因素。

3.1.2　承接建设工程监理业务的三个阶段九个步骤

监理企业必须要有源源不断的监理业务才能生存，如何承接更多的监理任务，是企业能否生存和发展的头等大事，也是监理企业领导和决策者们特别关心的，要下大力气做好的关键工作，这项工作具体责任在监理公司的经营科或计划科，这些科室负责人和主管领导都随时在研究和提高企业的竞争能力,主要体现在承接业务的质量和数量,体现在建筑市场中承接任务的占有率上,这一重要工作的质量,直接反映监理公司在监理市场的信誉和管理水平。据调查,凡是信誉好和承接任务多的监理单位,该公司都有一套《承接建设工程监理任务的程序和方法》,不同的公司,不同的工程项目,采用的程序不尽相同,但经调查还是有一定的规律,有许多相同的地方。根据调查和了解的情况,结合成功的经验,构思了一套《承接建设工程监理任务的一般程序和方法》,本程序和方法分三个阶段九个步骤,详见图3.1。

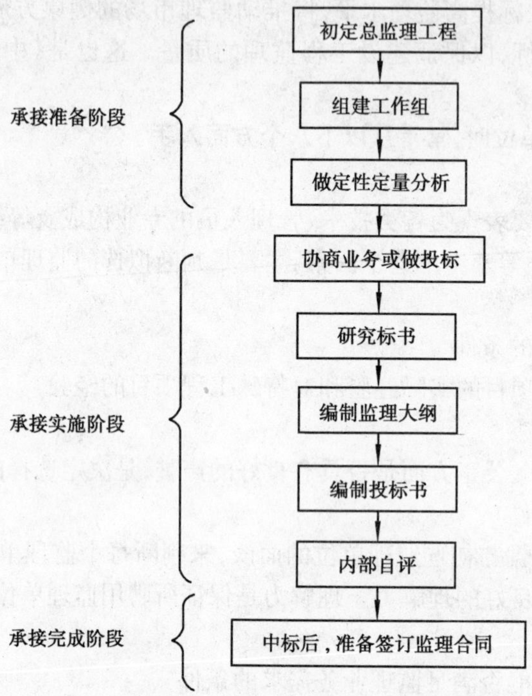

图3.1　承接监理业务流程图

第一阶段:承接建设工程监理业务的准备阶段

第一步:初定总监理工程师,组建承接监理项目工作组。

工程监理准备阶段,监理单位应根据工程项目的规模、性质和业主对监理工作的要求,委派具有相应职称和能力的总监理工程师,代表监理单位全面负责该项目监理工作。总监理工程师对内向监理单位负责,对外向业主负责。在总监理工程师的具体领导下,组建项目的监理班子,根据签订的监理合同和监理大纲,制订监理规划和具体的实施计划,开展监理工作。

一般情况下,监理单位在承接项目监理任务时,在参与项目监理的投标,拟订监理方案(大纲),以及与业主商签监理委托合同时,即应选派相应称职的人员主持该项工作。在监理任务确定并签订监理委托合同后,该主持人即可作为项目总监理工程师。这样,项目的总监理工程师在承接任务阶段及早介入,从而更能了解业主的建设意图和对监理工作的要求,并与后续工作更好地衔接。

第二步:对监理市场进行调查。

监理单位要想在监理市场上承接监理业务,就必须对监理市场进行广泛、深入的调查,摸清情况。所谓监理市场调查,是指对影响监理市场变化的条件、因素所进行的收集、整理、分析、研究市场规律,为经营决策提供依据的一系列活动。

监理市场调查的主要内容有:①对相关法规、政策的调查;②对监理环境的调查;③对业主的调查;④对竞争者的调查。

第三步:选定工程对象,进行定性和定量分析。

通过市场调查,监理单位会获得许多监理业务的信息,但不可能每一项目都去参加竞争,也没有这个必要。监理单位应在综合分析的基础上,选择那些承接可能性大、盈利前景乐观的工程项目参加竞争。对于监理单位来说,如何选择工程对象是一个经营决策问题,应进行全面的分析。分析的方法有两大类,即定性分析和定量分析。中小型建设项目一般采用定性分析的方法,大型建设项目最好将定性因素转化为定量指标进行定量分析。

定性分析应考虑的因素有:①工程条件分析;②承接工程的可能性分析;③本单位状况分析。

定量分析的程序是:①列出评价因素;②根据各因素的重要程度确定权重;③对各项因素评分;④计算各项因素得分及总分。总分越高,说明该项工程的条件越好,参加竞争的意义越大。

选定工程对象的决策将在本章第4节讲述。

第二阶段:承接建设工程监理业务的实施阶段

第四步:参与协商承接业务或做好投标承接业务的工作。

选择好工程对象后,就要根据业主选择监理单位的方式进行投标。如果业主采取邀请招标方式,监理单位应直接和业主接触,通过竞标达成委托与受托的关系,明确监理业务的各项事宜;如果业主采用公开招标的方式,监理单位则要参加投标竞争,通过招标投标程序来承接监理业务,明确监理业务的各项事宜。

协商或投标是承接监理业务中最重要的一个环节,监理单位要在市场调查的基础上,选派强有力的班子参加和业主的协商或投标。协商或投标的过程是监理单位展示自己实力的过程,通过协商或投标,让业主了解监理单位的能力、实施监理的措施以及服务水准等。监理单位要在协商或投标的过程中尽量取得业主的信任,实现承接监理业务的目标。

做好投标准备工作的关键是编制好投标书。

第五步:认真研究监理工程招标书(招标书的一般内容和分析要点详见本章第3节内容)。

第六步:编制监理大纲(监理方案)。

监理大纲(或称监理方案)是监理单位为了获得监理任务,在投标前由监理单位编制的项目监理方案性文件,它是投标书的重要组成部分。其目的是要使业主信服,采用本监理单位制订的监理方案,能实现业主的投资目标和建设意图。进而赢得竞争,赢得监理任务。可见,监理大纲(或称监理方案)是为监理单位经营目标服务的,起着承揽监理任务和保证监理中标的作用。监理大纲的内容应针对监理工程的实际情况提出完成监理任务的有效措施(包括技术、组织、机具设备、目标控制等)、有效方法和达到的目标等。详见本章第2节监理大纲(方案)。

第七步:编制投标书(编制标书的主要内容详见本章第4节内容)。

第八步:对投标的监理项目进行内部自评。

评标委员会对各投标书进行审查评阅,主要考察以下几方面的内容:①监理大纲;②近几年监理单位的业绩及奖惩情况;③人员派驻计划和人员的素质;④拟派项目的主要监理人员(重点审查总监理工程师和主要专业监理工程师);⑤投标人的资质;⑥监理单位提供用于本工程的检测设备和仪器,或委托有关单位检测的协议;⑦监理费用报价和费用组成。例如表3.1。

表3.1　施工监理招标的评分内容及分值分配表

评审内容	分　值	自评结果
监理大纲	10~20	
监理企业业绩	10~20	
企业奖惩及社会信誉	5~10	
监理机构	5~10	
总监理工程师资格及业绩	10~20	
专业配套	5~10	
职称、年龄结构等	5~10	
各专业监理工程师资格及业绩	10~15	
投标人资质及总体素质	10~15	
检测仪器、设备	5~10	
监理取费	5~10	

第三阶段:承接建设工程监理业务的完成阶段

第九步:承接任务完成,进入监理工程实施准备阶段,做好签订监理合同的准备。

监理单位经过与业主协商或投标获得监理业务之后,就要和业主谈判,订立建设工程监理合同。订立合同是承接监理业务的最后一个环节,其目的是把监理单位和业主经过商谈取得的一致意见用合同的形式固定下来,使其受到法律的保护和约束。

订立建设工程监理合同,必须遵循《中华人民共和国合同法》的规定,同时也要符合建设工程监理有关法规的规定。为了使建设工程监理合同更加规范,提高订立合同的质量,建设部和国家工商行政管理局与2000年联合印发了《建设工程委托监理合同》示范文本(GF-2000-0202)。订立监理合同的双方,只要在示范文本的合同标准条件基础上经协商达成一致意见,形成合同专用条件和补充条款即可(详见后续章节内容)。

3.2　监理大纲的编制

3.2.1　监理大纲的概念

监理大纲也称监理方案。监理大纲是监理单位在监理投标时编写的监理文件。编写监理大纲的目的是供建设单位进行监理评标用,以承揽监理任务并为今后的监理工作制订方案。

建设工程监理单位编制监理大纲的作用有两项:一是使建设单位认可监理大纲中的监理方案,从而使监理单位承揽到监理业务;二是为项目监理组织今后开展建设工程监理工作制订基本的方案,其中,监理大纲是建设工程监理规划编制的直接依据。

3.2.2　编制监理大纲的调查内容

编制《建设工程监理大纲》,应先做好调查研究,调查的内容主要有以下四个方面:

①反映工程项目特征的有关资料。

②反映当地工程建设政策、法规的有关资料。

③反映工程所在地区技术经济状况等建设条件的资料。

④类似工程项目建设情况的有关资料。

3.2.3　编制监理大纲的依据

熟悉工程情况,收集有关资料,在调查研究的基础上提出调查报告,作为编制建设工程监理大纲的依据,监理大纲有以下依据:

①工程情况调查报告。

②招标文件。

③招标工程的设计文件、资料、规定等。

④招标工程的初步施工组织设计。

⑤相关的规范、规定、文件等。

3.2.4　编制《建设工程监理大纲》的基本内容

编制建设工程监理大纲,其内容应当根据建设单位发布的建设工程监理招标文件的要求制订,主要内容有:

(1)拟派驻项目的监理人员情况介绍

在建设工程监理大纲的开始,建设工程监理单位需要介绍拟派驻承揽或投标项目的建设工程项目的主要监理人员,并对他们的资质情况进行说明。说明内容包括:监理人员组织内职务、分工、职称等级、责任、权利、从事监理工作的经历、突出的监理业绩、责任心、工作态度、技术技能、监理能力等。其中,介绍拟派驻的项目总监理工程师的情况是至关重要的,这往往决定承揽业务的成败。需要介绍拟派总监理工程师在各类工程项目建设的工作经验,包括不同规模、不同性质、不同地区和国家、不同环境的项目建设经验。还需要介绍拟派总监理工程师担任不同职务经历的工作经验。因为总监理工程师建设经验丰富的程度取决于这些经验积累的多少、宽窄与深厚程度,工作业绩情况,工作经历时间的长短和职务高低等,都对监理业务的完成起保证作用。最后要介绍监理工程师具有的技术工作、经济工作、管理工作、组织协调工作的全部或部分经验。

(2)拟采用的监理方案

建设工程监理单位应当根据建设单位提供的项目信息,并结合自己为投标而初步掌握的建设工程项目资料,制订出拟采用的建设工程监理方案。监理方案具体内容包括四项:项目监理组织方案、工程项目三大建设目标的具体控制方案、工程建设各种合同指标的管理方案、项目监理组织在监理过程中进行组织协调的方案。由此要求主持此项工作的总监理工程师具有工程项目建设全过程各阶段工作全部或部分经验。例如:可行性研究阶段的工作经验、设计阶段的工作经验、工程招标投标阶段的工作经验、施工阶段的工作经验、竣工验收阶段的工作经验和保修维修阶段的工作经验。

(3)说明将提供给建设单位监理阶段性文件

在建设工程监理大纲中,建设工程监理单位还应该向建设单位提供其未来进行监理所应该具备的阶段性的监理文件,这将有助于建设工程监理单位承揽到该项建设工程项目的监理业务。这些文件包括:①提供监理公司资质证件及合法经营的这种证件;②监理系列文件(监理规划、各种监理细则);③计划提供在实施监理中的各种文件;④提供监理目标控制和实现合同目标、竣工验收的各种文件。

(4)监理阶段性成果

监理实践中,各行业、各建设单位的具体情况不同,对监理大纲的繁简要求程度也会不同。监理大纲必须按建设单位监理招标文件的要求而有所调整。根据招标文件的要求,根据设计文件和工程图纸、初步施工组织设计等,提出监理阶段性成果,如基础施工、主体结构验收达到质量优良的验收成果。

监理单位在编制监理大纲时,最好将编写任务安排给拟派到该项目担任总监理工程师的人员编写。当然,安排其他人员编写也可以。但编写出的大纲,要经总监理工程师亲自修改,贯彻总监理工程师的意思和做法。

由于监理大纲在建设单位选择监理单位时起很大作用,监理单位必须认真组织人员编写以保证其质量水平。通常情况下,应由监理单位的总工程师最后审定,方可向建设单位呈递。

3.2.5 建设工程监理大纲与监理规划、监理实施细则的联系与区别

建设工程监理大纲、监理规划、监理细则是监理单位从承揽监理业务到完成监理任务全过程中先后编制的系列性监理文件。它们既相互联系,又存在区别。它们都是为开展建设工程监理工作服务的,它们之间有着依据性关系。

监理大纲、监理规划、监理细则是相互关联的,它们都是建设工程监理系列文件的不可缺少的组成部分,它们之间是相互关联、相互依赖的,在制订监理规划和监理细则时必须根据监理大纲相关内容编写,监理细则必须依据监理规划编写,但也不是一成不变的,就像工程设计,对简单工程只编写监理细则就可以了,而有的只需编写方案,不需要编写细则,这要根据工程具体情况而定,而一般情况下,监理系列文件都应该编写。

监理大纲、监理规划和监理细则有关联,同时又存在着许多不同:

(1)编制作用不同

监理大纲是监理单位在建设单位委托监理期间,为承揽监理业务而编写的监理方案性文件。作用之一是为今后正式开展建设工程监理工作确定方案,为编制监理规划文件提供框架基础和直接依据。监理大纲的作用之二是为监理单位承揽监理业务服务。它是监理单位监理投标文件的重要组成部分,是使建设单位确认监理单位的经验、人员和监理方案,能够承担监理业务的说明性文件。

监理规划的基本作用是全面指导项目监理组织(指监理单位根据所承担的监理任务而组建的具体履行监理合同的建设工程监理机构)开展监理工作。同时,监理规划又是建设工程监理主管部门对监理单位进行监督管理的依据,是建设单位监督监理单位履行建设工程监理合同的依据,是制订监理细则的直接依据。

监理细则是在项目监理规划的基础上,为贯彻落实监理规划,由项目监理组织的有关部门制订的实施性技术文件。它起着具体指导各子项、各专业监理部门开展监理业务的作用。

(2)性质不同

监理大纲是监理单位制订的方案性文件,是建设工程监理系统工程的“方案设计”;监理规划是项目监理组织制订的指导其开展监理工作的纲领性文件,是建设工程监理系统工程的“初步设计”;监理细则是具体指导项目监理组织的各部门开展监理工作的实施性文件,是建设工程监理系统工程的“施工图设计”。

(3)编制对象不同

监理大纲、监理规划是以监理单位所承揽的整个监理任务为对象编制的。监理细则是以项目监理组织内的某部门所分配的监理任务为对象编制的。

(4)内容侧重点、粗细程度不同

监理大纲、监理规划和监理细则在内容上一般都涉及监理单位在监理过程中“做什么”、“谁来做”、“何时何地做”和“如何做”的问题或其中部分问题。但是它们的侧重点不同。监理大纲的内容侧重于前两个问题,且是方案性的内容,内容较“粗”。监理规划则侧重于全盘的计划和组织,对上述各问题都应做出全面、完整和系统的回答,但一般情况下是指导性的内容,较监理大纲“细”。监理细则更侧重于解决部门工作“何时何地做”和“如何做”的问题,而且具体化,内容“细”。

(5)主持编制者的身份不同

监理大纲由拟承揽监理任务的监理单位指派有关部门或人员主持编写,通常可委托拟出任项目总监理工程师的技术、管理人员主持或参加。监理规划通常由项目总监理工程师主持编写。监理细则应由项目监理组织的有关部门的负责人或监理工程师负责人主持编写。

(6)编制阶段不同

监理大纲是在委托监理阶段编制的。监理规划是在建设工程监理合同签订之后,在开展监理工作之前着手编制的。全过程建设工程监理的监理规划文件要分阶段逐步编写而成。监理细则是在监理规划制订的基础上,在建立了项目监理组织,落实监理任务、工作和职能分工后编写的。

(7)审查确认者不同

监理大纲应由监理单位的有关部门或负责人初步审查确认后提交建设单位。对拟签订建设工程监理合同的监理单位,监理大纲还要与建设单位协商,经适当修改后,由双方确认,并作为监理合同的组成部分(附件)。

监理规划应由监理单位的有关部门审核并确认,同时还要经建设单位审核其中涉及建设工程监理合同和需要建设单位进行决策的有关内容。

监理细则通常应由项目总监理工程师或他委托的部门(或人员)负责审核并确认。

3.3　承接监理业务的招标、投标简介

3.3.1　建设工程监理招标投标的概念

(1)建设工程监理招标

建设工程监理招标,简称监理招标,是指招标人(业主或业主授权的招标组织)将拟委托

的监理业务对外公布,吸引或邀请多家监理单位前来参与承接监理业务的竞争,以便从中择优选择监理单位的一系列活动。

(2)建设工程监理投标

建设工程监理投标,简称监理投标,是指监理单位响应监理招标,根据招标条件和要求,编出技术经济文件向招标人投函,参与承接监理业务竞争的一系列活动。

3.3.2 建设工程监理招标投标的范围

建设工程监理招标投标是建设工程项目招标投标的一个组成部分。建设工程项目招标投标包括勘查招标投标、设计招标投标、施工招标投标、设备采购招标投标、材料采购招标投标等。按照《中华人民共和国招标投标法》规定,凡是大型基础设施、公用事业等关系到社会公共利益、公共安全的项目,全部或部分使用国有资金或者国家融资的项目,使用国际组织或者外国政府贷款、援助资金的项目,其勘查、设计、施工、监理及重要设备、材料的采购,都必须进行招标投标。其他项目是否进行招标投标,建设行政主管部门也作了相应的规定。例如,建设部和国家计委联合颁发的《建设工程监理规定》就要求"项目法人一般通过招标投标方式择优选定监理企业"。

对于监理招标,根据2001年1月1日施行的《中华人民共和国招标投标法》中所规定的招标范围,国家发展计划委员会制订了更具体的招标范围,对监理业务的规定是:"勘查、设计、监理等服务的采购,单项合同估算价在50万元人民币以上的"项目必须进行招标。

根据我国实际情况,允许各地区对本地区的招标范围做一定调整,但前提是不得缩小国家发展计划委员会所确定的标准。只要在各地区人民政府规定的招标范围内的工程,必须实行招标,不能肢解项目逃避招标,否则将承担相应的法律责任。在规定招标范围之外的工程,业主自愿决定是否招标(可采取业主直接委托监理单位的方式),一旦决定招标,政府行政主管部门不得拒绝其招标要求。

3.3.3 建设工程监理招标投标的作用

(1)规范监理业务的委托和受托行为

建设工程监理业务的委托与受托,其实质是一种市场交易活动,需要用规范的方法来实现。否则,监理市场将会因为行为不规范而出现混乱,降低建设工程监理的质量。实践证明,在建设工程活动中,采用招标投标的方法选择监理单位是一种最规范、最有效的方法。业主按照招标的规定择优选择监理单位,监理单位则按照投标规定参与竞争,从而使监理业务的委托和受托活动有序地进行。

(2)促使监理企业改善服务质量

监理招标投标是监理单位之间的直接竞争,迫使监理单位加强内部管理,提高服务质量,以自身的实力在激烈的竞争中求得生存与发展。监理单位在竞争中服务质量的不断改善将会带动建设工程监理整体水平的全面提高,这无疑对建设工程的质量、工期、投资的控制都是大有裨益的。

(3)帮助业主实现监理业务委托的优化

业主和监理单位之间形成的监理业务委托和受托的关系不同于一般实物商品的交易,业主不可能通过"货比三家"来实现购买行为的优化,只能直接选择提供技术和服务的监理单位。通过什么样的方式才能选择到理想的监理企业单位，是业主在委托监理业务时最为关心的问题。而招标投标正是帮助业主解决这一问题的理想方法，能有效地实现监理业务委托目标的优化。

(4)有利于政府宏观调控

监理招标投标给政府对监理市场的宏观调控提供了有效手段。建立市场经济体制后，政府不再直接干预企业的经营活动，而是对市场进行宏观调控。在监理市场，政府不再直接参与建设工程项目的监督管理，由企业法人或其他组织通过招标投标委托监理企业实施监理，政府则利用法律、经济等手段进行宏观调控。

3.3.4　监理招标投标的原则

从《中华人民共和国招标投标法》中可以提炼出监理招标投标的原则，对建设工程招标投标活动进行了规范，所有参与招投标活动的单位必须遵守。招投标准则如下：

①公开、公平、公正和诚实信用的原则。

②强制与自愿相结合的原则。

③合法原则。

④开放性原则。

⑤行政监督原则。

3.3.5　建设工程监理招标的程序

建设工程监理招标的程序是指招标工作在时间和空间上应遵循的先后顺序，所有进行建设工程监理招标工作都必须遵守。

①建设工程项目报建。

②审查招标人招标资质。

③申请招标。

④编制资格预审文件、招标文件。

⑤发布招标预审公告、招标公告或者发出投标邀请函。

⑥对投标资格进行审查。

⑦发售招标文件和有关资料，收取投标保证金。

⑧组织投标人踏勘现场，召开投标预备会，对招标文件进行答疑。

⑨开标、评标。

⑩择优选择投标单位，发中标通知书，签订合同。

3.3.6　建设工程监理招标文件的内容

承接监理业务，必须掌握以下招标文件的主要内容：

1)投标须知：①工程项目综合说明，包括项目的主要建设内容、规模、工程等级、建设地点、总投资、现场条件、开竣工日期等；②委托的监理范围和监理业务；③投标文件的格式、编制、递交；④投标保证金；⑤无效投标文件的规定；⑥招标文件的澄清与修改；⑦投标起止时间、开标、评标、定标时间和地点；⑧评标的原则。

2)监理合同条件。

3)业主提供的现场办公条件:主要包括交通、通讯、住宿、办公用房、实验条件等。

4)对监理单位的要求:主要包括对现场监理人员、检测手段、工程技术难点等方面的要求。

5)有关技术规定:主要包括本工程采用的技术规范、对施工工艺的特殊要求等。

6)其他事项:即其他应说明的事项。

掌握了以上六点主要内容后,即可开展投标工作,具体投标业务详见3.4节。

3.4 承接监理业务的投标步骤

3.4.1 建设工程监理投标应具备的条件

监理投标是投标人的一种竞争行为。投标人是响应招标、参加投标竞争的法人或其他组织。当业主或其授权的招标组织采用招标的方式选择监理单位时,监理单位就必须以投标人的身份参与投标。

监理单位参与投标应具备以下条件:

①具备承担招标项目的监理能力。

②有建设工程监理管理机构颁发的满足招标项目要求的资质等级证书。

③有符合招标文件规定的其他条件。

3.4.2 建设工程监理投标程序

监理投标是建设工程招标投标活动中,投标人的一项重要活动,其投标程序有严格的要求,投标每个程序的具体步骤见图3.2。

第一步:投标的前期工作

投标的前期准备工作包括获取招标信息和前期投标决策两项内容。

(1)获取招标信息

投标人获取招标信息的渠道很多,最普遍的是招标人通过大众媒体发布的招标公告或资格预审公告获取招标信息。投标人必须认真分析验证所获信息的真实可靠性,并证实其招标项目确实已立项批准和资金已经落实。

(2)前期投标决策

投标人在证实招标信息真实可靠后,同时还要对招标人的信誉、实力等方面进行了解,根据了解到的情况,正确做出投标决策,以减少实施过程中监理单位的风险。决策时考虑的因素见3.4.10内容。

第二步:申请投标

通过市场调查和对招标工程的调查,如果认为该项目有投标的价值,监理单位便可按规定申请投标。

监理单位申请投标时应向招标人提供下列材料:

①监理单位的营业执照和资质等级证书。

②监理单位的简历。

③监理人员构成情况，包括人员总数、职称结构、学历结构、监理资质等。

④近年来承担的主要监理工程及质量情况。

⑤在监工程项目情况一览表。

只有在申请参加资格预审合格后（除有的项目采用资格后审的办法外），才能进入下一步工作，按招标人规定购买招标文件。

第三步：准备投标

购买招标文件后，即投入准备工作阶段，在此阶段，需要分析招标文件，组建投标班子，参加由招标人组织的现场踏勘，即调查与现场考察，这是编制投标文件前一项非常重要的准备工作，在考察现场时了解项目的个性，才能有针对地编制投标文件，如监理大纲中技术方案的侧重点，费用报价中是否要增加一些特殊费用，在项目实施过程中将使用哪些设备和仪器等。一旦投标文件提交后，监理单位不能因现场考察不周，情况了解不细或因素考虑不全而提出涉及投标文件实质性更改的要求。在现场踏勘后，一般招标人会举行投标预备会，目的是解决投标人对招标文件即现场踏勘后所提出的问题，投标人应尽可能多地将发现的问题或不解之处向招标人提出疑问，争取得到招标人的解答，为下一步投标工作的顺利进行打下基础。

第四步：编制投标文件

投标文件，也叫投标书或标书，是投标人响应招标而编制的用于投标竞争的综合性技术经济文件。投标文件应当对招标文件提出的实质性要求和条件做出响应。

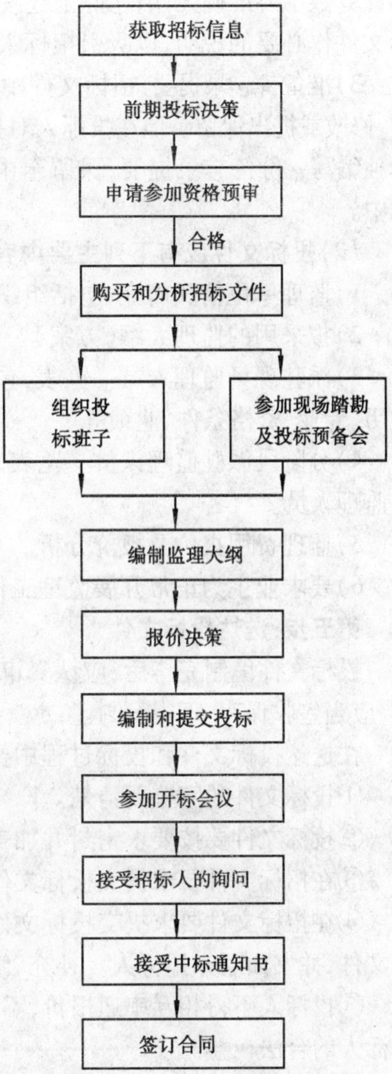

图 3.2　监理投标程序图

(1) 在编制投标文件时要做好下列工作

监理招标与工程项目建设过程中其他各类招标的最大区别，表现为标的具有特殊性。监理招标的标的是提供“监理服务”，只是受招标人委托对工程建设过程提供监督管理、咨询等服务，而不承担物质生产任务。鉴于监理标的特殊性，编制监理标书主要要做好下列工作：

1）分析招标文件：分析招标文件的重点在投标人须知、合同文件、项目责权范围、技术文件上。

2）编制投标文件：应严格按照招标文件的要求进行填写，要对招标文件提出的实质性要求和条件作出响应，一般不能带任何附加条件，否则将导致投标作废。在编制时应注意下面的问题：①投标文件中的每一空白都须填写；②递交的全部文件若填写中有错误而不得不修改，则应在修改处签字；③最好用打印方式填写标书；④不得改变投标文件的格式，如原有格式不能表达投标意图，可另附补充说明；⑤投标文件应字迹清楚、整洁、纸张统一、装裱美观大方；

⑥计算数字要准确无误；⑦除上述规定外，投标人还可以写一封更为详细的致函，对自己的投标文件作必要的说明，以吸引招标人和评标委员会对递送这份标书的投标人感兴趣和有信心。

3）准备备忘录提要：招标文件中一般都有明确规定，不允许投标人对招标文件进行随意取舍、修改或提出保留。但在投标人对招标文件反复分析后，往往会发现很多问题，对这些问题应单独编写一份备忘录提要，保留至中标后进行合同谈判时使用，将谈判结果写入正式的合同之中。

（2）投标文件应有下列主要内容

1）监理单位情况简介，包括组织机构、经营规模、资金能力、监理经验、监理业绩等。

2）拟采用的监理大纲（方案）。

3）派驻现场监理人员一览表，包括总监理工程师、专业监理工程师、现场监理员的年龄、学历、专业、资格条件、业绩等。

4）分阶段派驻监理人员一览表，根据拟采用的监理方案确定工程进展各阶段应派驻现场的监理人员。

5）监理费用报价及报价分析。

6）要求业主为正常开展监理工作提供的设备和设施清单。

第五步：送达投标文件

投标文件编制完毕后，应认真审查，确认无误后按规定送达招标人。招标人收到投标文件后，应当签收保存，不得开封。

在送达投标文件和投标过程中要遵守以下规定：

①投标文件的字迹要清楚。

②投标文件要按要求密封并加盖有关印鉴。

③在招标文件要求提交投标文件的截止日期前，将投标文件送到指定地点。

④在招标文件要求提交投标文件的截止日期前，投标人可以补充、修改或撤回已提交的投标文件，并书面通知招标人。补充、修改的内容为投标文件的组成部分。

⑤投标人不得相互串通报价，不得排斥其他投标人的公平竞争，不得损害招标人或者其他投标人的合法权益。

⑥投标人不得与招标人串通投标，损害国家利益、社会公共利益或者其他投标人的合法利益。

⑦禁止投标人以向招标人或者评标委员会成员行贿的手段谋取中标。

⑧投标人不得以低于成本的报价竞争，也不得以他人名义投标或者以其他方式弄虚作假，骗取中标。

第六步：参加开标会议，接受招标人的询问

投标人在提交完投标文件后，应按时参加开标会。开标会议是由投标人的法定代表人或其授权代理人参加。如果是法定代表人参加，一般应持有法定代表人资格证明书；如果是委托代理人参加，一般应持有授权委托书。许多地方规定，不参加开标会议的投标人，其投标文件将不予启封。

在评标过程中，评标组织根据情况可以要求投标人对投标文件中含义不明确的内容作必要的澄清或者说明，这时投标人应积极地予以澄清说明，但投标人的澄清说明，不得超出投标文件的范围或者改变投标文件中的工期、报价、质量、优惠条件等实质性内容。

第七步:接受中标通知书、签订合同

经过评标,投标人被确定为中标人后,应接受招标人发出的中标通知书。中标人在收到中标通知书后,应在规定的时间和地点与招标人签订合同。详见4.2《建设工程委托监理合同》编制。

3.4.3 建设工程监理投标决策

投标决策主要考虑,对于某一建设项目的监理业务是否要投标?如果投标,是投什么性质的标?在投标中如何采用一定的方法,达到以长制短,以优胜劣?一般将投标决策分为下面两个阶段:

(1)决策前期阶段

投标决策的前期阶段,在购买资格预审资料前(后)完成。主要根据前期调研资料、业主的情况、项目情况等,综合考虑,决定是否参加投标。一般有下列情况应放弃投标:

①本单位营业范围之外的项目。

②工程规模、技术要求超过本单位技术等级的项目。

③本单位任务饱满时,盈利水平较低或风险较大的项目。

④本单位技术水平、业绩、信誉等,明显不如竞争对手的项目。

(2)决策后期阶段

一旦决定投标,则进入决策后期。一般是在申报资格预审至封送投标文件前完成的。这个阶段主要决定投什么性质的标,以及在投标中采用的策略。对此阶段的分类有几种,我们只介绍按投标效益对监理单位的影响这种情况,可分为盈利标、保本标和亏本标三种。

盈利标,一般是在招标项目既是本单位的强项,又是竞争对手的弱项,或建设单位意向明确,或本单位任务饱满,利润丰厚,才考虑让单位超负荷运转时,将本项目的利润适当提高而采用的一种投标策略。

保本标,一般是在监理单位无后继工程,或已经出现部分窝工,必须争取中标,但招标的项目本单位又无优势可言,竞争对手又是“强手如林”的局面时,基本不考虑利润或只考虑微薄的利润而采用的一种投标策略。

亏本标,一般是在本单位已出现大量窝工,严重亏损,若中标后至少可以使部分人员、设备、机械运转,减少亏损;或者为在对手林立的竞争中夺得头标;或者为了在本单位一统天下的地盘里,挤走企图插足的竞争对手;或者为了打入新市场,取得拓展市场的立足点时,不惜血本压低标价,以低于成本价投标的一种投标策略。需要说明的是,这种方式在国际招投标中存在,但我国《招标投标法》严格规定不得以低于成本的报价竞标,这种行为属于违反《招标投标法》规定的行为。

3.5 承接监理业务的委托合同简介

3.5.1 《建设工程委托监理合同》的概念和特点

(1)建设工程监理合同的概念

建设工程监理合同简称监理合同,是业主(建设单位)与监理单位签订,为了委托监理单位承担监理业务而明确双方权利义务关系的协议。委托监理的内容是依据相关法律、法规及有关技术标准、设计文件和建设工程合同，对承包单位在工程质量、建设工期和建设资金使用等方面，代表建设单位对建设项目实施监督管理。

(2)建设工程监理合同的特点

建设工程监理合同是委托合同的一种，除具有委托合同的共同特点外，还具有以下特点：

①监理合同的当事人双方应当是具有民事权利能力和民事行为能力、取得法人资格的企事业单位、其他社会组织，个人在法律允许的范围内也可以成为合同当事人。委托人必须是具有国家批准的建设项目，落实投资计划的企事业单位、其他社会组织及个人；受委托人必须是依法成立的具有法人资格的监理单位，并且所承担的建设工程监理业务应与企业资质等级和业务范围相符合。

②监理合同委托的工作内容必须符合工程项目建设程序，遵守有关法律、行政法规。监理合同是以对建设工程项目实施控制和管理为主要内容，因此监理合同必须符合建设工程项目的程序，必须符合国家和建设行政主管部门颁发的有关建设工程的法律、行政法规、部门规章和各种标准、规范要求。

③委托监理合同的标的是服务。建设工程实施阶段所签订的其他合同，如勘察设计合同、施工承包合同、物资采购合同、加工承揽合同的标的物是产生新的物质成果或信息成果，而监理合同的标的是服务，即监理工程师凭借自己的知识、经验、技能受业主委托为其所签订其他合同的履行实施监督和管理。

3.5.2 《建设工程委托监理合同》示范文本简介

常见的监理委托合同有四种基本形式：根据法律要求签订并执行的正式合同；比较简单的信件式合同；由委托方发出的监理委托通知单；标准合同。

建设工程监理委托合同的内容多，涉及面宽，关系复杂。为了保证当事人双方订立的合同准确、完整、规范、合法，建设部、国家工商行政管理局2000年2月17日颁发了《建设工程委托监理合同》示范文本(GF-2000-0202)，业主和监理企业在订立监理合同时，一般参照示范文本逐条协商、达成一致意见。如没有采用示范文本，最好在制订合同时，参考其相关条款。示范文本由三部分组成。第一部分是建设工程委托监理合同，第二部分是《建设工程监理合同标准条件》(以下简称为《标准条件》)，第三部分是《建设工程监理合同专用条件》(以下简称为《专用条件》)。

第一部分建设工程委托监理合同实际上是协议书，它是监理合同的总纲，规定了监理合同的一些原则、合同的组成文件，意味着业主与监理单位对双方商定的监理业务、监理内容的承认和确认。

主要条款有：①业主委托监理单位监理的工程(以下简称“本工程”)概况。②本合同中的措辞和用语与所属的监理合同条件及有关附件同义。③本合同的组成部分：监理委托函或中标函；工程建设监理合同标准条件；工程建设监理合同专用条件；在实施过程中共同签署的补充与修正文件。④监理单位承诺按照本合同的规定，承担本工程合同专用条件中议定范围内的监理业务。⑤业主承诺按照本合同注意的期限、方式、币种，向监理单位支付酬金。⑥合同生效。

第二部分《标准条件》适用于各个工程项目建设监理委托，各个业主和监理单位都应当遵守。标准条款是监理合同的主要部分，它明确而详细地规定了双方的权利义务。

主要条款有:①词语定义、适用语言和法规。②双方的权利和义务。③合同生效、变更与终止。④监理酬金。⑤其他条款。⑥争议的解决。

第三部分《专用条件》是各个工程项目根据自己的个性和所处的自然和社会环境,由业主和监理单位协商一致后填写的。双方如果认为需要,还可在其中增加约定的补充条款和修正条款。专用条款是与标准条款相对应的。专用条款不能单独使用,它必须与标准条款结合在一起才能使用。

3.5.3　《专用条件》和《标准条件》的关系

在编制《建设工程委托监理合同》时,应将《专用条件》对应《标准条件》的相应条款按顺序进行填写。现举例如下:

"第二条",要根据工程的具体情况,填写所适用的部门、地方法规、规章。

"第四条",在协商和写明其"监理工程范围"时,一般要与工程项目总概算、单位工程概算所涵盖的工程范围相一致,或与工程总承包合同、分包合同所涵盖工程范围相一致。

在写明"监理工作内容"时,首先要写明是承担哪个阶段的监理业务,或设计阶段的监理业务,或施工和保修阶段的监理业务,或全过程的监理业务;其次要详细写明委托阶段内每项具体监理工作,应当避免遗漏。其办法可按照《建设监理规定》中所列的监理内容和《监理大纲》所列的监理内容进一步细化。

如果业主还要求监理单位承担一些咨询业务和事务性工作,也应当在本条款中详细列出。例如,建设项目可行性研究,编制预算,编制标底,提供改造交通、供水、供电设施的技术方案等。又例如,办理购地拆迁,提供临时设施的设计和监督其施工等。

"第十五条",在填写业主提供的设施和监理单位自备的设施时,一般是指下列设施与设备:①检测试验设备;②测量设备;③通信设备;④交通设备;⑤气象设备;⑥照相录像设备;⑦电算设备;⑧打字复印设备;⑨办公设备;⑩生活用房。

在写明业主给予监理单位自备设备经济补偿时,一般应写明补偿金额。其计算方法为:补偿金额 = 设施在工程上使用时间占折旧年限的比率 × 设施原值 + 管理费。

"第十六条",如果双方同意,可在专用条件中设立此条款。在填写此条款时应写明提供的人数和时间。

"第二十六条",在写明"赔偿额"时,应写明其计算方法。

"第三十七条",在写明"监理任务报酬"时,按照国家物价局和建设部(92)价费字479号文《工程建设监理费有关规定的通知》的规定计收。其支付时间应当写明某年某月某日支付数额。

在写明"附加工作报酬"时,应当写明业主未按原约定提供职员或服务员,或设施业主应当按照监理实际用于这方面的费用给予完全补偿。还应写明,如果由于业主或第三方的阻碍或延误而使监理单位发生附加工作,也应当支付报酬。其计算方法为:报酬 = 附加工作日 × 合同报酬/监理服务日。在写明其支付时间时,应写明在其发生后的多少天内支付。

"第四十五"条,如果双方同意,可以在专用条件中设立此条款。在填写此条款时应当写明在什么情况下业主给予奖励以及奖励办法。例如,由于监理单位的合理化建议而使业主获得实际经济利益,其奖励办法可参照国家颁布的合理化建议奖励办法。

具体编写的内容有十一点,详见4.2《建设工程委托监理合同》编制。

3.6 近年监理工程师考题摘录及案例选编

一、近年监理工程师考题摘录

(一)单选

1.(2008 理)某工程项目的建设单位通过招标与某监理单位签订了施工阶段委托监理合同,总监理工程师应根据(B)组建项目监理机构。

A. 监理大纲和监理规划　　B. 监理大纲和委托监理合同

C. 委托监理合同和监理规划　　D. 监理规划和监理实施细则

2.(2008 理)下列关于监理大纲、监理规划和监理实施细则之间关系的表述中,正确的是(B)。

A. 监理大纲的内容比监理规划的内容更全面、更翔实

B. 监理实施细则应在监理规划的基础上进行编写

C. 监理大纲应按监理规划的有关内容编写

D. 三者编写顺序为监理规划、监理大纲和监理实施细则

3.(2008 理)依据《工程监理企业资质管理规定》,具有专业乙级资质的工程监理企业,可以承担(C)建设工程项目的监理业务。

A. 所有专业类别三级以下(含三级)　　B. 相应专业类别三级以下(含三级)

C. 相应专业类别二级以下(含二级)　　D. 所有专业类别二级以下(含二级)

4.(2009 理)《建设工程质量管理条例》规定,工程监理单位不得(D)监理业务。

A. 以联合体名义承揽　　B. 合作承揽

C. 分包　　D. 转让

5.(2009 理)咨询工程师在任何时候,都应当维护职业尊严,这是 FIDIC 道德准则中(A)。

A. 对社会和职业的责任　　B. 能力

C. 正直性　　D. 公正性

6.(2009 理)下列监理工程师目标控制任务中,既是设计阶段进度控制任务又是施工阶段进度控制任务的是(A)。

A. 编制业主方材料和设备供应进度计划

B. 制订预防工期索赔的措施

C. 做好对人力、材料、机具设备等的投入控制

D. 制订建设工程控制性总进度计划

7.(2009 理)依据《建筑法》,当施工不符合工程设计要求、施工技术标准和合同约定时,工程监理人员应当(B)。

A. 报告建设单位　　B. 要求建筑施工企业改正

C. 报告建设单位要求建筑施工企业改正　　D. 立即要求建筑施工企业暂时停止施工

(二)多选

1.(2008 理)项目监理机构的组织形式和规模,应根据(ABCD)等因素确定。

A. 委托监理合同的服务内容　　B. 委托监理合同的服务期限

C. 建设工程的技术复杂程度　　　　　D. 建设工程的类别、规模

E. 建设工程的承包模式

2. (2009 理)下列监理任务中,属于施工阶段质量控制的任务有(BCDE)。

A. 评审总承包单位资质　　　　　　　B. 审查施工组织设计

C. 审查确认分包单位资质　　　　　　D. 做好工程变更方案的比选

E. 组织质量协调会

3. (2009 理)依据《建设工程监理规范》,建设工程开工条件包括(ABCD)。

A. 施工许可证已获政府主管部门批准

B. 征地拆迁工作能满足工程进度的需要

C. 施工组织设计已获总监理工程师批准

D. 施工机具、人员已进场,主要工程材料已落实

E. 第一次工地会议已召开

二、工程监理案例解析

[案例]

某办公大楼工程,建设单位通过公开招标选择了一家施工单位,施工合同中已明确有9 200 m^2 外立面铝塑板安装任务,铝塑板由建设单位采购。建设单位在采购时,其中一家供货厂家提出该厂最近引进了国外先进技术,生产了一种由新型材料制成的铝塑板,并通过了新产品鉴定,安装工艺与一般铝塑板安装工艺不同,需要新的工艺方法,安装方便、效果好,并表示可供货、安装、保修"一条龙"服务,建设单位就与供货厂家签订了该铝塑板供货与安装合同,并通知了施工单位和监理单位,由供货厂家负责铝塑板的安装。

[问题]

1. 建设单位在选择铝塑板供货与安装单位的做法是否妥当？请说明理由。

2. 建设单位在通知由供货方负责铝塑板安装时,项目监理机构应做哪些工作?

3. 对于新型材料制成的铝塑板以及新的施工工艺的应用,项目监理机构应如何处理?

[案例解析]

1. 不妥;施工合同中明确有铝塑板安装任务,建设单位只负责铝塑板的采购,建设单位在铝塑板采购时把安装任务又直接发包出去是不对的,属合同违约行为。

2. (1)应及时向建设单位提出这种做法不妥,是违约行为,只能签订采购合同,安装应仍由原施工单位完成;

(2)若建设单位坚持其行为,总监应在建设单位和施工单位之间进行协调;若施工单位同意,则可由供货方承担安装任务;

(3)施工单位不同意,即双方均不让步,则需总监提出合同争议处理意见,并表明建设单位违约,采购合同中安装部分无效,仍由施工单位承担安装任务;如双方在合同规定争议期限内无争议,且在符合施工合同的前提下,此意见应成为最后决定,双方必须执行;否则可通过仲裁或诉讼解决;

(4)由供货厂家负责安装,则要求其提交安装资质等有关资料并进行审查;符合则进场安装;不符合,向建设单位说明,仍由施工单位安装;

(5)若确定由供货厂家负责安装,监理工程师应对施工单位提出的铝塑板安装费用调整进行测算审核,协调建设单位和施工单位的费用调整,力求取得一致并办理合同变更手续。

3. 因为是新型铝塑板，又采用新的施工工艺，项目监理机构应按以下程序处理：

(1)安装单位应将铝塑板的材料试验鉴定证书、鉴定单位、通过试验确定的施工工艺、检验标准以及按要求填写的《工程材料/购配件/设备报审表》报送项目监理机构。

(2)专业监理工程师进行审查，必要时聘请设计单位、有关专家进行专题论证，确定其是否满足设计和施工要求及符合现行强制性标准，审查同意后签署《工程材料/购配件/设备报审表》并同意该施工工艺应用，并在安装过程中重点控制，按检验标准检查、验收。

(3)如不符合现行强制性标准规定的，应当由拟采用单位提请建设单位组织专题技术论证，报批准标准的建设行政主管部门或者国务院有关主管部门审定。

本章小结

通过学习应了解到建设工程监理业务在政策规定范围内一般采用招标投标方式获得，另在政策规定范围外的可由建设单位直接进行比选择优授予，也可采取招标投标方式；了解了业主在选择建设工程监理单位时一般需要考虑的问题；掌握了承接建设工程监理业务的步骤；掌握了通过招标投标方式承揽建设工程监理业务必须按照特定的程序，依次进行；掌握了建设工程监理大纲的编写要求，监理大纲是编制监理规划的基础，监理实施细则是监理规划的进一步深入和详细阐述；最后，了解了《建设工程监理合同》(示范文本)的重要内容，为以后编制监理合同奠定了基础。通过对全国监理工程师考题摘录的单选、多选和实际案例的学习，掌握了解决本章问题的方法和技巧，对监理理论的实际应用更加深化。

复习思考题

1. 承接建设工程监理业务的方式有哪些？

2. 一般监理单位是按什么步骤承接建设工程监理业务的？

3. 建设工程监理大纲的作用和编写内容是什么？

4. 建设工程监理大纲与监理规划、监理实施细则的区别有哪些？

5. 建设工程监理招标、投标的概念是什么？我国对此有何要求？

6. 为什么要进行建设工程监理招标投标？其原则和作用是什么？

7. 简述建设工程监理投标程序。

8. 在建设工程监理投标过程中应注意什么问题？

9. 简述建设工程监理合同的概念及其特点。

10.《建设工程委托监理合同》示范文本主要组成是什么？《专用条件》与《标准条件》有何关系？

11. 本章摘录的近年全国监理工程师考题单选有几题？多选有几题？解答是否正确？能否从本书和有关参考资料中找到解答正确与否的原因？

12. 本章选编的监理案例的内容是什么？有几个问题？监理工程师是怎样解决的？

第4章 工程建设监理步骤和方法

内容提要和要求

本章首先介绍了工程建设监理的八个基本步骤和方法：①承接业务（在第三章已经叙述）；②签订委托合同；③建立监理组织；④收集资料；⑤制订规划和细则；⑥实施监理；⑦竣工监理；⑧监理工作总结。第4.2至4.8节中重点介绍了怎样签订委托合同；怎样编制监理规划和细则；怎样在工地上召开落实规划和细则的各种工地会议；监理工作具体实施中的基本要求、准则、手段和方法等内容。最后，本章还摘录了《近年全国监理工程师考题和案例选编》，为进一步学习和掌握本章提供了保障。

通过上述内容的学习，重点掌握工程建设监理的步骤，对八个步骤中的具体操作方法和实际范例，根据教学实际情况有选择地掌握2~3种方法。

4.1 监理工作的步骤和方法简介

这里重点介绍建设监理工作的八个基本步骤和方法，在每个步骤都作了简单的叙述。对于必须重点掌握的操作性强、运用广泛的重点步骤和方法，还在本节以后的章节中作专门的讲解，目的是培养读者的实际操作能力和应用效果。下面逐一简介监理工作的步骤和方法：

第一步：工程建设监理业务的承接方法

我国监理单位获得监理任务主要有两种途径：①公开招标竞标委托；②邀请招标委托。在通常情况下，都采取公开招标竞标委托承接监理任务的方式。

以上两种方法，在第三章《建筑工程监理业务承接》中，已经简述了承接的九个步骤和方法，包括编制监理大纲、投标书、参与承接业务的多种方法。

第二步：签订监理委托合同的方法

常见的监理委托合同有以下四种基本形式：正式合同、信件式合同、监理委托通知单和标准合同，一般采用标准合同。其共同点都应明确委托内容及各自的权利、义务。详见4.2《建筑工程监理委托合同》的编制。

第三步：建立项目监理组织，执行严格监理、热情服务的方法

监理单位在与业主签订监理委托合同后，根据工程项目的规模、性质，业主对监理的要求，监理公司应正式委派称职的人员担任项目的总监理工程师，代表监理单位全面负责该项目的

监理工作。总监理工程师对内向监理单位负责，对外向业主负责。

在监理工程师的具体领导下，组建项目的监理班子，并根据签订的监理委托合同，制订监理规划和具体的实施细则，开展监理工作，做到严格监理。严格监理就是各级监理人员严格按照国家政策、法规、规范、标准和合同控制工程项目的目标，严格把关，依照既定的程序和制度，认真履行职责，建立良好的工作作风。作为监理工程师，要做到严格监理，必须提高自身的素质和监理水平。监理工程师必须为项目业主提供热情的服务，“应运用合理的技能，谨慎而勤奋地工作。”由于项目业主一般不精通工程建设业务，监理工程师应按照工程建设监理合同的要求，多方位、多层次地为项目业主提供良好的服务，维护项目业主的正当权益。工程建设监理单位及监理工程师与各工程承建商的关系，以及处理项目业主与各承建商的利益关系，一方面应该坚持严格按照工程建设合同办事，严格监理的要求；另一方面，又应该立场公正，为项目业主提供热情的监理服务。

建立项目监理组织中，对施工现场的旁站监理工作要高度重视，在房屋建筑工程施工阶段中，项目监理组织对关键部位，对容易出事故，容易出问题子项目施工时，必须指派专人对施工质量实施全过程的现场跟班的监督管理。总监理工程师在制订监理规划和实施细则时，就必须制订《旁站监理实施细则》，明确旁站监理的范围、内容、程序和旁站监理人员的职责，并将此细则送业主和施工单位，抄送主管部门以利于监督，详见附录1文件二《房屋建筑工程施工旁站监理管理办法》(试行)。开展监理实际工作，首先是调查收集相关资料。

第四步：收集有关资料的方法

建立监理组织后，由总监理工程师统一布置，首先是进一步熟悉情况，收集以下四方面的有关资料：

1)反映当地工程建设政策、法规的有关资料：①关于工程建设报建程序的有关规定；②当地关于拆迁工作的有关规定；③当地关于工程建设应交纳有关税、费的规定；④当地关于工程建设管理机构资质管理的有关规定；⑤当地关于工程项目建设实行建设监理的有关规定；⑥当地关于工程建设招标投标的有关规定；⑦当地关于工程造价管理的有关规定。

2)反映工程所在地区技术经济状况等建设条件的资料：①气象资料；②工程地质及水文地质资料；③交通运输(包括铁路、公路、航运)有关的可提供的能力、时间及价格等资料；④供水、供电、供热、供燃气、电信有关的可提供的容量、价格等资料；⑤勘察设计单位状况；⑥土建、安装施工单位状况；⑦建筑材料及构件、半成品的生产、供应情况；⑧进口设备及材料的有关到货口岸、运输方式的情况等。

3)类似工程项目建设情况的有关资料：①类似工程项目投资方面的有关资料；②类似工程项目建设工期方面的有关资料；③类似工程项目的其他技术经济指标等。

4)反映工程项目特征的有关资料：①工程项目的批文；②规划部门关于规划红线范围和设计条件通知；③土地管理部门关于准予用地的批文；④批准的工程项目可行性研究报告或设计任务书；⑤工程项目地形图；⑥工程项目勘测、设计图纸及有关说明。

第五步：制订工程项目的监理规划和实施细则的方法

工程项目的监理规划，是开展项目监理活动的纲领性文件，由项目总监理工程师主持编制。详见4.3《建设工程监理规划》的制订。

在监理规划的指导下，为具体指导投资控制、质量控制、进度控制的进行，还需结合工程项目实际情况，制订相应的实施细则。详见4.4《建设工程监理细则的制订》。

第六步:监理工作实施的方法

当已经制订了监理规划和实施细则,并经相关部门签字认可,报经主管部门批准后,监理公司根据制订的监理规划和细则,规范化地开展监理工作。对此,要明确两个方面:

(1)监理工作的规范化要求

1)工作目标的确定性。在职责分工的基础上,每一项监理工作应达到的具体目标都应是确定的,完成的时间也应有时限规定,从而能通过报表资料对监理工作及其效果进行检查考核。

2)职责分工的严密性。建设监理工作是由不同专业、不同层次的专家群体共同来完成的,他们之间有严密的职责分工,是协调进行监理工作的前提和实现监理目标的重要保证。

3)工作的时序性。即监理的各项工作都是按一定的逻辑顺序先后展开的,从而使监理工作能有效地达到目标而不致造成工作状态的无序和混乱。

(2)监理工作实施的关键工作

1)贯彻执行监理合同、规划和细则,详见4.2节、4.3节、4.4节;

2)监理工作实施中执行对监理单位、监理人员、监理活动的基本要求和准则,详见4.5节;

3)监理工作实施中应用的监理方法和手段,详见4.6节;

4)监理工作实施中《工地会议》和检查监控,详见4.7节。

第七步:竣工验收和使用保修阶段的监理方法简介

监理公司承接的监理工程,在竣工验收时监理工程师应做如下工作:①整理、汇集各种技术资料;②拟定验收条件、验收依据和验收必备的技术资料;③组织项目预验收和正式验收;④确定维修使用方案,保修期满,监理工作结束,具体内容详见4.8节《简介竣工验收和保修阶段的监理工作》。

第八步:监理工作总结的方法

监理工作总结包括:

1)向业主提交的监理工作总结。其内容主要包括:委托合同履行情况概述,监理任务或监理目标完成情况的评价,由业主提供监理活动使用的办公用车辆、实验设施等清单;表明监理工作终结的说明等。

2)向监理单位提交的监理工作总结。其内容主要包括:监理工作的经验,可以是采用某种监理技术、方法的经验,也可以是采用某种经济措施、组织措施的经验,以及签订监理委托合同方面的经验,如何处理好与业主、承包单位关系的经验等。监理工作中存在的问题及改进的建议,用以指导今后的监理工作,并向政府有关部门提出政策建议,不断提高我国工程建设监理的水平。

3)监理档案资料的整理

应进行整理的单位工程监理档案资料包括以下内容:①监理合同;②监理大纲、监理规划;③监理日志;④监理月报;⑤监理通知;⑥会议记录;⑦工程质量事故核查处理报告;⑧施工组织设计及审核签证;⑨主体工程质量评定核查意见表;⑩工程结算核定;⑪单位工程竣工验收监理意见;⑫质量监督站关于主体结构及竣工验收的意见。工程建设监理常用报表及汇总说明:建设监理工作中,报表文件的体系化、规格化、标准化是监理工作有秩序地进行的基础工作,也是监理信息科学化的一项重要内容。实际工作中,不同类型的项目所需要的监理报表并非完全一致,整理监理工程师需根据监理项目的具体情况来设计适合该项目监理工作需要的各种报表。建设项目常用的监理报表有以下几类:

A. 承包人用表

指施工单位向监理工程师的报表，通常包括施工技术方案报审表；工程开工报告表；设计图纸交底会议纪要；建筑材料报验单；进场设备报验单；施工放样报验单；发包申请；合同外工程单价报表；计日单价申报表；工程报验单；复工申请；合同工程月计量申报表；额外工程月计量报表；计日工作月计量申报表；材料价格调价申报表；付款申请；索赔申报表；延长工期申报表；竣工报验单；事故报告单；施工单位申报表（通用）等。

B. 监理工程师向施工单位发出的表格

包括监理工程通知（通用）；额外或紧急工程通知；计日工作通知；设计变更通知；不合格工程通知；工程检验认可书；工程变更指令；工程暂停指令；复工指令；竣工证书；现场指示等。

C. 质量检查验评表格

包括单位工程质量综合评定表；质量保证资料核查表；单位工程观感质量评定表；地基及基础分部工程质量评定表；主体分部工程质量评定表；地面分部工程质量评定表；门窗分部工程质量评定表；装饰分部工程质量评定表；屋面工程等分部工程质量评定表等。

D. 监理工程师向业主提交的报表

内容包括项目总状况报告表；进度计划与实际完成报表；工程进度月报表；工程质量月报表；月支付总表；暂定金额支付月报表；应扣款月报表；月份施工进度计划表；施工进度产值计划与实际完成情况表；备忘录等。

E. 国家、地方、行业和规范规定的技术要案汇总时应提交的文字说明。

4.2 《工程建设监理委托合同》的编制

《建筑工程委托合同》的标准合同文本应该具备以下十一点基本内容，现摘要如下（详细内容见《工程建设监理手册》）。

4.2.1 签约各方的确认

《工程建设监理委托合同》的首页应说明签约双方的身份（略，详见标准合同原文）。

4.2.2 合同的一般性叙述

《工程建设监理委托合同》的一般性描述是引出合同，是引出合同“标的”的过渡（略，详见标准合同原文）。

4.2.3 监理单位的义务

《工程建设监理委托合同》包括监理工程师的义务描述和被委托的监理项目概况的描述后，提出监理工程师在此项中的义务。

4.2.4 监理工程师服务内容

在《工程建设监理委托合同》中以专门的条款对监理工程师准备提供的服务内容进行详细的说明。如业主只要监理工程师提供阶段性的监理服务，这种说明可以比较简单。如果服务内容包括全过程的监理服务，这种叙述就要占用许多的文字。对于服务内容的描述必须都是一个特定的服务。有时可能会出现这种情况，在合同的执行过程中，由于业主要求或项目本身需要对合同规定的服务内容进行修改，或者增加其他服务内容，这是允许的，但必须经过双方重新协商加以确定，在签订监理合同时，对该项内容加以明确或补充。

为了避免发生合同纠纷，监理工程师准备提供的每一项服务，都应当在合同中详细说明。对于不属于该监理工程师提供的服务内容，也有必要在合同中列出来。

4.2.5　服务费用

《工程建设监理委托合同》中不可缺少规定费用的条款，应具体明确费用额度及其支付时间和方式。如果是国际合同，还需规定支付的币种。对于有关成本补偿、费用项目等，也都要加以说明。

如果采用以时间为基础的计算方法，不论是按小时、天数或月计算，都要对各个级别的监理工程师、技术人员和其他人员的费用率开列支付明细表。如果采用工资加百分比的计算方法，则有必要说明不同级别人员的工资额，以及所要采用的百分比或收益增值率。如果采用建设成本的百分率计算费用的方法，在合同中应包括成本百分率的明细表，对于建设成本的定义（即按签订工程承包合同时的估算造价还是按实际结算造价）也要明确地加以说明。如果是采用按成本加固定费用计算费用的方法，在合同中要对成本的项目定义加以说明，对补偿成本的百分率或固定费用的数额也要加以明确。

不论《工程建设监理委托合同》中商定采用哪种计算费用方法，都应该对支付的时间、次数、支付方式和条件规定清楚。常见的方法有：按实际发生额每月支付；按双方规定的计划明细表按月或规定的天数支付；按实际完成的某项工作的比例支付；按工程进度支付。

4.2.6　业主的义务

业主除了应该偿付监理费用外，还有责任创造一定条件使监理工程师更有效地进行工作。因此，监理服务合同还应规定出业主应承担义务。在正常情况下，业主应提供工程项目建设所需的法律、资金和保险等服务。当监理单位需要各种合同中规定的工作数据和资料时，业主要迅速地提供，或者指定有关承包商提供（包括业主自己的工作人员或聘请其他咨询监理单位曾经做过的研究工作报告资料）。

在有些监理委托合同中，可申请业主提供以下条件：监理人员的现场办公用房，交通运输工具，检测、试验等有关设备；在监理工程师指导下工作（或是协助其工作）的业主方的工作人员；国际性工程项目，协助办理海关或签证手续。

一般说来，在合同中还应该包括业主承诺的提供超出监理单位可以控制的，紧急情况下的费用补偿或其他帮助。业主应当在限定的时间内审查和批复监理单位提出的任何与项目有关的报告书、计划和技术说明书以及其他信函文件。

有时，业主有可能把一个项目监理业务按阶段或按专业委托给几家监理单位。这样，业主与几家监理单位的关系和业主有关的义务等，在与每一个监理单位的委托合同中都应写清楚。

4.2.7　保障业主权益的条款

业主聘请监理工程师的最根本目的，就是要在合同规定的范围内能够保证得到监理工程师的服务。因此，在监理委托合同中要写明下列保障业主实现投资意图的常用条款：①进度表。注明各部分工作完成的日期,或附有工作进度的计划方案;②保险。为了保障业主权益,可以要求监理单位进行某种类型的保险,或者向业主提供与之类似的保障;③工作分配权。在未经业主许可或批准的情况下,监理工程师不得把合同或合同的一部分工作分包给别的公司;④授权范围。即明确监理工程师行使权力不得超越这个范围;⑤终止合同。当业主认为监理工程师所做的工作不能令人满意有违约行为时,或项目合同遭到任意破坏时,业主有权终止合同;⑥工作人员。监理单位必须提供能够胜任工作的工作人员,他们大多数应该是专职人员。对任何人员的工作或行为,如果不能令人满意,就应调离他们的工作;⑦各种记录和技术资料。在监理工程师整个工作期间,必须做好完整的记录并建立技术档案资料,以便随时可以提供清楚、详细的记录资料;⑧报告。在工程建设的各个阶段,监理工程师要定期向业主报告阶段情况和月、季、年进度情况。

4.2.8 保障监理工程师权益的条款

监理工程师关心的是通过工作能够得到合同规定的费用和补偿。除此之外,在委托合同中也应该明确规定出某些保护其利益的条款,通常有:附加的工作,应确定其所支付的附加费用标准;有时必须在合同中明确服务的范围不包括的那些内容;合同中要明确规定由于非人力的意外原因(非监理工程师能控制)或由于业主的行为造成工作延误,监理工程师所应受到的保护;业主引起的失误所造成的额外费用支出,应由业主承担,监理工程师对此不负责任;业主造成对监理工程师的报告、信函等要求批复的书面材料延期,监理工程师不承担责任;业主终止合同所造成的损失应由业主给予合理补偿。

4.2.9 总括条款

《工程建设监理委托合同》还包括一些总括条款。如有些是用以确定签约各方的权力,有些则涉及一旦发生修改合同、终止合同或出现紧急情况的处理程序,在合同中还常常包括发生地震、灾害等不可抗力因素影响的情况下,不能履行合同的条款的规定。

4.2.10 签字

签字是监理委托合同中一项重要组成部分,也是合同商签阶段最后一道程序。业主和监理工程师都签了字,表明他们已承认双方达成的协议,合同也具有法律效力。业主方可以由一个或几个人签字,这主要要看法律的要求及授予签字人的职权决定。按国外的习惯,业主是一家独资公司时,通常是授权一个人代表业主签字。有时,合同是由一家公司执行,还需由另一家公司担保。如果业主是一股份或合营公司,则要求以董事会名义三人以上的签字。对于监理工程师一方来说,签字的方式将依据其法人情况决定。

监理工程师在工作中难免会出现失误,承担后果的方式也应在合同中明确规定。我国监理建设有关规定指出:“监理单位及其成员在工作中发生过失,要视不同情况负行政、民事直至刑事责任。”这是原则性的规定,由于导致工作失误的原因是多方面的,有技术的、经济的、社会的、时效的,也可能是业主、设计方、施工方或监理工程师方面的原因,所以对每一次失误要做具体的分析。如果是其他方面的原因造成的失误,监理工程师不应承担责任,如果确属监理工程师的数据不实,检查、计算方法错误等造成了失误,就应由监理工程师承担失误责任。只有这样才能促使监理工程师把自己的技术责任、经济责任、法律责任担当起来。其实,在现实中如何来衡量和评判监理工程师的过失和责任，是件很难明确的事情。施工过程中出现了质量问题，一般情况下应属施工单位的责任，设计中出了问题，一般情况下属设计单位的责任。但是，监理工程师又参与了这一过程，没有做到事前发现问题，及时处理监督实施，当然应该承担部分责任。对于这种责任的划分，有关方面还没有明确的鉴定标准。这是监理制度发展中必须着手解决的一大课题，但无论如何，监理工程师只能承担自己应负的责任，不可能也不应该对未做过的事情负责。

4.2.11　签订监理委托合同的注意事项

签订监理委托合同时，签约双方应注意下列有关问题：坚持按法定程序签署合同；不可忽视的口头协议、双方信件、双方的承诺以及签订合同时的表态；必须书面进行确认的问题。具体做法是将口头协议、双方信件、双方的承诺和表态，用文字记录下来或作为洽谈纪要经双方签字认可后，可作为监理合同的补充，与合同具有同等效力。

4.3　制订《工程建设监理规划》

监理单位在确定了项目总监理工程师后，紧接着要进行的工作就是由总监主持制订项目的监理规划。监理规划是根据业主对项目监理的要求，在详细占有监理项目有关资料的基础上，结合监理工作的具体条件，编制出开展项目监理工作的指导性文件。其目的是将监理委托合同规定的监理任务具体化，并在此基础上制订出实现监理任务的措施。编制好监理规划，促使建设项目的监理工作有序地开展，因此，监理规划是实施监理工作的依据和基础。

4.3.1　监理规划制订的依据

(1) 当地工程建设政策、法规方面的资料

包括工程报建程序，招投标及建设监理制度，工程造价管理制度等。

(2) 监理项目特征的有关材料

如果包括设计阶段监理时，这类资料主要有：批准的项目可行性研究报告或计划任务书，项目立项的批文，规划红线范围，用地许可证，设计条件通知书，地形图等。如仅为施工阶段监理时，这类资料主要有：设计图纸和设计文件、计算书、地形图等。

(3) 业主对项目监理要求的资料

业主对项目监理的要求、监理工作的范围和工作内容，主要反映在监理委托合同中。

(4) 项目建设条件的有关资料

包括当地气象资料，工程地质及水文地质，当地建筑材料、勘测设计、土建安装力量，交通、能源及市政公用设施条件等。

(5) 建设规范、标准

包括勘测、设计、施工、质量评定等方面的法定规范、规程、标准等。

4.3.2 建设监理规划的主要内容

(1)工程概况

工程概况应主要说明下列问题:工程名称,建设地址;工程项目组成及建筑规模;主要建筑结构类型;预计工程投资;预计项目工期;工程质量等级(优良或合格);主体设计单位及施工总承包单位名称;工程特点的简要叙述;工程环境气候及交通条件;本地区地方材料供应情况。

(2)监理目标,有工期目标、质量等级、控制投资等目标

(3)监理工作范围及工作内容(以合同中设计和施工阶段为例逐项选择如下内容)

1)设计阶段

收集设计所需技术经济资料;编写设计大纲;组织方案竞赛或设计招标,选择好设计单位;拟订和商谈设计委托合同;向设计单位提供设计所需的基础资料;配合设计单位开展技术经济分析,搞好设计方案的评选,优化设计;配合设计进度,组织设计与有关部门,如消防、环保、地震、人防、防汛、园林以及供水、供电、供热、电信等的协调工作;组织各设计单位之间的协调工作;参与主要设备、材料的选型;组织对设计方案评审或咨询;审核工程估算、概算;审核主要设备、材料清单;审核施工图纸;检查和控制设计进度;组织设计文件的报批。

2)施工招标阶段

监理工程师应拟订项目招标方案并征得业主同意;办理招标申请;编写招标文件,主要内容有:工程综合说明,设计图纸及技术说明文件,工程量清单和单价表,投标须知,拟订承包合同的主要条款;编制标底,标底经业主认可后,报送所在地方建设主管部门审核;组织投标;组织现场踏勘,并回答投标人提出的问题;组织开标,评标及决算工作;与中标单位商签承包合同。

3)施工阶段质量控制

从控制过程来看,是从对投入原材料的质量控制开始,直到完成工程的质量检验为止的施工全过程的质量控制。

4)施工阶段合同管理

主要内容有:拟定本项目合同体系及合同管理制度,包括合同草案的拟定、会签、协商、修改、审批、签署、保管等工作制度及流程;协助业主拟定项目的各类合同条款,并参与各类合同的商谈;合同执行情况的分析和跟踪管理;协助业主处理与项目有关的索赔事宜及合同纠纷事宜。

(4)主要的监理措施举例

项目的监理措施应围绕投资、质量、进度控制三大目标。

1)质量控制的组织措施

建立健全组织,完善职责分工及有关质监制度,落实质量控制的责任。

2)质量控制的技术措施

在设计阶段,协助设计单位开展优化设计和完善设计质量保证体系;材料设备供应阶段通过质量价格比选,正确选择生产供应厂商并协助其完善质量保证体系;施工阶段,严格事前、事中和事后的质量控制措施。

3)投资控制的组织措施

建立健全监理组织,完善职责分工及有关制度,落实投资控制的责任。

4)投资控制的技术措施

在设计阶段,推行限额设计和优化设计;招标投标阶段合理确定标底及合同价。材料设备供应阶段,通过质量价格比选,合理确定生产供应厂商;施工阶段通过审核施工组织设计和施工方案,合理开支施工措施费,以及按合理工期组织施工,尽量避免不必要的赶工费。

5)投资控制的经济措施

除及时进行计划费用与实际开支费用的比较分析外,监理人员对原设计或施工方案提出合理化建议所产生的投资节约,可按监理合同规定,予以一定的奖励。

6)投资控制的合同措施

按合同条款支付工程款,防止过早、过量的现金支付,全面履约,减少对方提出索赔的条件和机会,正确地处理索赔等。

7)按合同要求及时协调有关各方的进度以确保项目形象进度的要求

8)进度控制的组织措施

落实进度控制的责任,建立进度协调制度。

9)进度控制的技术措施

建立多级网络计划和施工作业计划体系,增加同时作业的施工面,采用高效能的施工机械设备,采用施工新工艺、新技术,缩短工艺过程和工序间的技术间歇时间。

4.3.3　监理机构中的职责和制度

(1)监理机构的职责

根据被监理的工程大小、复杂和重要程度,组成监理班子,进行各类监理人员的分工,并明确岗位责任和责、权、利的规定。

(2)项目监理的各项工作制度

①项目监理组织内部工作制度

监理组织工作会议制度;对外行文审批制度;建立监理工作日志制度;监理周报月报制度;技术经济资料及档案管理制度;监理费用预算制度等。

②设计阶段的制度

设计大纲、设计要求编写及审核制度;设计委托合同管理制度;设计咨询制度;设计方案评审制度;工程估算、概算审核制度;施工图纸审核制度;设计费用支付签署制度;设计协调会及会议纪要制度;设计备忘录签发制度等。

③施工招标阶段的制度

招标准备工作有关制度;编制招标文件有关制度;标底编制及审核制度;合同条件拟定及审核制度;组织招标务实有关制度等。

④施工阶段的制度

施工图纸会审及设计交底制度;施工组织设计审核制度;工程开工申请制度;工程材料、半成品质检制度:隐敝工程、分项(部)工程质量验收制度;技术复核制度;单位工程、单项工程中间验收制度;技术经济签证制度;设计变更处理制度;现场协调会及会议纪要签发制度;施工备忘录签发制度;施工现场紧急情况处理制度;工程款支付签审制度;工程索赔签审制度等。

4.4 制订《工程建设监理实施细则》

根据已制订的监理规划建立健全监理组织，明确和完善有关人员的责任分工，落实监理工作的责任。由总监理工程师主持对编制的监理规划逐级分专业进行交底。要求监理人员明确：为什么做，做什么，怎样做？由总监理工程师主持，分别制订实施细则。

4.4.1 制订相关监理阶段的实施细则简介

监理实施细则是进行监理工作的“施工图设计”。它是在监理规划的基础上，对监理工作“做什么”、“如何做”的更详细的具体化和补充。应根据监理项目的各阶段具体情况，由专业监理工程师负责编写。

(1)设计阶段的实施细则

设计阶段实施细则的主要内容有：协助业主组织设计竞赛或设计招标，优选设计方案和设计单位；协助设计单位开展限额设计和设计方案的技术经济比较，优化设计，保证项目使用功能安全可靠、经济合理；向设计单位提供满足功能和质量要求的设备，主要材料的有关价格，生产厂家的资料；组织好各设计单位之间的协调。

(2)施工招标阶段实施细则

引进竞争机制，通过招标投标，正确选择施工承包单位和材料设备供应单位；合理确定工程承包和材料、设备合同价；正确拟定承包合同和订货合同条款等。

(3)施工阶段实施细则

1)投资控制实施细则

①在承包合同价款外，尽量减少所增工程费用。

②全面履约，减少对方提出索赔的机会。

③按合同支付工程款等。

2)质量控制实施细则

一方面，要求承包施工单位推行全面质量管理，建立健全质量保证体系，做到开工有报告，施工有措施，技术有交底，定位有复查，材料、设备有试验，隐蔽工程有记录，质量有自检、专检，交工有资料。另一方面，也应制订一套具体、细致的措施，特别是质量预控措施。

①对主要工程材料、半成品、设备的质量控制措施。

质量控制措施与方法有：审核产品技术合格证及质保证明，抽样试验，考察生产厂家等。

②对重要工程部位及容易出现质量问题的分部(项)工程制订质量预控措施。

3)进度控制的实施细则

在施工阶段的进度控制应围绕以下内容制订具体实施细则。

①严格审查施工单位编制的施工组织设计，要求编制网络计划，并切实按计划组织施工。

②由业主负责供应的材料和设备，应按计划及时到位，为施工单位创造有利条件。

③检查落实施工单位劳动力、机具设备、周转材料、原材料的准备情况。

④要求施工单位编制月施工作业计划，将进度按日分解，以保证月计划的落实。

⑤检查施工单位的进度落实情况，按网络计划控制，做好计划统计工作；制订工程形象进

度图表,每月检查一次上月的进度和安排下月的进度。

⑥协调各施工单位间的关系,使它们相互配合、相互支持和搞好衔接。

⑦利用工程付款签证权,督促施工单位按计划完成任务。

必须强调指出,当处于边设计、边供应、边施工状态时,一定程度上说,决定工程进度的是设计工作的进度,即施工图的出图顺序和日期能否满足工程施工的需要。为此,要按项目施工进度的要求,与设计单位具体商定施工图的出图顺序和日期,并订立相应的协议作为设计合同的补充。

4.4.2　实施监理过程中的检查和调整

监理规划在实施过程中要定期进行贯彻情况的检查,检查的主要内容有:

(1)监理工作进行情况

业主为监理工作创造的条件是否具备;监理工作是否按监理规划或实施细则展开;监理工作制度是否认真执行;监理工作还存在哪些问题或制约因素。

(2)监理工作的效果

在监理过程中,监理工作的效果只能分阶段表现出来,如工程进度是否符合计划要求,工程质量及工程投资是否处于受控状态等。

根据检查中发现的问题和原因的分析,以及监理实施过程中各方面发生的新情况和新变化,需要对原定的规划进行调整或修改。监理规划的调整或修改,主要是监理工作内容和进度,以及相应的监理工作措施。凡监理目标的调整或修改,除中间过程的目标外,若影响最终的监理目标应与业主协商并取得认可。监理规划的修改或调整与编制时的职责分工相同,也应按照拟订方案、审核、批准的程序进行。

4.4.3　落实实施细则的各种要求

落实实施细则中的要求、准则将在4.5节《工程建设监理的基本要求和准则》中介绍;落实实施细则中的监理方法和手段将在4.6节《监理工作中的监理方法和手段简介》中介绍;落实实施细则中监理工作的《工地会议》和监控将在4.7节《实施监理工作的工地会议和监控简介》中介绍;落实实施细则中竣工验收和保修工作将在4.8节《竣工验收和保修阶段监理工作简介》中介绍。

4.5　工程建设监理的基本要求和准则

4.5.1　对监理单位实施监理的基本要求和准则

监理单位必须依法进行的经营活动,主要是服务性质的活动,除工程建设监理外还可从事工程咨询活动。绝对不能承包工程,不得经营建材、构配件和建筑机械、设备;严格按照核定的监理业务范围和资质等级的规定从事工程建设监理服务;承揽监理业务时,应持《监理申请批准书》以及其他有关证件向工程所在地的建设主管部门备案,并接受其指导和监督;不得发生伪造、涂改、出租、转借、出卖《监理申请批准书》、《资质等级证书》等违反市场秩序的行为;认真履行工程建设监理合同和其他有关义务,不故意损害委托人、承建商利益;不转让监理义务。

监理工程师必须经过国家规定的执业资格考试和注册后才能依法进行经营活动。为什么要这样严格要求呢? 其原因是由监理工程师的工作性质决定的。监理工程师的基本工作是建设监理,它是针对工程项目进行的监督管理活动。工程建设监理要把维护社会公众利益和国家利益落实到具体的监理工作当中。因此,开展工程建设监理需要一大批具有理论知识、丰富的工程建设经验和良好的职业道德水准的工程建设人员。正如国际咨询工程师联合会联合倡导的,监理工程师"必须以绝对的忠诚来履行自己的义务,并且忠诚地服务于社会的最高利益以及维护职业荣誉和名望。"按照这样的宗旨开展工程建设监理活动,必须要有一批素质和水平合格的监理工程师。而采用资格考试和注册来确认和保证他们的资质水平,这是公认的行之有效的办法。

工程建设监理管理部门是政府对社会监理部门及监理队伍实施管理的需要,是推行、发展和完善建设监理制度的需要,是与国际接轨的需要,也是提高监理队伍水平和监理人员职业道德水准的需要,同时也是监理单位依法进行经营活动的需要。

4.5.2 对监理工程师从事监理活动的基本要求和准则

监理工程师应具有综合性的知识结构,有技术、经济、管理和法律等方面的较广泛的理论知识。这是由监理工程师所从事的目标控制、合同管理和组织协调等工程建设监理工作的性质和内容所决定的。基本要求主要有以下内容:

(1)监理工程师需要工程技术方面的理论知识

他们应当掌握与工程建设有关的专业技术知识,并达到能够解决工程实际问题的程度。他们需要把建筑、结构、施工、安装、材料、设备、工艺等方面的理论知识融于监理工作之中,去发现和预测问题,提出解决方案,作出决策,贯彻实施。所以,监理工程师中,建筑师、结构工程师及其他专业工程师所占比例较大,而且其他方面的专业人员也应具有必要的工程技术知识。

(2)监理工程师需要管理方面的理论知识

他们所开展的工程建设监理实际上是工程项目管理性质的活动。在监理过程中,计划、组织、人事、领导和控制贯穿整个监理工作的始终,规划、决策、执行、检查等项工作要不断地循环进行,风险管理、目标管理、合同管理、信息管理、业务管理、安全管理等无不涉及。同时,还要做好监理单位内部的企事业管理工作。所以,作为监理工程师首先应当是管理者,要成为"管理工程师"。

(3)监理工程师需要经济方面的理论知识

从根本上讲,工程项目的建成使用是一项投资目标的实现,是建设资金运用的结果。监理工程师要在项目业主的投资活动中运用自己的知识做好服务工作。在开展监理工作的过程中,监理工程师要收集、加工、整理经济信息,协助业主确定项目投资目标或对目标进行论证;要对计划进行资源、经济、财务方面的可行性分析和优化;要对各种工程变更进行技术经济分析;以及做好投资控制的其他工作,诸如概预算审核、制订资金使用计划、价值分析、付款控制等。经济方面的理论知识是监理工程师必不可少的。

(4)监理工程师需要法律方面的理论知识

建设监理制度是基于法制环境下的制度,工程建设的法律、法规是它的基本依据,工程建设合同是它工作的直接依据。没有相关的法律、法规作为工程建设监理的坚强后盾,建设监理事业将一事无成。因此，掌握一定的法律知识，特别是掌握和运用监理法规体系对开展工程建设监理是至关重要的。监理工程师尤其要注意通晓各种工程建设合同条件，因为它在一定程度上起着工程项目实施手册的作用，对于开展各项工程建设建立活动，特别是合同管理有着极为重要的意义。所以，法律方面的理论知识对每个监理工程师都是必需的。

当然，监理工程师有专业之分，不能要求他们成为精通各种理论的专家。但应当做到"一专多能"，例如作为经济专业出身的监理工程师，除了精通自己经济专业的理论知识外，还应当了解和熟悉管理、法律和工程技术的一般性理论知识。

(5)监理工程师还应具有工程建设实践经验

其内容包括：

①工程项目建设各阶段工作经验

根据全过程工程建设监理要求和提供工程咨询服务的要求，监理工程师应当取得工程项目建设全过程各阶段工作全部或部分经验。例如，可行性研究阶段的工作经验、设计阶段的工程经验、工程招投标阶段的工作经验、施工阶段的工程经验、竣工验收阶段的工作经验和保修维修阶段的工作经验。

②工程建设专业工作经验

监理工程师应当具有技术工作、经济工作、管理工作、组织协调工作的全部或部分经验。

③各类工程项目建设经验

包括不同规模的项目建设经验，不同性质项目建设经验，不同地区和国家项目建设经验，不同环境的项目建设经验等。

④担任不同职务经历的工作经验

一位监理工程师建设经验丰富的程度取决于这些经验积累的多少、宽窄与深厚程度，工作业绩情况，工程经历时间的长短和职务高低等等。

4.5.3　工程建设监理的全部活动都必须遵守"守法、诚信、公正、科学"的原则

(1)守法

监理单位作为企业法人，就要依法经营。主要表现在以下四个方面：一是监理业务的性质；二是监理业务的等级。监理业务的性质是指可以监理什么专业的工程。如以建筑专业和一般结构专业人员为主组成的监理单位，则只能监理一般工业与民用建筑的工程项目的建设；以冶金类专业人员组建的监理单位，则只能监理冶金工程项目的建设。除了建设监理工作之外，根据监理单位的申请和能力，还可以核定其开展某些技术咨询服务。核定的技术咨询服务项目也要写入经营业务范围。核定的经营业务范围以外的任何业务，监理单位不得承接。否则，就是违法经营。监理单位不得伪造、涂改、出租、出借、转让、出卖《资质等级证》。工程建设监理合同一经双方签订，即具有一定的法律约束力(违背国家法律、法规的合同，即无效合同除外)，监理单位应按照合同的规定认真履行，不得无故或故意违背自己的承诺。监理单位离开原住所承接监理业务，要自觉遵守当地人民政府颁发的监理法规和有关规定，并要主动向监理工程所在地的省、自治区、直辖市建设主管部门备案登记，接受其指导和监督管理。遵守国家关于企业法人的其他法律、法规的规定，包括行政的、经济的和技术的。

(2)诚信

监理单位所有人员都要讲诚实守信，这也是考核企业信誉的核心内容。监理单位向业主、

向社会提供的是技术服务，按照市场经济的观念，监理单位提供的主要是自己的智力。一个高水平的监理单位可以运用自己的高智能最大限度地把投资控制和质量控制搞好，也可以以低水平的要求，把工作做得勉强能交代过去，能够做得好而不愿意去做的就是不诚信。我国的建设监理事业已经蓬勃兴起，大到每个监理单位，小到每一个监理人员都必须做到诚信。诚信是监理单位经营活动基本准则的重要内容之一。

(3)公正

主要是指监理单位在处理业主与承建商之间的矛盾和纠纷时，要做到"一碗水端平"。是谁的责任，就由谁承担；该维护谁的权益，就维护谁的权益。决不能因为监理单位受业主委托，就偏袒业主。监理单位要做到公正，必须做到以下几点：①要培养良好的职业道德；②要坚持实事求是的原则，不为私利而违心地处理问题；③要提高综合分析问题的能力，不为局部问题或表面现象而模糊自己的"视听"；④要不断提高自己的专业技术能力，尤其是要尽快提高综合理解、熟练运用工程建设有关合同条款的能力，以便以合同条款为依据，恰当地协调、处理问题。

(4)科学

是指监理单位的监理活动要依据科学的方案，要运用科学的手段，要采取科学的办法。工程项目监理结束后，还要进行科学的总结。总之，监理工作的核心问题是"预控"，必须要有科学的思想、科学的计划、科学的手段和科学的方法。凡是处理业务要有可靠依据和凭证；判断问题，要用数据说话。只有这样，才能提供高智能的、科学的服务，才能符合建设监理事业发展的需要。

4.6 监理工作中的监理方法和手段简介

在工程监理过程中，监理工程师常用的监理方法和手段有以下六个方面：

(1)书面请示或通知的方法

一般情况下监理工程师的指示和通知都是以书面形式发出，经常发出的书面指示有以下几种：

①开工通知。

②修改进度计划的指令。

③暂时停工与复工的指示：如果监理工程师认为在必要的时间和方式暂停工程或其他任何部分的施工，则应由监理工程师发出停工指示。通常在下列情况下，会造成暂时停工：a. 为了工程的合理施工或为其安全；b. 由于异常的气候条件；c. 由于施工单位的施工质量缺陷。

④停工或恢复支付的指示：拒绝支付是约束承包商履行合同义务的重要手段。停止支付的指令一般包括：停止支付的原因；停止支付的范围；停止支付的开始时间；恢复支付的条件。

⑤会议通知：由监理工程师发出的会议通知，也视为监理工程师发出的指令文件。

⑥其他有关规定的指示。

(2)召开工地会议的监控手段和方法

详见4.7实施监理工作的《工地会议》简介。

(3)专题会议的方法

对于技术方面或合同管理方面比较复杂的问题,一般采用专题会议的形式进行研究和解决。专题会议需要进行详细记录,这些记录只作为变更令的附件,或留档备查。专题会议的结论,监理工程师应按指令性文件发出。

(4)邀见承包商的方法

当承包商无视监理工程师的指示或合同条件,或违反合同条件进行工程活动时,监理工程师准备对承包商采取制裁之前,一般可先采取邀见的方式向承包商提出警告。

(5)在监理工作中落实"三控制、两管理、一协调"的手段和方法

①工程项目建设投资控制的措施和方法。

②工程进度控制的措施和方法。

③工程质量控制的措施和方法。

④"两管理、一协调"的措施和方法。监理人员负责主动协调各方面的关系,起到纽带的作用,为业主和施工方协调内、外的关系,行使监理的职权,为业主搞好合同管理、信息管理,运用技术规范、技术标准、国家建筑法规,按监理合同赋予的责任和权利做好协调工作,确保工程顺利竣工,投资控制目标的实现。

(6)做好监理记录,坚持每个监理环节的资料积累和管理方法

做监理记录是工程监理不可缺少的监理环节,完整而充分的监理记录,不仅有助于监理工程师对工程施工的任何部位和时间作出评价,将评价的结果通知承包商,指导、改进施工工作,提高管理水平,如产生分歧、争论和难以统一的问题,这个评价可作为一种判断的依据,有利于监理工程师对承包商的工作作出公平的量化依据,必须坚持在每个监理环节中,积累原始资料,确保监理工作的真实性。

(7)采用总监理工程师负责制的手段和方法

总监理工程师是工程建设项目监理部工作的负责人,要建立和健全总监理工程师负责制,就要明确责、权、利关系,健全工程建设项目工程建设监理组织,具有科学的运行制度,现代化的管理手段,形成以总监理工程师为首的高智能的决策指挥体系。

总监理工程师负责制的内容包括:

①总监理工程师是工程建设监理的责任主体,总监理工程师是实现工程建设项目监理目标的最高责任者,责任是总监理工程师负责制的核心,它构成了对总监理工程师的工作压力与动力,也是确定总监理工程师权力和利益的依据。所以总监理工程师应是向项目业主和工程建设监理单位负责任的承担者。

②总监理工程师是工程建设监理的利益主体,利益主体的概念主要体现在工程建设监理中他对国家的利益负责,对项目业主投资工程建设项目的效益负责,同时也对工程建设项目的工程建设监理效益负责,并负责工程建设项目工程建设监理机构内所有工程建设监理人员利益的分配。

③总监理工程师是工程建设监理的权力主体,根据总监理工程师承担责任的要求,总监理工程师负责制体现了总监理工程师全面领导工程建设项目的工程建设监理工作,包括组建工程建设项目工程监理组织,主持编制工程建设监理规划,组织实施工程建设监理活动,对工程建设监理工作总结、监督、评价。

(8)坚持实事求是的监理工作方法

工程建设监理工作中监理工程师应尊重事实、以理服人。监理工程师的任何指令、判断应有事实依据,有证明、检验、试验资料,这是最具有说服力的。由于经济利益或认识上的关系,监理工程师与承建商对某些问题的认识、看法可能存在分歧,监理工程师不应以权压人,而应晓之以理,所谓"理",即具有说服力的事实依据,做到以"理"服人。

(9)坚持预防为主的监理工作方法

工程建设监理活动产生与发展的前提条件,是拥有一批具有工程技术与管理知识和实际经验、精通法律与经济的专门高素质人才,形成专门化、社会化的高智能工程建设监理单位,为项目业主提供服务,由于工程建设项目的"一次性"、"单件性"等特点,使工程项目建设过程存在很多风险,监理工程师必须具有预见性,并把重点放在"预控","防患于未然"。在制订工程建设监理规划,编制工程建设监理细则和实施工程建设监理控制过程中,对工程建设项目投资控制、进度控制和质量控制中可能发生的失控问题要有预见性和超前的考虑,制订相应的对策和预控措施予以防范。此外还应考虑多个不同的措施方案,做到"事前有预测,情况变了有对策",避免被动,并可收到事半功倍之效。

4.7 实施监理工作的《工地会议》和监控简介

监理工作的工地会议包括:首次工地会议和经常性工地会议。召开好工地会议,落实工地会议的措施,根据不同性质的工程实施监控,是完成监理任务的保证条件。下面介绍首次工地会议、经常性工地会议和实施监理工作的检查和监控。

(1)首次工地会议

1)会议准备工作

第一次工地会议由总监理工程师主持,业主、承包商、指定分包商、专业监理工程师等参加,各方准备工作的内容如下:

①监理单位准备工作的内容包括:现场监理组织的机构框图及各专业监理工程师、监理人员名单及职责范围;监理工作的例行程序及有关说明。

②业主准备工作的内容包括:派驻工地的代表名单以及业主的组织机构;工地占地、临时用地、临时道路、拆迁以及其他与开工有关的条件(施工许可证、执照的办理情况)资金筹集情况;施工图纸及其交底情况。

③承包商准备工作的内容包括:工地组织机构图表,参与工程的主要人员名单以及各种技术工人和劳动力进场计划表;用于工程的材料、机械的来源及落实情况,材料供应计划清单;各种临时设施的准备情况,临时工程建设计划;试验室的建立或委托试验室的资质、地点等情况;工程保险的办理情况,有关已办手续的副本;现场的自然条件、图纸、水准基点及主要控制点的测量复核情况;为监理工程师提供的设备准备情况;施工组织总设计及施工进度计划;与开工有关的其他事项。

2)会议程序及内容

①与会人员介绍及项目组织情况说明。业主、监理工程师及承包商各自介绍与会人员的姓名、职务,并出示有关函件;各方说明各自的组织机构情况,并提交组织机构图表。

②承包商施工准备情况的检查。在承包商介绍完施工准备情况后,监理工程师对照开工前准备工作的内容提出质疑和建议,对于影响开工的有关问题与业主协商解决办法。

③业主介绍开工条件,检查业主的开工条件。

④检查业主对合同的履行情况,如业主提供的材料设备是否已经落实。

⑤明确监理工作程序。总监理工程师向业主和承包商介绍监理工作的程序和各项规章制度。

⑥与会者对上述情况进行讨论和补充。

监理工程师对会议全部内容整理成纪要文件。纪要文件应包括:参加会议人员名单;承包商、业主和监理工程师对开工准备工作的详情;与会者讨论时发表的意见及补充说明;监理工程师的结论意见。

(2)工地监理会议

1)会议参加者

在开会前由监理工程师通知有关人员参加,主要人员不得缺席。

①监理方参加者:总监理工程师、驻地监理工程师。

②承包方参加者:项目经理、技术负责人及其他有关人员、分包商参加会议由承包商确定。

③业主:邀请业主代表参加。

在某些特殊情况下,还可邀请其他相关单位参加。

2)会议资料的准备

会议资料的准备是开好经常性工地会议的重要环节。

①监理工程师应准备以下资料:上次工地会议的记录;承包商对监理程序执行情况分析资料;施工进度的分析资料;工程质量情况及有关技术问题的资料;合同履行情况分析资料;其他相关资料。

②承包商应准备以下主要资料:工程进度图表;气象观测资料;实验数据资料;观测数据资料;人员及设备清单;现场材料的种类、数量及质量;有关事项说明资料,如进度和质量分析、安全问题分析、技术方案问题、财务支付问题、其他需要说明的问题。

3)会议程序

一般经常性工地会议,可按以下程序进行:

①确认上次工地会议记录,对上次会议的记录没有争议,就是确认各方同意上次会议记录。

②工程进度情况。审核主要工程部分的进度情况;影响进度的主要问题;对所采取的措施进行分析。

③工程进度的预测,介绍下期的进度计划,主要措施。

④承包商投入人力的情况,提供到场人员清单。

⑤机械设备到场情况,提供现场施工机械设备清单。

⑥材料进场情况,提供进场材料清单,讨论现场材料的质量及其适用性。

⑦技术事宜,讨论相关的技术问题。

⑧财务事宜,讨论有关计量与支付的问题。

⑨行政管理事宜。工地试验情况,各单位的协调,与公共设施部门的关系,监理工作程序;安全状况等。

⑩合同事宜。未决定的工程变更问题;延期和索赔问题;工程保险等。

⑪其他方面的问题。

⑫下次会议的时间与地点、主要内容。

4)会议记录

经常性工地会议应有专人做好记录。记录的主要内容一般包括:会议时间、地点及会议序号;出席会议人员的姓名、职务及代表的单位;会议提交的材料;会议中发言者的姓名及发言内容;会议的有关决定。

会议记录要真实、准确,同时必须得到监理工程师及承包商的同意。同意的方式可以是在会议记录上签字,也可以在下次工地会议上对记录取得口头上认可。为了方便,常用后一种方法。

(3)实施监理工作中的检查监控

检查和监控的方法要根据工程项目的不同情况实施检查和监控,详见:第8、9、10、11、12等章中的砖混结构工程、钢筋混凝土结构工程、装饰工程、其他工程等。

4.8 竣工验收和保修阶段的监理工作简介

监理工程师组织竣工验收工作,首先应编制竣工验收工作计划,计划内容含竣工验收准备、竣工验收、交接与收尾三个阶段的工作。明确每个阶段工作的时间、内容及要求,征求业主、承建单位及设计单位的意见,各方意见统一后发出。监理应做好以下工作:

4.8.1 整理、汇集各种技术资料

总监理工程师于项目正式验收前,应指示其所属的各专业监理工程师,按照原有的分工,认真整理各自负责管理监督项目的技术资料。

4.8.2 拟定验收条件、验收项目和验收必备的技术资料

拟定竣工验收条件、验收项目和验收必备技术资料是监理单位必须要做的又一重要的准备工作。监理单位应将上述内容拟定好后发给业主、承建单位、设计单位及现场的监理工程师。

(1)监理确定竣工验收的条件

①合同所规定的承包范围的各项工程内容均已完成。

②各分部分项及单位工程均已由承建单位进行了自检自验(隐蔽的工程已通过验收),且都符合设计和国家施工验收规范及工程质量验评标准、合同条款的规定等。

③各种设备、消防、空调、通信、煤气、上下水、电气等均与外线接通,连通试运转,量测的数据表明,达到了设计和生产(使用)的要求,各种数据均有文字记载。

④竣工图已按有关规定如实地绘制,验收的资料已备齐,竣工技术档案按档案部门的要求进行整理。

(2)监理将竣工验收项目逐一列出,对照是否符合规定要求

按统一验收表进行。

(3)竣工工程验收必备的技术资料

监理工程师与承建单位应主动配合验收委员会(或验收小组)的工作,对一些问题提出的质疑,应给予解答。需向验收委员会(或验收小组)提供的技术资料主要内容如下:

①竣工图。

②分项、分部工程检验评定的技术资料。

③试车运行记录。

4.8.3　竣工项目的预验收

(1)竣工验收资料的审查

技术资料审查的内容有 14 项,略。

(2)竣工技术资料的审查方法

①审阅;②校对;③验证。

(3)组织竣工资料预验收

在对工程实物进行预验收时,可进行以下几方面的工作:

1)组织与准备

参加预验收的监理工程师和其他人员,应按专业或区段分组,每组指定一名组长负责。验收检查前,先组织预验收人员熟悉一下设计、有关规范、标准及合同条件的要求,制订检查顺序方案,并检查项目的子项及重点部位以表或图的形式列出来。同时还要把检测的工具、记录表格均准备好,以便检查中使用。

2)组织预验收

检查中,由于有若干专业小组进行,因此要把它们的检查路线分开,不要集中在一个部位,以免相互干扰。检查方法有如下几种:①直观检查;②实测质量检查;③点数;④实际操作。经过这些检查之后,各专业组长应向总监理工程师报告验收结果。如果检查的问题较多较大,则应指令承建单位限期整改并再次进行复验,如果存在的问题仅属一般性的,除通知承建单位抓紧修整外,总监理工程师即应编写预验收报告一式三份,一份给承建单位供整改用;一份给业主以备正式验收时转交给验收委员会;一份由监理工程师自存。这份报告除有文字论述外,还应附上全部预验收检查的数据。与此同时,总监理工程师应填写竣工验收申报报告报送业主。

4.8.4　竣工项目正式竣工验收

正式竣工验收的工作前,监理人员应做好准备,确定正式验收程序,并组织和参与工程的交接工作。在此工作中,监理人员要起监督和保证作用,监理应做好工程交接的以下工作:①工程交接;②技术资料的交接;③工地材料、设备交接工作;④做好合同清算工作的交接;⑤做好工程价款、竣工工程结算的交接;⑥做好工程竣工结算的交接。

监理工程师在完成上述一系列的交接工作后,该项目的监理工作可告一段落。监理工作应转移到项目保修阶段的监理。在此之前,监理工程师还应协助建设单位做好生产设备在投产前应确定的维修保养方案,内容包括:

①保修期的确定(我国工业与民用建筑工程一般为一年,只有屋面防水工程的保修期为三年)。

②确定保修期内的监理内容。

③确定保修期内的监理方法。

④确定保修工作的结束。

监理单位的保修责任期限为 1 年,在结束保修时,监理单位应做好以下工作:

①总监理工程师将保修期内发生的质量缺陷的所有技术资料归类整理。

②总监理工程师将所有期满的合同书、保修书归整之后交还给业主。

③总监理工程师协助业主办理维修费用的结算工作。

④总监理工程师召集业主、设计单位、承建单位联席会议,宣布保修期结束。

4.9 近年监理工程师考题摘录及案例选编

一、近年监理工程师考题、摘录

(一)单选

1.(2008 理)监理规划内容要随着建设工程的展开不断地补充、修改和完善,这符合监理规划编写中(C)的要求。

A. 基本构成内容应力求统一　　B. 具体内容应具有针对性

C. 应当遵循建设工程的运行规律　　D. 一般要分阶段编写

2.(2008 理)可以作为编制建设工程监理规划依据的是(B)。

A. 施工组织设计　　B. 施工合同

C. 施工平面布置图　　D. 施工进度计划

3.(2008 理)监理单位应在工程(C)将工程档案按合同或协议规定的时间套数移交给建设单位,办理移交手续。

A. 竣工验收时　　B. 竣工验收后 1 个月内

C. 竣工验收前　　D. 竣工验收后 3 个月内

4.(2009 理)下列职责中,属于专业监理工程师职责的是(C)。

A. 组织编写并签发监理月报　　B. 审定承包单位提交的进度计划

C. 审核工程计量的数据和原始凭证　　D. 对工序施工质量检查结果进行记录

5.(2009 理)下列文件中,由专业监理工程师编制并报总监理工程师批准后实施的操作性文件是(B)。

A. 监理规划　　B. 监理实施细则

C. 监理大纲　　D. 监理月报

6.(2009 理)监理规划中,建立健全项目监理机构,完善职责分工,落实质量控制责任,属于质量控制的(D)措施。

A. 技术　　B. 经济　　C. 合同　　D. 组织

7.(2009 理)"工程临时延期审批表(B4)"应由(C)签发。

A. 监理单位技术负责人　　B. 监理单位法定代表人

C. 总监理工程师　　D. 专业监理工程师

(二)多选

1.(2008 理)《建设工程监理规范》规定,专业监理工程师的职责有(ABD)。

A. 负责编制监理实施细则　　B. 负责分项工程验收

C. 审定施工组织设计　　D. 监督指导监理员的工作

E. 主持整理监理资料

2. (2009 理)依据《建筑法》,实施建筑工程监理前,建设单位应当将委托的(CDE),书面通知被监理的建筑施工企业。

A. 总监理工程师　　B. 监理组织结构

C. 工程监理单位　　D. 监理的内容

E. 监理权限

3. (2008 三)建设工程施工质量验收中分项工程是按(ABCD)划分的。

A. 主要工种　　B. 主要材料

C. 施工工艺　　D. 设备类别

E. 施工程序

二、工程监理案例解析

[案例一]某房产公司开发一框架结构高层写字楼工程项目,在委托设计单位完成施工图设计后,通过招标方式选择监理单位和施工单位。

中标的施工单位在投标书中提出了桩基础工程、防水工程等的分包计划。在签订施工合同时业主考虑到过多分包可能会影响工期,只同意桩基础工程的分包,而施工单位坚持都应分包。

在施工过程中,房产公司根据预售客户的要求,对某楼层的使用功能进行调整(工程变更)。

在主体结构施工完成时,由于房产公司资金周转出现了问题,无法按施工合同及时支付施工单位的工程款。施工单位由于未得到房产公司的付款,从而也没有按分包合同规定的时间向分包单位付款。

由于该工程的钢筋混凝土工程比较多,项目监理部在总监理工程师的指导下,十分重视现场监理人员旁站监理工作的组织和实施,确保了工程质量和工期。

[问题]

1. 该房产公司应先选定监理单位还是先选定施工单位?为什么?

2. 房产公司不同意桩基础工程以外其他分包的做法有理吗?为什么?

3. 根据施工合同示范文本和监理规范,项目监理机构对房产公司提出的工程变更按什么程序处理?

4. 施工单位由于未得到房产公司的付款,从而也没有按分包合同规定的时间向分包单位付款。妥当吗?为什么?

5. 旁站监理人员的主要职责有哪些?

[案例解析]

1. 房产公司应先选定监理单位,因为:

先选定监理单位,可以协助业主进行招标,有利于优选出最佳的施工单位;

根据《建设工程委托监理合同》示范文本和有关规定引申出应先选定监理单位。

2. 无理。因为投标书是要约,房产公司合法地向施工单位发出的中标通知书即为承诺,房产公司应根据投标书和中标通知书为依据签订施工合同。

3. 根据《建设工程施工合同》示范文本，应在工程变更前 14 天以书面形式向施工单位发出变更的通知。根据《建设工程监理规范》，项目监理机构应按下列程序处理工程变更：

建设单位应将拟提出的工程变更提交总监理工程师，由总监理工程师组织专业监理工程师审查；审查同意后由建设单位转交原设计单位编制设计变更文件；当工程变更涉及安全、环保等内容时，应按规定经有关部门审定。

项目监理机构应了解实际情况和收集与工程变更有关的资料。

总监理工程师根据实际情况、设计变更文件和有关资料，按照施工合同的有关条款，在指定专业监理工程师完成一些具体工作后，对工程变更的费用和工期作出评估。

总监理工程师就工程变更的费用和工期与承包单位和建设单位进行协调。

总监理工程师签发工程变更单。

项目监理机构应根据工程变更单监督承包单位实施。

4. 不妥。因为建设单位根据施工合同与施工单位进行结算，分包单位根据分包合同与施工单位进行结算，两者在付款上没有前因后果关系，施工单位未得到房产公司的付款不能成为不向分包单位付款的理由。

5. 旁站监理人员的主要职责有：

①检查施工企业现场质检人员到岗、特殊工种人员持证上岗以及施工机械、建筑材料准备情况。

②在现场跟班监督关键部位、关键工序的施工执行施工方案以及工程建设强制性标准情况。

检查进场建筑材料、建筑构配件、设备和商品混凝土的质量检验报告等，并可在现场监督施工企业进行检验或者委托具有资格的第三方进行复验；做好旁站监理记录和监理日记，保存旁站监理原始资料。

[案例二]某监理单位承接了一工程项目施工阶段监理工作。该建设单位要求监理单位必须在监理进场后的 1 个月内提交监理规划。监理单位因此立即着手编制监理规划工作。

(一)为了使编制工作顺利地在要求时间内完成，监理单位认为首先必须明确以下问题：

1. 编制工程建设监理规划的重要性。

2. 监理规划由谁来组织编制。

3. 规定其编制的程序和步骤。

4. 收集制定编制监理规划的依据资料。

5. 施工承包合同资料。

6. 建设规范、标准。

7. 反映项目法人对项目监理要求的资料。

8. 反映建立项目特征的有关资料。

9. 关于项目承包单位、设计单位的资料。

(二)监理规划编制如下基本内容：

1. 各单位之间的协调程序。

2. 工程概况。

3. 监理工作范围和工作内容。

4. 监理工作程序。

5. 项目监理工作责任。

6. 工程基础施工组织等。

[问题]

1. 工程建设监理规划的重要性是什么?

2. 在一般情况下,监理规划应由谁来组织编制?

3. 在所收集的制定监理规划的资料中哪些是必要的?你认为还应补充哪些方面的资料?

4. 在所编制的监理规划与监理大纲之间有何关系?

5. 在所编制的监理规划内容中,哪些内容应该编入监理规划中?并请进一步说明它们包括哪些具体内容?

6. 建设单位要求编制完成的时间合理吗?

[案例解析]

1. 工程建设监理规划的重要性是:它是监理工作的指导性文件,是监理组织有序地开展监理工作的依据和基础。

2. 监理规划是监理单位在总监理工程师的主持下负责编写制订。

3. 第 2、3、4 条是必要的。还应补充的资料是:反映项目建设条件的有关资料;反映当地工程建设政策、法规方面的资料。

4. 监理规划是在监理大纲的基础上编写的;监理规划包括的内容与深度比监理大纲更为具体和详细。

5. 应编入的内容有第 2、3、4 条。

工程概况应包括:工程名称、建设地址;政府部门批复文件号,工程项目组成及建筑规模;主要建筑结构类型;预计工程投资总额;预计项目工期;工程质量等级;主体工程设计单位及施工总承包单位名称;工程特点的简要描述。

监理工作范围和工作内容应包括:施工阶段质量控制;施工阶段的进度控制;施工阶段的投资控制。

6. 不合理。应在召开第一次工地会议前报送建设单位。

本章小结

通过本章学习已经掌握了我国工程建设监理的工作步骤和方法,形成了规范化、程序化的操作理念,特别是了解和掌握了工程建设监理中的八个步骤的具体操作,为走向监理工作岗位,从事工程建设监理奠定了基础。需要重点掌握的编制监理合同、规划、细则三个监理文件的内容、方法进行了专题介绍;对实施监理的方法、手段、工地会议、验收保修的职业技术已做了简单介绍,为即将或已经从事监理职业工作的人们提供了范例。通过对全国监理工程师考题摘录的单选、多选和实际案例的学习,对监理理论的实际应用更加深化;掌握了解决监理技术问题的方法和技巧。

复习思考题

1. 为什么要学习和掌握工程建设监理的工作步骤和方法？

2. 简述工程项目建设监理的八个步骤。

3. 本章重点介绍了监理工作的哪些方法？你计划掌握哪两种方法？

4.《工程建设监理委托合同》应具备哪十一种内容？

5.《工程建设监理委托合同》中有哪些确保合同双方权益的条款规定？

6. 简述《工程建设监理规划》制订的依据和内容。

7. 简述《工程建设监理实施细则》的种类和实施过程中可能遇到的问题。

8. 落实实施细则对监理单位、监理人员和全部活动有哪些基本要求和准则？

9. 监理工作中有哪些监理方法和手段是可行的，怎样运用？

10. 实施监理工作应在建设工地召开哪些工地会议？

11. 简介工地会议的准备、程序、内容和贯彻方法。

12. 本书介绍了在哪些工程中，实施监理工作中的检查监控方法？本书和有关参考资料中找到解答正确与否的原因？

13. 竣工验收中，监理应做好哪些监理工作？

14. 工程交付使用后，监理还应做哪些监理工作，怎样表示监理工作结束？

15. 本章摘录的近年全国监理工程师考题单选有几题？多选有几题？解答是否正确？能否从本书和有关参考资料中找到解答正确与否的原因？

16. 本章选编的监理案例的内容是什么？有几个问题？监理工程师是怎样解决的？

第5章 建设工程合同的监理

内容提要和要求

本章介绍了工程勘察设计合同、工程建设施工合同、工程建设物资采购合同和国际工程承包合同等四种建设工程合同。具体来讲，主要介绍了工程勘察设计合同的概念、订立与履行方法以及监理单位对勘察设计合同的管理；工程建设施工合同的概念、示范文本、订立与履行方法以及监理单位对施工合同的管理；物资采购合同的概念、分类、主要条款、履行以及监理工程师对设备采购合同的管理；最后对国际工程承包合同的概念、类型、内容等进行了简单的介绍。最后，本章还摘录了《近年全国监理工程师考题和案例选编》，为进一步学习和掌握本章内容提供了保障。

对上述内容应重点掌握工程建设施工合同的概念、订立、履行与管理；掌握工程勘察设计合同的概念、订立、履行与管理，物资采购合同的概念、履行与管理；同时，对物资采购合同的分类、主要条款，国际工程承包合同的概念、类型、内容等也应适当了解。

5.1 工程勘察设计合同的监理简介

5.1.1 简　介

(1)勘察合同示范文本

勘察合同范本按照委托勘察任务的不同分为两个版本。

1)建设工程勘察合同(一)[GF—2000-0203]

适用于为设计提供勘察工作的委托任务，包括岩土工程勘察、水文地质勘察(含凿井)、工程测量、工程物探等勘察。合同条款的主要内容包括：

①工程概况。

②发包单位应提供的资料。

③勘察成果的提交。

④勘察费用的支付。

⑤发包单位、勘察单位责任。

⑥违约责任。

⑦未尽事宜的约定。

⑧其他约定事项。

⑨合同争议的解决。

⑩合同生效。

2)建设工程勘察合同(二)[GF—2000-0204]

适用于岩土工程,包括岩土工程的勘察资料、对项目的岩土工程进行设计、治理和监测工作。合同条款的主要内容除了上述勘察合同应具备的条款外,还包括变更及工程费的调整、材料设备的供应、报告、文件、治理的工程等的检查和验收等方面的约定条款。

(2)设计合同示范文本

1)建设工程设计合同(一)[GF—2000-0209]

适用于民用建设工程设计的合同,主要条款包括以下几个方面的内容:

①订立合同依据的文件。

②委托设计任务的范围和内容。

③发包单位应提供的有关资料和文件。

④设计单位应交付的资料和文件。

⑤设计费的支付。

⑥双方责任。

⑦违约责任。

⑧其他。

2)建设工程设计合同(二)[GF—2000-0210]

适用于委托专业工程的设计。除了上述设计合同应包括条款内容外,还增加有设计依据,合同文件的组成和优先次序,项目的投资要求,设计阶段和设计内容,保密等方面的条款约定。

5.1.2 勘察设计合同的订立

(1)勘察合同的订立

依据范本订立勘察合同时,双方通过协商,应根据工程项目的特点,在相应条款内明确以下方面的具体内容:

①发包人应提供的勘察依据文件和资料。

发包人应提供本工程批准文件(复印件),以及用地(附红线范围)、施工、勘察许可等批件(复印件);工程勘察任务委托书、技术要求和工作范围的地形图、建筑总平面布置图;勘察工作范围已有的技术资料及工程所需的坐标与标高资料;勘察工作范围地下已有埋藏物的资料(如电力、电信电缆、各种管道、人防设施、洞室等)及具体位置分布图及其他必要的相关资料。

②委托任务的工作范围。

包括工程勘察任务(内容)、技术要求、预计的勘察工作量及勘察成果资料提交的份数。

③合同工期。

合同约定的勘察工作开始和终止时间。

④勘察费用。

勘察费用的预算金额及勘察费用的支付程序和每次支付的百分比。

⑤发包人应为勘察人提供的现场工作条件。

根据项目的具体情况,双方可以在合同内约定由发包人负责保证勘察工作顺利开展应提供的条件。

⑥违约责任。

承担违约责任的条件及违约金的计算方法等。

⑦合同争议的最终解决方式、约定仲裁委员会的名称。

(2)设计合同的订立

依据范本订立民用建筑设计合同时,双方通过协商,应根据工程项目的特点,在相应条款内明确以下方面的具体内容。

①发包人应提供的文件和资料。

包括设计依据文件、资料和项目设计要求等。

②委托任务的工作范围。

包括设计范围、建筑物的合理使用年限设计要求、委托的设计阶段和内容、设计深度要求和设计人配合施工工作的要求等。

③设计人交付设计资料的时间。

④设计费用。

合同双方不得违反国家有关最低收费标准的规定,任意压低勘察、设计费用。合同内除了写明双方约定的总设计费外,还需列明分阶段支付进度款的条件、占总设计费的百分比及金额。

⑤发包人应为设计人提供的现场服务。

可能包括施工现场的工作条件、生活条件及交通等方面的具体内容。

⑥违约责任。

需要约定的内容,包括承担违约责任的条件和违约金的计算方法等。

⑦合同争议的最终解决方式。

明确约定解决合同争议的最终方式是采用仲裁或诉讼。采用仲裁时,需注明仲裁委员会的名称。

5.1.3　勘察设计合同的履行

合同成立后,当事人双方均需按照诚实信用原则和全面履行原则完成合同约定的本方义务。

(1)勘察合同的履行

1)发包人的责任

①在勘察现场范围内,不属于委托勘察任务而又没有资料、图纸的地区(段),发包人应负责查清地下埋藏物。

②若勘察现场需要看守,特别是在有毒、有害等危险现场作业时,发包人应派人负责安全保卫工作,按国家有关规定,对从事危险作业的现场人员进行保健防护,并承担费用。

③工程勘察前,属于发包人负责提供的材料,应根据勘察人提出的工程用料计划,按时提供各种材料及其产品合格证明,并承担费用和运到现场,派人与勘察人的人员一起验收。

④勘察过程中的任何变更,经办理正式变更手续后,发包人应按实际发生的工作量支付勘察费。

⑤为勘察的工作人员提供必要的生产、生活条件,并承担费用;如不能提供时,应一次性付

给勘察人临时设施费。

⑥发包人若要求在合同规定时间内提前完工（或提交勘察成果资料）时，发包人应按每提前一天向勘察人支付计算的加班费。

⑦发包人应保护勘察人的投标书、勘察方案、报告书、文件、资料图纸、数据、特殊工艺（方法）、专利技术和合理化建议。未经勘察人同意，发包人不得复制、泄露、擅自修改、传送或向第三人转让或用于本合同外的项目。

2）勘察人的责任

①勘察人应按国家技术规范、标准、规程和发包人的任务委托书及技术要求进行工程勘察，按合同规定的时间提交质量合格的勘察成果资料，并对其负责。

②由于勘察人提供的勘察成果资料质量不合格，勘察人应负责无偿给予补充完善使其达到质量合格。若勘察人无力补充完善，需另委托其他单位时，勘察人应承担全部勘察费用。因勘察质量造成重大经济损失或工程事故时，勘察人除应负法律责任和免收直接受损失部分的勘察费外，并根据损失程度向发包人支付赔偿金。赔偿金由发包人、勘察人在合同内约定实际损失的某一百分比。

③勘察过程中，根据工程的岩土工程条件（或工作现场地形地貌、地质和水文地质条件）及技术规范要求，向发包人提出增减工作量或修改勘察工作的意见，并办理正式变更手续。

3）勘察合同的工期

勘察人应在合同约定的时间内提交勘察成果资料，勘察工作有效期限以发包人下达的开工通知书或合同规定的时间为准。如遇特殊情况时，可以相应延长合同工期。

4）勘察费用的支付

合同中约定的勘察费用计价方式，可以采用以下方式中的一种：按国家规定的现行收费标准取费，预算包干，中标价加签证及实际完成工作量结算等。

（2）设计合同的履行

1）合同的生效与设计期限

①合同生效

设计合同采用定金担保，合同总价的20%为定金。设计合同经双方当事人签字盖章并在发包人向设计人支付定金后生效。发包人应在合同签字后的3日内支付该笔款项，设计人收到定金为设计开工的标志。如果发包人未能按时支付，设计人有权推迟开工时间，且交付设计文件的时间相应顺延。

②设计期限

设计期限是判定设计人是否按期履行合同义务的标准，除了合同约定的交付设计文件（包括约定分次移交的设计文件）的时间外，还可能包括由于非设计人应承担责任和风险的原因，经过双方补充协议确定应顺延的时间之和。

③合同终止

在合同正常履行的情况下，工程施工完成竣工验收工作，或委托专业建设工程设计完成施工安装验收，设计人为合同项目的服务结束。

2）发包人的责任

①提供设计依据资料

发包人应按时提供设计依据文件和基础资料同时对资料的正确性负责。

②提供必要的现场工作条件

由于设计人完成设计工作的主要地点不是施工现场,因此,发包人有义务为设计人在现场工作期间提供必要的工作、生活方便的条件。

③外部协调工作

设计的阶段成果(初步设计、技术设计、施工图设计)完成后,应由发包人组织鉴定和验收,并负责向发包人的上级或有管理资质的设计审批部门完成报批手续。施工图设计完成后,发包人应将施工图报送建设行政主管部门,由建设行政主管部门委托的审查机构进行结构安全和强制性标准、规范执行情况等内容的审查。

④其他相关工作

发包人委托设计配合引进项目的设计任务,从询价、对外谈判、国内外技术考察直至建成投产的各个阶段,应吸收承担有关设计任务的设计人参加。出国费用,除制装费外,其他费用由发包人支付。发包人委托设计人承担合同约定委托范围之外的服务工作,需另行支付费用。

⑤保护设计人的知识产权

发包人应保护设计人的投标书、设计方案、文件、资料图纸、数据、计算软件和专利技术。未经设计人同意,发包人对设计人交付的设计资料及文件不得擅自修改、复制或向第三人转让或用于本合同外的项目。

⑥遵循合理设计周期的规律

如果发包人从施工进度的需要或其他方面的考虑,要求设计人比合同规定时间提前交付设计文件时,需征得设计人同意。设计的质量是工程发挥预期效益的基本保障,发包人不应严重背离合理设计周期的规律,强迫设计人不合理地缩短设计周期的时间。双方经过协商达成一致并签订提前交付设计文件的协议后,发包人应支付相应的赶工费。

3)设计人的责任

①保证设计质量

保证工程设计质量是设计人的基本责任。设计人应依据批准的可行性研究报告、勘察资料,在满足国家规定的设计规范、规程、技术标准的基础上,按合同规定的标准完成各阶段的设计任务,并对提交的设计文件质量负责。

负责设计的建(构)筑物需注明设计的合理使用年限。设计文件中选用的材料、构配件、设备等,应当注明规格、型号、性能等技术指标,其质量要求必须符合国家规定的标准。

对于各设计阶段设计文件审查会提出的修改意见,设计人应负责修正和完善。

设计人交付设计资料及文件后,需按规定参加有关的设计审查,并根据审查结论负责对不超出原定范围的内容做必要的调整补充。

②各设计阶段的工作任务

初步设计阶段的工作任务包括总体设计(大型工程)、方案设计、编制初步设计文件;技术设计阶段的工作任务包括提出技术设计计划、编制技术设计文件、参加初步审查,并做必要修正;施工图设计阶段的工作任务包括建筑设计、结构设计、设备设计、专业设计的协调、编制施工图设计文件等。

③对外商的设计资料进行审查

委托设计的工程中,如果有部分属于外商提供的设计,如大型设备采用外商供应的设备,则需使用外商提供的制造图纸,设计人应负责对外商的设计资料进行审查,并负责该合同项目的设计联络工作。

④配合施工的义务

设计人在建设工程施工前,应进行设计交底,向施工承包人和施工监理人说明建设工程勘察、设计意图,解释建设工程勘察、设计文件,以保证施工工艺达到预期的设计水平要求。施工阶段,设计人有义务解决施工中出现的设计问题,如属于设计变更的范围,按照变更原因确定费用负担责任。发包人要求设计人派专人留驻施工现场进行配合与解决有关问题时,双方应另行签订补充协议或技术咨询服务合同。工程验收阶段,为了保证建设工程的质量,设计人应按合同约定参加工程验收工作。

⑤保护发包人的知识产权

设计人应保护发包人的知识产权,不得向第三人泄露、转让发包人提交的产品图纸等技术经济资料。如发生以上情况并给发包人造成经济损失,发包人有权向设计人索赔。

4)支付管理

在现行体制下,建设工程勘察、设计发包人与承包人应当执行国家有关建设工程勘察费、设计费的管理规定。签订合同时,双方商定合同的设计费,收费依据和计算方法按国家和地方有关规定执行。国家和地方没有规定的,由双方商定。

5.1.4 监理单位对勘察设计合同的监理

勘察、设计阶段的监理,一般指建设项目已经取得立项批准文件以及必须的有关批文后,监理单位从协助业主编制勘察、设计任务书开始,直至勘察单位完成勘察成果、设计单位完成施工图设计的全过程的监理工作。上述阶段应由委托合同确定。监理单位应根据其发包方签订的监理合同对勘察、设计进行监理。发包方(业主)、监理方、勘察(设计)方三方关系,见图5.1。

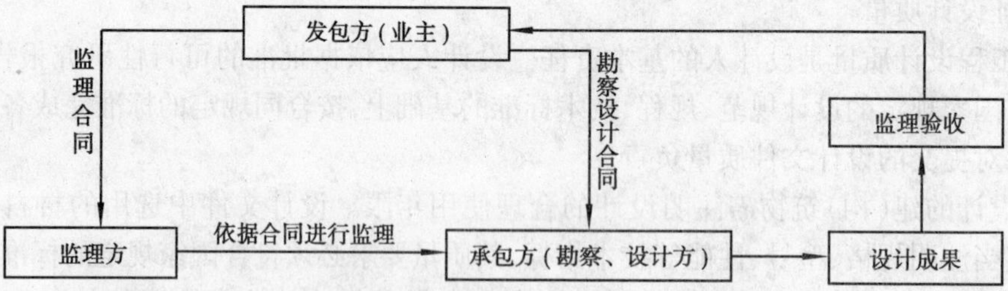

图5.1 监理、业主、勘察(设计)三方关系图

监理单位对勘察、设计合同的管理一般包括以下内容:

(1)合同订立时的监理

监理单位设立的合同管理机构对建设工程勘察、设计合同的订立全面和业主协调并实施监督、控制。特别是在合同订立前要深入了解勘察单位、设计单位的信誉,为实现合同的目的,不断完善建设工程勘察、设计合同的有关条款,规范双方当事人的权利义务的条款要全面明确。

(2)合同履行监理

1)设计费支付监理

①定金的支付

勘察、设计合同由于采用定金担保，因此合同内没有预付款项。发包单位应在合同生效后3天内，支付勘察、设计费总额的20%作为定金。在合同履行过程的中期支付中，定金不参与结算，双方的合同义务全部完成进行合同结算时，定金可以抵作设计费或收回。

②支付管理原则

勘察、设计单位按合同约定提交相应报告、成果或阶段的勘察、设计文件后，发包单位应及时支付约定的各阶段勘察、设计费。勘察、设计单位提交最后一部分成果的同时，发包单位应结清全部勘察、设计费，不留尾款。发包单位委托设计单位承担本合同内容之外的工作服务，另行支付费用。

③按设计阶段支付费用的百分比

设计单位提交初步设计文件后3天内，发包单位应支付设计总额的30%。施工图阶段，当设计单位按合同约定提交阶段性设计成果后，发包单位应依据约定的支付条件、所完成的施工图工作量比例和时间，分期分批向设计单位支付剩余总设计费的50%。施工图完成后，发包单位结清设计费，不留尾款。勘察工作外业结束后，发包单位应向勘察单位支付约定勘察费的某一百分比。对于勘察规模大、工期长的大型勘察工程，还可将这笔费用按实际完成的勘察进度分解，向勘察单位分阶段支付工程进度款，提交勘察成果资料后10天内，发包单位应一次付清全部工程费用。

2）设计变更管理

设计合同的变更，通常指设计单位承接工作范围和内容的改变。为了维护设计文件的严肃性，经过批准的设计文件不应随意变更。发包单位、施工承包单位、监理单位均不得修改建设工程勘察、设计文件。如果发包单位根据工程的实际需要确需修改建设工程勘察、设计文件时，应当首先报经原审批机关批准，然后由原建设工程勘察、设计单位修改。经过修改的设计文件仍需要按设计管理程序有关部门审批后使用。

发包单位变更委托设计项目、规模、条件或因提交的资料错误、或所提交资料作较大修改，以致造成设计单位返工时，双方除需另行协商签订补充协议（或另订合同），发包单位应按设计单位所耗工作量向设计单位增付设计费。

（3）违约管理

1）发包单位的违约责任

①由于发包单位未给勘察单位提供必要的工作生活条件而造成停、窝工或来回进出场地，发包单位应付给勘察单位停、窝工费，金额按预算的平均工日产值计算，工期按实际延误的工日顺延，并补偿勘察单位来回的进出场费和调遣费。

②合同履行期间，发包单位的上级或审批部门对设计文件不审批或合同项目停缓建，均视为发包单位应承担的风险。由于工程停建而终止合同或发包单位要求解除合同时，勘察、设计单位未进行勘察、设计工作的，不退还发包单位已付定金；已进行勘察、设计工作的，完成的工作量在50%以内时，发包单位应向勘察、设计单位支付50%的勘察、设计费；完成的工作量超过50%时，则应向勘察、设计单位支付100%的勘察、设计费。

③发包单位未按合同规定时间（日期）拨付勘察费，每超过1日，应按未支付勘察费的0.1%偿付逾期违约金。发包单位延误支付设计费，每逾期支付1日，应承担需支付金额0.2%的逾期违约金，且设计单位提交设计文件的时间顺延。逾期30天以上时，设计单位有权暂停履行下阶段工作，并书面通知发包单位。

④由于不可抗力因素致使合同无法履行时，双方应及时协商解决。

2）勘察单位、设计单位的违约责任

①由于勘察单位的原因造成勘察、设计成果资料质量不合格，不能满足技术要求时，其返工勘察、设计费用由勘察、设计单位承担。交付的报告、成果、文件、图纸达不到合同约定条件的部分，发包单位可要求承包单位返工，承包单位按发包单位要求的时间返工，直到符合约定条件为止。返工后仍不能达到约定条件，承包单位应承担违约责任，并根据因此造成的损失程度向发包单位支付赔偿金，赔偿金额最高不超过返工项目的收费。示范文本中要求勘察、设计单位的赔偿责任按工程实际损失的百分比计算，当事人双方订立合同时，需在相关条款内具体约定百分比的数额。

②由于勘察、设计单位自身原因未按合同规定时间（日期）提交勘察、设计成果资料，延误了按合同规定交付的文件时间，每超过1日，应减收勘察费的0.1%，设计费的0.2%。

③勘察、设计单位不履行合同时，应双倍返还定金。

（4）建立健全合同管理档案

监理单位要随时注意收集和保存合同订立的基础资料，以及合同履行中形成的所有资料，及时归档，并安排专人管理。合同档案是解决合同争议、预防索赔和提出反索赔的主要依据。

5.2 工程建设施工合同的监理

5.2.1 建设工程施工合同概述

（1）建设工程施工合同的概念

建设工程施工合同是发包人与承包人就完成具体工程项目的建筑施工、设备安装、设备调试、工程保修等工作内容，确定双方权利和义务的协议。施工合同是建设工程合同的一种，它与其他建设工程合同一样是双务有偿合同，在订立时应遵守自愿、公平、诚实信用等原则。

（2）建设工程施工合同示范文本

建设部和国家工商行政管理局于1999年发布了《建设工程施工合同（示范文本）》[GF—1999-0201]（以下简称示范文本）。该示范文本由《协议书》、《通用条款》、《专用条款》三部分组成，并附有三个附件。

1）协议书：合同协议书是施工合同的总纲性法律文件，经过双方当事人签字盖章后，合同即成立。标准化的协议书格式文字量不大，需要结合承包工程特点填写的约定主要内容包括：工程概况、工程承包范围、合同工期、质量标准、合同价款、合同生效时间，并明确对双方有约束力的合同文件组成。

2）通用条款："通用"的含义是指所列的约定不区分具体工程的行业、地域、规模等特点，只要属于建筑安装工程均可适用。通用条款是在广泛总结国内工程实施中成功经验和失败教训基础上，参考FIDIC《土木工程施工合同条件》相关内容的规定，编制的规范我国承发包双方履行合同义务的标准化条款。通用条件包括11个部分，共47个条款。通用条款在使用时不作任何改动，原文照搬。内容包括词语定义及合同文件，双方一般权利和义务，施工组织设计和工期，质量与检验，安全施工，合同价款与支付，材料设备供应，工程变更，竣工验收与结算，违约、索赔和争议,其他。

3)专用条款:由于具体实施工程项目的工作内容各不相同,施工现场和外部环境条件各异,因此还必须有反映招标工程具体特点和要求的专用条款的约定。合同范本中的通用条款部分,只为当事人提供了编制具体合同时应包括的内容指南,具体内容由当事人根据发包工程的实际要求细化。具体工程项目编制专用条款要结合项目特点,针对通用条款的内容进行补充或修正,达到相同序号的通用条款和专用条款共同组成对某一方面问题内容的约定。因此,专用条款的序号不必依次排列,通用条件已构成完善的部分不需重复抄录,只需对通用条款部分的补充、细化或弃用的条款做相应的说明,按照通用条款对该问题的编号顺序排列即可。

4)附件:范本中为使用者提供了"承包单位承揽项目一览表"、"发包单位供应材料设备一览表"和"房屋建筑工程质量保修书"三个标准化附件,如果具体项目的实施为包工包料承包,则可以不使用发包单位供应材料设备表。

5.2.2　建设工程施工合同的订立

建设工程总承包合同通过招标投标方式订立。承包单位一般应当根据发包单位对项目的要求编制投标文件,可包括设计方案、施工方案、设备采购方案、报价等。

(1)合同谈判的主要内容

1)关于工程内容和范围的确认

①合同的标的是合同最基本的要素,建设工程合同的标的量化就是工程承包内容和范围。对于在谈判讨论中经双方确认的内容及范围方面的修改或调整,应和其他所有在谈判中双方达成一致的内容一样,以文字方式确定下来,并以合同补遗或会议纪要方式作为合同附件并说明它是合同的一部分。

②对于为监理工程师提供的建筑物、家具、车辆以及各项服务,也应逐项详细地予以明确。

③对于一般的单价合同,如发包单位在原招标文件中未明确工程量变更部分的限度,则谈判时应要求与承包单位共同确定一个增减量幅度,当超过该幅度时工程单价可进行调整。

④关于技术要求、技术规范和施工技术方案的确认。

2)关于合同价格及价格调整条款

①在合同协议书内要注明合同价款及合同计价方式,具体工程承包的计价方式不一定是单一的方式,也可以采用组合计价方式,但要在合同内明确约定具体工作内容采用的计价方式。

②一般建设工程工期较长,遭受货币贬值或通货膨胀等因素的影响,可能给承包单位造成较大损失。价格调整条款可以比较公正地解决这一非承包单位可控制的风险损失。

③价格调整和合同单价(对"单价合同")及合同总价共同确定了工程承包合同的实际价格。

④关于合同款支付方式分四个阶段进行,即预付款、工程进度款、最终付款和退还保留金。

预付款是发包单位为了帮助承包单位解决工程施工前期资金紧张的困难提前给付的一笔款项,在专用条款内应约定预付款总额、一次或分阶段支付的时间即每次付款的比例、扣回的时间及每次扣回的计算方法、是否需要承包单位提供预付款保函等相关内容。

工程进度款支付可以采用按月计量支付、按完成工程的进度分阶段支付或完成工程后一次性支付等方式。对合同内不同的工程部位或工作内容可以采用不同的支付方式,只要在专用条款中具体明确即可。

3）工期

在合同协议书内应明确注明开工日期、竣工日期和合同工期总日历天数。如果是招标选择的承包单位，工期总日历天数应为投标书内承包单位承诺的天数。此项约定也是判定承包单位是否按合同履行了义务的标准。

同时还应该规定由于工程变更（发包单位在工程实施中增减工程或改变设计）、恶劣的气候影响以及作为一个有经验的承包单位也无法预料的工程施工过程中条件（如地质条件）的变化等原因对工期产生不利影响时合理地要求延长工期的条件。

4）关于完善合同条件的问题

主要包括：关于图纸，关于合同的某些措辞，关于违约罚金和工期提前奖金，关于工程量的计量，以及衔接工序和隐蔽工程施工的验收程序，关于施工占地，关于开工日期和工期，关于向承包单位移交施工现场和基础资料，关于工程交付，关于预付款保函的自动减额条款等。

(2) 建设工程合同最后文本的确定和合同签订

1）建设工程合同文件构成：合同协议书；工程量及价格单；合同条件，一般由合同一般条件和合同特殊条件两部分构成；投标人须知；合同技术条件；发包单位授标通知；双方代表共同签署的合同补遗（有时也以合同谈判会议纪要形式表示）；中标人投标时所递交的主要技术和商务文件（包括原投标书的图纸，承包单位提交的技术建议书和投标文件的附图）；其他双方认为应该作为合同的一部分文件，如投标阶段发包单位发出的变动和补遗，发包单位要求投标人澄清问题的函件和承包单位所做的文字答复，双方往来函件以及投标时的来往信函等。

2）对所有在招标投标及谈判前后各方发出的文件、文字说明、解释性资料进行清理。对凡是与上述合同构成矛盾的文件，应宣布作废。可以在双方签署的合同补遗中，对此做出排除性质的声明。

①关于合同协议的补遗。在合同谈判阶段双方谈判的结果一般以合同补遗的形式，有时也可以以合同谈判纪要形式形成书面文件。这一文件将成为合同文件中极为重要的组成部分，因为它最终确认了合同签订人之间的意志，所以它在合同解释中优先于其他文件。为此不仅承包单位对它重视，发包单位也极为重视，它一般是由发包单位或其监理工程师起草。因合同补遗或合同谈判纪要会涉及合同的技术、经济、法律等所有方面，作为监理工程师主要是核实其是否忠实于合同谈判过程中双方达成的一致意见及其文字的准确性。对于经过谈判更改了招标文件中条款的部分，应说明已就某某条款进行修正，合同实施按照合同补遗某某条款执行。同时监理工程师应该注意的是，建设工程承包合同必须遵守法律。对于违反法律的条款，即使由合同双方达成协议并签了字，也不受法律保障。

②在合同谈判结束后，承包单位应按上述内容和形式完成一个完整的合同文本草案，并经发包单位认可后正式形成文件，监理工程师应认真审核合同草案的全部内容。当双方认为满意并核对无误后由双方代表草签，至此合同谈判阶段即告结束。此时，监理工程师应及时要求承包单位向发包单位递交履约保函，双方在准备正式签署的承包合同上签字盖章后合同即告成立。

5.2.3 建设工程施工合同的履行

合同经签署成立后，双方均应严格履行合同义务，并承担违反合同应负的法律责任。施工合同的履行主要包括五个方面：

(1)发包方的义务与权利

发包方应负责按合同规定内容完成以下工作：办理土地征用，房屋拆迁；施工用水、电、交通道路；各种施工所需证件及基础资料；组织图纸会审；协调施工场地周边建筑物的保护等。否则发包方应赔偿承包方的损失及顺延工期。

发包方在完全履行自己的合同义务的同时，有权要求承包方完全履行合同全部义务，并有权通过法律形式维护自身的合法权益。

(2)承包方的义务与权利

承包方应负责按合同规定内容完成以下工作：施工组织设计或工程配套设计；向甲方提供进度计划与统计报表；提供施工现场管理；安排甲方代表在施工现场必需的办公生活设施，发生费用由甲方承担；负责对尚未交付甲方的竣工产品保护维修；负责合同规定的施工现场地下管线及邻近建筑物保护管理；保证施工现场安全清洁等。否则承包方应赔偿发包方的工期延误和工程损失。

承包方享有的合法权利有：工期提前奖励要求权，不可抗力发生时的赔偿免除权，不可预见事件发生时的索取补偿权，发包方违约、出现不可抗力情况下的索赔权，按合同要求收取合同价款权等。

(3)工程分包

分包是指施工合同总承包方委托第三方为其实施部分合同标的行为。分包方式已在我国建筑工程承包实践中广泛采用。

工程分包属于承包的范畴，应当遵守国家经济合同法和建设工程合同法规，还应符合建设部颁发的《建筑企业经营管理条例》和《建筑安装工程分包实施办法》等规定。

只有发包方(甲方)和总承包方(乙方)才是建设工程施工合同的当事人。总承包方可按总价合同、单价合同等方式分包合同，但发包方只直接与总承包方发生关系，总承包方应对发包方负完全责任。

总承包方和分包方是分包合同的当事人。分包方依据分包合同享有权利和义务，并受到法律保护。分包合同不能解除承包方的任何义务与责任，分包方的任何违约或过失，均被发包方认为是承包方直接所致。当分包合同与主合同发生抵触时，应以主合同为准。

总包方和分包方均不得将所承包的工程转包给其他单位。转包工程是指建筑安装施工企业以赢利为目的，将所承包的工程转包给其他施工单位，而自身不对工程承担任何技术、质量、经济、法律责任的行为。此外，总包方将工程分包给无证或不具备相应资质的分包单位，或分包单位超越营业范围分包工程等，均属于违法经营行为。

(4)工程付款

工程付款是建设工程施工合同的重要履行方式。取得工程价款是承包方履行合同义务后应享受的合法权利；支付工程价款则是发包方享受了合同规定后应承担履行的合同义务。在施工合同付款履行中应注意以下要点：

①付款依据

主要依据经过发包方代表(总监理工程师)确认已完成工程量报告及签证文件支付价款。

②付款内容分为预付款、工程进度款、竣工结算款、质量保证金四部分。

③结算方式

工程价款的结算方式主要有两种：a. 按月结算与支付；b. 分段结算与支付。

④付款期限指合同当事人双方在协议条款中具体规定的预付款期限，工程进度款付款期限、竣工结算款付款期限、质量保证金付款期限等。

(5) 工程验收

工程验收是一项以确认工程是否符合施工合同规定为目的的行为。验收工作分为隐蔽工程和中间验收、试车、竣工验收三类；验收意见分为无保留验收、有保留验收、拒绝验收三种。

5.2.4 监理单位对施工合同的管理

施工合同的管理是指各级工商行政管理机关、建设行政主管机关和金融机构以及工程发包单位、社会监理单位、承包商依照法律和行政法规、规章制度，采取法律的、行政的手段对施工合同关系进行组织、指导、协调及监督，保护施工合同当事人的合法权益、处理施工合同纠纷、防止和制裁违法行为、保证施工合同正常履行所实施的一系列活动。在此重点介绍监理单位对施工合同的管理。

(1) 施工合同签订的管理

在发包方具备了与承包方签订施工合同的情况下，监理单位可以对承包方的资格、资信和履约能力进行预审，招标工程可以通过招标预审进行。

发包方和监理工程师还应做好施工合同的谈判签订管理。使用施工合同示范文本时，要依据《合同条件》逐条进行谈判。经过谈判后，双方对施工合同内容取得完全一致意见后，即可正式签订施工合同，经双方签字、盖章后，施工合同即正式签订完毕。

(2) 施工合同的履行管理

监理工程师在合同履行中，应当严格按照合同的规定，履行应尽的义务。

在履行管理中，监理工程师也应实现自己的权利，履行自己的职责，对承包方的施工活动进行监督、检查。概括地讲，主要包括对进度控制方面、质量控制方面、投资控制方面的管理，具体详见本书相关章节。

(3) 施工合同档案的管理

监理工程师应做好施工合同的档案管理工作。工程项目全部竣工后，应将全部合同文件加以系统整理，建档保管。在合同的履行过程中，对合同文件，包括有关的签证、记录、协议、补充合同、备忘录、函件、电报、电传等都应做好系统分类，认真管理。

5.3 工程建设物资采购合同的监理

5.3.1 物资采购合同概述

(1) 建设工程物资采购合同的概念

建设工程物资采购合同，是指平等主体的自然人、法人、其他组织之间，为实现建设工程物资买卖，设立、变更、终止相互权利义务关系的协议。

(2) 建设工程物资采购合同的分类

1) 根据我国目前建设工程物资采购情况，建设工程物资采购合同分为材料采购合同和设备采购合同。

2)根据建设工程物资在什么地方采购,建设工程物资采购合同分为国内采购合同和国际采购合同。

3)根据建设工程物资采购合同的订立是否纳入国家计划,建设工程物资采购合同分为计划供应合同和市场采购合同。

4)根据建设工程物资采购合同的价格,建设工程物资采购合同分为执行政府定价合同、政府指导价合同和市场价格合同。

5)根据建设工程物资由哪一方当事人采购,建设工程物资采购合同分为发包方采购合同和承包方采购合同。

5.3.2　材料采购合同

(1)材料采购合同的概念

材料采购合同是指平等主体的自然人、法人、其他组织之间为实现建设工程所需的建筑材料的买卖而达成的权利义务协议。也就是说,是出卖人转移建筑材料的所有权,买受人接受建筑材料并支付相应价款而达成的协议。

(2)材料采购合同的订立方式

①公开招标

即由招标单位通过新闻媒体向社会公开发布招标公告,有资格和能力的材料生产厂家或供应商可申请投标,通过招标单位的资格预审,确定正式投标人参加投标报价,经过公开开标,当场确定中标单位。公开招标适用于大宗材料和市场供应商价格竞争激烈的材料采购,有利于采购方购买到价廉物美的建筑材料。

②邀请招标

即由招标单位向几家比较了解和熟悉并具备资格和能力的材料生产厂家或供应商发出投标邀请函,请他们根据招标单位的要求和需要进行投标报价,最终由招标单位公开开标后确定中标单位。邀请招标适合于特殊建筑材料的采购。

③询价、报价、签订合同

即材料采购方向若干建材厂商或建材经营公司发出询价函,要求他们在规定的期限内作出报价,在收到厂商的报价后,经过比较,选定报价合理的厂商并与其签订合同。这是最通常使用的一种材料采购方法。

④直接订购

由材料采购方直接向材料生产厂商或材料经营公司报价,生产厂家或经营公司接受报价,签订合同。这种方式适用于零星材料和急于使用的材料采购。

(3)材料采购合同的主要条款

根据《合同法》和我国物资购销合同示范文本的规定,材料采购合同的主要条款包括以下几个方面:

①产品名称、商标、型号、生产厂家、订购数量、合同金额、供货时间及每次供应数量。

②质量要求的技术标准、供货方对质量负责的条件和期限。

③交(提)货地点、方式。

④运输方式及到站、港和费用的负担责任。

⑤合理损耗及计算方法。

⑥包装标准、包装物的供应与回收。

⑦验收标准、方法及提出异议的期限。

⑧随机备品、配件工具数量及供应办法。

⑨结算方式及期限。

⑩如需提供担保,另立合同担保书作为合同附件。

⑪违约责任。

⑫解决合同争议的方法。

⑬其他约定事项。

(4)材料采购合同的履行

材料采购合同订立后,应依《经济合同法》的规定予以全面地、实际地履行。

1)按约定的标的履行

卖方交付的货物必须与合同规定的名称、品种、规格、型号相一致,除非买方同意,不允许以其他货物代替合同约定的标的物,也不允许以支付违约金或赔偿金的方式代替履行合同。

2)按合同规定的期限、地点交付货物

交付货物的日期应在合同规定的交付期限内,交付的地点应在合同指定的地点。实际交付的日期早于或迟于合同规定的交付期限,即视为提前或逾期交货。提前交付,买方可拒绝接受,逾期交付的,应承担逾期交付的责任。如果逾期交货,买方不再需要,应在接到卖方交货通知后15天内通知卖方,逾期不答复的,视为同意延期交货。

3)按合同规定的数量和质量交付货物

对于交付货物的数量应当检验,清点账目后,由双方当事人签字。对质量的检验,外在质量可当场检验,对内在质量,需作物理或化学试验的,试验的结果为验收的依据。卖方在交货时,应将产品合格证随同产品交买方据以验收。

4)按约定的价格及结算条款履行付款

买方在验收材料后,应按合同规定履行付款义务,否则承担法律责任。

5)违约责任

①卖方的违约责任

卖方不能交货时,应向买方支付违约金;卖方所交货物与合同规定不符的,应根据情况由卖方负责包换、包退、包赔,由此造成的买方损失应由卖方承担违约责任。

②买方违约责任

买方中途退货,应向卖方偿付违约金;逾期付款,应按中国人民银行关于延期付款的规定向卖方偿付逾期付款的违约金。

5.3.3 设备采购合同

(1)设备采购合同的概念

设备采购合同是指平等主体的自然人、法人、其他组织之间为实现建设工程所需设备的买卖而达成的权利义务协议。也就是说,是出卖人转移设备的所有权,买受人接受设备并支付相应价款而达成的协议。

设备采购合同包括一般设备采购合同和大型复杂设备采购合同。

(2)设备采购合同的主要条款

①一般设备采购合同的主要条款

一般设备采购合同的当事人双方可以根据所订购设备的特点和要求约定以下条款:合同中常用术语的统一定义,合同标的,技术规范,专利权,包装要求,装运条件及装运通知,保险,支付,质量保证,检验,违约罚款,不可抗力,履约保证金,争议解决方式,破产终止合同,转包与分包,其他需要约定的条款等。

②大型设备采购合同的主要条款和附件

大型设备采购合同可根据设备的特点和需求约定以下主要条款;合同中的词语定义;合同标的,供货范围,合同价格,付款,交货与运输,包装与标记,技术服务,质量监造与检验,安装、调试、试运和验收,保险,税费,分包与外购,合同的变更、修改、中止和终止,不可抗力,合同争议的解决方式,其他需要约定的条款等。

为了对合同中某些约定条款涉及内容较多的部分作出更为详细地说明,还需要编制一些附件作为合同的一个组成部分。附件通常可能包括:技术规范,供货范围,技术资料的内容和交付安排,交货进度,监造、检验和性能验收试验,价格表,技术服务的内容,分包和外购计划,大部件说明表等。

(3)设备采购合同的履行

1)按合同规定交付货物、验收和结算

卖方应按合同规定,按时、按质、按量地履行供货义务,并做好现场服务工作,及时解决有关设备的技术质量、缺损件等问题。买方对卖方交货应及时进行验收,依据合同规定,对设备的质量和数量进行核实检验,如有异议,应及时与卖方协商解决。买方对卖方交付的货物检验没有发现问题,应按合同的规定及时付款;如果发现问题,在卖方及时处理达到合同要求后,也应及时履行付款义务。

2)设备采购合同的支付

设备采购合同通常采用固定总价合同,在合同交货期内为不变价格。合同价内包括合同设备(含备品备件、专用工具)、技术资料、技术服务等费用,还包括合同设备的税费、运杂费、保险费等与合同有关的其他费用。支付的条件、支付的时间和费用内容应在合同内具体约定。

设备采购合同的采购方应按照合同约定的时间向供货方支付设备价款,付款时间以采购方银行承付日期为实际支付日期,若此日期晚于规定的付款日期,即从规定的日期开始,按合同约定计算迟付违约金。

3)设备采购合同的违约责任

①供货方的违约责任

A.延误责任的违约金主要约定:设备延误到货的违约金计算办法;未能按合同规定的时间交付严重影响施工的关键技术资料的违约金计算办法;因技术服务的延误、疏忽或错误导致工程延误的违约金计算办法。

B.质量责任的违约金主要约定:经过两次性能试验后,一项或多项性能指标仍达不到保证指标时,各项具体性能指标违约金的计算办法。

C.由于供货方责任,采购方人员的返工费的主要约定:如果供货方委托采购方施工人员进行加工、修理、更换设备,或由于供货方设计图纸错误以及因供货方技术服务人员的指导错误造成返工,供货方应承担因此所发生合理费用的责任。

D. 不能供货的违约金主要约定：合同履行过程中，如果因供货方原因不能交货，按不能交货部分设备约定价格的某一百分比计算违约金。

②采购方的违约责任

A. 采购方在验收货物后，不能按期付款的，应按中国人民银行有关延期付款的规定交付违约金，并支付延期付款的利息。

B. 采购方如果要求中途退货，按退货部分设备约定价格的某一百分比计算违约金。

C. 违约责任条款内还应当明确约定，任何一方当事人严重违约时，对方可以单方面终止合同，包括终止合同的条件、程序、后果及法律责任。

(4)监理工程师对设备采购合同的管理

①对设备采购合同及时编号，统一管理

②参与设备采购合同的订立

监理工程师可参与设备采购的招标工作，参加招标文件的编写，提出对设备的技术要求及交货期限的要求。

③监督设备采购合同的履行

在设备制造期间，监理工程师有权根据合同提供的全部工程设备的材料和工艺进行检查、研究和检验，同时检查其制造进度。根据合同规定或取得承包商的同意，监理工程师可将工程设备的检查和检验授权给一名独立的检验员。如果监理工程师认为检查、研究、检验的结果是设备有缺陷或不符合合同规定的，可拒收此类工程设备，并就此立即通知承包商。

5.4 国际工程承包合同的监理

5.4.1 国际工程承包合同的概念

国际工程承包合同属于我国涉外经济合同的一种类型，具体指一国工程发包方与他国的建筑工程承包方之间，为承包建筑工程项目，而设立经济权利和经济义务所签订的协议。国际工程承包合同具体是指在特定国家或地区，为建设水利设施、建筑物、港口、油田、采矿、公路、铁路、电站、高压输电线路等工程项目，由一国的发包方与另一国的承包方按照有关国家的法律和国际惯例或者同一国家的发包方与承包方按照特定的国际工程招标程序，经过友好协商，明确相互权利、义务关系签订的协议。

在我国，国际工程承包合同属于涉外经济合同范畴，它具有涉外经济合同的构成要素。如工程承包合同当事人一方或双方是外国的法人（或公民）；工程承包合同的标的在国外（或域外）；工程承包合同法律关系的内容与发包方和承包方的权利和义务关系在国外（或域外）实现等。由此可见，在国际工程承包合同的三大要素中，总会有一个或两个要素发生在国外（或域外）。

5.4.2 国际工程承包合同的类型

国际工程承包合同的类型有四种：①工程咨询合同；②建设施工合同；③提供设备和安装的合同；④工程服务合同。

国际工程承包合同是发包方和承包方为确立彼此间权利义务所达成的协议。其国际性主要表现在合同当事人双方（或多方）分别属于不同国家和地区；合同内容涉及不同国家的法律。因此,国际工程承包合同涉及面广、规模大,各方面权利义务关系复杂,需要不同的合同来约定各方的权利和义务。

(1)工程咨询合同

工程咨询合同已经成为工程建设中普遍采用的方法。国外业主为建设某项工程缺乏必要的工程技术知识就可向工程咨询公司或咨询专家咨询工程方面的事务。工程咨询公司可以按照客户的委托,提供比较公正合理的工程技术建设。目前,国际工程咨询业务分为四种:

①投资前研究。例如,项目的可行性研究、项目现场勘察等。

②项目准备工作。例如,估算项目资金、建筑设计、工程设计、准备招标文件等。

③技术服务。例如技术推广服务、管理咨询和培训等。

④工程实施服务。例如,建设工程监督和项目管理等。

(2)建设施工合同

签订国际工程承包合同的主要目的是完成既定的工程项目,因此建设施工合同是工程承包合同中最重要的,也是必不可少的。由于建设工程种类繁多,因而约定其法律关系的施工合同就可能有着许多类型。

1)按合同主体分类

①总承包合同

总承包合同,也称为工程总承包合同,它是指业主与承包商之间直接签订的关于某一工程项目的全部工程的协议。签订总承包合同需要经过一系列程序,包括招标、投标、评标和谈判协商,最终由业主与承包商协商一致签订合同,总承包合同的当事人是总承包商和业主,工程项目中所涉及的权利和义务关系,只能在业主与总承包商之间发生。

②分别承包合同

分别承包合同是指业主与分项工种承包商签订的关于某一工程的分项工程确定相互间权利与义务关系的协议。各个承包商分别对业主负责。整个工程可以约定由业主或其中一个主要承包商管理。分别承包合同的优点在于给业主充分的灵活性,获得最好的专业承包商以及缩短工期、节省由总承包商再分包的费用等。但是若缺乏管理能力则会带来严重的困难和复杂的问题。

③分包合同

分包合同是指总承包商与业主之间签订某工程项目总包合同之后,再由总承包商与分承包商之间,就工程项目的某一部分工程或某一单项工程,分包给分包商完成所签订的合同。分包合同当事人是总承包商与分承包商,工程项目所涉及的权利义务关系,只能在总承包商与分承包商之间发生,业主与分承包商之间不直接发生合同法律关系。但是,分承包商要间接地承担总承包商对业主承担的相关的承包工程项目的义务。

④转包合同(国内禁止这种行为)

转包合同是承包商甲向业主承包了某一建设工程项目之后,以将该建设工程项目转包给另一承包商乙,并与之签订的工程承包协议。转包合同与分包合同不同,其特点是由承包商甲与业主原来签订的工程承包合同规定的权利和义务,全部转与承包商乙,即合同当事人的权利和义务在业主与承包商乙之间发挥效力。签订转包合同时,承包商乙应向承包商甲给付一定数额的酬金。国内禁止这种转包行为。

⑤劳务合同。

劳务合同即雇佣合同,这是业主、承包商或分包商(甲方)为建设工程项目,与雇佣劳务提供者(乙方)为建设某工程项目,就雇佣劳务者参与施工活动所签订的协议,当事人双方在商定的各项条件基础上,以各个被雇佣人的劳动量为单位,由甲方付给乙方人员相应的报酬。其特点是乙方只取得相应的酬金,而不承担甲方的风险,也不分享利润。

⑥设计—施工合同

设计—施工合同和上述几种合同不同,业主将设计和施工任务都授予一个承包商完成,一般也称为总体合同或一揽子合同。设计—施工合同的优点就是节省费用和时间,并使施工方面的专业技术结合到设计中去,同时工程可以在设计未全部完成之前先行开工一部分。其缺点可能使设计丧失客观性,不利于业主。

2)按合同价格分类

①总价合同

总价合同是最通用的一种形式。业主已有详细的设计,预先估计出工程总造价,并以此总造价发包给承包商。其中还可分为固定总价和可调总价合同两种。总价合同适用于工程项目的总工程量已清楚和规模不大、结构不甚复杂、改变少等较有把握的工程。

②单价合同

单价合同是总价合同的一种变种形式。其主要特征是:在整个合同期间按同一合同单价,而工程量则按实际完成的数量结算也就是量变价不变。目前这种合同形式在国际上最为普遍。这种形式一般是通过投标承包商的竞争不确定单价和按设计的工程量来计算出总价的。承包商虽然可以按工程量实数调整,但他仍需承担单价方面的风险。

③成本加费用合同

成本加费用合同又名开口价合同。通常当业主要求在设计工作及说明书尚未完全完成之前,即只有设计指导思想、设计依据、建设规模、产品方案、主要设备、材料概况、主要建筑物和各项经济技术指标而没有整套设计文件,不可能提出总价或单价而先行开工时,就要采用这种合同形式。在这种合同形式下,业主同意支付给承包商按建设工程实际开支的成本费用外,另付服务费和利润于承包商。

(3)提供设备和安装的合同

为完成整个工程的设备部分,业主根据具体情况签订的合同。

(4)工程服务合同

工程服务合同是业主对于复杂的工程项目委托工程公司、设备制造公司或生产公司,负责关于工程服务工作。这些工作与前面所说的咨询合同的范围相同,但涉及面更广。

5.4.3 国际工程承包合同的内容

国际工程承包合同因其类型不同,在内容上各有简繁,格式上也各有不同。但是,综合各种类型的国际工程承包合同,就会形成具有共同性的内容要点。

(1)标书内容(Bid Form)

标书内容包括投标邀请、投标人须知、报价单或标单格式。标单格式是重要项目,它是承包商价传递的媒介。

(2)协议条款(Agreement Form)

协议条款是合同的纲要部分，是对合同各部分内容所达成的全面性、综合性协议。它包括合同当事人双方的全名称、合同标的、签约日期、工期、质量、合同价款、付款方式、担保、违约索赔、争议仲裁等有关事项,经协商达成协议的条款当事人双方必须签章。

(3)施工的一般条件和验收的标准规范(General Conditions or Standard Specification)

施工的一般条件也称为施工总条款和验收的标准规范。它规定着适用于一切工程的条文,涉及有关术语定义、设计的修改、付款、监督、竣工、验收、工程维修、法律关系、争议解决、违约索赔、意外风险等。

(4)特殊条款(Special Provisions)

特殊条款是为适应具体工程的需要而制订的特别条文。它具有修正补充一般条件下某些条件不具体的作用。有的合同将一般条款与特殊条款结合在一起,称为“说明”。有的还将合同协议结合在一起,统称为合同或合同协议。这种合同协议内容繁杂,其中常隐藏着当事人的伏笔或计谋。因此,必须审慎行事,以防上当。

(5)设计文件和图纸(Designs and Plans)

设计文件应包括工程的设计说明、剖面图和平面图等。设计说明它显示工程项目的设计目的、设计依据、图纸显示项目位置、特征、尺寸、大小和工程细节,是工程施工和验收的依据。

(6)附录(Appendices)

附录是合同的附加部分。它是对协议文本各部分的修正和补充,对投标工程在开标之前或合同执行过程中都有约束力。因此,附录与合同执行中所发生的新问题,经双方协商达成补充协议的变更方案有所不同。

以上 6 项是一般工程承包合同必须具备的内容。只要合同的内容齐备,权利义务明确、对等,符合法规,文字表达准确,当事人在履行过程中就可以防止或减少纠纷的发生。

5.4.4　合同双方的义务和责任

(1)业主的义务和责任

业主的义务和责任主要内容有:依据合同约定向承包商提供工程地址或厂址,办理工程场地移交手续;协同承包商办理工程人员入境签证和居住所需证件和手续,并提供上述人员的住所;办理机器设备的进口许可证,以及进口材料的申报手续;依据合同的约定,按时向承包商提供正式图纸;向承包商提供施工所需的动力、水源以及其他有关设施;依据合同约定,提供施工中所需一般人员(熟练工)并选派有关人员接受培训;依据合同约定,及时地验收工程材料和设备并接受竣工的工程项目。

(2)承包商的义务和责任

承包商的义务和责任主要内容有:按合同规定的工作范围和技术规范要求,负责组织现场施工。每月(或每周)的施工进度计划须事先报请业主委托的现场监理工程师的核准;每周在监理工程师召开的会议上,汇报工程进度及存在问题,经监理工程师核准后执行;负责施工放样及测量,所有测量的数据、图纸都要经监理工程师审核并签字批准;按工程进度及工种要求进行各项有关现场及实验室实验,所有试验结果应报请监理工程师核准;根据监理工程师的要求,每月报送有关进、出场的机械设备和性能,报送材料进场数量和耗用量;制订施工安全措施,报请监理工程师批准;保证工程质量,采取有效措施,制订质量检查办法,报请监理工程师批准执行;负责对施工机械的维修保养,以保证施工正常进行;作出详细的工程施工记录,报请监理工程师审核确认;制订严格的、科学的材料设备采购计划,并保证按计划实施;保证工程质量;按期竣工。

(3)承包商在国际施工工程中,向所在国政府税款支付责任

除了合同内明确规定承包商可以免交纳的税款外,承包商都必须遵照当地政府颁布的法规纳税,而不管合同内是否作出了任何规定。

属于合同明确约定承包商可免缴的税种之外所征收的税款,承包商是否应承担某项税款的支出费用,要视合同的约定判明责任。可能出现的情况举例如下:

①工程承包合同内,对承包商应纳税的范围、内容、税率和计算方式等作出了明确的规定。此规定不能减少当地政府的收入,特殊情况是当地政府有优惠政策例外。

a. 征税的范围和税金在规定界限内,此项费用应由承包商承担;

b. 税种不在约定范围内,则按照合同约定,此项费用支出不包含在承包价格之内,因此承包商无承担此项费用的义务;

c. 税种虽在合同约定的范围内,但由于当地政府颁布的后续法规变化,所征收税费的税率高于合同内约定的税率标准。后续政策法规的变化属于承包商在投标阶段不能合理预见的情况,因此该部分多支出的费用应由业主方承担。

对于后两种情况,承包商虽然不应承担额外支出费用的义务,但仍应该遵守当地的法律及时纳税,而后向业主要求补偿相应的损失,而不能抗税不缴。

②合同内对承包商应交纳的税金未作任何规定的情况。

a. 征收的税费属于承包商在报价时未予计入的税种,但承包商也应承担该项费用的支出。因为承包商的报价应包括投标阶段所应合理考虑的所有费用支出和风险,他应对工程所在国的征税范围和方法通过调查后计入报价之中,他未予合理考虑,属于报价漏项;

b. 征收标准在合同履行过程中发生变化,高于投标阶段的当时标准,则所额外增加的税费部分,业主应予以补偿。

5.5 近年监理工程师考题摘录及案例选编

一、近年监理工程师考题摘录

(一)单选

1. (2008 合)委托监理合同法律关系的客体是(B)。

A. 监理工程　　B. 监理服务

C. 监理规划　　D. 监理投标方案

2. (2008 合)建设工程施工合同纠纷第一审案件的管辖地为(D)。

A. 工程项目投资人所在地　　B. 工程项目承包人所在地

C. 工程项目发包方所在地　　D. 工程项目所在地

3. (2008 合)在 FIDIC 的《施工合同条件》中,合同协议书应当在(C)后签订。

A. 开标　　B. 发出中标函

C. 提交履约保证　　D. 开工

4. (2009 合)按照设计合同示范文本规定,当设计工作超过一半时,因发包人原因要求解除合同，发包人应(C)。

A. 允许设计人没收定金　　B. 将设计费的50%支付给设计人

C. 将全部设计费支付给设计人　　D. 按实际完成的工作量支付设计费

5. (2009 合)按照FIDIC《施工合同条件》规定，承包商施工期的截止时间为(B)。

A. 颁发工程接收证书日

B. 工程接收证书注明的竣工日

C. 颁发履约证书日

D. 签发最终支付证书日

6. (2009 合)在施工索赔中，工程师处理索赔的决定(B)。

A. 承包人必须接受

B. 不具有强制性的约束力

C. 仲裁机构应予以认可

D. 排除了法院的诉讼管辖

7. (2009 三)施工阶段监理工程师进行投资控制的技术措施之一是(C)。

A. 明确投资控制人员的责任

B. 确定工程变更的价款

C. 审核施工方案

D. 做好施工记录

(二)多选

1. (2008 三)施工图设计的深度应达到能据以(ABCD)的要求。

A. 编制施工图预算　　B. 安排材料、设备订货和非标准设备的制作

C. 进行施工和安装　　D. 进行工程验收

E. 签订监理合同

2. (2008 合)工程师对承包人提交的索赔报告进行审查时，证据材料包括(ABC)。

A. 合同专用条件中的条款　　B. 经工程师认可的施工进度计划

C. 施工现场和施工会议记录　　D. 工程延期审批表

D. 费用索赔审批表

3. (2009 三)监理工程师审查承包单位施工组织设计时，应着重审查其是否(ABDE)。

A. 按规定程序编审　　B. 充分分析了施工条件

C. 有利于施工成本降低　　D. 采用了先进实用的技术方案

E. 有健全的质量保证措施

4. (2009 合)下列事项中，属于设计合同中设计人应承担义务的有(ACD)。

A. 对设计文件的质量负责　　B. 办理设计文件审批手续

C. 解决施工中出现的设计问题　　D. 参加工程验收

E. 编制施工招标文件

二、工程监理案例选编

(一)某设备安装施工合同约定的开工日为2月1日。由于土建承包人延误竣工，导致安装承包人实际于2月10日开工。安装承包人在5月1日安装完毕并向监理工程师提交了竣工验收报告，5月10日开始进行5天启动连续试车，结果表明施工安装有缺陷。安装承包人

按照监理工程师的指示进行了调试工作,并于5月25日再次提交请求验收报告。5月26日再次试车后表明安装工作满足合同规定的要求,参与试车有关各方于6月1日签署了同意移交工程的文件。应以(　　)的时间与合同工期比较,判定承包人是提前竣工还是延误竣工。

A. 2月1日至5月10日　　B. 2月1日至5月25日

C. 2月10日至5月26日　　D. 2月10日至6月1日

答:C。由于非安装承包人责任延误开工应合理顺延工期,因此施工期应从2月10日开始计算。竣工时间应以达到合同要求的实际施工完成时间计算施工期的终止日,如果一次检验合格,为承包人提交竣工验收报告日;未能通过验收,实际竣工日为承包人修改缺陷后再次提请竣工验收的日期。

(二)工程师对已经同意承包人隐蔽的工程部位施工质量产生怀疑后,要求承包人进行剥露后的重新检验。检验结果表明施工质量存在缺陷,承包人按工程师的指示修复后再次覆盖。此项事件按照施工合同的规定,对增加的施工成本和延误的工期处理应是(　　)。

A. 工期顺延,施工成本的增加由承包人承担

B. 工期不予顺延,施工成本的增加由承包人承担

C. 顺延工期,补偿剥露和重新覆盖的成本,修复缺陷成本由承包人承担

D. 工期不予顺延,补偿剥露和重新覆盖的成本,修复缺陷成本由承包人承担

答:B。保证工程质量是承包人的基本义务,不应是否经过工程师的质量认可而推卸应承担的合同责任,因此一切损失后果均由承包人承担。

(三)某大宗水泥采购合同,进行交货检验清点数量时,发现交货数量少于订购的数量,但少交的数额没有超过合同约定的合理尾差限度,采购方应(　　)。

A. 按订购数量支付

B. 按实际交货数量支付

C. 待供货方补足数量后再按订购数量支付

D. 按订购数量支付但扣除少交数量依据合同约定计算的违约金

答案:A。材料交运过程中会有合理的损耗,合同内约定的合理磅差或尾差是判定是否按合同约定供应数量的标准,因此交货清点时的数量在合理尾差范围内不能视为供货方违约,应按合同的约定支付结算。

(四)承包人按合同规定,在开始施工前将编制的施工进度计划提交给监理工程师。经监理工程师审核后签字同意的承包人计划,在合同管理中的作用表现为(　　),承包人应按计划施工。

A. 监理工程师应按计划进行协调管理

B. 施工过程中监理工程师无权要求承包人修改计划

C. 发包人应按计划中要求的时间移交施工现场

D. 承包人未能按计划完成,监理工程师应承担部分责任

答:A、B、D。承包人有权按照自己的资源情况安排施工进度计划,监理工程师不应过多干预;反之,监理工程师对承包人编制计划也不承担责任。监理工程师对计划认可后,该计划对三方均有约束力,除了承包人应按施工外,监理工程师的协调管理以及发包人应尽的合同义务是否影响了承包人的施工进度,依据计划来判定。此外,只要实际施工进度与计划进度不符时(不管是提前还是滞后),为了监理工程师的协调管理和分清合同责任,有权要求承包人修改施工进度计划。

本章小结

本章重点掌握了监理单位对勘察设计合同、施工合同、物资采购合同的管理，掌握了建设工程施工合同、勘察设计合同、物资采购合同和国际工程承包合同的概念，合同履行期间合同承发包双方的权利与义务，掌握了《建设工程施工合同（示范文本）》（G—1999-0201）的内容，勘察设计合同示范文本的适用范围及其主要内容，发包人和设计人的义务，对物资采购合同的分类、主要条款与履行，对国际工程承包合同的内容也要了解和掌握。通过对全国监理工程师考题摘录的单选、多选和实际案例的学习，掌握了解决监理技术问题的方法和技巧，对监理理论的实际应用更加深化。

复习思考题

1. 简述勘察设计合同示范文本的适用范围及其主要内容。
2. 设计合同履行期间，发包人和设计人各应履行哪些义务？
3. 监理单位如何对勘察设计合同进行管理？
4. 简述建设工程施工合同的概念。
5.《建设工程施工合同（示范文本）》（GF—1999-0201）的内容有哪些？
6. 建设工程施工合同承发包双方的权利与义务各有哪些？
7. 监理单位如何对施工合同进行管理？
8. 简述建设工程物资采购合同的概念及分类。
9. 分别简述材料采购合同与设备采购合同的主要条款。
10. 材料采购合同与设备采购合同应如何履行？
11. 监理工程师应如何对设备采购合同进行管理？
12. 简述国际工程承包合同的概念。
13. 简述国际工程承包合同双方的义务和责任。
14. 本章摘录的近年全国监理工程师考题单选有几题？多选有几题？解答是否正确？能否从本书和有关参考资料中找到解答正确与否的原因？
15. 本章选编的监理案例的内容时什么？有几个问题？监理工程师是怎样解决的？

第 6 章 建设工程监理的目标控制

内容提要和要求

建设项目的投资控制、进度控制和质量控制是工程建设监理的三大控制目标，对这三大目标进行有效控制，保证达到预定目标，是监理工程师进行项目管理的中心任务之一。

本章介绍了目标控制的基本流程，控制的类型，三大目标系统的内涵及其相互关系，目标控制的前提工作及综合性措施，重点介绍了投资控制、进度控制和质量控制的含义，投资控制原理，进度计划体系及影响因素，工程质量形成过程与影响因素，工程建设监理投资控制、进度控制、质量控制的主要任务，同时介绍了监理单位落实"三控制、两管理、一协调"的措施。最后，本章还摘录了《近年全国监理工程师考题和案例选编》，为进一步学习和掌握本章内容提供了参考。

对上述内容重点要掌握投资控制、进度控制和质量控制的含义及工程建设监理投资控制、进度控制、质量控制的主要任务，落实"三控制、两管理、一协调"的措施，掌握控制的类型，三大目标系统的内涵及其相互关系，目标控制的综合性措施，对进度计划体系及影响因素，工程质量形成过程与影响因素，投资控制原理，目标控制的基本流程等也应适当了解。

6.1 目标控制概述

6.1.1 目标控制基本流程

所谓目标控制，是指在实现行为对象目标的过程中，行为主体按预定的计划实施，在实施的过程中会遇到许多干扰，行为主体通过检查，收集到实施状态的信息，将它与原计划（标准）比较，发现偏差，采取纠偏措施，从而保证计划的实施，达到预定目标的全部活动过程。控制是建设工程监理的重要管理活动。管理首先开始于确定目标和制订计划，继而进行组织和人员配备，并进行有效的领导，一旦计划付诸实施或运行，就必须进行控制和协调，检查计划实施情况，找出偏离目标和计划的误差，确定应采取的纠正措施，以实现预定的目标和计划。

不同的控制系统都有区别于其他系统的特点，但同时又都存在许多共性。建设工程目标控制的流程如图 6.1 所示。

由于建设工程的建设周期长，在工程实施过程中所受到的风险因素很多，因而实际状况偏离目标和计划的情况是经常发生的，往往出现投资增加、工期拖延、工程质量和功能未达到预

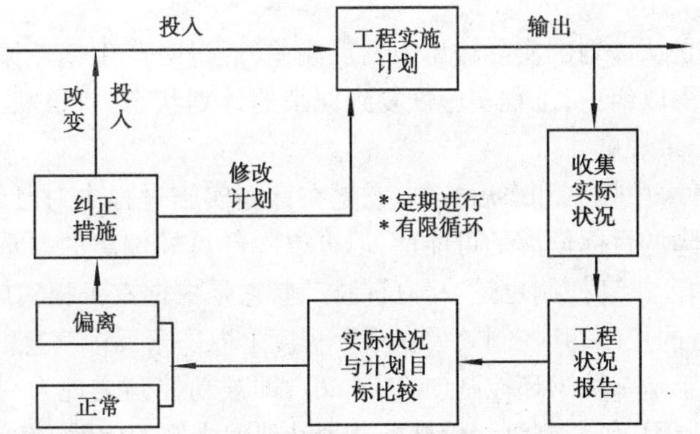

图 6.1　控制流程图

定要求等问题。这就需要在工程实施过程中,通过对目标、过程和活动的跟踪,全面、及时、准确地掌握有关信息,将工程实际状况与目标和计划进行比较。如果偏离了目标和计划,就需要采取纠正措施,或改变投入,或修改计划,使工程能在新的计划状态下进行。而任何控制措施都不可能一劳永逸,原有的矛盾和问题解决了,还会出现新的矛盾和问题,需要不断地进行控制,这就是动态控制原理。上述控制流程是一个不断循环的过程,直至工程建成交付使用,因而建设工程的目标控制是一个有限循环过程。

对于建设工程目标控制系统来说,由于收集实际数据、偏差分析、制订纠偏措施都主要是由目标控制人员来完成,都需要时间,这些工作不可能同时进行并在瞬间内完成,因而其控制实际上表现为周期性的循环过程。通常,在建设工程监理的实践中,投资控制、进度控制和常规质量控制问题的控制周期按周或月计,而严重的工程质量问题和事故,则需要及时加以控制。

6.1.2　动控制和被动控制

根据控制方式和方法的不同,控制有多种类型。按控制措施作用于控制对象的时间,可分为事前、事中及事后控制;按信息的来源,可分为前馈控制和反馈控制;按控制过程是否形成闭合回路,可分为开环控制和闭环控制;按控制措施制订的出发点,可分为主动控制和被动控制。控制类型的划分是人为的,是根据不同分析目的而选择的,而控制措施本身是客观的,因此,同一种控制措施可以表述为不同的控制类型。

(1) 主动控制

所谓主动控制,是在预先分析各种风险因素及其导致目标偏离的可能性和程度的基础上,拟订和采取有针对性的预防措施,从而减少乃至避免目标偏离。

主动控制是一种事前控制,它必须在计划实施之前就采取控制措施,以降低目标偏离的可能性或其后果的严重程度,起到防患于未然的作用。主动控制也是一种前馈控制,它主要是根据已建同类工程实施情况的综合分析结果,结合拟建工程的具体情况和特点,将教训上升为经验,用以指导拟建工程的实施,起到避免重蹈覆辙的作用。同时,主动控制通常也是一种开环控制(见图 6.3)。总之,主动控制是一种面对未来的控制,它可以解决传统控制过程中存在的时滞影响,尽最大可能避免偏差已经成为现实的被动局面,降低偏差发生的概率及其严重程度,从而使目标得到有效控制。

(2)被动控制

所谓被动控制,是从计划的实际输出中发现偏差,通过对产生偏差原因的分析,研究制订纠偏措施,以使偏差得以纠正,工程实施恢复到原来的计划状态,或虽然不能恢复到计划状态但可以减少偏差的严重程度。

被动控制是一种事中控制和事后控制,它是在计划实施过程中对已经出现的偏差采取控制措施,它虽然不能降低目标偏离的可能性,但可以降低目标偏离的严重程度,并将偏差控制在尽可能小的范围内。被动控制也是一种反馈控制,它是根据本工程实施情况(即反馈信息)的综合分析结果进行的控制,其控制效果在很大程度上取决于反馈信息的全面性、及时性和可靠性。同时,被动控制是一种闭环控制(见图6.2),即被动控制表现为一个循环过程:发现偏差,分析产生偏差的原因,研究制订纠偏措施并预计纠偏措施的成效,落实并实施纠偏措施,产生实际成效,收集实际实施情况,对实施的实际效果进行评价,将实际效果与预期效果进行比较,发现偏差……直至整个工程建成。总之,被动控制是一种面对现实的控制。虽然目标偏离已成为客观事实,但是,通过被动控制措施,仍然可能使工程实施恢复到计划状态,至少可以减少偏差的严重程度。不可否认,被动控制仍然是一种有效的控制,也是十分重要而且经常运用的控制方式。因此,对被动控制应当予以足够的重视,并努力提高其控制效果。

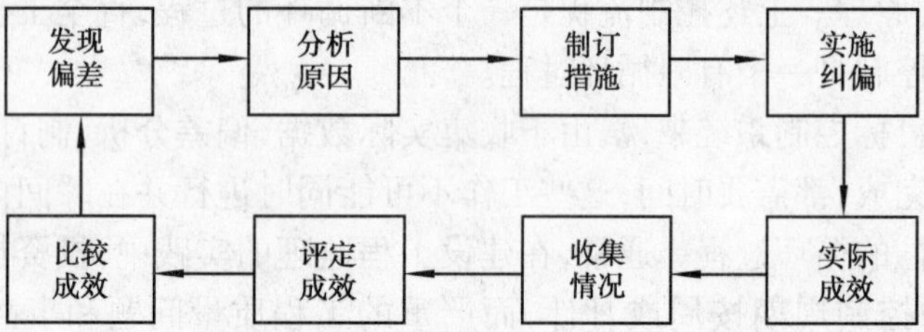

图6.2　被动控制的闭合回路

(3)主动控制与被动控制相结合的控制模式

主动控制与被动控制对监理工程师而言缺一不可,它们都是实现项目目标所必须采用的控制方式。有效的控制是将主动控制与被动控制紧密结合起来,力求加大主动控制在控制过程中的比例,同时进行定期、连续的被动控制,只有如此,方能完成项目目标控制的根本任务。

主动控制与被动控制相结合,也就是要求监理工程师在进行目标控制的过程中,既要实施前馈控制,又要实施反馈控制;既要根据实际输出的工程信息,又要根据预测的工程信息实施控制,并将它们有机地融合在一起。控制工作的任务就是要通过各种途径找出偏离计划的差距,以便采取纠正潜在偏差和实际偏差的措施,以确保计划取得成功。

主动控制与被动控制相结合的控制模式如图6.3所示。

6.1.3　工程建设监理三大目标系统

(1)三大目标的内涵

工程建设监理的中心工作是进行工程项目的目标控制,监理工程师只有明确工程建设监理应达到的预期目标才能进行目标控制工作。具体地讲,工程建设项目三大目标分别是:投资目标——力求以最低的投资金额建成预定的工程建设项目;进度目标——力求在最短的建设工期建成工程项目;质量目标——力求使建成的工程项目的质量和功能达到最优水平。因此,

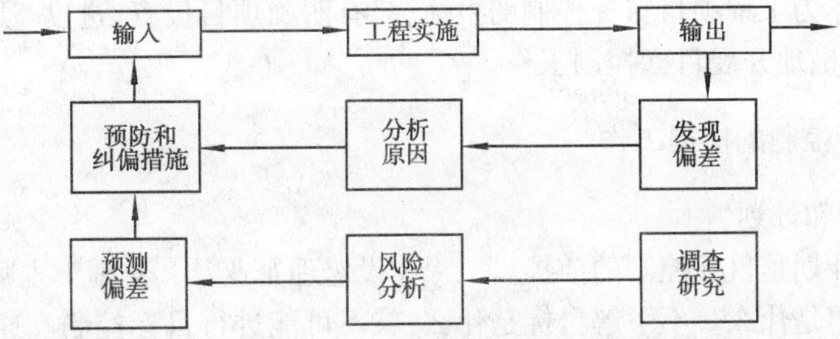

图 6.3　主动控制与被动控制相结合的控制模式

所谓的目标控制就是对工程项目的投资、进度、质量目标实施控制。

(2)投资、进度、质量目标的关系

工程项目都应当具有明确的目标。监理工程师在进行目标控制时,应当把项目的进度目标、投资目标、质量目标当做一个整体来控制。因为它们相互联系、互相制约,是整个项目系统中的一个子系统。投资、进度、质量三大目标之间既存在矛盾的方面,又存在着统一的方面(如图 6.4 所示)。

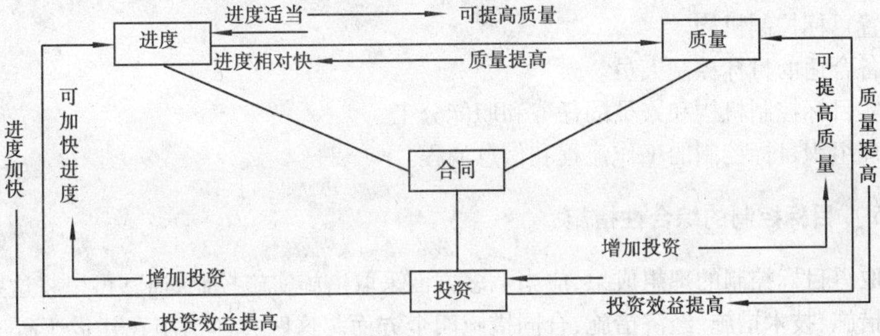

图 6.4　工程项目三大目标关系图

①三大目标之间的对立关系。项目投资、进度、质量三大目标之间首先存在着矛盾和对立的一面。具体地说,当项目业主对工程质量有较高要求,那么就要投入较多的资金和花费较长的建设时间;当项目业主急于建成项目马上投入使用,那么就要抢工期、争取短时间完成工程项目,即把工期目标定得较高,因此投资资金就应相应地提高,或者项目质量标准要适当下降;当项目业主要求降低投资、节约费用,那么势必要考虑降低项目的功能要求和质量标准。凡此种种,均反映了工程项目三大目标关系存在着矛盾和对立的一面。

②三大目标之间的统一关系。项目投资、进度、质量目标关系不仅存在着对立的一面,而且还存在着统一的一面。例如,在质量与功能要求不变的条件下,适当增加投资的数量,就为采取加快进度措施提供经济条件,就可以加快项目建设速度,缩短工期,使项目提前动用,投资尽早收回,项目全寿命经济效益得到提高。再譬如,适当提高项目功能要求和质量标准,虽然可能使一次性投资资金的数量增加、工期延长,但能够节约项目动用后的经常费用和维修费用,降低产品成本,从而获得更好的投资经济效益。当项目进度计划制订得既可行又优化,使工程进展连续、均衡地开展,则不仅可以缩短工期,而且可能获得较好质量和消耗较低的费用。因而,工程项目投资、进度、质量三大目标关系之中存在着统一的一面。

监理工程师作为工程项目目标控制的主体，只有明确项目投资、进度、质量三大目标之间的关系，才能够正确地开展目标控制工作。

6.1.4 目标控制的前提工作

(1)目标规划和计划

目标规划和计划是目标控制的前提。工程建设监理企业及其监理工程师事先要掌握工程项目应达到的期望是什么。不了解目标是什么，就不可能进行目标控制。通常目标规划和计划制订得越详细、越明确、越完整和越全面，目标控制的效果就会越好。因此，目标控制的效果很大程度上取决于目标规划和计划的质量和水平。

(2)目标控制的组织工作

目标控制的目的是为了有效地评价工作，从而及时发现计划执行出现的偏差，并采取有效的纠偏措施，确保预定计划目标的实现。由于目标控制活动是由人来实现的，因此必须有明确的组织机构和管理人员(施控人员)或监理工程师来承担目标控制的各项工作的职能。否则目标控制就无法完成。所以，组织工作也是进行目标控制的前提工作。

为了有效地进行目标控制，主要应做好以下几方面的组织工作：

①设置目标控制机构。

②配备合适的目标控制人员。

③落实目标控制机构和人员的任务和职能分工。

④合理组织目标控制的工作流程和信息流程。

6.1.5 目标控制的综合性措施

为了取得目标控制的理想成果，应当从多方面采取措施实施控制，通常可以将这些措施归纳为组织措施、技术措施、经济措施、合同措施四个方面。这四方面措施在建设工程实施的各个阶段的具体运用不完全相同。以下分别对这四方面措施做概要性的阐述。

(1)组织措施

组织措施是目标控制的必要措施，所以必须建立相应的控制机构，挑选与之相称的人员，确定他们目标控制的任务和管理职能，并制订出各项目标控制的工作流程，只有这样采取适当的组织措施，才能保证目标控制的组织工作明确完善，才能使目标控制有效地发挥作用。

(2)技术措施

控制在很大程度上要通过技术来解决问题。实施有效地控制就必须对多个可能的技术方案做可行性分析，对各种数据进行评审、比较，对各种新工艺、新材料进行试验，对投标文件中的主要施工方案做出必要的论证等。只有采取一系列的技术措施，才能保证项目目标的控制得以实现。

(3)经济措施

一项工程的建设使用，归根结底是一项投资的实现。从项目的提出到项目的实现，始终贯穿着资金的筹集和使用。无论对投资实施控制，还是对进度、质量实施控制，都离不开经济措施。

(4)合同措施

工程项目建设需要设计单位、施工单位和材料设备供应等单位共同合作。在市场经济条件下,这些承建商是根据分别与业主签订的合同来参与项目建设的,它们与项目业主构成了工程承发包关系,是被监理的一方,工程建设监理就是根据这些工程建设合同以及工程建设监理合同来实施监理活动的,监理工程师实施目标控制也是紧紧依靠工程建设合同来进行的,所以合同措施是监理工程师的重要目标控制措施之一。

6.2　工程建设项目投资控制

6.2.1　投资控制的含义

工程建设的投资控制,是指在整个项目的实施阶段开展管理活动,力求使项目在满足质量和进度的前提下,实现项目实际投资不超过计划投资。投资控制的含义如图 6.5 所示。

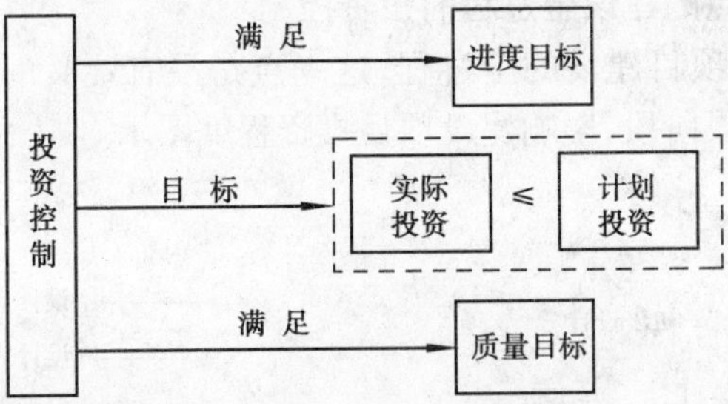

图 6.5　投资控制的含义

(1) 投资控制不是单一目标的控制

投资控制是针对整个项目目标系统所实施的控制活动的一个组成部分,投资控制应当与进度控制和质量控制协调存在,离开质量控制和进度控制,投资控制就失去了意义。所以不能简单地认为只要将工程项目实际发生的投资控制在计划投资的范围内就实现了投资控制的目标。

(2) 投资控制具有全面性

通常建设项目投资是指用于项目建设的全部费用,即总投资。它是指进行固定资产再生产和形成最低量流动资金的一次性费用总和。它是由建筑安装工程费、设备和工器具购置费和其他费用组成。既然项目投资是项目建设的"全部费用",所以要从多方面对投资实施综合控制。另外,不但要对投资的量进行控制,而且还应对费用发生的时间进行控制,满足资金使用计划的要求。

总之,监理工程师需要从项目系统性出发,进行综合性的工作,即从组织、经济、技术和合同等多方面采取措施实施控制。

(3) 投资控制具有微观性

工程建设监理管理活动的微观性决定了投资控制也是微观性工作。监理工程师所进行的投资控制是针对一个特定的工程建设项目投资计划的控制而非其他。因此,监理工程师为了控制项目的计划投资,一般都从工程的每个分项分部工程开始,一步接一步地控制,一个循环接一个循环地控制。从"小"处开始,逐步实施全面控制。

6.2.2 投资控制原理

(1)投资控制目标的设置

工程项目建设过程是一个周期长、数量大的生产消费过程,建设者由于受各种客观条件的限制,不可能在工程建设项目开始,就能设立一个科学的、完整的、一成不变的投资控制目标,而只能设置一个大致的投资控制目标,这就是投资估算。随着工程建设的进行,投资控制目标一步步清晰、准确,这就是设计概算、设计预算、承包合同价等。也就是说,建设项目投资控制目标的设置,应随着工程项目建设实践的不断深入而分阶段设置。所以,投资估算应是设计方案选择和进行初步设计的建设项目投资控制目标;设计概算应是进行技术设计和施工图设计的项目投资控制目标;设计预算或建筑安装工程承包合同价则应是施工阶段控制建筑安装工程投资的目标。各阶段目标相互制约、相互补充,前者控制后者,后者补充前者,共同组成项目投资控制的目标系统。

(2)以设计阶段为重点的建设全过程的投资控制

项目投资控制贯穿于项目建设的全过程,这一点是没有疑义的,但是必须重点突出。图6.6是国外描述的不同建设阶段,影响建设项目投资程度图示。

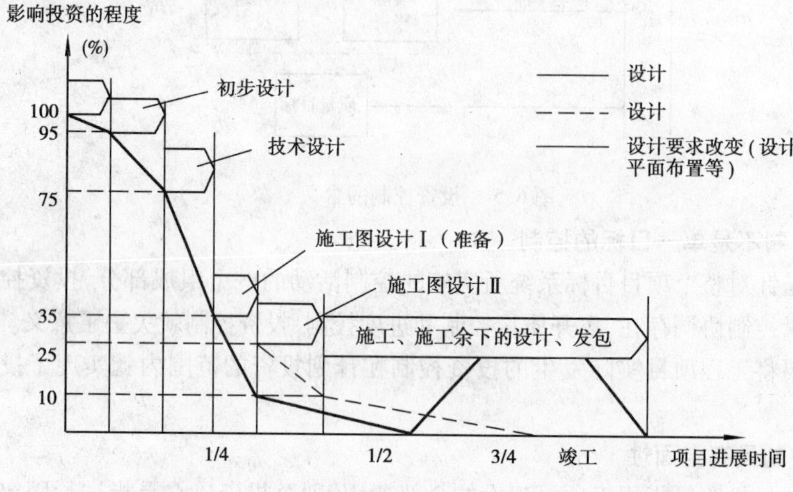

图6.6 不同建设阶段影响建设项目投资程度的坐标图

对上图进行分析后得出如下结论:影响项目投资最大的阶段,是约占工程项目建设周期四分之一的技术设计结束前的工作阶段。在投资前期论证阶段,影响项目投资的可能性为95%~100%;在初步设计阶段,影响项目投资的可能性为75%~95%;在技术设计阶段,影响项目投资的可能性为35%~75%;在施工图设计阶段,影响项目投资的可能性为10%~35%;施工阶段影响投资的可能性为5%~10%。很显然,项目投资控制的关键应在施工以前的投资决策和设计阶段。一旦项目做出投资决策后,控制项目投资的关键就在项目的设计阶段。

长期以来,我国普遍忽视工程建设项目前期工作阶段的投资控制。而往往把控制项目投资的主要精力放在施工阶段——审核施工图预算、合理结算建筑安装工程价款,算细账。这样做尽管也有效果,但毕竟是"亡羊补牢",事倍功半。要有效地控制建设项目投资,就要坚决地把工作重点转到建设前期阶段上来,当前尤其是要抓住设计这个关键阶段,未雨绸缪,以取得事半功倍的效果。

(3)主动控制,以取得令人满意的效果

一般说来,建设监理公司在项目建设时的基本任务是,对建设项目的建设工期、项目投资和工程质量进行有效的控制,这三大目标可以表示成图6.7所示,像三个枪靶组成的项目建设目标系统。

建设监理的理想结果是,所建项目达到建设工期最短、投资最省、工程质量最高。但是这就如同要求一枪射出,三靶皆中,只能是一种理想的要求,而实际几乎是不可能实现的。由项目的三大目标组成的目标系统,是一个相互制约、相互影响的统一体,其中任何一个目标的变化,势必会引起另外两个目标的变化,并受到它们的影响和制约。比如说,项目建设如果强调质量和工期,那对投资则不能要求过严,建设目标应分布在(4+1)号区域;如果要求建设项目同时做到投资省、工期短、质量高,那对三者则不可能苛求,建设目标则一般应分布在(1)号区域。为此,在进行建设监理时,应根据业主的要求,建设的客观条件进行综合研究,实事求是地确定一套切合实际的衡量准则。只要投资控制的方案符合这套衡量准则,取得令人满意的结果,则应该说投资控制达到了预期的目标。

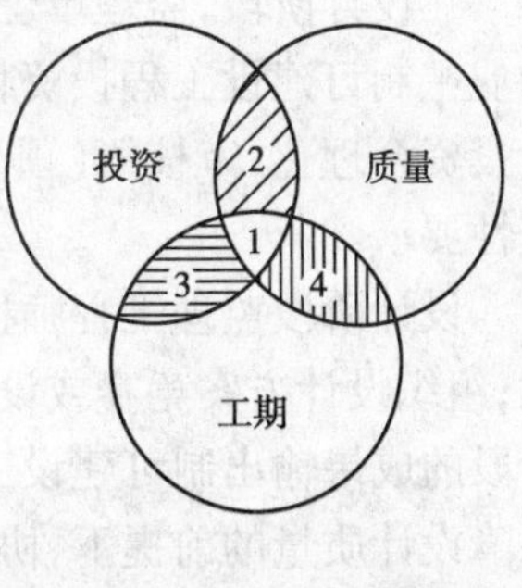

图6.7　项目建设目标系统

长期以来,人们一直把控制理解为目标值与实际值的比较,以及当实际值偏离目标值时,分析其产生偏差的原因,并确定下一步对策。但问题在于,这种立足于调查—分析—决策基础之上的偏离—纠偏—再偏离—再纠偏的控制方法,只能发现偏离,不能使已产生的偏离消失,不能预防可能发生的偏离,因而只能说是被动控制。人们在从事建设项目建设目标控制时,立足于事先主动地采取相应的控制措施,尽可能地减少或避免目标值与实际值的偏离,这就是一种主动的、积极的控制方法,即是主动控制。因此,在从事建设项目投资目标控制时,不仅需要采用被动控制方法以反映投资决策、项目设计和项目承包及其施工效果,而且还需要采用主动控制方法以揭示项目投资可能的变化趋势,以便采取必要的控制措施保证控制目标的实现。

(4)技术与经济相结合是控制项目投资的有效手段

要有效地控制项目投资,应从组织、技术、经济、合同与信息管理等多方面采取措施。从组织上采取措施,包括明确项目组织结构,投资控制的职能与职责,应配备专门的投资控制人员;从技术上采取措施,包括重视设计多方案选择,严格审查监督初步设计、技术设计、施工图设计、施工组织设计,深入技术领域研究节约投资的可能;从经济上采取措施,包括动态地比较投资的计划值和实际值,严格审核各项费用支出,采取对节约投资有利的各种措施。因此,在工程建设项目投资目标控制中,需要正确地处理好技术与经济的对立统一关系,把技术与经济有机结合起来,力求在技术先进条件下的经济合理性,在经济合理基础上的技术先进性,是监理工程师从事项目建设目标控制的重要的指导思想。

6.2.3　工程建设监理投资控制的主要任务

建设工程投资控制是我国建设工程监理的一项主要任务,投资控制贯穿于工程建设的各个阶段,也贯穿于监理工作的各个环节。

(1)建设前期阶段投资控制的任务

进行工程项目的机会研究、初步可行性研究、编制项目建议书。进行可行性研究,对拟建项目进行市场调查和预测,编制投资估算,进行环境影响评价、财务评价、国民经济评价和社会评价。

(2)设计阶段投资控制的任务

在设计阶段,监理单位投资控制的主要任务是通过收集类似建设工程投资数据和资料,协助业主制订建设工程投资目标规划;开展技术经济分析等活动,协调和配合设计单位力求使设计投资合理化;审核概(预)算,提出改进意见,优化设计,最终满足业主对建设工程投资的经济性要求。

设计阶段监理工程师投资控制的主要工作,包括对建设工程总投资进行论证,确认其可行性;组织设计方案竞赛或设计招标,协助业主确定对投资控制有利的设计方案;伴随着设计各阶段的成果输出制订建设工程投资目标划分系统,为本阶段和后续阶段投资控制提供依据;在保障设计质量的前提下,协助设计单位开展限额设计工作;编制本阶段资金使用计划,并进行付款控制;审查工程概算、预算,在保障建设工程具有安全可靠性、适用性基础上,概算不超估算,预算不超概算;进行设计挖潜,节约投资;对设计进行技术经济分析、比较、论证,寻求一次性投资少而全寿命经济性好的设计方案等。

(3)施工招标阶段投资控制的任务

准备与发送招标文件,编制工程量清单和招标工程标底;协助评审投标书,提出评标建议;协助业主与承包单位签订承包合同。

(4)施工阶段投资控制的任务

施工阶段建设工程进度控制的主要任务是通过完善建设工程控制性进度计划、审查施工单位施工进度计划、做好各项动态控制工作、协调各单位关系、预防并处理好工期索赔,以求实际施工进度达到计划施工进度的要求。

为完成施工阶段进度控制任务,监理工程师应当做好以下工作:根据施工招标和施工准备阶段的工程信息,进一步完善建设工程控制性进度计划,并据此进行施工阶段进度控制;审查施工单位施工进度计划,确认其可行性并满足建设工程控制性进度计划要求;制订业主方材料和设备供应进度计划并进行控制,使其满足施工要求;审查施工单位进度控制报告,督促施工单位做好施工进度控制;对施工进度进行跟踪,掌握施工动态;研究制订预防工期索赔的措施,做好处理工期索赔工作;在施工过程中,做好对人力、材料、机具、设备等的投入控制工作以及转换控制工作、信息反馈工作、对比和纠正工作,使进度控制订期连续进行;开好进度协调会议,及时协调有关各方关系,使工程施工顺利进行。

6.3 工程建设项目进度控制

6.3.1 工程建设进度控制的含义

工程建设监理所进行的进度控制是指在实现建设项目总目标的过程中,监理工程师进行监督、协调工作,使工程建设的实际进度符合项目进度计划的要求,使项目按计划要求的时间动用。

(1)项目进度控制的目标

从事进度控制工作,首先应当明确进度控制的目标。工程建设监理企业作为建设项目管理服务的主体,它所进行的进度控制是为了最终实现建设项目动用的计划时间。具体而言,即工业项目达到负荷联动试车成功,民用项目交付使用的计划时间。同时应注意:进度控制的目标还取决于项目业主委托的要求。

依据委托监理合同,监理企业可以进行全过程的监理,还可以进行阶段性监理。因此,进度控制目标应由工程建设委托监理合同来决定。

(2)项目进度控制的范围

工程建设监理进度控制的总目标贯穿整个项目的实施阶段,所以监理工程师在进行进度控制时就要涉及建设项目的各个方面,需要实施全面的进度控制。

1)进度控制是对工程建设全过程的控制

明确了工程建设监理进度控制的目标是项目的计划动用时间,那么进度控制的范围包括了设计准备阶段、设计阶段、施工招投标阶段以及动用准备等阶段。时间范围包含了项目建设的全过程。

2)进度控制是对整个项目结构的控制

项目进度总目标是计划的动用时间,所以监理工程师进行进度控制必须实现全方位控制。也就是对组成项目的所有构成部分的进度都要进行控制。

3)对涉及项目建设有关的工作实施进度控制

为确保项目按计划动用,需要把涉及工程建设的各项工作,诸如设计、施工准备、工程招标以及材料设备供应、动用准备等工作列入进度控制的范围之内。一旦这些“零碎”工作不能按计划完成,势必影响整个工程项目的正式动用。所以,应当把影响项目动用时间的工作都应纳入进度计划中,使之成为进度控制的对象。

4)对影响进度的各种因素实施控制

由于建设项目具有庞大、复杂、周期长、相关单位多等特点,因而影响进度的因素很多。例如:人的干扰因素;材料、机具、设备干扰因素;地基干扰因素;资金干扰因素;环境干扰因素。

监理工程师必须对上述影响进度的各种因素进行全面的预测和分析,采取必要措施减少或避免这些因素的影响,以便有效地进行进度控制。

5)实现有效进度控制的关键是协调

协调是实现项目目标不可缺少的方法和手段。要做好项目进度控制工作,就必须做好与相关单位的协调工作。例如,与项目业主、承建商、银行、工程毗邻单位、新闻媒体以及政府监督管理部门等。否则,进度控制将难以顺利开展。

6.3.2　进度计划体系及影响因素分析

(1)进度计划体系

与工程进度有关的单位包括建设单位、承包单位(勘察设计单位、施工单位)、监理单位以及其他相关部门,但对进度影响最大的还是建设单位、承包单位和监理单位。参与项目管理的三方的进度控制任务各不相同。

承包单位的任务是编制工程实施进度计划,并在计划执行过程中,通过实际进度与计划进度的比较,定期地、经常地检查和调整施工进度计划。监理单位的任务是审批承包单位编制的进度计划,并对批准的进度计划执行情况进行监督,从全局出发控制实际进度与计划进度的差距,根据差距情况发布调整进度计划的命令。建设单位的任务是按合同要求及时提供相应的资料(如设计所需的完整、可靠的设计基础资料、施工阶段的图纸等)和其他条件(如施工场地),并尽可能为工程实施创造条件。

1)建设单位的计划系统

建设单位编制(也可委托监理单位编制)的进度计划包括工程项目前期工作计划、工程项目建设总进度计划和工程项目年度计划。

①工程项目前期工作计划

工程项目前期工作计划是指对工程项目可行性研究、项目评估及初步设计的工作进度安排,它可使工程项目前期决策阶段各项工作的时间得到控制。工程项目前期工作计划需要在预测的基础上编制。

②工程项目建设总进度计划

工程项目建设总进度计划是指初步设计被批准后、在编报工程项目年度计划之前,根据初步设计,对工程项目从开始建设(设计、施工准备)至竣工投产全过程的统一部署。其主要目的是安排各单位工程的建设进度,合理分配年度投资,组织各方面的协作,保证初步设计所确定的各项建设任务的完成。工程项目建设总进度计划对于保证工程项目建设的连续性,增强工程建设的预见性,确保工程项目按期使用都具有十分重要的作用。

③工程项目年度计划

工程项目年度计划是依据工程项目建设总进度计划和批准的设计文件进行编制的。该计划既要满足项目建设总进度计划的要求,又要与当年可能获得的资金、设备、材料、施工力量相适应。应根据分批配套投产或交付使用的要求,合理安排本年度建设的工程项目。

2)监理单位的计划系统

监理单位除对被监理单位的进度计划进行监控外,自己也应编制有关进度计划,以便更有效地控制建设工程实施进度。监理单位的计划系统由监理总进度计划和监理总进度分解计划组成。其中,总进度分解计划可以按工程进展阶段分解,编制设计准备阶段进度计划、设计阶段进度计划、施工阶段计划等,也可以按时间分解,编制年度进度计划、季度进度计划和月进度计划等。

3)设计单位的计划系统

设计单位的计划系统由设计总进度计划、阶段性设计进度计划和设计作业进度计划等组成。

4)施工单位的计划系统

施工单位的计划系统由施工准备计划、施工总进度计划、单位工程施工进度计划及分部分项工程进度计划等组成。同时,为了有效地控制建设工程施工进度,施工单位还应按时间分解,编制年度施工计划、季度施工计划和月(旬)作业计划,将施工进度计划逐层细化,形成一个旬保月、月保季、季保年的计划体系。

(2)影响进度的因素分析

由于建设工程具有规模庞大、工程结构与工艺技术复杂,建设周期长及相关单位多等特点,决定了建设工程进度将受到许多因素的影响。从产生的根源看,有的来源于建设单位及其上级主管部门,有的来源于勘察设计、施工及材料、设备供应单位,有的来源于政府、建设主管部门、有关协作单位和社会,有的来源于各种自然条件,也有的来源于建设监理单位本身,概括如下:

①业主因素,如业主使用要求改变而进行设计变更,应提供的施工场地条件不能及时提供,不能及时向施工承包单位或材料供应商付款等。

②勘察设计因素,如勘察资料不准确,设计内容不完善,规范应用不恰当,设计有缺陷或错误,设计对施工的可能性未考虑或考虑不周,施工图纸供应不及时、不配套,或出现重大差错等。

③施工技术因素,如施工工艺错误,不合理的施工方案,施工安全措施不当,不可靠技术的应用等。

④自然环境因素,如复杂的工程地质条件,不明的水文气象条件,地下埋藏文物的保护、处理,洪水、台风等不可抗力等。

⑤社会环境因素,如外单位临近工程施工干扰,节假日交通,临时停水、停电、断路,以及在国外常见的法律及制度变化、战争、罢工、企业倒闭等。

⑥组织管理因素,如向有关部门提出各种申请审批手续的延误,计划安排不周密、组织协调不利导致停工待料、相关作业脱节,领导不力,指挥不当,使参加工程建设的各个单位、各个专业、各个施工过程之间交接、配合上发生矛盾等。

⑦材料、设备因素,如材料、构配件、机具、设备供应环节的差错,品种、规格、质量、数量不能满足工程的需要,特殊材料的不合理使用,施工设备不配套,选型失当、安装失误、有故障等。

⑧资金因素,如有关方拖欠资金,资金不到位,资金短缺,汇率浮动和通货膨胀等。

6.3.3　工程建设监理进度控制的主要任务

(1)设计阶段进度控制的任务

在设计阶段,监理企业和监理工程师设计进度控制的主要任务是根据项目总工期要求,协助业主确定合理的设计工期要求;根据设计的阶段性输出,由"粗"而"细"地制订项目进度计划,为项目进度控制提供依据;协调各设计单位一体化开展设计工作,力求使设计能按进度计划要求进行;按合同要求及时、准确、完整提供设计所需要的基础资料和数据;与外部有关部门协调相关事宜,保障设计工作顺利进行。具体而言包括以下主要工作:

①对项目总进度目标进行论证,确认其可行性。

②根据设计方案、初步设计和施工图设计制订项目总进度计划、项目总控制性进度计划和本阶段实施性进度计划,为设计阶段和后续阶段进度控制提供依据。

③审查设计单位设计进度计划,并监督执行。

④编制项目业主方材料和设备供应进度计划,并实施控制。

⑤编制设计阶段工作进度计划,并实施控制。

⑥开展各种组织协调活动。

(2)施工阶段进度控制的任务

施工阶段监理企业和监理工程师进度控制的任务主要是通过完善项目控制性进度计划、审查承包商施工进度计划、做好各项动态控制工作、协调相关单位之间的关系、预防并处理好工期索赔以求实际施工进度达到计划施工进度的要求。具体而言包括以下主要工作:

①根据施工招标和施工准备阶段的工程信息,进一步完善项目控制性进度计划,并据此进行施工阶段进度控制。

②审查施工单位施工进度计划,确认其可行性,使其满足项目控制性进度计划要求。

③制订项目业主方材料和设备供应进度计划并进行控制,使其满足施工要求。

④审查施工单位进度控制报告,督促施工单位做好施工进度控制。

⑤对施工进度进行跟踪,掌握施工动态。

⑥制订预防工期索赔措施,做好处理工期索赔工作。

⑦在施工过程中,做好对人力、材料、机具、设备等的投入控制工作以及转换控制工作、信息反馈工作、对比和纠正工作,使进度控制订期地、连续地进行。

⑧开好进度协调会议,及时协调有关各方关系,使工程施工顺利进行。

6.4 工程建设项目质量控制

6.4.1 质量控制和工程质量控制

(1)质量控制

2000 版 GB/T 19000—ISO 9000 族标准中,质量控制的定义是:质量管理的一部分,致力于满足质量要求。该定义可以从以下几方面去理解:

①质量控制是质量管理的重要组成部分,其目的是为了使产品、体系或过程的固有特性达到规定的要求,即满足顾客、法律、法规等方面所提出的质量要求(如适用性、安全性等)。所以,质量控制是通过采取一系列的作业技术和活动对各个过程实施控制的。

②质量控制的工作内容包括了作业技术和活动,也就是包括专业技术和管理技术两个方面,围绕产品形成过程,对影响其质量的人、材料、机械、方法、环境因素进行控制,并对质量活动的成果进行分阶段验证,以便及时发现问题,查明原因,采取相应纠正措施,防止不合格事件的发生。因此,质量控制应贯彻预防为主与检验把关相结合的原则。

③质量控制应贯穿在产品形成和体系运行的全过程。每一过程都有输入、转换和输出三个环节,通过对每一过程三个环节实施有效控制,使得对产品质量有影响的各个过程都处于受控状态,才能持续提供符合规定要求的产品。

(2)工程质量控制

工程项目质量控制是为了达到工程项目质量目标要求所开展的质量管理活动。

工程项目质量要求主要表现为工程合同、设计文件、规范规定的质量标准。因此,工程项目质量控制就是为了保证达到工程合同、设计文件、建设法规及规范规定的质量标准而采取的一系列措施、手段、方法和质量管理职能等活动的总称。

1)工程质量控制的责任

工程质量控制按其实施主体不同,分为自控主体和监控主体。前者是指直接从事质量职能的活动者,后者是指对他人质量能力和效果的监控者,主要包括以下四个方面:

①政府的工程质量控制。政府属于监控主体,它主要是以法律法规为依据,通过抓工程报建、施工图设计文件审查、施工许可、材料和设备准用、工程质量监督、重大工程竣工验收备案

等主要环节进行的。

②工程监理单位的质量控制。工程监理单位属于监控主体，它主要是受建设单位的委托，代表建设单位对工程实施全过程进行的质量监督和控制，包括勘察设计阶段质量控制、施工阶段质量控制，以满足建设单位对工程质量的要求。

③勘察设计单位的质量控制。勘察设计单位属于自控主体，它是以法律、法规及合同为依据，对勘察设计的整个过程进行控制，包括工作程序、工作进度、费用及成果文件所包含的功能和使用价值，以满足建设单位对勘察设计质量的要求。

④施工单位的质量控制。施工单位属于自控主体，它是以工程合同、设计图纸和技术规范为依据，对施工准备阶段、施工阶段、竣工验收交付阶段等施工全过程的工作质量和工程质量进行的控制，以达到合同文件规定的质量要求。

2)工程质量控制的过程分析

工程质量控制按工程质量形成过程，包括全过程各阶段的质量控制，主要是：

①决策阶段的质量控制，主要是通过项目的可行性研究，选择最佳建设方案，使项目的质量要求符合业主的意图，并与投资目标相协调，与所在地区环境相协调。

②工程勘察设计阶段的质量控制，主要是要选择好勘察设计单位，要保证工程设计符合决策阶段确定的质量要求，保证设计符合有关技术规范和标准的规定，要保证设计文件、图纸符合现场和施工的实际条件，其深度能满足施工的需要。

③工程施工阶段的质量控制，一是择优选择能保证工程质量的施工单位，二是严格监督承建商按设计图纸进行施工，并形成符合合同文件规定质量要求的最终建筑产品。

(3)工程项目质量控制原则

监理工程师在进行工程项目质量控制过程中，应遵循以下几点原则：

①坚持质量第一原则

建筑产品作为一种特殊的商品、使用年限长，直接关系人民生命财产的安全。所以，监理工程师应始终把“质量第一”作为对工程项目质量控制的基本原则。

②坚持以人为控制核心

人是质量的创造者，质量控制必须“以人为核心”，把人作为质量控制的动力，发挥人的积极性、创造性；处理好业主、承包单位各方面的关系，增强人的责任感，树立“质量第一”的思想；提高人的素质，避免人的失误，以人的工作质量保证工序质量以及工程质量。

③坚持以预防为主

预防为主是指要重点做好质量的事前控制、事中控制，同时严格对工作质量、工序质量和中间产品质量的检查。

④坚持质量标准

质量标准是评价产品质量的尺度，数据是质量控制的基础。产品质量是否符合合同规定的质量标准，必须通过严格检查，以数据为依据。

⑤贯彻科学、公正、守法的职业规范

监理人员在监控和处理质量问题过程中，应尊重客观事实，尊重科学，客观、公正，不持偏见，遵纪守法，坚持原则，严格要求，秉公监理。

(4)工程项目质量责任

由于工程项目质量本身的特点，在工程建设实施过程中，难免要出现质量问题。按照我国工程质量的法规及有关的工程合同规定，参与工程建设的各方都应相应地承担一定的工程质量责任，确定工程质量问题的责任，应根据有关质量法规、合同、协议等作具体分析。

1）勘察设计单位的质量责任

勘察设计单位应按资质等级承揽相应的勘察设计业务，按照国家现行的有关设计规范和勘察设计合同进行勘察设计，对本单位编制的勘察设计文件的质量负责。因此，勘察设计单位要建立健全质量保证体系，加强设计过程的质量控制，健全设计文件的审核会签制度，做好图纸会审和设计文件的技术交底工作。

2）施工单位的质量责任

施工单位应按资质等级承揽相应的施工业务，按照国家现行的施工规范、勘察设计文件和施工合同施工，对本单位施工的工程质量负责，接受当地工程质量监督站和监理工程师的监督检查。因此，施工单位要建立健全质量保证体系，落实质量责任制，加强施工现场的质量管理和计量、检测工作。施工单位对竣工交付使用的工程要实行保修，定期回访用户，收集质量信息，以便改进和提高工程质量。

3）建筑材料、构配件及设备生产供应单位的质量责任

建筑材料、构配件及设备生产或供应单位对其生产或供应的产品质量负责，要具备相应的生产条件和技术装备，建立健全质量保证体系，配备必要的检测人员和设备。供需双方要签订供销合同，并按合同条款进行质量验收。

4）工程建设监理单位的质量责任

工程建设监理单位应按照资质等级和批准的监理范围承揽监理业务。在接受业主委托承担监理业务时，要与委托单位签订工程建设监理合同，明确监理单位与委托单位的权利和义务。在监理过程中，要贯彻国家现行的工程建设法律、法规、技术标准，严格依据监理委托合同和工程承包合同对工程实施监理。

监理单位对其检查把关不严、决策或指挥失误、明显失职、犯罪行为等原因所造成的工程质量问题，应间接承担质量控制责任。这是因为监理人员具有事前介入权、事中检查权、事后验收权、质量认证或否决权，具备了承担质量控制责任的条件，并能取得相应的经济报酬。所以，监理人员对质量失控必然应负有相应的质量责任。

6.4.2 工程质量形成过程与影响因素分析

(1)工程建设各阶段对质量形成的影响

要实现对工程项目质量的控制，就必须严格执行工程建设程序，对工程建设过程中各个阶段的质量严格控制。工程建设的不同阶段，对工程项目质量的形成有不同的作用和影响，具体表现在以下几方面：

1）项目可行性研究对工程项目质量的影响

项目可行性研究是运用技术经济学原理。在对投资建议有关的技术、经济、社会、环境等所有方面进行调查研究的基础上，对各种可能的拟建方案和建成投产后的经济效益，社会效益和环境效益等进行技术经济分析、预测和论证，确定项目建设的可行性，并在此基础上提出最佳建设方案作为决策、设计的依据。在此阶段，需要确定工程项目的质量要求，并与投资目标相协调。因此，项目的可行性研究直接影响项目的决策质量和设计质量。

2）项目决策阶段对工程项目质量的影响

项目决策阶段，主要是确定工程项目应达到的质量目标及水平。对于工程项目建设，需要控制的总体目标是投资、质量和进度，它们三者之间是相互制约的。要做到投资、质量、进度三者协调统一，达到业主最为满意的质量水平，则应通过可行性研究和多方案论证来确定。因此，项目决策阶段是影响工程项目质量的关键阶段，要能充分反映业主对质量的要求和意愿。在进行项目决策时，应从整个国民经济角度出发，根据国民经济发展的长期计划和资源条件，有效地控制投资规模，以确定工程项目最佳的投资方案、质量目标和建设周期，使工程项目的预定质量标准，在满足投资、进度目标的条件下能顺利实现。

3）工程设计阶段对工程项目质量的影响

工程项目设计阶段，是根据项目决策阶段已确定的质量目标和水平，通过工程设计使其具体化。设计在技术上是否可行、工艺是否先进、经济是否合理、设备是否配套、结构是否安全可靠等，都将决定着工程项目建成后的使用价值和功能。因此，设计阶段是影响工程项目质量的决定性环节。

4）工程施工阶段对工程项目质量的影响

工程项目施工阶段，是根据设计文件和图纸的要求，通过施工形成工程实体。这一阶段直接影响工程的最终质量。因此，施工阶段是工程质量控制的关键环节。

5）工程竣工验收阶段对工程项目质量的影响

工程项目竣工验收阶段，就是对项目施工阶段的质量进行试车运转、检查评定、考核质量目标是否符合设计阶段的质量要求。这一阶段是工程建设向生产转移的必要环节，影响工程能否最终形成生产能力，体现了工程质量水平的最终结果。因此，工程竣工验收阶段是工程质量控制的最后一个重要环节。

（2）影响工程质量的因素

影响工程的因素很多，但归纳起来主要有五个方面，即人（Man）、材料（Material）、机械（Machine）、方法（Method）和环境（Environment），简称为4M1E因素。

1）人员素质

人是生产经营活动的主体，也是工程项目建设的决策者、管理者、操作者，工程建设的全过程，如项目的规划、决策、勘察、设计和施工，都是通过人来完成的。人员的素质，即人的文化水平、技术水平、决策能力、管理能力、组织能力、作业能力、控制能力、身体素质及职业道德等，都将直接和间接地对规划、决策、勘察、设计和施工的质量产生影响，而规划是否合理、决策是否正确、设计是否符合所需要的质量功能、施工能否满足合同、规范、技术标准的需要等，都将对工程质量产生不同程度的影响，所以人员素质是影响工程质量的一个重要因素。因此，建筑行业实行经营资质管理和各类专业从业人员持证上岗制度是保证人员素质的重要管理措施。

2）工程材料

工程材料泛指构成工程实体的各类建筑材料、构配件、半成品等，它是工程建设的物质条件，是工程质量的基础。工程材料选用是否合理、产品是否合格、材质是否经过检验、保管使用是否得当等等，都将直接影响建设工程的结构刚度和强度，影响工程外表及观感，影响工程的使用功能，影响工程的使用安全。

3）机械设备

机械设备可分为两类：一是指组成工程实体及配套的工艺设备和各类机具，如电梯、泵机、通风设备等，它们构成了建筑设备安装工程或工业设备安装工程，形成完整的使用功能。二是指施工过程中使用的各类机具设备，包括大型垂直与横向运输设备、各类操作工具、各种施工安全设施、各类测量仪器和计量器具等，简称施工机具设备，它们是施工生产的手段。机具设备对工程质量也有重要的影响。工程用机具设备其产品质量优劣，直接影响工程使用功能质量。施工机具设备的类型是否符合工程施工特点，性能是否先进稳定，操作是否方便安全等，都将会影响工程项目的质量。

4）方法

方法是指工艺方法、操作方法和施工方案。在工程施工中，施工方案是否合理，施工工艺是否先进，施工操作是否正确，都将对工程质量产生重大的影响。大力推进采用新技术、新工艺、新方法，不断提高工艺技术水平，是保证工程质量稳定提高的重要因素。

5）环境条件

环境条件是指对工程质量特性起重要作用的环境因素，包括：工程技术环境，如工程地质、水文、气象等；工程作业环境，如施工环境作业面大小、防护设施、通风照明和通信条件等；工程管理环境，主要指工程实施的合同结构与管理关系的确定，组织体制及管理制度等；周边环境，如工程邻近的地下管线、建（构）筑物等。环境条件往往对工程质量产生特定的影响。加强环境管理，改进作业条件，把握好技术环境，辅以必要的措施，是控制环境对质量影响的重要保证。

6.4.3　工程建设监理质量控制的主要任务

为了提高工程项目的投资效益、社会效益和环境效益，就必须对工程质量进行控制，确保工程项目质量目标全面实现。因此，工程质量控制的任务就是根据工程合同规定的工程建设各阶段的质量目标，对工程建设全过程的质量实施监督管理。

（1）设计阶段质量控制的任务

在设计阶段，监理单位设计质量控制的主要任务是了解业主建设需求，协助业主制订建设工程质量目标规划（如设计要求文件）；根据合同要求及时、准确、完善地提供设计工作所需的基础数据和资料；配合设计单位优化设计，并最终确认设计符合有关法规要求，符合技术、经济、财务、环境条件要求，满足业主对建设工程的功能和使用要求。

设计阶段监理工程师质量控制的主要工作，包括建设工程总体质量目标论证；提出设计要求文件，确定设计质量标准；利用竞争机制选择并确定优化设计方案；协助业主选择符合目标控制要求的设计单位；进行设计过程跟踪，及时发现质量问题，并及时与设计单位协调解决；审查阶段性设计成果，并根据需要提出修改意见；对设计提出的主要材料和设备进行比较，在价格合理基础上确认其质量符合要求；做好设计文件验收工作等。

（2）施工阶段质量控制的任务

施工阶段建设工程质量控制的主要任务是通过对施工投入、施工和安装过程、产出品进行全过程控制，以及对参加施工的单位和人员的资质、材料和设备、施工机械和机具、施工方案和方法、施工环境实施全面控制，以期按标准达到预定的施工质量目标。

为完成施工阶段质量控制任务，监理工程师应当做好以下工作：协助业主做好施工现场准备工作，为施工单位提交质量合格的施工现场；确认施工单位资质；审查确认施工分包单位；做好材料和设备检查工作，确认其质量；检查施工机械和机具，保证施工质量；审查施工组织设计；检查并协助搞好各项生产环境、劳动环境、管理环境条件；进行施工过程质量控制工作；检查工序质量,严格工序交接检查制度;做好各项隐蔽工程的检查工作;做好工程变更方案的比选,保证工程质量;进行质量监督,行使质量监督权;认真做好质量监证工作;行使质量否决权,协助做好付款控制;组织质量协调会;做好中间质量验收准备工作;做好竣工验收工作;审核竣工图等。

6.5　落实"三控制、两管理、一协调"的措施

6.5.1　工程项目建设投资控制措施

把建设工程投资控制在合同限额以内,保证投资管理目标的实现,以提高工程建设投资效益,是监理工程师进行项目管理的中心任务之一,因此,监理单位应有效地落实以下控制措施:

①按设计图纸和设计文件,对标的标价进行造价分析,控制合同价构成因素的准确性;控制好工程费用最易突破的部位和环节,监理人员要进行工程风险预测,采取防范对策,尽量减少索赔事件的发生。

②按合同规定,如期提交施工现场图纸和技术资料,使施工方能按时开工,正常施工,连续施工。监理人员应提前熟悉设计图纸和技术资料,尽量减少因设计图纸和技术资料而引起施工方索赔事件的发生。

③施工中监理人员要主动搞好设计、材料、设备、土建、安装及其他外部协调与配合。对工程变更要严加把关、事前应进行技术和经济合理性分析,经原设计人同意并报设计负责人签审,重大结构变更要报审查中心批准,要取得原设计单位同意,并报业主审批。

④凡是涉及经济费用支出的停工、用工、使用机械台班、材料代用、材料调价等签证,由项目总监理工程师最后核签后方能有效。监理人员按合同规定及时对已完工程进行计量验方。监督施工单位和业主代表全面履行合同条款。定期向总监和业主报告工程投资动态情况,不定期进行工程费用超支分析,并提出控制工程费用不突破的方案和措施。

⑤审核施工方提交的工程结算书。建立健全监理组织,完善职责分工及有关制度,落实投资控制的责任。按合同条款支付工程款,防止过早的现金支付,全面执行合同条款。

⑥审核施工组织设计和施工方案,合理支付施工措施费,按合同工期组织施工,避免不必要的赶工费。

6.5.2　工程进度控制措施

在实现建设项目总目标的过程中,使工程建设的实际进度符合项目进度计划的要求,使项目按计划要求的时间动用是监理工程师进行项目管理的中心任务之一,因此,监理单位应有效地落实以下控制措施:

①现场实际进度的协调性和合理性:提出措施保证施工进度能充分利用时间、空间和先进技术措施的可行性、合理性。

②监督检查进度动态控制和调整:检查计划进度与实际进度的差异,及时进行工程计量验收,检查形象进度、实物工程量与工作量指标完成情况的一致性。进行进度、计划审核,施工方提交的施工进度计划是否符合总控制目标要求。审核施工进度计划方面的签证。进度计划与

实际进度发生差异时,应分析产生的原因,提出进度调整措施和方案。相应调整施工进度计划,调整工期目标。

③定期向总监和业主报告有关工程进度情况,协调施工方不能解决的内、外关系问题。审查工期计划的对策措施。技术措施:缩短工艺时间,实行平行流水、立体交叉作业。组织措施:增加作业班组,增加人数,增加工作班次。经济措施:采用定额管理,实行承包方式,按劳付酬。保证合同总工期目标的实现。

④监理日志应逐日如实记载工程形象部位及完成的实物工程量。同时,如实记载影响工程进度的内、外、人为和自然的各种因素。暴风、大雨、现场停水、停电等应注意起止时间(小时、分),作为工期索赔及计算依据。

6.5.3 工程质量控制措施

建设工程质量不仅关系到工程的适用性和建设项目的投资效果,而且关系到人民群众生命财产安全。对建设工程质量进行有效控制,保证达到预定目标,是监理工程师进行项目管理的中心任务之一。因此,监理单位应有效地落实以下控制措施:

①工程质量事前控制:监理人员要掌握和熟悉工程质量控制的技术依据、设计图纸及设计文件、建筑安装工程质量检验标准及施工规范,施工队伍和特殊工种的上岗人员的资质审查。

②机具的质量控制:审查混凝土搅拌机、振捣器具、衡器、量具、计量装置等的完好性和技术合格证,具有计量检测中心测试认可,发给合格证书。审查施工方提交的施工组织设计或施工方案,经审查并签发批文。监督质量保证措施的实施。

③工程质量事中控制:监理人员负责监督检查工序活动的五大因素(人、机、料、法、环)执行工序交接制度。上道工序未经检查验收不准下道工序作业。上道工序完成后,由施工方进行自检、专检,合格后填写"分期工程质量检验记录",通知监理人员、业主到现场共同检验,检验合格后签署认可,方能进行下道作业。必须执行施工旁站监理办法,监理单位必须设置旁站监理岗位,此岗位监理员(或监理师),对关键部位、关键工序的施工质量实施全过程现场跟班的监督形式,详见附录1文件三《房屋建筑工程施工旁站管理办法》。隐蔽工程检验,基础隐蔽应在业主、设计、地勘、质监站、监理、施工方共同检查验收,并在工程隐蔽记录上签字认可。钢筋工程隐蔽检查验收,应在业主、质监站、监理、施工方等共同检查验收,并在工程隐蔽记录上签字认可。

④主体结构工程中间检查验收,应在业主、设计、市质监站、监理、施工方等共同检查验收。由质监站确定质量等级,并在主体结构工程检查验收记录上签字认可。电线管、排水管道、地下管网等应由业主、监理、施工方等共同检查验收,并在工程隐蔽记录上签字认可,方能进行回填土施工。

⑤工程事故质量处理:质量事故原因和责任的分析,质量事故处理措施的商定,处理质量事故技术方案的审批手续要齐全。处理措施应在监理人员监督下实施,并检查处理结果。

⑥行使质量监督权,下达停工令:为了保证工程质量,出现下列情况之一者,监理人员有权指令施工方立即停工整改。

a. 未经检验进行下道工序作业者。

b. 工程质量下降经指出后,未采取有效整改措施,或采取了一定措施,而效果不好,继续作业者。

c.擅自采用未经检验认可或批准的材料。

d.擅自变更设计图纸。

e.擅自让未经同意的分包单位进场作业者。

f.擅自将工程项目转包。

g.没有可靠的质量保证措施盲目施工,已出现质量下降征兆者。

⑦质量技术签证:凡质量技术问题方面有法律效力的最后签证,只能由项目总监理工程师一人签署。专业监理工程师,现场质量检验员只能在有关质量技术方面原始凭证上签字,最后由项目总监理工程师核签后方能有效。

行使质量否决权:施工方申报完成的分项、分部工程量,必须是经检验合格的工程量,监理人员坚持不合格的分项、分部工程不能在申报表上签字认可。这是工程质量控制的重要手段。

⑧建立监理日志:监理人员负责逐日记录有关工程质量动态情况分析影响因素。监督施工方在受控状态下进行作业。

⑨定期召开现场工程例会:会议由项目总监或现场负责人主持。主要协调工程质量、工期和施工中存在的各类问题,工程例会后应及时印发会议纪要。施工方按会议决定进行落实解决问题。

⑩定期向总监和业主报告有关工程质量方面的情况,重大质量事故应及时提出书面报告。

6.5.4　"两管理、一协调"的措施

"两管理、一协调"是指监理单位的合同管理、信息管理和协调工作,也是监理工程师进行项目管理的任务之一,因此,监理单位应有效地落实以下控制措施:

双方的合同预签条款,首先由监理公司逐条审核其合理性,是否符合国家颁布的合同法要求。经与业主共同商讨后,由业主与施工方签订正式合同。监理人员要监督施工方对合同条款全面履约。检查合同约定的工期、质量、投资落实状况,遇有超过合同约定的工期、质量投资应进行分析,将分析结果通知施工方及时调整纠正,让工程项目实际的工期、质量、投资符合合同条款的约定,监理人员要高度重视合同约定条款,实施"两管理"和"一协调"的措施。

监理公司的监理人员负责在整个工程项目施工中注意获取信息,如施工方对合同条款约定的工期、质量、投资等能不能按时完成的信息,对材料供应、工序作业、设备安装及其他各方面的信息等,并及时向总监、业主报告实际状况,保证在施工中出现的问题及时解决。

监理人员应负责主动调协各方面的关系,起到纽带的作用。为业主和施工方协调内、外的关系,行使监理的职权,为业主搞好合同管理、信息管理,运用技术规范、技术标准,国家建筑法规,按监理合同赋予的责任和权利,做好协调工作,确保按图施工,确保工程建设监理的控制目标全面实现。

6.6　近年监理工程师考题摘录及案例选编

一、近年监理工程师考题摘录

(一)单选

1.(2008三)为把质量隐患消灭在萌芽状态,在(A)的验收时就应及时发现并处理不合格

的施工质量。

A. 检验批　B. 分项工程　C. 子分部工程　D. 分部工程

2.(2008 三)按国家现行规定,造成直接经济损失 35 万元的工程质量事故,应定为(C)质量事故。

A. 一般　B. 严重　C. 重大　D. 特大

3.(2008 三)项目监理机构进行施工阶段投资控制的组织措施之一是(A)。

A. 编制施工阶段投资控制工作流程　B. 制定施工方案并对其进行分析论证

C. 审核竣工结算　D. 防止和处理施工索赔

4.(2008 三)在建设工程进度计划执行过程中,当出现的进度偏差影响到后续工作或总工期而需要采取进度调整措施时,应当首先(A)。

A. 确定可调整进度的范围　B. 确定可利用的资源数量

C. 分析所采取措施的成本　D. 分析比较各种措施的优劣

5.(2009 三)建设工程质量特性中,"满足使用目的的各种性能"称为工程的(A)。

A. 适用性　B. 可靠性　C. 耐久性　D. 目的性

6.(2009 三)我国建设工程质量监督管理的具体实施者是(B)。

A. 建设行政主管部门　B. 工程质量监督机构

C. 监理单位　D. 建设单位

7.(2009 三)施工进度检查的主要方法是将经过整理的实际进度数据与计划进度数据进行比较,其目的是(D)。

A. 分析影响施工进度的原因　B. 掌握各项工作时差的利用情况

C. 提供计划调整和优化的依据　D. 发现进度偏差及其大小

(二)多选

1.(2009 合)按照《建设工程质量管理条例》规定,最低保修期限为 2 年的工程有(BCE)。

A. 地基基础工程　B. 电气管线工程

C. 设备安装工程　D. 装修工程

E. 屋面防水工程

2.(2008 三)确定工程预付款的额度时,应考虑的主要因素包括(AB)。

A. 施工工期　B. 合同总额

C. 施工方法　D. 施工组织措施

E. 施工季节

3.(2009 三)建设工程质量特性表现为适用性、经济性、可靠性及(ABC)等。

A. 耐久性　B. 安全性

C. 与环境的协调性　D. 系统性

E. 持续性

二、工程监理案例解析

[案例一]某监理公司与业主签订 000 的 2 幢大厦桩基监理合同已履行完毕。上部工程监理合同尚未最后正式签字。此时业主与施工单位签订的地下室挖土合同在履行之中,一幢楼挖土已近尾声。由于业主为了省钱,自己确定了一挖土方案,挖土单位明知该方案欠妥,会造成桩基破坏,而没作任何反映(方案未经监理审查),导致多数工程桩在挖土过程中桩顶偏

移断裂。在大量的监测数据证明下,监理单位建议业主通知挖土单位停止挖土,重新讨论挖土方案。改变了挖土方案后,另一幢楼桩基未受任何破坏。但前一幢楼需补桩加固,花费160余万元,耽误工期近8个月。

[问题]

1. 此时你认为监理单位应该做的工作是什么?根据是什么?

2. 由于补桩等原因,多花费160余万元,你认为这钱应该由谁来承担?

3. 业主是否应给总包方增加工期?

[案例解析]

1. ①先签监理合同,再行使监理权。

②从工程质量考虑,应先建议业主通知挖土单位停工,然后抓紧签订监理合同,继而正式行使监理权。

③监理单位无权监理,不得过问。

④从工程质量重要性出发,直接责令施工单位,停止挖土,改变方案。

因为此时监理合同尚未正式签订,即业主尚未授权对施工单位进行监理,也就是说监理单位无权对施工单位监理,但从工程质量大计出发,本着良好服务的精神,监理单位应向业主建议,妥善处理此事。况且监理合同已商讨,只需签字即成立,只是从程序出发,建议业主通知施工(挖土单位)方停工是恰当的,既不违反监理程序,又杜绝了工程桩的进一步破坏。

2. 应由双方合理分担。该工程的主要责任方是决定挖土方案的业主方,次要责任是施工方(挖土单位),因为挖土单位在接受该方案时,明知不妥,却照此施工,造成多数工程桩断裂。因此这部分花费应由双方协商解决。

3. 应适当延长工期。

[案例二]某业主贷款建一综合大楼工程,贷款年利率为12%,银行给出两个还款方案,甲方案为第5年末一次偿还5 000万元;乙方案为第3年末开始偿还,连续3年每年末偿还1500万元。业主要求承包商加快施工进度,如提前见效益,奖承包商50万元,并签有协议。承包商擅自使用某整体提升脚手架专利,并向别人推广使用,收取费用,造成侵权,引起纠纷,法院判决承包商赔偿专利权人60万元。

结果工期提前,提前产生效益,但业主以承包商侵权引起纠纷为由,拒付奖金50万元。

[问题]

1. 监理工程师应建议业主采用哪种还款方案?

2. 承包商若不向别人推广使用专利并收费,就不是侵权,不应赔偿,这种说法对吗?为什么?

3. 业主拒付奖金恰当吗?为什么?

[案例解析]

1. 甲方案第5年末还款5 000万元,以此为标准计算一下乙方案到第5年末的还款值,按等额年金终值公式:

$$F = A\left[\frac{(1+i)^n - 1}{i}\right] = 1\ 500\left[\frac{(1+0.12)^3 - 1}{0.12}\right] = 5\ 061.6(\text{万元})$$

故建议采用甲方案还款。

2. 不对。不向别人推广使用收取费用,也是侵权。因为擅自使用别人的专利,而没有经专利权人授权,等于剽窃专利,就是侵权。如专利权人追究,侵权人应赔偿。

3. 业主拒付奖金不对,应按协议执行。承包商侵权不是侵犯业主权利,这不能作为拒付奖金的理由。

本章小结

工程建设项目三大目标分别是:投资目标、进度目标和质量目标,目标控制就是对工程项目的投资、进度、质量目标实施控制。通过学习了解了目标控制的基本流程,投资控制原理,影响建设进度和工程质量的主要因素,工程项目质量控制应坚持的原则等知识,掌握了主动控制、被动控制的概念及其关系,目标控制的综合性措施,三大目标系统的内涵及其相互关系,重点掌握了投资控制、进度控制和质量控制的目标,工程建设监理投资控制、进度控制、质量控制的主要任务以及落实"三控制、两管理、一协调"的措施,为今后有效地进行项目管理工作打下了基础。通过对全国监理工程师考题摘录的单选、多选和实际案例的学习,掌握了解决监理技术问题的方法和技巧,对监理理论的实际应用更加深化。

复习思考题

1. 何谓主动控制?何谓被动控制?
2. 试说明工程建设项目的三大目标的内涵及其相互关系。
3. 实行工程项目建设目标控制的综合性措施有哪些?
4. 工程项目建设各阶段投资控制的目标是什么?
5. 工程建设监理投资控制的主要任务是什么?
6. 说明影响建设进度的因素主要有哪些?
7. 参与项目管理的各方进行进度控制的任务分别是什么?
8. 工程建设监理进度控制的主要任务是什么?
9. 什么叫质量控制?什么叫工程质量控制?
10. 工程项目质量控制应坚持哪些原则?
11. 工程项目建设质量责任如何划分?
12. 影响工程质量的因素有哪些?
13. 工程建设监理投资控制的主要任务是什么?

第7章 建筑材料及设备的质量控制

内容提要和要求

任何一个工程的质量和成本都与它所用的材料和设备密切相关。建筑材料与机械设备质量的优劣将直接影响工程项目施工阶段的施工质量。控制建筑材料与机械设备的质量,是保证工程质量和施工安全的重要方面。

本章介绍了建筑材料质量控制的重点与主要内容,材料质量检验与试验的方法,材料质量控制的方法,施工机械设备的质量控制,生产机械设备的采购、制造及检查验收各阶段的质量控制方法,仪器仪表的质量控制及机械设备技术文件资料的审核等内容。最后,本章还摘录了《近年全国监理工程师考题和案例选编》,为进一步学习和掌握本书内容提供了参考对上述内容要掌握建筑材料质量控制的重点与主要内容,材料质量控制的方法,施工机械设备的质量控制,生产机械设备采购、制造及检查验收各阶段的质量控制,了解材料质量检验与试验的方法,仪器仪表的质量控制及机械设备技术文件资料的审核等。

7.1 建筑材料的质量控制

控制建筑材料的质量是对工程质量进行预控的关键。本章所指的建筑材料包括原材料、成品、半成品、构配件等,是组成工程项目实体的基本物质条件,也是构成工程实体质量的基础。材料质量不合格是引发工程质量事故的重要因素。因此,在工程建设项目施工过程中,只有使用符合标准和设计要求的建筑材料,才有可能保证工程建设质量,不合格的建筑材料一定拒绝在工程上使用,达到质量控制的目的。

7.1.1 建筑材料质量控制的重点

在实际工程中,监理工程师对建筑材料质量控制的重点有以下四个方面:

(1)掌握材料信息,优选供货厂家

监理工程师及时掌握材料质量、品种、规格、价格、供货厂家、供货渠道等方面材料供应信息,能为正确选择供货厂家,获得价廉物美的建筑材料订购提供保证。为此,对主要材料、构配件订购前,要求承包商提供材料的订购清单,监理工程师要认真审查订购清单,包括审查材料品种、型号、规格、需要量及材料的技术性能标准等方面是否能满足设计文件提出的要求。对贵重材料,监理工程师还应亲临供货厂家调查,审查其质量体系和加工工艺能否保证材料质量的要求。只有当监理工程师对材料订购审查合格后,才允许承包商向供货厂家订购材料。

(2)合理组织材料供应,确保施工进度顺利进行

监理工程师应协助承包商按工程项目建设进度组织材料的订购、加工、运输、储备、供应等,以利于加快材料的周转、减少材料的浪费、降低材料的占有量,按质、按量、如期地满足工程建设项目的进度要求。

(3)要重视对材料的使用认证,以防错用或使用不合格材料

在对主要建筑材料和配构件订货前,要对材料质量进行认定,如查看样品、审查订货清单。材料使用前,必须进行使用前的认定,如对材料性能、质量标准、适用范围、施工要求等方面都应有充分的了解,慎重选择材料使用;对重要结构、部位的材料,使用时应详尽核对、认定材料的品种、型号、性能是否适合工程特点和满足设计要求;对新材料必须通过试验和鉴定,代用材料必须通过计算和充分论证,经审核批准后才允许使用。材料经认定不合格的不允许用于工程中。对有些不合格材料,如过期水泥、受潮水泥是否降级使用,必须结合工程特点经论证审查批准后,方可用于非重要的工程部位。

(4)加强材料检验试验,严把材料质量关

对工程所用的主要材料,进场时必须具备正式的出厂合格证书和材质化验单;对工程所用的各种构配件,必须具有厂家批号和出厂合格证书与检验报告;对无出厂合格证或对检验证明有怀疑的,或因标志不清认为质量有问题的,或材料在运输途中管理不当造成一定质量问题的,或构件运输、安装等原因出现质量问题的,以及对钢筋混凝土预应力构件等,进场后都必须要组织对材料、构配件的抽样检查,分析研究,经鉴定处理符合要求后方可使用。对现场配制的材料,如混凝土、砂浆等的配合比,应事先提出试配要求,经试配检验合格后方能使用。对进口原材料应会同商检局检验,如在核对凭证中发现问题,应取得供方和商检人员签署的商务记录。可按期提出索赔。

7.1.2 材料质量控制的主要内容

监理人员对材料质量控制主要有以下几个方面:正确选择材料的质量标准;严格控制材料的性能;合理选用材料试验检验及验收方法;经济合理地确定材料适用范围及施工要求。

(1)正确选择和使用材料

材料的选择与使用不当,均会严重影响工程质量或引发工程质量事故。因此,应根据不同工程特点、材料的性能、质量标准、适用范围和设计与施工要求等进行综合考虑后,择优选择和使用材料。表7.1列出常用四种水泥的特性和适用范围。

表7.1 四种常用水泥的特性和适用范围

	普通水泥	矿渣水泥	火山灰水泥	粉煤灰水泥
成分	用硅酸盐为主要成分的熟料制成,允许掺15%以下的混合材料	在硅酸盐水泥熟料中,掺加水泥重量的20%~70%的粒化高炉矿渣	在硅酸盐水泥熟料中,掺入占水泥重量的20%~50%的火山灰质混合材料	在硅酸盐水泥熟料中,掺入占水泥重量的20%~40%的粉煤灰

续表

	普通水泥	矿渣水泥	火山灰水泥	粉煤灰水泥
特性	1. 早期强度高 2. 水化热较大 3. 耐冻性好 4. 耐热性较差 5. 耐腐性与耐水性较差	1. 早期强度低,后期强度增长较快 2. 水化热较低 3. 耐热性好 4. 耐硫酸盐侵蚀和耐水性较好 5. 抗冻差和干缩性大 6. 抗碳化能力差	1. 抗渗性较好 2. 耐热性差	干缩性较小,抗裂性较好,其他同火山灰水泥
适用范围	一般土建工程中混凝土及预应力混凝土结构,包括受反复冰冻作用的结构,也可拌制高强度混凝土	1. 高温车间和有耐热耐火要求的混凝土结构 2. 大体积混凝土结构 3. 蒸汽养护的混凝土构件 4. 一般地上、地下和水中的混凝土结构 5. 有抗硫酸盐侵蚀要求的一般工程	1. 地下、水中大体积混凝土结构和有抗渗要求的混凝土结构 2. 蒸汽养护的混凝土构件 3. 一般混凝土结构 4. 有抗硫酸侵蚀要求的一般工程	1. 地上、地下、水中及大体积混凝土结构 2. 蒸汽养护的混凝土构件 3. 有抗硫酸侵蚀要求的一般工程
不适用范围	1. 大体积混凝土结构 2. 受化学侵蚀及海水侵蚀的工程	1. 早期强度要求较高的工程 2. 有抗渗要求的混凝土结构工程	1. 早期强度要求较高的工程 2. 严寒地区、处在水位升降范围内的混凝土结构 处在干燥环境中的工程,其他同矿渣水泥有抗碳化要求的工程,其他同矿渣水泥工程	

(2) 加强对材料的检查验收

监理工程师对材料质量的检查验收包括对材料质量文件的审核,材料使用前的检查试验和材料使用过程中的检查验收。加强对材料的检查验收是实现对工程施工质量进行预控的关键。

(3) 正确选择材料的质量标准

材料质量标准是用以衡量材料质量的尺度,也是对材料质量进行检验、试验和验收的依据。因此,监理工程师正确选择材料质量标准,是实现对工程建设项目质量预控的关键。不同的建筑材料有不同的质量标准,如普通水泥的质量标准一般有细度、标准稠度、用水量、水泥的凝结时间、强度、体积安定性等;又如普通混凝土的质量标准有:和易性、强度、变形能力和耐久性等。国家颁布了大量的建筑材料质量标准,常用的有:《普通混凝土用砂质量标准及检验方法》(JGJ 52—92)、《普通混凝土用碎石或卵石质量标准及检验方法》(JGJ 53—92)等,表7.2和表7.3分别表示砖的技术要求和冷拉钢筋的力学性能。

表 7.2　砖的技术要求

砖的强度等级	抗压强度/MPa		抗折强度/MPa	
	五块平均值不小于	单块最小值不小于	五块平均值不小于	单块最小值不小于
MU20	19.62	13.73	3.92	2.55
MU15	14.72	9.81	3.04	1.96
MU10	9.81	5.89	2.26	1.28
MU7.5	7.36	4.41	1.77	1.08

注:试验结果的四项数值,按全部能达到强度指标者确定标号。按力学强度分为 MU20、MU15、MU10 和 MU7.5 四个等级。

表 7.3　冷拉热轧钢筋技术要求

钢筋牌号	钢筋直径 /mm	屈服点 σ_S或 $\sigma_{P0.2}$ /MPa	抗拉强度 σ_b/MPa	伸长率 δ_5/%	冷弯试验
HPB235	≤12	280	370	11	180°,d=3a
HRB335	≤25	450	510	10	90°,d=3a
	28~40	510	490	10	90°,d=4a
HRB400	8~40	500	570	8	90°,d=5a
HRB500	10~28	700	835	6	90°,d=5a

注:直径大于 25 mm 的钢筋冷弯试验时的弯心直径应增加 1a。

7.1.3　材料质量的检验和试验

(1)质量检验的概述

1)质量检验的概念

质量检验是质量管理的重要组成部分,其基本的质量管理职能主要有保证的职能、预防的职能和报告的职能。

保证的职能是通过对原材料、半成品、构配件、机械设备、工艺路线和操作方法等进行全面的质量检验,以便对产品起到保证作用而使用户放心。

预防的职能是通过质量检验可以事先发现质量事故的苗头,掌握质量变化的趋势,以便采取必要的防范措施,防止质量事故的发生。

报告的职能是通过质量检验,能形成各类质量检验报告,如原材料性能试验报告,工程结构试验报告,工程定位及复查测量报告,各类材料检查验收签证、工程验收签证、事故处理报告等。这些报告或质量文件为质量控制、质量计划、质量维修等质量管理职能提供了有效的决策支持。

在《质量—术语》GBIT 6583—ISO 8402 标准中。对质量检验作了如下定义:"质量检验是对产品或服务的一种或多种特性进行测量、检查、试验、度量,并将这些特性与规定的要求进行比较,确定其符合性的一种活动。"因此,质量检验是质量管理的重要组成部分,是工程质量监理的一种重要手段，是进行质量控制的一种有效方法。

2）质量检验的目的

由质量检验的定义知，工程质量检验或材料质量检验的目的主要有：

①判断工程质量和材料质量是否符合有关质量标准的要求。

②向上级有关部门提供工程质量或材料质量的信息，并对质量改进提出合理化的建议。

③通过对产品的质量检验可以向用户提供质量保证。

④对工程或材料的质量检验是实施工程质量监理的有效手段。

(2)材料质量试验检验的项目

材料质量试验检验的项目分为"一般试验项目"和"其他试验项目"。"一般试验项目"为通常进行的项目；"其他试验项目"是根据需要进行试验的项目。常用材料的试验项目，监理工程师应根据设计要求和规范规定在《建筑材料质量试验检验》手册中的规定，进行一般试验项目和其他试验项目进行抽样、随机检验。

(3)材料质量检验方法的分类

材料质量检验方法可以划分为下列基本类型：

①按检验对象划分

材料质量检验可以分为材料技术资料质量审查和材料质量检验两种类型。

材料技术资料审查，包括对设计图纸及相关文件；原材料、半成品、配构件等的出厂质量证明及试验报告；材料在施工过程中使用记录（施工记录）、试验报告、检验记录、质量事故及其处理报告、设计变更通知单；技术协商会议记录等工程技术资料审查。

材料质量检验是指对原材料、半成品、构配件等投入使用前和使用过程中的检验，以确保材料质量符合设计要求和材料规范对材料性能标准的要求。

②按材料质量特性划分

按材料质量特性可以把材料质量检验分为物理性能试验、力学性能试验、化学性能试验、热工性能试验和水工性能试验。

物理性能试验主要有：测定材料的比重、容重、密实度、孔隙率等。

力学性能试验有：测定材料的强度、弹性、塑性、脆性、韧性、稳定性及疲劳强度等。

化学性能试验有：测定材料的化学成分的组成。

热工性能试验有：测定材料的导热系数、比热、热容量等。

水工性能试验，即测定材料与水的有关性能，包括测定材料的亲水性、憎水性、吸水性、吸湿性、耐水性、抗渗性和抗冻性等。

③按检验的方法划分

材料质量检验分为目测检查、实测检查和试验检验。

材料质量的目测检查就是通过看、摸、敲、照来检查材料质量。看就是通过看材料的外部形状、标志、颜色等来判断材料的质量；摸就是凭手感来判断材料的质量；敲就是通过敲打凭声音来判断材料的质量；照就是通过视觉来判断材料的质量。

材料质量的实测检查就是利用简单的测量器具或仪器仪表来实测材料的某些质量特性，如测量材料的长度、质量、厚度、密度、容重等。

材料质量的试验检验就是通过化学试验、物理试验、力学试验、热工试验、水工试验和模拟试验（包括实物模拟和计算机模拟）等来测定材料的质量。

钢材、水泥和混凝土这三种材料的试验检验非常重要，是建筑材料中直接影响工程质量关键的三种材料，其试验报告的合格与否，是对质量具有否决权的项目，监理人员应掌握其判断标准。现将这三种材料的试验报告的格式附后。

(4)材料质量检验抽样方法

材料质量检验必须按照试验规范所规定的方法进行随机抽样。常用的抽样方法主要有单纯随机抽样法、系统抽样法、二次抽样法、分层抽样法等。

单纯随机抽样法是当对母体缺乏基本了解的情况下，可以利用随机数表或掷骰子所得数字，对母体进行随机抽样。本法适用于对构件质量的抽样。

系统抽样法是当母体规模比较大，或者母体无限时，采用间隔一定时间或空间进行抽样的方法。如对大体积混凝土浇筑可按一定的间隔时间取样；高层建筑竣工验收可按楼层抽取的一定数量层数进行检验。

二次抽样法是当母体呈现的个体数量特别大或母体无限时的一种抽样方法。首先从母体中抽出一定数量的分批，然后从每批中抽出一定数量的样本。本法适用于批量大的一些散装大宗材料的抽样。

表 7.4　钢材试验报告

委托单位　×××建筑工程有限公司　　来样日期　　年　月　日

试验编号　GLJY　5-×××　　报告日期　　年　月　日

工程名称	××工程			使用部位	基础、主体等级
试件编号	种类名称	规　格	牌　号	等　级	生产厂家
	低　碳		Q235		
质量证明书号	代表数量	检验日期	检验依据		试验条件
					室温/℃： 设备型号：

机械性能试验	直径(厚度)/mm	屈服强度/MPa	抗拉强度/MPa	伸长率%	强屈比：抗拉强度/屈服强度	强屈比：屈服强度/标准屈服强	冷弯试验	反复弯曲次
标准要求	8	≥410	≥23	≥	≥	无裂纹、裂缝或开裂		
检验结果								

化学性能试验	碳 C　%	磷 P　%	硫 S　%	硅 Si　%	锰 Mn　%	
检验结果						

续表

工程名称	××工程			使用部位	基础、主体等级
结　论					
备　注	抽样单位：		抽样人		
	见证单位：		见证人		
检验单位：　　　　编写： 审核：　　批准：					
注意事项	1. 委托检验未加盖"检验报告专用章"无效。 2. 复制报告未重新加盖"检验报告专用章"无效。 3. 检验报告无编写、审核、批准人员签章无效。 4. 检验报告涂改无效。 5. 对检验报告结论若有异议，请于收到检验报告之日起 15 日内提出，以便及时处理。				

检验单位地址　×××电话　××邮编　×××

表 7.5　水泥试验报告

水泥试验报告

委托单位　×××建筑工程有限公司　　　　来样日期　　年　月　日

检验编号　　　　　　　　　　　　　　　报告日期　　年　月　日

工程名称	××工程		使用部位	基础、主体等级
试件编号		规　格		生产厂家	
代表数量		水泥品种		出厂日期(批号)	
检验日期		出厂标号		出厂报告编号	
检验依据		试验条件			

	试验项目		计量单位	标准要求	试验结果	附　记
物理试验	标准稠度	实际用水量	mL			
		试杆距底边距离	mm			
	安定性	雷士法	mm			
		饼法				
	细度	0.08 mm 方孔筛余量	%			
		0.045 mm 方孔筛余量	%			
	凝结时间	初凝	min			
		终凝	min			

续表

工程名称	××工程			使用部位		基础、主体等级	
	质量密度 G/cm²						
化学试验	MgO%						
	SO_2%						
强度	抗压强度		3 d				
			7 d				
			28 d				
	抗折强度		3 d				
			7 d				
			28 d				
结　论	推算标号						
备　注	检验单位:			抽样人			
	见证单位:			见证人			
检验单位: 编写: 审核:　批准:							
注意事项	1. 委托检验未加盖“检验报告专用章”无效。 2. 复制报告未重新加盖“检验报告专用章”无效。 3. 检验报告无编写、审核、批准人员签章无效。 4. 检验报告涂改无效。 5. 对检验报告结论若有异议,请于收到检验报告之日起 15 日内提出,以便及时处理。						

检验单位地址　×××电话　××邮编　×××

表 7.6　混凝土抗压强度试验报告

混凝土抗压强度试验报告

委托单位　×××建筑工程有限公司　　来样日期　　年　月　日

检验编号　　报告日期　　年　月　日

工程名称	××工程		使用部位	基础、主体等级
成型日期	龄期/d		试块尺寸	150×150×150
检验日期	养护条件		强度等级(标号)	
试验条件	检验依据		混凝土配合比	
试块编号	检验结果			
	极限荷载/kN	单块抗压强度/MPa	检验结果/MPa	

续表

工程名称	××工程	使用部位	基础、主体等级
结　论			
备　注	抽样单位：	抽样人	
	见证单位：	见证人	
检验单位： 编写： 审核：　批准：			
注意事项	1. 委托检验未加盖“检验报告专用章”无效。 2. 复制报告未重新加盖“检验报告专用章”无效。 3. 检验报告无编写、审核、批准人员签章无效。 4. 检验报告涂改无效。 5. 对检验报告结论若有异议，请于收到检验报告之日起 15 日内提出，以便及时处理。		

监理工程师（业主代表）：　　　　年　月　日

分层抽样法，首先将母体分成若干层次，然后从每层次中随机抽出样本。本法适用于砂、石等大宗材料的抽样。

原材料及半成品试验取样的取样单位、取样数量和取样方法应按材料试验规范的有关规定进行随机抽样。如同品种水泥每 200 t（散装水泥不超过 500 t）为一批，不足 200 t 也视为一批，每批水泥中选取平均试样 20 kg；从不同部位至少 15 袋或 15 处抽取试样；对钢号不明的钢材，以 60 t 为一批，随机抽取 3 根，分别在每根钢筋处截取三段作为拉伸、冷弯、化学分析试件，每组拉伸、冷弯、化学分析试件送两根等。

（5）材料质量的技术文件审核

监理工程师对材料质量的技术文件审核主要有：①材料订购清单的审核，主要内容有：材料品种、材料规格、订购数量、单价、供货日期等；②材料订购前的技术性能文件审核，主要内容有：材料技术性能指标及出厂合格证书，审查供货商的质量保证体系和质量管理体系文件等；③材料使用前的技术性能文件审核，若材料使用前对其技术性能持有怀疑的，可以组织抽检，监理工程师应严格审查材料抽样检验的有关技术文件，如材料技术性能标准，材料试验检验证书等，只有当检查验收合格的材料才能允许投入使用；④材料使用过程中的质量技术文件审核，主要包括有：材料库存记录，材料领料签证；⑤现场配制材料的质量技术文件审核，主要内容有：配制材料的技术性能标准，配制材料的现场和实验室配合比，配制材料的检验试验证明，配制材料施工记录等。

7.2 设备的质量控制

为确保建设项目的整体质量,监理工程师要做好机械设备质量的控制工作。机械设备的质量控制包括有施工机械设备的质量控制和生产机械设备的质量控制。本节将介绍施工机械设备的选择、运行参数的确定与施工机械设备的使用质量控制;生产机械设备购置、质量检查验收;仪器仪表的质量控制及机械设备技术资料的审核。有关生产机械设备的安装工程质量控制,将在第10章中作详尽的介绍。

7.2.1 机械设备质量控制概述

(1)机械设备质量控制的目的

机械设备质量控制是工程实体质量控制的重要组成部分。机械设备质量控制的目的:一是保证生产性建设的生产机械设备和非生产性建设的配套机械设备采购订货质量、运输保管质量、现场检查验收质量及安装工程质量,是确保工程设计功能和使用价值目标实现的重要手段;二是正确选择施工机械设备类型、机械设备技术参数、合理地制订施工机械方案和安全有效地使用机械设备,是保证施工进度、促进安全施工、提高施工效益和效率、确保工程施工质量等方面都起着重大的积极作用。

(2)机械设备质量控制的要点

无论对生产机械设备或施工机械设备,其质量控制的要点是:根据工程项目特点,设计和施工的要求,要严格控制机械设备类型、技术性能、使用要求和检查验收;要严格控制机械设备安装和使用;要严格审查供货厂家的质量保证体系和质量管理体系;要严格审查机械设备各种技术文件,包括技术标准、生产许可证书、出厂合格证书、各种检验试验证书及机械设备试运行和调试记录等文件。

(3)机械设备质量控制的依据

机械设备质量控制依据主要有:工程设计文件;施工组织设计文件;机械设备的技术性能标准;机械设备安装及使用规程;机械设备的运行记录;机械设备检修及维护记录等。

(4)机械设备质量控制的方法

机械设备质量控制方法可以采用对机械设备选择方案和运行效果评价;试车或试运转;检查验收;维修保养;建立和健全机械设备运行的规章制度等。

7.2.2 施工机械设备的质量控制

施工机械设备包括土方机械、运输机械、吊装机械及半成品与配构件的加工机械等。控制施工机械设备质量对工程项目建设工期、工程质量和施工安全等都起着重大的作用。为此,监理工程师在从事施工监理的过程中,应综合考虑施工现场条件、工程特点、施工工艺和方法、机械设备性能、施工组织与管理及各项技术经济指标要求和承包商所拥有的机械设备能力,参与施工单位对机械化施工方案的制订与评审,使之合理选择机械设备,配套使用机械设备。充分发挥建筑机械设备的效力,对提高工程机械化施工水平,降低工程施工成本,加快工程施工进度和确保工程施工质量和施工安全等方面有着深远的意义。

监理工程师参与施工机械设备质量控制的主要任务是协助承包商制订机械化施工方案、选择机械设备类型、审查机械设备技术参数、检查机械设备方案和机械设备运行效果、检查机械设备操作及运行记录。

(1)施工机械设备的选择

施工机械设备选择应结合工程特点,保证工程施工的适用性和使用安全性。按照技术先进、经济合理、性能可靠、使用安全、因地制宜、操作及维修方便等原则来选择施工机械设备的类型和型号。如起重机械的主要类型有:桅杆式起重机、履带式起重机、汽车式起重机、轮胎式起重机、塔式起重机(包括轨道式塔式起重机、爬升式起重机、附着式起重机等)。常用的塔式起重机的主要型号有:QT1-2、QT1-6、QT1-15、QT4-10、QT60/(80)等;常用的混凝土搅拌机械型号有JG750、JG250、JG150、JGR250、JGR150、JZ350等。

(2)施工机械设备技术性能参数的确定

监理工程师应审查控制施工机械设备的主要技术性能参数。不同的施工机械设备有不同的技术性能参数,如塔式起重机的主要性能参数为起重量、起重高度、起重幅度;挖掘机械的主要技术性能参数为铲斗容量、铲斗提升速度、最大提升力等;常用搅拌机械的主要技术性能参数有:定额装干料容量、出料容量、拌筒转速、拌筒尺寸、水箱容量、轮距、外形尺寸、电动机功率等。

(3)施工机械设备使用的质量控制

施工机械设备使用的质量控制必须严格执行定机、定人、定岗的"三定"责任制;施工机械设备应严格执行操作规程,启动前应仔细检查机械设备,不允许"带病"作业;加强对机械设备的定期维修保养等。

7.2.3　生产机械设备的质量控制

生产机械设备及各种配套附属设备是建设项目的组成部分,监理工程师要做好设备质量的控制工作,以确保建设项目的整体质量。生产机械设备质量控制包括有机械设备采购、制造质量控制、机械设备检查验收质量和机械设备安装质量控制。设备安装的质量控制将在第10章作详尽的介绍。下面仅就机械设备安装前的有关质量控制问题作简要介绍。

(1)生产机械设备采购质量控制

对设备的采购过程进行控制是监理工程师设备监理工作的重要环节。采购设备,可采取市场采购,向制造厂商订货或招标采购等方式,采购质量控制主要是采购方案的审查及工作计划中明确的质量要求。

1)市场采购设备的质量控制

市场采购这种方式由于局限性大,不易达到设备采购的目的,而且采购的设备质量和花费的设备费用往往受到采购人员的业务经验和工作作风的影响,因而一般用于小型通用设备的采购上。

①设备采购方案的质量控制

建设单位直接采购,监理工程师要协助编制设备采购方案,总包单位或设备安装单位采购,监理工程师要对总承包单位或安装单位编制的采购方案进行审查。

a.设备采购方案的编制

编制设备采购方案,要根据建设项目的总体计划和相关设计文件的要求,采购的设备必须符合设计要求。方案要明确设备采购的原则、范围、内容、程序、方式和方法，采购方案中要包括采购设备的类型、数量、质量要求、周期要求、市场供货情况、价格控制要求等因素。从而使整个设备采购过程符合项目建设的总体计划，设备满足质量要求，设备采购方案最终需获得建设单位的批准。

b. 设备采购的原则

向有良好信誉，供货质量稳定合格的供货商采购；所采购设备的质量是可靠的，满足设计文件所确定的各项技术要求，能保证整个项目生产或运行的稳定性；所采购设备和配件的价格是合理的，技术相对先进，交货及时，维修和保养能得到充分保障；符合国家对特定设备采购的政策法规。

c. 设备采购的范围和内容

根据设计文件，对需采购设备编制拟采购的设备表，以及相应的备品配件表，包括名称、型号、规格、数量，主要技术性能，要求交货期，以及这些设备相应的图纸、数据表、技术规格、说明书、其他技术附件等。

②市场采购设备的质量控制要点

a. 为使采购的设备满足要求，负责设备采购质量控制的监理工程师应熟悉和掌握设计文件中设备的各项要求、技术说明和规范标准。这些要求、说明和标准包括采购设备的名称、型号、规格、数量、技术性能、适用的制造和安装验收标准，要求的交货时间及交货方式与地点，以及其他技术参数、经济指标等各种资料和数据，并对存在的问题通过建设单位向设备设计单位提出意见和建议。

b. 总承包单位或设备安装单位负责设备采购的人员应有设备的专业知识，了解设备的技术要求，市场供货情况，熟悉合同条件及采购程序。

c. 由总包单位或安装单位采购的设备，采购前要向监理工程师提交设备采购方案，经审查同意后方可实施。对设备采购方案的审查，重点应包括以下内容：采购的基本原则、保证设备质量的具体措施、依据的图纸、规范和标准、质量标准、检查及验收程序，质量文件要求等。

2）向生产厂家订购设备的质量控制

选择一个合格的供货厂商，是向厂家订购设备质量控制工作的首要环节。为此，设备订购前要做好厂商的评审与实地考察。

①合格供货厂商的评审

对供货厂商进行评审的内容可包括以下几项：

a. 供货厂商的资质。

b. 设备供货能力。

c. 近几年供应、生产、制造类似设备的情况；目前正在生产的设备情况、生产制造设备情况、产品质量状况。

d. 过去若干年的资金平衡表和负债表；下一年度财务预测报告。

e. 要另行分包采购的原材料、配套零部件及元器件的情况。

f. 各种检验检测手段及试验室资质；企业的各项生产、质量、技术、管理制度的执行情况。

②作出调查结论

在初选确定供货厂商名单后，项目监理机构应和建设单位或采购单位一起对供货厂商做进一步现场实地考察调研，提出监理单位的看法，与建设单位一起做出考察结论。

3）招标采购设备的质量控制

设备招标采购一般用于大型、复杂、关键设备和成套设备及生产线设备的订货。

选择合适的设备供应单位是控制设备质量的重要环节。在设备招标采购阶段，监理单位应该当好建设单位的参谋和帮手，把好设备订货合同中技术标准、质量标准的审查关。

①掌握设计对设备提出的要求，协助建设单位起草招标文件、审查投标单位的资质情况和投标单位的设备供货能力，做好资格预审工作。

②参加对设备供货制造厂商或投标单位的考察，提出建议，与建设单位一起做出考察结论。

③参加评标、定标会议，帮助建设单位进行综合比较和确定中标单位。评标时对设备的制造质量、设备的使用寿命和成本、维修的难易及备件的供应、安装调试、投标单位的生产管理、技术管理、质量管理和企业的信誉等几个方面做出评价。

④协助建设单位向中标单位或设备供货厂商移交必要的技术文件。

（2）生产机械设备制造的质量控制

设备制造过程是形成设备实体并使之具备所需要的技术性能和使用价值的过程，对设备制造过程的质量控制是监理工程师进行设备监理的重要工作。

对于某些重要的设备，要对设备制造厂生产制造的全过程实行监造。设备监造是指有资质的监理单位依据委托监理合同和设备订货合同对设备制造过程进行的监督活动。监造人员原则上是由设备采购单位派出。建设单位直接采购，或招标采购，则委托监理工程师实施。由总包单位或建筑安装单位采购可自己安排监造人员，也可能由项目监理机构派出，此时，项目监理机构将设备制造厂作为工程项目总包单位的分包单位实施管理，特别是对主要或关键设备，则往往如此。

1）驻厂监造

采取这种方式实施设备监造，监造人员直接进入设备制造厂的制造现场，成立相应的监造小组，编制监造规划，实施设备制造全过程的质量监控。驻厂监造人员及时了解设备制造过程质量的真实情况，审批设备制造工艺方案，实施过程控制，进行质量检查与控制，对设备最后出厂签署相应的质量文件。

2）巡回监控

对某些设备（如制造周期长的设备），则可采用巡回监控的方式。质量控制的主要任务是监督管理制造厂商不断完善质量管理体系，监督检查材料进厂使用的质量控制，工艺过程、半成品的质量控制，复核专职质检人员质量检验的准确性、可靠性。监造人员根据设备制造计划及生产工艺安排，当设备制造进入某一特定部位或某一阶段，监造人员对完成的零件、半成品的质量进行复核性检验，参加整机装配及整机出厂前的检查验收，检查设备包装、运输的质量措施。在设备制造过程中，监造人员要定期及不定期地到制造现场，检查了解设备制造过程的质量状况，发现问题及时处理。

3）设置质量控制点监控

针对影响设备制造质量的诸多因素，设置质量控制点，做好预控及技术复核，实现制造质量的控制。

质量控制点应设置在对设备制造质量有明显影响的特殊或关键工序处，或针对设备的主要、关键部件、加工制造的薄弱环节及易产生质量缺陷的工艺过程。如：设备制造图纸的复核；

制造工艺流程安排、加工设备精度的审查；原材料、外购配件、零部件的进厂、出库，使用前的检查；零部件、半成品的检查设备、检查方法、采用的标准；试验人员岗位职责及技术水平；专职质检人员、试验人员、操作人员的上岗资格；工序交接见证点；成品零件的标志入库、出库管理；零部件的现场装配；出厂前整机性能检测（或预拼装）及出厂前装箱的检查确认等。

(3)生产机械设备检查验收

1)设备检验的质量控制

设备的检验是一项专业性、技术性较强的工作，需要求建设、设计、施工、安装、制造、监理等有关单位参加。重要的关键性大型设备，应由建设单位组织鉴定小组进行检验。一切随机的原始材料、自制设备的设计计算资料、图纸、测试记录、验收鉴定结论等应全部清点，整理归档。

①制订设备检验计划

a.设备检查验收前，设备安装单位要提交设备检查验收方案，包括验收方法，质量标准，检查验收的依据，经监理工程师审查同意后进行实施。

b.监理工程师要做好质量控制计划，质量计划要包括设备检查验收的程序，检查项目、标准、检验、试验要求，设备合格证等质量控制资料的要求，是否应具有权威性的质量认证等。

②执行设备检验程序

a.设备进入安装现场前，总承包单位或安装单位应向项目监理机构提交《工程材料/构配件/设备报审表》，同时附有设备出厂合格证及技术说明书、质量检验证明、有关图纸及技术资料，经监理工程师审查，如符合要求，则予以签认，设备方可进入安装现场。

b.设备进场后，监理工程师应组织设备安装单位在规定时间内进行检查，此时供货方或设备制造单位应派人参加，按供货方提供的设备清单及技术说明书、相关质量控制资料进行检查验收，经检查确认合格，则验收人员签署验收单。如发现供货方质量控制资料有误，或实物与清单不符，或对质量文件资料的正确有怀疑，或设计文件及验收规程规定必须复验合格后才可安装，应由有关部门进行复验。

c.如经检验发现设备质量不符合要求时，则监理工程师拒绝签认，由供货方或制造单位予以更换或进行处理，合格后再进行检查验收。

d.工地交货的大型设备，一般由厂方运至工地后组装、调整和试验，经自检合格后再由监理工程师组织复核，复验合格后才予以验收。

e.进口设备的检查验收，应会同国家商检部门进行。

2)设备检验方法

①设备开箱检查

设备出厂时，一般都要进行良好的包装，运到安装现场后，再将包装箱打开予以检查。

设备开箱检查，建设单位和设计单位应派代表参加。设备开箱应按下列项目进行检查并做好记录。

a.箱号、箱数以及包装情况；

b.设备的名称、型号和规格；

c.装箱清单、设备的技术文件、资料及专用工具；

d.设备有无缺损件，表面有无损坏和锈蚀等；

e.其他需要记录的情况；

在设备开箱检查中,设备及其零部件和专用工具,均应妥善保管,不得使其变形、损坏、锈蚀、错乱和丢失。

②设备的专业检查

设备的开箱检查,主要是检查外表,初步了解设备的完整程度,零部件、备品是否齐全;而对设备的性能、参数、运转情况的全面检验,则应根据设备类型的不同进行专项的检验和测试,如:承压设备的水压试验、气压试验、气密性试验。

3)不合格设备的处理

①大型或专用设备

检验及鉴定其是否合格均有相应的规定,一般要经过试运转及一定时间的运行方能进行判断,有的则需要组成专门的验收小组或经权威部门鉴定。

②一般通用或小型设备

a.出厂前装配不合格的设备,不得进行整机检验,应拆卸后找出原因制订相应的方案后再进行装配。

b.整机检验不合格的设备不能出厂。由制造单位的相关部门进行分析研究,找出原因、提出处理方案,如是零部件原因,则应进行拆换,如是装配原因,则重新进行装配。

c.进场验收不合格的设备不得安装,由供货单位或制造单位返修处理。

d.试车不合格的设备不得投入使用,并由建设单位组织相关部门进行研究处理。

7.2.4　仪器仪表的质量控制

(1)建筑仪器仪表的质量控制

建筑仪器仪表是施工阶段为了从事工程测量、材料与工程质量检验、材料与工程质量试验等方面所需要的工程测试的设备。常用的建筑仪器仪表主要有:测量仪器仪表,如经纬仪、水准仪、水准式倾角仪等;测试的仪器仪表,如应变频率测定仪、超声波检测仪等;质量检验仪器仪表,如回弹仪、砂浆稠度仪等;材料试验的仪器仪表,如仪表闪点仪、土壤含水率测定仪等。

对建筑仪器仪表的质量控制的基本内容有:建筑仪器仪表的选择;建筑仪器仪表的调试;建筑仪器仪表的使用。

1)建筑仪器仪表的选择

根据不同的试验检测项目选择相应的测量、测定、测绘、测试的仪器仪表。选择仪器仪表时,不仅重视类别的选择,而且还应重视技术参数的选择,以便适合于检测对象和检测目标的需要。

2)建筑仪器仪表的调试

建筑仪器仪表使用前,必须要按照使用规则认真调试仪器仪表,使其处于正常状态下,方能允许使用,以保证测试质量。

3)建筑仪器仪表的使用

应严格按照操作规程正确使用仪器仪表,保证测试精度要求。

(2)生产性仪器仪表的质量控制

生产性仪器仪表的质量控制与生产机械设备质量控制类似,包括对仪器仪表的订购、仪器仪表的检查验收、仪器仪表现场存放与保管等方面的质量控制。

7.2.5 机械设备技术文件资料的审核

机械设备技术文件资料的审核是机械设备质量控制的重要任务之一,其中包括施工机械设备技术文件资料的审核和生产机械设备技术文件资料的审核。

(1)施工机械设备技术文件资料的审核

施工机械设备技术文件资料审核的主要内容有:出厂证明书、技术参数标准和使用说明;施工机械设备保养维修记录;施工机械设备的运行记录;施工组织设计及施工机械设备技术方案等。

(2)生产机械设备技术文件资料的审核

生产机械设备技术文件资料审核主要内容有:设备订购清单;生产厂家的质量管理体系与质量保证体系;制造工艺及方法;出厂证明书、技术标准、检验合格证书、操作规程;机械设备配件与备件清单;设备组装记录;设备验收记录及签证;设备安装施工记录及签证;设备试车及试运转记录等。

7.3 近年监理工程师考题摘录及案例选编

一、近年监理工程师考题摘录

(一)单选

1.(2009 合)施工合同履行过程中,若合同文件约定不一致时,正确的解释顺序应为(C)。

A.中标通知书、工程量清单、标准

B.施工合同通用条款、施工合同专用条款、图纸

C.投标书、施工合同通用条款、工程量清单

D.中标通知书、工程报价单、投标书

2.(2009 三)下列活动中,属于监理工程师施工准备质量控制工作的是(A)。

A.施工生产要素配置质量审查　　B.施工作业技术交底

C.材料价格变动预测　　D.工程变更可能性预测

3.(2009 三)施工所需原材料、半成品或构配件,经(C)审查并确认其合格后方准进场使用。

A.施工单位技术负责人　　B.施工项目经理

C.监理工程师　　D.施工项目技术负责人

4.(2009 三)监理工程师对施工现场计量作业的控制中,主要是检查(B)。

A.操作人员资格　　B.操作方法

C.施工设备状况　　D.记录方式

5.(2009 三)向生产厂家订购设备,其质量控制工作的首要环节是对(B)进行评审。

A.质量合格标准　　B.合格供货厂商

C.适宜运输方式　　D.工艺方案的合理性

6.(2009 三)在制定检验批的抽样方案时,为合理分配生产方和使用方的风险,主控项目对应于合格质量水平的 a 和 B 值均不宜超过(A)。

A. 5%　　B. 6%　　C. 8%　　D. 10%

7.（2009 三）建筑工程施工验收中，经返工重做或更换器具、设备的检验批，应（B）。

A. 予以验收　　B. 重新进行验收

C. 鉴定验收　　D. 协商验收

（二）多选

1.（2008 三）设备的检验是一项专业性、技术性较强的工作，设备检验方法通常有（BCD）。

A. 自制设备经9个月生产考验　　B. 设备开箱检验

C. 设备的专业检查　　D. 单机无负荷试车或联动试车

E. 进口设备需会同建设单位进行检验

2.（2008 三）按照物质消耗内容分类，可将建设工程定额分为（ACE）。

A. 人工消耗定额　　B. 土建工程定额

C. 材料消耗定额　　D. 安装工程定额

E. 机械消耗定额

3.（2009 合）材料采购合同履行中，供货方交付产品时，可以作为双方验收依据的有（ACE）。

A. 双方签订的采购合同　　B. 施工合同对材料的要求

C. 合同约定的质量标准　　D. 合同未约定的推荐性质量标准

E. 双方当事人共同封存的样品

二、工程监理案例选编

[案例]某输气管道工程在施工过程中，施工单位未经监理工程师事先同意，订购了一批钢管，钢管运抵施工现场后监理工程师进行了检验，检验中监理人员发现钢管质量存在以下问题：

施工单位未能提交产品合格证、质量保证书和检测证明资料；

实物外观粗糙、标志不清，且有锈斑。

[问题]

监理工程师应如何处理上述问题？

[案例解析]

由于该批材料由施工单位采购，监理工程师检验发现外观不良、标志不清，且无合格证等资料，监理工程师应书面通知施工单位不得将该批材料用于工程，并抄送业主备案。

监理工程师应要求施工单位提交该批产品的产品合格证、质量保证书、材质化验单、技术指标报告和生产厂家生产许可证等资料，以便监理工程师对生产厂家和材质保证等方面进行书面资料的审查。

如果施工单位提交了以上资料，经监理工程师审查符合要求，则施工单位应按技术规范要求对该产品进行有监理人员签证的取样送检。如果经检测后证明材料质量符合技术规范、设计文件和工程承包合同要求，则监理工程师可进行质检签证，并书面通知施工单位。

如果施工单位不能提供第二条所述的资料，或虽提供了上述资料，但经抽样检测后质量不符合技术规范或设计文件或承包合同要求，则监理工程师应书面通知施工单位不得将该批管材用于工程，并要求施工单位将该批管材运出施工现场。（施工方与供货厂商之间的经济、法律问题，由他们双方协商解决）。

监理工程师应将处理结果书面通知业主。工程材料的检测费用由施工单位承担。

本章小结

通过学习，认识到监理工程师在工程建设的全过程中，加强对建筑材料及设备的监理十分必要，它是保证工程建设高质量、高效益的关键，了解了质量检验的概念及其作用，材料质量检验与试验的方法，仪器仪表的质量控制及机械设备技术文件资料的审核等，掌握了建筑材料质量控制的重点与主要内容，材料质量控制的方法，施工机械设备的质量控制，生产机械设备的采购、制造及检查验收各阶段的质量控制方法等，为今后进行材料与设备的质量控制工作打下了基础。通过对全国监理工程师考题摘录的单选、多选和实际案例的学习，掌握了解决监理技术问题的方法和技巧，对监理理论的实际应用更加深化。

复习思考题

1. 简述建筑材料质量控制的重点。
2. 材料质量控制有哪些主要内容？
3. 什么叫质量检验？质量检验有哪些作用？
4. 材料质量检验有哪些主要抽样方法？
5. 材料质量文件审核有哪些主要内容？
6. 说明机械设备质量控制的要点。
7. 施工机械设备质量控制有哪些主要内容？
8. 生产机械设备采购的方式有哪几种？相应的质量控制工作主要是什么？
9. 生产机械设备制造的质量监控方式有哪几种？
10. 试述生产机械设备检验的程序和方法。
11. 设备技术文件审核的主要内容有哪些？
12. 本章摘录的今年全国监理工程师考题单选有几题？多选有几题？解答是否正确？能否从本书和有关参考资料中找到解答正确与否的原因？
13. 本章选编的监理案例的内容是什么？有几个问题？监理工程师是怎样解决的？

第 8 章

建筑安装工程施工阶段工程质量监理

内容提要和要求

本章将主要介绍建筑安装工程施工质量的概念;建筑安装工程施工阶段质量监理概述;建筑工程施工质量监理;建筑安装工程施工阶段质量控制方法;建筑安装工程施工阶段设计质量控制;建筑安装工程施工事故处理及设备安装工程施工质量监理等内容。最后,本章还摘录了《近年全国监理工程师考题和案例选编》,为进一步学习和掌握本章内容提供了参考。

8.1 建筑安装工程施工质量的概念

8.1.1 建筑安装工程施工阶段的质量内涵

从广义的质量概念角度,建筑安装工程施工阶段的工程质量应包含有工程实体质量,工程功能及使用价值,以及工程施工阶段的工作质量。建筑安装工程施工阶段工程质量体系组成如图 8.1 所示。

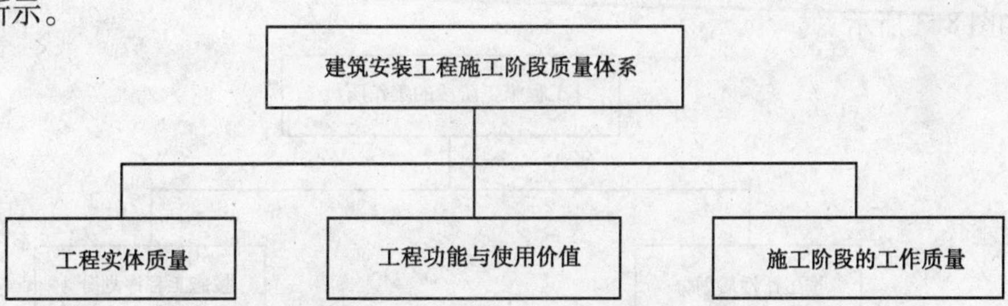

图 8.1 建筑安装工程施工阶段工程质量体系

(1)建筑安装工程的实体质量

建筑安装工程实体质量是指由物质实体组成的工程质量,其中包括建筑材料、配构件及机械设备,是建筑安装工程施工质量的基础;保证建筑安装工程实体质量是建筑安装工程施工阶段工程质量监理的关键。建筑安装工程的实体质量组成如图 8.2 所示。

(2)工程功能与使用价值

工程功能及使用价值是建筑安装工程实体质量的具体体现。虽然,工程功能在工程设计阶段已经形成,包括建筑安装工程项目的安全性、适用性、经济性、可靠性及环境协调性,但在工程施工阶段必须要确保建筑安装工程项目设计功能的最终实现。

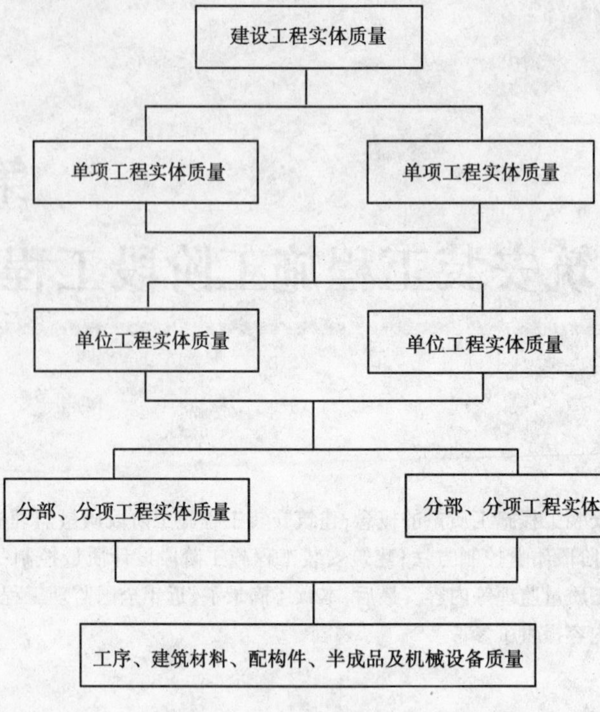

图 8.2　工程实体质量的系统结构

使用价值是由用户的价值观决定的。建筑安装工程施工阶段的工程质量将直接影响着用户对工程使用价值的评价,如建筑工程室内外的装饰色彩,居住建筑的人居环境质量,室内设施设备安装质量等都将直接或间接地影响着对工程使用价值的评价。

(3)工程施工阶段的工作质量

施工阶段的工作质量是指参与工程施工的各类人员的工作质量,包括工程施工准备工作质量,工程施工过程的工作质量及工程竣工验收的工作质量。工程施工阶段的工作质量系统组成如图 8.3 所示。

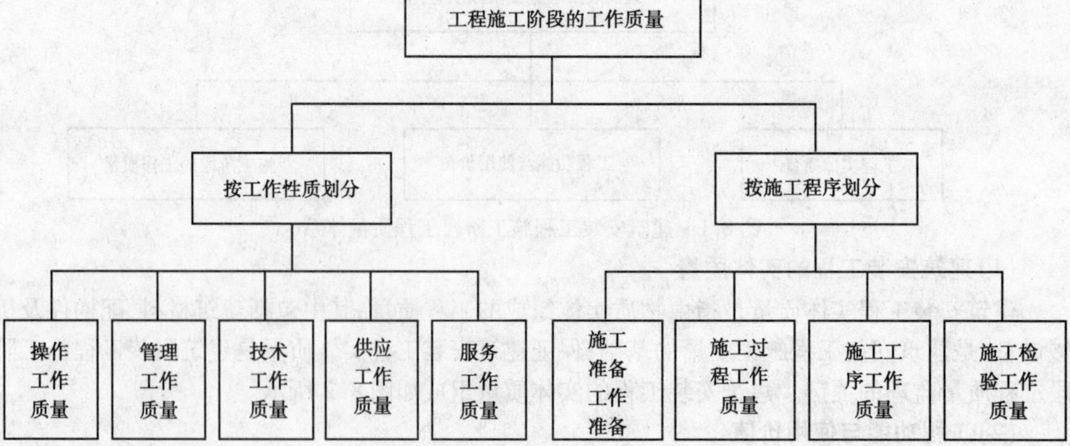

图 8.3　工程施工阶段的工作质量系统组成

8.1.2　建筑安装工程施工阶段工程质量的特点

由于工程项目的特点及工程项目施工的技术经济特点，决定着建筑安装工程施工阶段的工程质量有如下的基本特点。

(1)影响建筑安装工程施工阶段工程质量的因素多

影响建筑安装工程施工阶段工程质量的因素是多方面的，且涉及建筑安装工程施工的全过程，其中包括参与工程施工的人的因素；施工过程中各类投入的物质因素（原材料、半成品、配构件及机械设备）和非物质因素（设计文件、施工工艺技术、施工管理方法）；建筑安装工程施工项目的内部组成因素（工程结构形式、工艺流程及工程质量要求等）；工程施工的环境因素（自然因素、社会因素、经济因素、政策因素等）等对工程施工质量都将产生不同程度的影响。

(2)容易产生工程施工质量的波动

由于建筑安装工程施工露天作业多、工厂化程度低、生产作业条件恶劣、生产过程的稳定性差，使建筑安装工程施工质量极易产生波动性、反复性，工程施工质量通病事故发生比较频繁。

(3)容易产生系统因素的变异

系统因素的变异是指影响建筑安装工程施工质量的基本因素发生变化，如原材料的规格、品种、性能的变化，机械设备、仪器仪表的故障或失灵，工程施工程序、方法、工艺、技术的变化，突发性的自然灾害的影响等，都有可能造成重大的工程施工质量事故或留下严重的工程质量隐患。

(4)容易产生第二判断性错误

所谓第二判断性错误是指人们凭借主观经验或直觉观察，并做出简单逻辑推理对事物产生的判断行为或获得的判断结果，有可能把不合格的工程质量判断成合格的工程质量。由于建筑安装工程施工环境和施工条件复杂，施工过程中的不确定性影响因素多，一旦所获得的信息量难以充分揭示事物的特征时，凭主观的臆测而做出的结论往往容易产生第二判断性错误。

(5)质量检查时不能解体、拆卸、维修难度大

建筑安装工程项目建成后，若发现工程质量问题，因工程整体功能性强，而不能解体、拆卸，使维修难度增大。

(6)产生工程施工质量问题引起的后果严重

产生工程施工质量问题轻者将延误工期，重者将造成严重的人身伤亡，给国家和人民的生命财产造成严重的损失。

8.1.3　影响建筑安装工程施工阶段工程质量的基本因素

由于建筑安装工程施工阶段工程质量的特点，影响工程施工质量的因素主要有：人的因素、物的因素、信息的因素、经济的因素、能源的因素及施工环境因素等。因此，对建筑安装工程施工阶段的工程质量控制，主要表现为对工程施工全过程中的人流质量控制、物流质量控制、信息流质量控制、经济流质量控制、能源流质量控制及工程施工建设环境条件的监控。

(1)人流质量控制

人是指直接参与建筑安装工程施工活动的组织者、指挥者和操作者。人既是工程施工活动的施控对象,又是工程施工活动的被控对象。施工现场人的流动质量则对工程施工质量产生决定性的影响,是对工程施工质量控制的主导性因素。坚持"人的因素第一"是对人流质量控制的基本指导思想。

对人流的质量控制,除加强对参与工程施工的各类人员的教育、培训和组织管理外,还要对人的思想素质、技术素质、工作能力、工作态度、行为准则等方面都应加强控制。"人尽其才,合理使用",并对工种配置和人的操作行为实行必要的控制与监督,是人流质量控制的基础。

(2)物流质量控制

建筑安装工程施工阶段是工程物质实体的形成过程。工程施工活动需要消耗大量的物质资源,如建筑材料、配构件、半成品、机械设备及各种器具等。对建筑安装工程施工质量控制则应对组成工程实体的各种物质资源的质量控制,以及由这些物质资源形成的中间产品(如分项工程、分部工程、单位工程)和最终产品的质量控制。

(3)信息流质量控制

信息是指人们对不确定性事物由浅入深认识的一种度量。工程施工信息是指导人们正确认识事物并从事正确行为的重要依据。工程施工信息质量优劣将直接或间接地影响着工程施工质量。

工程施工信息来源是多方面的,按其在工程施工中所起的作用可以分为引导信息和识别信息。引导信息是用于指导人们的正确行为,以便有效地从事各类工程施工活动,如工程施工方案、施工组织设计、工程施工图纸、施工技术措施等;识别信息是用于指导人们正确认识各类事物的特征、特性和效果的依据,如原材料、配构件、机械设备的出厂证明书、技术合格证书、试验检验证书、中间产品和最终产品验收签证,施工方案及施工图纸等。

(4)能源流质量控制

建筑安装工程施工需要消耗各类能源资源,电力、高压空气、高压水、蒸汽及各种燃料等。能源资源的供应、传输、储备和使用构成了施工活动中不可缺少的能源流。能源流的质量包括能源供应质量、能源传输和储备质量及能源的使用质量。能源供应质量是指提供给施工活动所需要的能源数量、品种、品质是否能保证工程施工质量的要求;能源的传输和储备质量是指传输或运送能源的种类管网、设备及设施是否能保证对能源的安全运送和储备;能源的使用质量是指能源的使用者是否能按工程施工操作规程正确地使用各种能源资源,是确保工程施工质量的重要方面。

(5)经济流质量控制

建筑安装工程施工是一项复杂的技术经济活动过程。经济是使工程施工活动能顺利进行的基础。工程施工活动中的经济流一是指建设资金的供应及流通;二是指对参与建设的各类人员的经济待遇及其分配。工程施工活动中的经济流质量将直接或间接地影响着工程建设项目的施工质量。

(6)工程施工环境条件的监控

建筑安装工程施工环境条件,包括有合同环境、自然环境、社会经济及政策环境等诸多方面,将对工程施工阶段的工程质量产生不同程度的影响。合同环境是指建设合同执行效果和监督管理效果;自然环境是指建设区域与场地的工程地质与水文地质条件,气候条件及各种自然灾害等;社会经济及政策环境包括国民经济的宏观条件及国家对工程建设的相关政策。因此，工程施工环境条件的优劣将对工程施工质量产生不同程度的直接或间接的影响。

8.1.4 建筑安装工程施工质量责任和义务

在建筑安装工程施工阶段，由于影响工程质量因素的复杂性和参与工程施工的建设主体的多样性，参与建设的各方主体对建筑安装工程施工质量都承担着不同程度的直接或间接的责任。中华人民共和国国务院发布的《建设工程质量管理条例》明确地规定了参与建设的各方主体对工程建设项目质量所承担的责任和义务。

(1)建设单位的质量责任和义务

建设单位应将工程发包给具有相应资质等级的承包单位，不得将建设工程项目分解发包；建设单位必须精心地组织工程建设项目的勘察、设计、施工、监理及重要材料和设备采购订货的招标；建设单位必须为勘察、设计、施工、监理等单位提供真实、准确、齐全的原始资料；建设单位应严格地组织工程竣工验收及竣工验收资料的审查存档等。

(2)施工单位的质量责任和义务

施工单位对工程施工质量负责，必须按施工图纸和技术标准要求组织工程施工；施工单位必须建立健全施工质量的检查验收制度，严格工序管理，作好隐蔽工程施工记录及验收签证；施工单位应参与工程项目施工验收并对验收不合格的工程项目要做出返工处理等。

(3)工程监理单位的质量责任和义务

工程监理单位应当依照法律、法规以及有关的技术标准规程、设计文件、工程承包合同，代表业主从事对工程施工质量监理，并对工程施工质量承担监理责任；未经监理工程师签字，建筑材料、建筑构配件和设备不得在工程上使用或者安装，施工单位不得进行下道工序施工，建设单位不拨付工程款项，不对工程组织竣工验收。

(4)勘察、设计单位的质量责任和义务

勘察、设计单位必须按照工程建设强制性标准进行勘察、设计，并对勘察、设计质量负责；设计单位应当就审查合格的施工图设计文件向施工单位做出详细说明；设计文件应当符合国家规定的设计深度要求，注明使用年限等。

参与建设各方如果违背建设工程质量管理条例的有关规定，将按情节轻重，可以处以罚款、降低资质等级、吊销资格证书，造成重大工程事故的，应依法追究法律责任。

8.2 建筑安装工程施工阶段的监理

8.2.1 建筑安装工程施工阶段监理程序

施工阶段监理是工程项目建设监理的重要组成部分，也是我国推行建设监理制度的主要方面。建筑安装工程施工阶段监理程序如图8.4所示。

8.2.2 建筑安装工程施工阶段监理的任务

监理工程师从事建筑安装工程施工阶段监理的基本任务是：

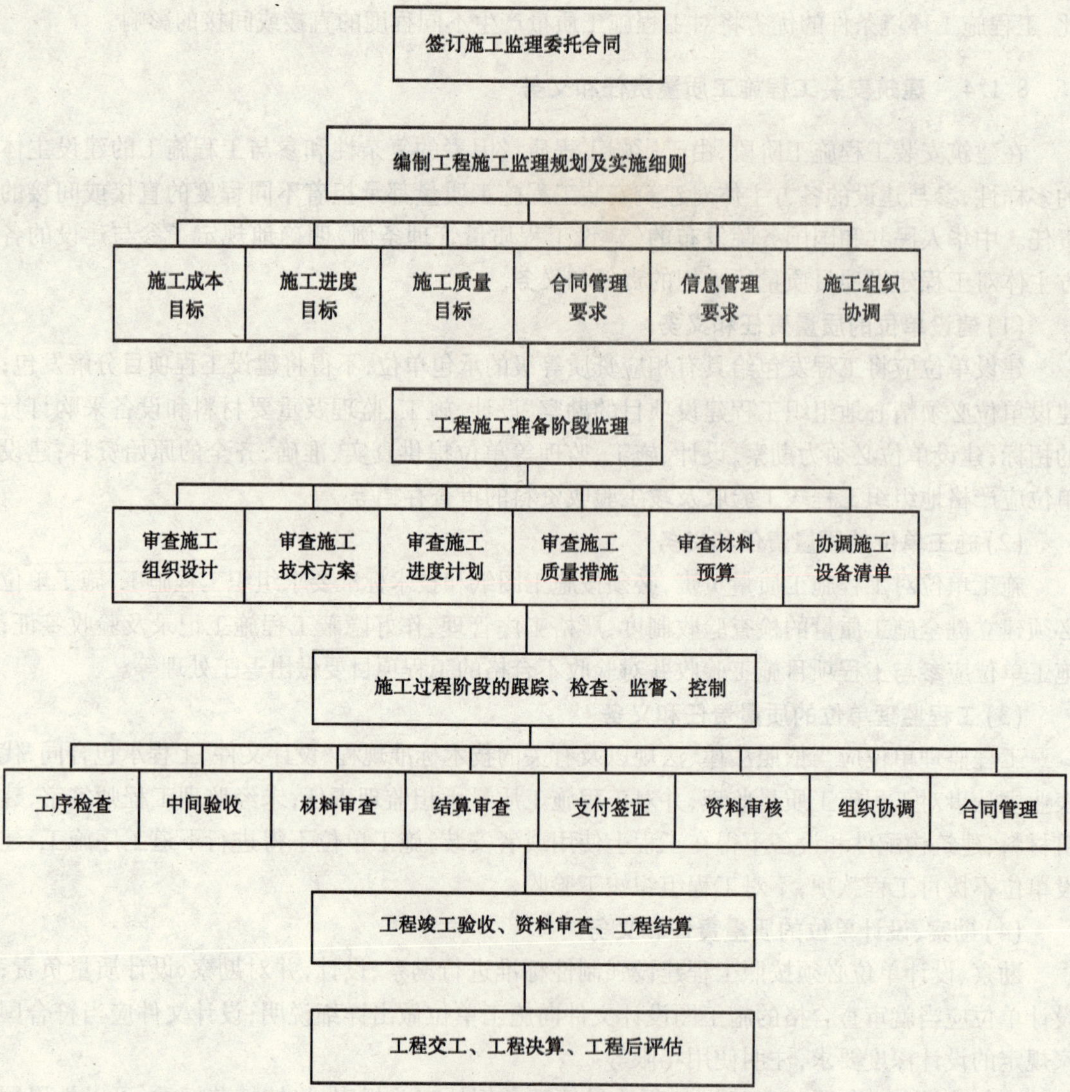

图8.4　建筑安装工程施工阶段监理程序

(1)协助业主(或建设单位)与承包商编写和办理工程开工报告

当工程施工条件具备后,业主应向建设主管部门提交工程开工报告。经建设主管部门审查批准,发给施工许可证,才允许该工程开始施工。

(2)确认承包商选择的分承包商

如果承包商将工程部分分包,必须取得业主的同意,并由监理工程师具体负责审查分包商的资质,确认承包商选择的分包商。

(3)审查承包商提出的技术组织措施

审查承包商提出的施工组织设计、施工技术方案、工程施工进度及技术措施,并提出修改意见。

(4)审查承包商提出的材料及设备清单

审查承包商提出的材料及设备清单,主要包括的内容有:材料及设备品种、型号、规格、性能、数量、单价及供货日期等。

(5) 参与工程建设合同管理

监理工程师应协助业主从事承包合同管理,并协调合同双方或多方发生的合同纠纷或争议。

(6) 加强施工过程的工程监理

监理工程师在工程施工过程中,应有尽有加强对材料、半成品、配构件、机械设备等质量检查验收,并作好工程施工过程的中间检查验收及签证。

(7) 加强施工信息及技术档案管理

在施工过程中,监理工程师与参与工程建设各方存在着各种信息交流,如定期或不定期给业主的各种工作报告;与承包商往来的各种函件;工程检查验收的各种签证;工程结算或分期结算的签证,及以各类技术、经济、法规、管理等文件资料,都必须建立相应的文件档案并作为竣工验收的资料。

(8) 参与工程事故处理

在施工过程中发生的工程质量或工程安全事故,监理工程师应协助业主或施工单位作好事故调查及事故处理工作。

(9) 组织工程竣工验收

工程竣工后,监理工程师就协助业主作好工程竣工验收的准备工作,并参与工程的竣工验收。

(10) 完成业主委托的其他监理业务

监理工程师除完成监理委托合同授权的工程任务监理外,还可以接受业主委托的其他监理业务。

8.2.3　建筑安装工程施工阶段质量监理的依据

建筑安装工程施工阶段质量监理的依据分为共同性依据和专门化依据。

(1) 施工质量监理的共同性依据

工程施工质量控制的共同性依据是指适用于施工阶段,且与工程施工质量管理有关的通用的、具有普遍指导意义和必须遵守的基本文件。主要包括有:

①工程建设合同

工程建设合同,包括工程施工承包合同,原材料、配构件、半成品及机械设备等的订货合同、加工合同、运输合同等是工程施工质量控制的重要依据。

②设计文件

设计文件包括设计总说明及分部说明,施工图纸及标准图集,设计交底及图纸会审记录,设计修改及技术变更通知书等。

③质量管理的法律及法规

国家及政府有关部门颁布的与质量管理有关的法律及法规,如《中华人民共和国建筑法》、《中华人民共和国招标投标法》和《建设工程质量管理条例》等法律法规都明确地规定了工程质量管理的有关条款,是从事工程施工质量监理的法律依据。

(2) 施工质量监理的专门性依据

①建筑安装工程施工验收标准

主要有《建筑工程质量检验评定标准》(GBJ 301—88)、《建筑采暖卫生与煤气安装工程质量检验评定标准》(GBJ 302—88)、《建筑电气安装工程质量检验评定标准》(GBJ 303—88)、《通风与空调工程质量检验评定标准》(GBJ 304—88)和《电梯安装工程质量检验评定标准》(GBJ 310—88)等。

②有关建筑材料、半成品、配构件质量方面的专门性的技术法规文件

包括材料及制品的质量标准;材料、半成品等的取样、试验等方面的技术标准或规程;材料验收、包装、标志方面的技术标准和规定,如《钢材的机械及工艺试验取样法》(YB 15—64)、《木材的物理力学试验方法总则》(GB 1928—80)等。

③控制施工工序质量等方面的技术法规性文件

包括有关建筑安装作业方面的操作规程;有关工程施工及验收规范;采用新技术、新工艺、新方法、新材料及新设备等的鉴定证书、技术说明书及有关质量保证标准和操作规程,以此作为判断和评定质量的依据。

8.3 建筑工程施工质量监理

监理工程师对建筑工程施工阶段的工程质量监理,按施工程序可以划分为工程施工准备阶段的工程质量监理;施工过程阶段的工程质量监理;竣工验收阶段的工程质量监理。

8.3.1 施工准备阶段工程质量监理

施工准备阶段的工作内容较多,质量控制对象复杂。施工准备阶段工程质量监理的基本任务主要有下述几方面的工作内容:

(1)施工技术资料的质量控制

监理工程师在工程施工准备阶段有关施工技术资料准备的质量控制内容有:

①设计交底与图纸会审

在工程施工开工前,监理工程师应组织业主、设计单位、施工单位及有关部门的技术及管理人员,进行图纸会审与设计交底。设计交底首先由设计单位介绍工程设计意图、工程结构特点、施工工艺要求、施工技术难度及相应的技术措施、施工中的注意事项及应解决的关键问题,以及施工单位提出有关图纸中的一些疑难问题。设计交底与图纸会审应做好记录,设计交底与图纸会审记录应由业主、设计单位和施工单位三方正式签字,是工程承包合同的重要组成部分。

设计交底的主要内容有:有关建设场地或地区的自然气候条件、工程地质条件、水文地质条件,以及区域的地形、地貌等自然条件;施工图纸设计依据;设计构思及设计意图等的介绍;施工应注意的事项及一些技术处理要求等。

图纸会审的主要内容有:对施工图设计者资格的认定;审查设计图纸和说明书是否符合监理大纲要求;纠正图纸中的遗漏、错误和矛盾;审查材料设备的质量可靠性;审查施工技术方案的合理性、先进性、安全性、经济性及施工方案的协调性;审查应由施工单位自行准备的技术资料文件是否具备等。

②其他施工技术资料的审查

工程开工前,监理工程师还应审查下列主要的工程施工技术经济资料:由业主、勘察设计

单位和施工单位等提供的各种工程施工技术经济资料，如建设单位提供的建设项目清单、建设审批文件、测量控制点和红线控制图；由勘察单位提供的工程地质和水文地质勘察报告、测量控制网和高程水准控制网等资料；由设计单位提供的设计说明书、施工图纸、标准图集；由供货厂家提供的材料、设备及构配件等的质量保证文件；由施工单位提供的材料设备的采购清单及其他施工组织管理的技术经济资料、文件、标准和规范等。对施工技术经济资料质量控制主要是审查资料的真实性、完备性、科学性、适用性和有效性。一旦发现某方提供的技术经济资料数据存在问题或缺陷，应立即通知对方加以补充和完善，以保证工程施工技术经济资料的质量水平。

(2) 工程施工测量的质量控制

工程施工测量是将建筑工程设计产品转化为建筑工程实体的物质产品前期首要的准备工作。施工测量精度（或质量）的高低，将直接影响建筑工程的综合质量。工程施工测量质量控制的基本内容主要有下列几方面：

①工程施工测量控制网的质量控制

施工测量控制网的质量控制主要内容有：审查控制网的起始坐标和起始方向；审查控制点是否经建设单位确认，控制红线是否满足规划部门的要求；抽测建筑方格网的坐标、高程控制水准点是否满足测量精度的要求；各标桩埋设是否合理、便于使用和保护等。

②民用建筑施工测量的质量控制

监理工程师应复核建筑物定位测量、基础工程测量，以及对墙体皮数杆、楼层轴线抽测、楼梯间高程传递等的检测。

③工业建筑施工测量的质量控制

质量控制要点是：复核厂区控制网测量、柱基工程测量、柱网立模轴线与高程测量；厂区结构安装前的原位检测；动力设施基础工程与预埋件抽测等。

④高层建筑施工测量的质量控制

质量控制要点是：复核建筑物场地控制测量、基础以上平面和高程控制测量、高耸建筑物（构筑物）的中垂准测量，以及高层建筑沉降变形观测等。

(3) 工程施工技术及组织方案的质量控制

工程施工的组织与技术方案主要有：工程施工程序、施工工艺、施工方法、施工组织与技术措施等。对不同的施工方案及组织措施有着不同的控制对象、控制目标、控制指标、控制方法和控制措施等，其控制过程贯穿着施工过程的始终。施工技术方案及组织措施控制的要点是：明确问题、确定控制对象；调查研究、收集资料；拟定多个初步方案，实现对施工质量控制目标的最优控制及工程施工方案的最佳选择；制订施工方案的实施计划，对施工方案实行动态跟踪。

8.3.2　建筑工程施工过程阶段质量监理

建筑工程项目实体质量是在施工过程中逐步形成的，而工序则是施工过程的最基本的活动，工序质量将直接影响工程实体质量。因此，建筑工程施工阶段质量控制的关键是对施工工序的质量控制。

(1) 工序质量控制的基本内容

工序质量控制主要包括工序活动条件控制和工序活动效果控制，如图 8.5 所示。

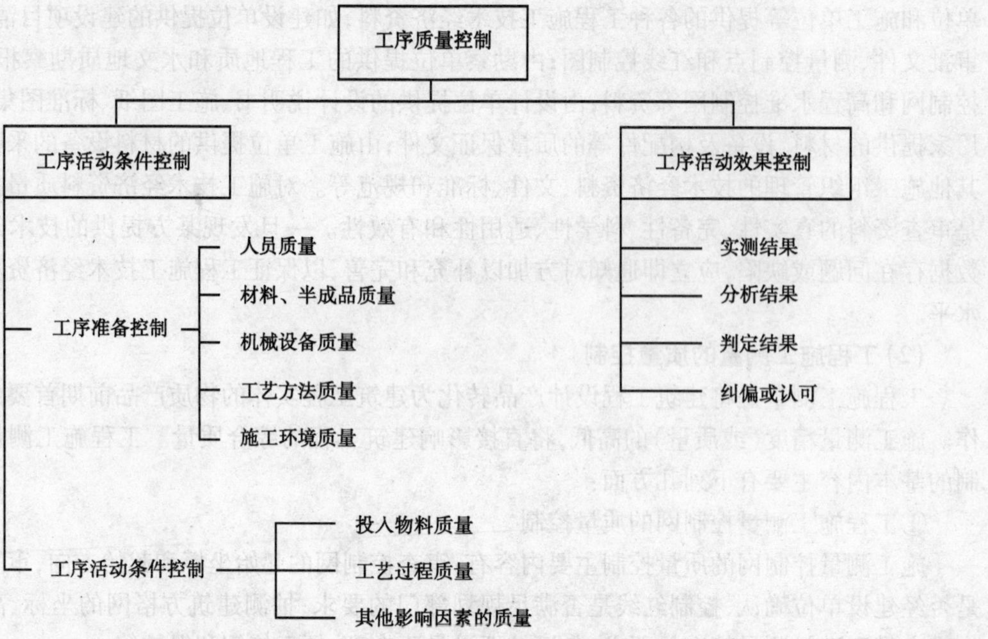

图 8.5　工序质量控制的基本内容

①工序活动条件的控制

工序活动条件是指从事工序活动的各种生产要素及生产环境条件的总称。其基本控制内容包含有参与工程施工活动的各类人员、工序活动中投入的各种建设资源、工艺技术及操作方法,以及从事施工工序活动的环境条件。

②工序活动效果的控制

工序活动效果主要反映在工序产品的质量特征、特性等指标方面。对工序活动效果控制就是控制工序产品质量的特征和特性指标是否达到工程设计质量和工程施工验收规范的质量要求。如对混凝土工程施工,对"立模"工序活动效果的质量特征、特性主要反映在模板尺寸、模板中心线、模板标高、模板几何形状、预留孔洞和预埋件位置、模板支撑及模板的强度、刚度、稳定性等方面,是否符合设计和施工规范的规定要求,是否能保证混凝土的浇筑质量。

(2)工序质量控制的实施要点

现场监理人员自始至终都应把工序质量控制作为对工程质量控制的工作重点,并应深入地分析影响工序质量的基本因素,分清主次,抓住主要关键,开展对工序质量的全面控制。工序质量控制的实施要点是:

①制订工序质量控制计划是实施工序质量控制的基础

工序质量控制计划的内容有:确定控制内容,技术质量标准,质量检验方法及手段,建立工序质量控制的责任制度和检查制度。

②进行工序质量控制分析,分清主次,抓住关键是工序质量控制的目的

工序分析就是指从众多的影响质量的因素中,找出对特定工序重要的或关键的质量特征、特性指标起着支配性作用或具有重要影响的主要因素,以便在工序施工中对那些主要因素制订出相应的控制标准及控制措施,并开展对工序质量的重点控制。一般来说,工序分析的主要内容有:选定分析对象,分析主要的关键影响因素;针对影响工序质量的关键因素,制订工序控

制计划;核实主要的关键影响因素,编制工序质量控制对策表,纳入标准或规范;建立责任制,实施重点管理。

③设置工序控制点,实施跟踪控制是工序质量控制的有效手段

质量控制点是指工程施工质量控制的重点。在施工过程中的关键工序或关键环节及隐蔽工程;施工中的薄弱环节或质量变异大的工序、部位和施工对象;对后续工程施工或后续工序质量和安全有着重大影响的工序、部位或对象;施工中无足够把握的、施工条件困难或技术难度大的工序或环节;采用新技术、新工艺、新材料的工程部位或环节等处都应设置质量控制点。表 8.1 列出了主要分项工程施工质量控制点的举例。

表 8.1　质量控制点设置位置举例

分项工程	质量控制点
工程测量定位	标准轴线桩、水平桩、龙门板、定位轴线、标高
地基基础（含设备基础）	基坑(槽)尺寸、标高、土质、地基耐压力;基础垫层标高;基础位置、尺寸、标高;预留孔洞、预埋件位置、规格、数量;基础墙皮数杆、杯底弹线、杯底标高等
砌体	砌体轴线、皮数杆、砂浆配合比;预留孔洞;预埋件位置、数量;砌体排列等
钢筋混凝土	位置、尺寸、标高;预埋件数量、位置、规格;预留孔洞位置、位置、尺寸;模板强度、刚度和稳定性;模板内部清理及润滑等
吊装	吊装设备的超重能力、吊具、索具、地锚等
钢结构	翻样图、放样图
焊接	焊条规格、焊接条件、焊接工艺等
装修	视工程装修的具体情况而定

④质量控制中的见证点和停止点

见证点和停止点是两类特殊控制点,在制订工程质量监理规划时,都必须加以特别说明并通知施工单位。

所谓质量控制见证点(或截留点)监督,又称为 W 点监督,凡是列入见证点的质量控制对象,在规定工序(控制点)施工前,要求必须在规定控制点到来之前就通知现场监理人员对控制点实施检查验收签证,如果监理方未能按规定时间到现场检查验收,则施工单位有权进行该 W 点的相应工序操作和施工。

所谓停止点(或待检点)监督,又称 H 点监督,凡列为停止点的控制对象,要求必须在规定的控制点到来之前通知监理工程师对控制点实施检查监督,如果监理工程师未能按规定的时间到现场检查验收,施工单位就停止对该 H 点的操作或施工,并按合同规定等待监理方,未经认可不能超过该控制点继续组织施工。

8.3.3　建筑工程施工验收的工程质量监理任务

建筑工程施工验收是监理工程师从事工程施工质量监理的重要任务之一,也是保证工程实体质量的一个关键环节。

(1)建筑工程施工验收的形式

建筑工程施工质量验收分为两种基本形式,即工程施工过程中的中间验收和工程竣工

验收。

①工程施工过程的中间验收

工程施工过程的中间验收主要是指对分项工程的验收、分部工程的验收和单位工程的验收。工程的中间验收由施工单位自行组织,并经现场监理工程师检查认可,作好对工程中间验收的记录,特别是对隐蔽工程和重要部位的分项工程,监理工程师应检查验收签证。工程的中间验收记录和验收签证是工程竣工验收的重要依据。

②工程项目的竣工验收

建设各方都要作好工程竣工验收的准备工作,施工单位应事先作好工程项目竣工的预验收,预验收合格后,施工单位应提出工程项目竣工验收的申请,根据工程验收申请,监理工程师组织业主、设计单位和施工单位对工程项目进行初步验收,初步验收合格后,由业主组织有监理单位、设计单位、施工单位和建设主管部门等有关人员参加对工程项目进行正式验收。这是对工程项目质量控制的最后一道把关。

(2)建筑安装工程施工验收的主要依据

建筑安装工程施工验收的主要依据有:上级主管部门批准的设计任务书;设计文件、施工图纸、标准图集及其他有关说明;招标投标文件及各类建设合同;质量评定资料及等级核定;图纸会审记录、设计变更及技术核定签证单;现行施工验收标准和规范;协作配合协议及承包商提出的有关工程项目质量保证文件等。对国外引进的新技术或进口成套设备项目,还应按照签订的合同和提供的设计文件等资料进行验收。

(3)建筑安装工程质量等级评定的标准

工程质量等级评定是承包商从事质量控制结果的表现,也是工程竣工验收确认工程质量的重要的法定方法和手段,主要由承包商来实施并经第三方的工程质量监督部门确认。监理工程师在施工过程中应监督检查,保证质量控制措施的落实和质量等级评定的准确和真实性。

工程质量等级评定按质量等级评定的标准,分合格和优良两个等级。评定程序是:首先对分项工程的质量等级评定;然后对分部工程的质量等级评定;最后对单位工程质量等级评定,并由质量监督部门确认单位工程质量等级。因此,工程质量等级评定必须严格把握工程质量等级评定标准。

1)分项工程质量等级评定标准

①合格

a. 保证项目符合质量检验评定标准的规定。

b. 基本项目抽检的处(件)应符合相应质量检验的合格规定。

c. 允许偏差项目抽检的点数中,建筑工程有70%及其以上、设备安装工程有80%及其以上的实测值就在相应质量检验评定标准的允许偏差范围。

②优良

a. 保证项目必须符合相应质量检验评定标准的规定。

b. 基本项目每项抽检的处(件)应符合相应质量检验评定标准的合格规定,其中有50%及其以上的处(件)符合优良规定,该项即为优良;优良项数就占检验项数50%及其以上。

c. 允许偏差项目每项抽检的点中,有90%及其以上的实测值应在相应质量检验评定标准的允许偏差范围内。

2)分部工程质量等级评定标准

①合格

所含分项工程的质量全部合格。

②优良

所含分项工程的质量全部合格，其中有50%及其以上为优良（建筑设备安装工程中，必须含指定的主要分项工程）。

3）单位工程质量等级评定标准

①合格

a.所含分部工程质量全部合格。

b.质量保证资料基本齐全。

c.观感质量评定的得分率达到70%及其以上。

②优良

a.所含分部工程的质量有50%及其以上优良，建筑工程必须含主体和装饰分部工程；建筑设备安装为主的单位工程，其指定的分部工程必须优良。

b.质量保证资料应齐全。

c.观感质量评定得分率达到85%及其以上。

（4）工程施工验收的遗留问题处理

工程项目竣工验收时，因各方原因，尚有一些零星项目不能按时完成的，承发包双方应协商妥善处理；建设项目基本达到竣工验收标准的但有一些零星项目未能完成的，只要不影响正常使用的也应办理竣工验收手续，剩余未完成部分，限期完成；对已形成生产能力的，但近期内不能按设计规模建成，已完成部分进行先验收；对引进设备已建成并形成生产能力的应全部组织验收；一般已具备竣工验收条件的项目，三个月内应组织验收。

8.4　建筑安装工程施工阶段质量监理的主要方法

8.4.1　工程施工阶段质量监理的基本模式

根据施工阶段工程质量形成的时间顺序，施工阶段的工程质量控制可以划分为事前质量控制、事中质量控制和事后质量控制。工程质量控制的重点应是事前质量控制。

（1）事前质量控制

事前质量控制是指控制对象行为发生之前，就事先对控制对象可能产生的结果或对其可能结果发生的影响因素进行控制的一种质量控制模式。监理工程师对施工阶段事前质量控制的主要内容有：

①确定质量标准，明确质量要求。

②建立控制对象的质量监控体系。

③对施工现场准备的质量检查验收。

④检查承包商主要技术管理人员资格和分包商的资质。

⑤督促承包商建立完善工程施工质量保证体系。

⑥审查承包商提供的材料、配构件、半成品和机械设备的采购清单，并对材料、配构件、半

成品和机械设备作好进场、使用前的检查验收工作。

⑦审查承包商提供的施工组织设计方案、施工技术方案、施工机械设备及施工技术组织措施等。

(2)事中质量控制

事中质量控制是指对控制对象行为发生过程中,可能对控制对象行为结果或影响行为结果的因素进行控制的一种控制模式。监理工程师在施工阶段事中质量控制的主要工作内容有:

①对施工工序的质量控制:包括施工工艺过程质量控制、工序交接检查验收、隐藏工程的验收签证。

②施工过程中的设计变更、技术核定的审查、处理及签证。

③参与工程质量事故调查及处理。

④行使质量监督权,下达停工命令。

⑤处理施工过程中与业主和承包商交往的各种监理文书的认可、审批、签发、存档。

(3)事后质量控制

事后质量控制是指对控制对象行为发生结果或影响行为结果的因素进行控制的一种控制模式。监理工程师参与施工阶段事后工程质量控制的主要工作内容有:

①协助业主组织工程的竣工验收和试车运转。

②组织对工程质量评审,审核工程技术经济文件资料和竣工图。

③整理施工技术经济文件并编目建档。

8.4.2 工程质量检验的方法

(1)工程质量检验的概述

工程质量检验是对工程质量特征特性与质量检验标准进行比较以判断其符合性的一种活动过程。因此,工程质量检验是实施工程建设监理的一种有效手段。监理工程师从事工程质量检验时,必须严格按照国家建设行政主管部门颁布的有关工程质量评定标准的要求,组织对工程质量进行严格的质量检验评定。

(2)工程质量检验的基本方法

工程质量检验的方法可以划分下几种类型:

①按检验对象划分

a.工程技术资料审核:包括对设计图纸及相关文件;原材料、半成品、配构件等的出厂质量证明及试验报告;机械设备出厂合格证书及技术性能文件;施工记录、试验报告、事故处理报告、设计变更通知;技术协商会议记录等工程技术资料。

b.工程实体质量检验,是指对组成工程各种物质实体质量的检验,包括:原材料、半成品、配构件、机械设备,以及对种类工程实体的质量检验,如分项工程、分部工程、单位工程、单项工程及建设项目的质量检验。

②按工程质量特征划分

a.物理性能检验:如测定材料密度、容重、密实度、孔隙率等。

b.力学性能检验:如测定材料或构件的强度、刚度、稳定性等。

c.化学性能检验:测定各种材料的化学成分组织。

d. 热工性能检验：测定材料的导热系数、比热及热容量等。

e. 水工性能检验：测定材料的亲水性、憎水性、吸水性、吸湿性、耐水性、抗渗性和抗冻性。

③按检验的方式划分

a. 实测检验：采用检验器具或仪表仪器来检查工程质量是否达到标准规定的要求。

b. 试验检验：采用化学试验、物理试验、力学试验、热工试验、水工试验、模拟试验等方法和技术来测定材料或工程实体的质量。

④按施工过程划分量检验的基础上，参照《建筑安装工程质量检验评定标准》的要求，分别对分项工程、分部工程和单位工程的工程质量进行检验，并评定出相应的工程质量等级。

8.4.3　工程质量的预控方法

工程质量预控，就是针对所设置的控制点或控制的分项工程、分部工程，事先分析在施工中可能发生的质量问题和隐藏，分析产生的原因，进而提出相应的质量控制措施对策的质量管理过程。工程质量预控属于质量事前控制的模式。常用的工程质量预控的方法主要有下列几种：

(1)用文字表达方式

即用文字分析可能产生质量问题的原因，并制定相应的质量控制对策。如用文字表达方式来分析钢筋焊接质量控制问题：

①分析钢筋焊接可能产生质量事故的原因：其中包括焊接接头偏心弯折；焊条型号或规格不符合要求；焊缝长、宽、高度不符合要求；具有某种或多种焊接缺陷。

②质量预控措施：监理工程师针对可能出现的钢筋焊接质量可以采取相应控制对策措施，如禁止无上岗合格证书且经检查不合格人员从事焊接工作；正式焊接前应对焊接工艺进行试验；对每批焊接钢筋都应抽取一定数量的样本进行试验；检查控制焊条质量等。

(2)用质量预控表的表达形式

表 8.2 所示为混凝土灌注桩质量预控表的格式。

表 8.2　混凝土灌注桩质量预控表

可能发生的质量问题	质量预控措施
1. 孔斜	督促施工单位在钻孔前及开钻 4 h 后，对钻机认真平整
2. 混凝土强度达不到要求	随时抽检原材料质量；试配混凝土配合比经监理工程师确认；按 GB 1107—87 标准评定混凝土强度；按月向监理工程师送评定结果
3. 缩颈、堵管	督促施工单位每桩测定混凝土坍落度数次，坍落度不大于 5 ~ 7 cm，每 3 ~ 5 min 测定一次混凝土浇筑高度
4. 断桩	准备足够数量的混凝土搅拌机械，保证连续不断地浇筑桩体
5. 钢筋笼上浮	掌握砂浆比重(1.1 ~ 1.2)和浇灌速度

(3)用图形表达的形式

表 8.3 表示钢筋混凝土工程施工质量控制对策表。图 8.6 和图 8.7 分别表示砌筑工程质量预控图和砌筑工程质量预控对策图。

表 8.3　钢筋混凝土工程施工质量控制对策表

工序号	控制点号	控制内容	技术质量要求	控制级别	责任者	检查工具	检查方法	备　注
A	1	砂、石含泥量	不大于 8%	B 长		砂石试验设备	批价 200 t 标准法	
	2	水泥标号、稳定性	各龄期强度符合要求，试件无裂纹、弯曲	B 长		水泥试验设备	批价 400 t 煮沸法	
B	3	配合比计量	水泥、水不大于 2%；砂石不大于 3%	A 长		标准砝码	每天上班前检查磅称，半年法定单位检测量次	每台班检查混凝土和易性与坍落度
	4	搅拌时间	120 s	C 短		手表	不定时抽测	每台班、每 100 m^3 混凝土作试块一组
C	5	混凝土运输时间	场内运输不大于 20 min	C 短		手表	全检	检至道路畅通
D	6	钢筋机械性能	合符有关规定	B 长		钢材实验设备	热轧热处理 60 t，冷拉钢筋 20 t	
E	7	弓铁起弯点尺寸	20 mm	B 短		钢卷尺	全检	
F	8	箍筋、构造筋间距	±20 mm	C 短		钢卷尺	抽检 10%	
	9	焊接中心线位移	5 mm	B 短		直靠尺	抽检 5%	
F_1	10	模板保养和清洁	光洁隔离剂均匀	C 长		目测	全检	
G	11	模板轴线位移	3 mm	A 长		经纬仪	全检	
	12	模板垂直平整度	平整 5 mm，垂直 3 mm	B		靠尺	抽检 10%	

续表

工序号	控制点号	控制内容	技术质量要求	控制级别	责任者	检查工具	检查方法	备　注
H	13	浇灌厚度、倾斜高度	30 cm 一层，不大于 2 m	C 短		目测	抽检	
I	14	振岛密实	无夹渣、缝隙、露筋，蜂窝小于 400 m^2	B 长		目测	抽检 10%	
J	15	甩出筋间距	主筋 ±10 mm，架立筋 ±20 mm	C 短		钢卷尺	抽检 10%	
K	16	养护	不得干裂、脱水	C 短		目测	普查	
L	17	合理拆模	不得损坏模板	C 长		目测	普查	
M	18	修复混凝土表面缺陷	符合表面质量要求	C 短		目测	普查	
N	19	自检					按有关规定	
O	20	专检					按有关规定	

注：控制级别栏目中，A、B、C 分别表示质量控制等级，即 A 为最重要的控制，B 为较重要的控制，C 为一般控制。栏目中标出的长和短分别表示长期控制和短期控制。

有关其他质量控制方法，如直方图法、相关图法、排列图法、管理图法等方法，都可以用于施工阶段工程质量控制，在此不作多述。

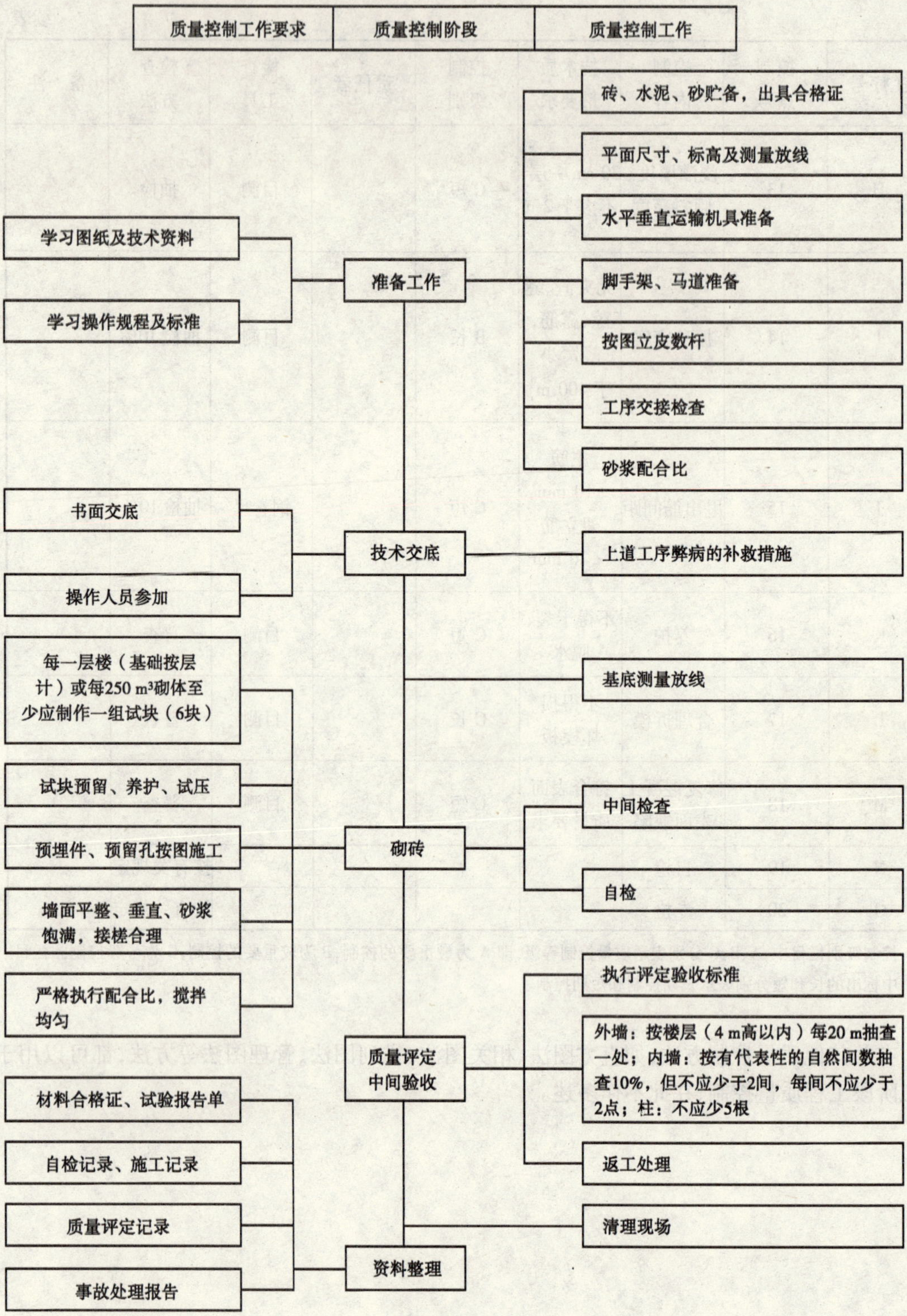
质量控制工作要求
质量控制阶段
质量控制工作
砖、水泥、砂贮备，出具合格证
平面尺寸、标高及测量放线
水平垂直运输机具准备
学习图纸及技术资料
准备工作
脚手架、马道准备
学习操作规程及标准
按图立皮数杆
工序交接检查
砂浆配合比
书面交底
技术交底
上道工序弊病的补救措施
操作人员参加
每一层楼（基础按层计）或每250 m³砌体至少应制作一组试块（6块）
基底测量放线
试块预留、养护、试压
中间检查
预埋件、预留孔按图施工
砌砖
自检
墙面平整、垂直、砂浆饱满，接槎合理
执行评定验收标准
严格执行配合比，搅拌均匀
外墙：按楼层（4 m高以内）每20 m抽查一处；内墙：按有代表性的自然间数抽查10%，但不应少于2间，每间不应少于2点；柱：不应少5根
质量评定中间验收
材料合格证、试验报告单
自检记录、施工记录
返工处理
质量评定记录
清理现场
资料整理
事故处理报告

图 8.6　砌筑工程质量预控图

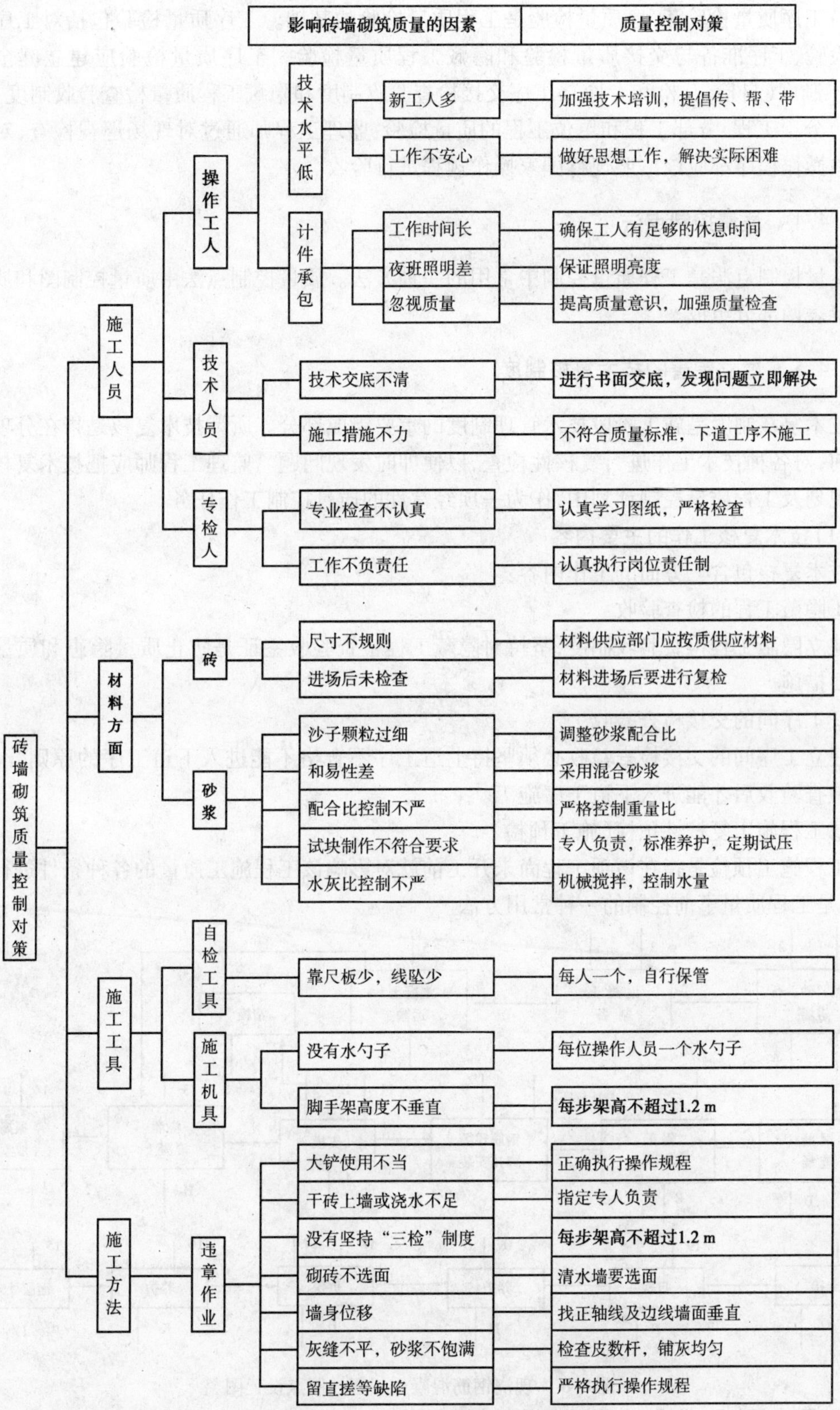

图 8.7　砌筑工程质量控制对策图

1）工序质量检验：工序质量检验是工程质量检验的基础。工序质量检验包括对工序操作质量检验、工序准备与交接质量检验和隐藏工程质量检验。工序质量检验应建立健全工序“三检”制度（自检、互检和专检）、工序交接检查验收制度和隐藏工程质量检查验收制度。

2）分项工程、分部工程和单位工程的质量检验：监理工程师通过对现场巡视检查，对工序的每项操作程序都应该按照现行国家操作规程进行验收。

8.4.4 质量控制点法

质量控制点法是工程质量控制中常用的一种方法。质量控制点法由质量控制图和质量控制对策表两部分组成。

8.4.5 建立完善的技术复核制度

技术复核制度是施工阶段技术管理制度的重要组成部分。所谓技术复核是指在分项工程施工前，对各种技术工作进行复核性检查，以便即时发现问题。监理工程师应把技术复核列入监理规划及工程质量控制计划中，作为一项经常性的质量控制工作任务。

（1）技术复核工作的主要内容

技术复核包含三方面的工作内容：

①隐蔽工程的检查验收

建立隐蔽工程检查验收制度，坚持对隐蔽工程检查验收签证是防止质量隐患和质量事故的重要措施。

②工序间的交接检查验收

建立工序间的交接检查验收必须坚持上道工序不合格不能进入下道工序的原则，经隧道工序检查验收后才能进入下道工序施工。

③工程施工复核性预检（施工预检）

工程施工预检是指在该项工程尚未开工前就对影响该工程施工质量的各种条件进行预先检查，是工程质量事前控制的一种常用方法。

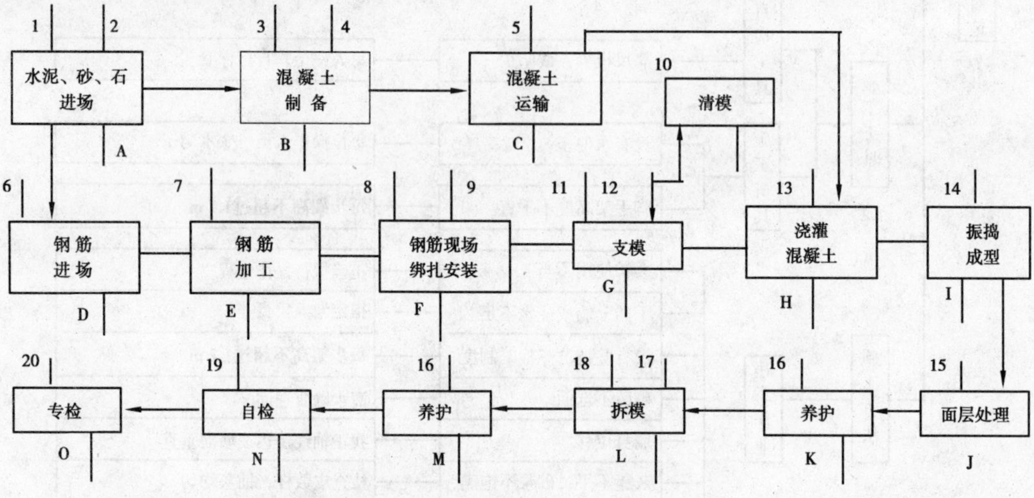

图 8.8 现浇钢筋混凝土工程控制点设置图

注：英文大写表示工序；数字表示设置的控制点编号。

(2)技术复核的程序

技术复核程序的主要工作步骤如下：

①施工单位向监理单位提交有关质量资料。

②监理工程师对照施工单位提交的资料进行现场检查、复核、验收。

③监理工程师对复核验收的结果应作出处理。若经复核证明符合要求,监理工程师应予以书面确认;若经复核证明不能满足要求,应以书面形式指令施工单位改正或返工,再进行检查复核直到满足要求为止。

8.5　建筑安装工程施工阶段设计质量控制

建筑施工阶段设计质量控制是工程设计阶段质量控制的延续工作。为了保证施工阶段的工程质量,监理工程师应高度重视施工阶段的工程设计质量控制,即施工阶段工程设计图纸变更及技术修改的质量控制。在各种情况下,设计图纸的澄清、修改、现场变更要求、变更审批及变更指令等应按下列程序实施。

8.5.1　施工承包单位的要求及处理

在施工前,施工承包单位应将对拟用的施工图纸与技术文件的意见提交监理工程师;在施工过程中施工单位还有可能进一步提出有关的意见。施工单位对施工图纸和技术文件的意见和要求解决问题的意见主要有:要求澄清某些问题,要求作出某些技术修改;要求作出设计变更。

(1)对要求澄清问题的处理

施工单位提出的要求澄清问题可以在施工单位、驻现场设计代表和施工单位之间解决。首先由施工单位填写《澄清要求表》(简称 CR 表,Clarification Requests),将提出的问题报监理工程师,监理工程师收到《澄清要求表》后,可以直接答复,或请驻工地的设计代表答复。澄清要求的往来函件应一式三份,分别由监理工程师、施工单位和设计代表归档并作为凭证保存。

(2)对现场设计变更的要求

现场设计变更是指在现场施工期间,对设计单位在设计图纸和设计文件中所表达设计标准状态的改变和修改。施工单位要求现场设计变更必须首先填写《施工单位申请表》报监理工程师。监理工程师经与设计单位研究后,可发布《设计变更通知单》,一式两份,并附有设计变更图纸,要求施工单位对设计变更通知单签字后,监理工程师再发布一个正式的《变更指令》,一式三份,各方保存一份,施工单位按设计变更的要求组织实施。

(3)对技术修改要求的处理

所谓技术修改是指施工单位根据施工现场具体条件和自身的技术、装备和管理能力,在不改变原设计图纸和技术文件的原则下,提出对设计图纸和技术文件某些技术上的修改要求,如钢筋替换,基坑开挖边坡修改等。施工单位提出技术修改要求时,应向监理工程师提交《技术个性要求表》(简称 TA 表,Technical Adaption)。技术个性问题一般在施工单位和监理工程师之间进行,并将处理意见书面通知现场设计代表。技术修改的往来函件应一式三份。

8.5.2 设计单位对设计变更的处理

设计单位提出现场设计变更时，应填写《现场设计变更通知书》，连同有关附件报送监理工程师。监理工程师应会同施工单位对设计单位提交的《现场设计变更通知书》进行研究、审查，并对现场设计变更作出决定：若采纳设计单位的变更意见，监理工程师应将设计单位提交的《现场设计变更通知书》签字后的副本发给予设计单位；若决定不采纳，监理工程师就在《现场设计变更通知书》签署不接受，并将副本退还给设计单位。由监理工程师同意的现场设计变更，就以《现场变更指令》的形式发给施工单位组织实施。

8.5.3 业主要求现场设计变更的处理

首先由监理工程师通过《现场变更要求表》通知设计单位，并附上相应的说明及图纸报设计单位审查同意；否则，变更要求由设计单位研究解决。经设计单位同意后的设计变更要求或变更设计方案，监理工程师审查同意后，发出《现场变更通知书》或《现场变更指令》，施工单位组织施工。待现场设计变更已在施工中实施时监理工程师和施工单位应在《现场变更指令》上签字，并将副本送发设计单位和施工单位。

8.6 建筑安装工程施工事故处理

建筑安装工程施工事故分为工程质量事故和施工安全事故，由于工程质量与施工安全是相辅相成的，故在研究工程施工事故处理时，对质量事故与安全事故无论在事故划分、事故处理程序、事故责任、事故调查及事故处理报告等方面都有着极大的类似性，为此，只有掌握了事故的性质、分类方法，对事故认真调查分析，遵循事故处理程序，才能把建筑安装工程施工事故处理好。

8.6.1 工程施工事故的分类

(1)按事故发生的事件分：工程施工事故分为工程质量事故和施工安全事故。

(2)按事故产生的后果分：未遂事故和已遂事故。

(3)按事故性质的严重程度分：一般事故和重大事故。其中一般事故是指经济损失在5 000元~10万元额度内的质量事故或未造成人员的重大伤亡的安全事故。重大事故可以分为4个等级，其中一级重大事故指死亡30人以上，直接经济损失在300万元以上；二级重大事故指死亡10人以上，29人以下，直接经济损失100万元以上，不满300万元；三级重大事故指死亡3人以上，9人以下，重伤20人以上，直接经济损失30万元以上，不满100万元；四级重大事故指死亡2人以下，重伤3人以上，19人以下，直接经济损失10万元以上，不满30万元。

(4)按事故责任分：指导责任事故和操作责任事故。

(5)按事故产生的原因分：技术原因、管理原因、材料原因、机械原因、操作原因、经济原因及其他不可抗拒的自然原因等都有可能引起工程质量事故或施工安全事故。

凡已形成的一般事故和重大事故，均应进行调查、统计、分析、记录，及时提出处理意见，上级主管部门，严禁隐瞒不报或谎报。

8.6.2 工程事故处理程序

工程施工事故(含工程质量事故和施工安全事故)处理程序如图8.9所示。

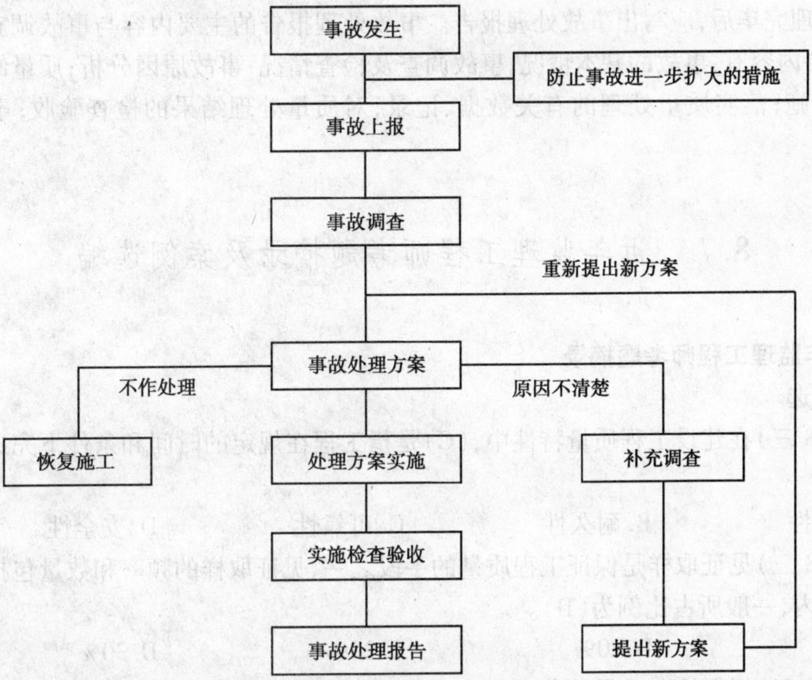

图8.9 事故处理程序

(1)事故发生

施工和监理人员应善于洞察事故苗头,并采取有效措施防范未遂事故出现;一旦事故发生,应采取果断措施防止事故蔓延、扩大,避免造成更大的损失,并严格保护事故现场,妥善保护现场重要痕迹、物证,有条件的可以拍照录像。

(2)事故上报

事故发生后,应按规定逐级上报有关部门,对一般事故每月汇总集中上报主管部门或事故发生地的市、县级建设主管部门及检察、劳动部门(如有人身伤亡)。

重大事故书面报告应包括下列内容:事故发生的时间、地点、工程项目、企业名称;事故发生的简单经过、伤亡人数和直接经济损失的初步估计;事故发生原因的初步判断;事故发生后采取的措施及事故控制情况;事故报告单位等。

(3)事故调查

事故调查应形成事故调查报告。事故调查报告的主要内容有:与事故有关的工程情况;事故发生的详细经过;事故调查中的有关数据和资料;事故原因分析和判断;事故发生后所采取的措施。

(4)事故处理方案

事故处理必须进行科学论证,决定该事故是否需要处理,若需要处理,应制定安全、可靠、适用及经济的处理方案。

(5)事故处理方案的实施、检查和验收

对事故处理过程中应加强指导，特别是对质量事故处理后应进行检查验收。

(6)事故处理报告

事故处理完毕后，应写出事故处理报告。事故处理报告的主要内容与事故调查报告的内容类似，主要内容有：事故的基本情况；事故调查及检查情况；事故原因分析；质量缺陷处理方案及技术措施；落实质量处理的有关数据、记录；对质量处理结果的检查验收；事故处理结论等。

8.7 近年监理工程师考题摘录及案例选编

一、近年监理工程师考题摘录

(一)单选

1.(2008 三)在建设工程质量特性中，(C)是指工程在规定的时间和条件下完成规定功能的能力。

A.适用性　B.耐久性　C.可靠性　D.安全性

2.(2008 三)见证取样是保证工程质量的手段之一，见证取样的频率和数量包括在承包单位自荐范围内，一般所占比例为(D)。

A.10%　B.20%　C.25%　D.30%

3.(2008 三)根据施工质量验收的规定，施工现场质量管理检查记录表应由施工单位填写，然后由(A)负责检查并作出检查结论。

A.总监理工程师　B.专业监理工程师

C.现场监理员　D.施工单位质量负责人

4.(2008 三)在单位工程的质量验收中，对于涉及结构安全和使用功能的分部工程应进行(C)。

A.见证取样检测　B.主控项目的复查

C.抽样检验　D.检验资料的抽查

5.(2009 三)"纵向受力钢筋连接方式应符合设计要求"属《建筑工程施工质量同意验收标准》中质量检验的(A)。

A.主控项目　B.一般项目　C.基本项目　D.保证项目

6.(2009 三)按照我国现行规定，建设工程严重质量事故的调查组由(B)。

A.事故发生地市、县建设行政主管部门组织

B.省、自治区、直辖市建设行政主管部门组织

C.省、自治区、直辖市建设行政主管部门提出组成意见，人民政府批准

D.市、县建设行政主管部门提出组成意见，相应级别人民政府批准

7.(2009 三)质量控制图的用途是(A)。

A.分析并控制生产过程质量状态　B.分析判断产品质量分布状况

C.系统整理分析质量问题产生的原因　D.寻找影像质量的主次因素

(二)多选

1.(2008 三)下列可能导致工程出现质量问题的情况中,属于施工管理不到位的有(CE)。

A.选用了不恰当的标准图集　　B.采用不正确的结构方案,荷载取值过小

C.挡土墙未按图设滤水层、排水孔　　D.悬挑结构未进行抗倾覆验算

E.未进行技术交底,违章作业

2.(2008 三)工程质量事故的实况资料是找出质量事故原因和确定处理对策的基础,它主要来自(AC)。

A.施工单位的质量事故调查报告

B.监理单位对事故成因的分析报告

C.监理单位调查研究所获得的第一手资料

D.工程质量事故调查组的事故分析会议记录

E.有关的技术文件和档案

3.(2008 三)某工程项目出现了需要加固补强的质量问题,设计单位对此提出了处理方案,监理工程师在审核确认该处理方案时,应坚持(ABCD)原则。

A.安全可靠性、不留隐患　　B.满足建筑物的功能和使用要求

C.技术可行　　D.经济合理

E.时间最短

二、工程监理案例选编

[案例一]某工程施工中,施工单位对将要施工的某分部工程,提出疑问,认为原设计选用图集有问题,设计图不够详细,无法进行下一步施工。监理单位组织召开了技术方案讨论会,会议由总监理工程师主持,建设、设计、施工单位参加。

[问题]

1.会议纪要由谁整理?

2.会议纪要主要内容有什么?

3.会议上出现不同意见时,纪要中应该如何处理?

4.纪要写完后如何处理?

5.归档时该会议纪要是否应该列入监理文件?保存期是哪类?

[案例解析]

1.会议纪要由监理部的资料员根据会议记录,负责整理。

2.会议纪要主要内容有:会议地点及时间;主持人和参加人员姓名、单位、职务;会议主要内容、议决事项及其落实单位、负责人、时限要求;其他事项。

3.会议上有不同意见时,特别有意见不一致的重大问题时,应该将各方主要观点,特别是相互对立的意见计入"其他事项"中。

4.纪要写完后,首先由总监审阅,再给各方参加会议负责人审阅是否如实记录他们的观点,有出入要根据当时发言记录修改,没有不同意见时分别签字认可,全部签字完毕,会议纪要分发各有关单位,并应有签收手续。

5.该会议纪要属于有关质量问题的纪要,应该列入归档范围,放入监理文件档案中,移交给建设单位、城建档案管理部门,属于长期保存的档案。

[案例二]监理工程师在某工业工程施工过程中进行质量控制,控制的主要内容有:

1. 协助承包商完成工序控制。

2. 严格工序间的交接检查。

3. 重要的工程部位或专业工程进行旁站监督与控制，还要亲自试验或技术复核，见证取样。

4. 对完成的分项、分部（子分部）工程按相应的质量检查、验收程序进行验收。

5. 审核设计变更和图纸修改。

6. 按合同行使质量监督权。

7. 组织定期或不定期的现场会议，及时分析、通报工程质量情况，并协调有关单位间的业务活动。

[问题]

1. 分部工程质量如何验收？分部工程质量验收内容是什么？

2. 监理工程师在工序施工之前应重点控制哪些影响工程质量的因素？

3. 监理工程师现场监督和检查哪些内容？质量检验采用什么方法？

[案例解析]

1. 分部工程应由总监理工程师（建设单位项目负责人）组织施工单位项目负责人和技术、质量负责人等进行验收，由于地基基础、主体结构技术性能要求严格、技术性强关系到整个工程的安全。此两个分部工程相关勘察、设计单位项目负责人和施工单位技术、质量部门负责人也应参加验收。

分部工程质量验收合格的规定：

①分部（子分部）工程所含分项工程的质量均应验收合格。

②质量控制资料应完整。

③地基与基础、主体结构和设备安装等分部工程有关安全及功能的检验和抽样检测的结构应符合要求。

④观感质量验收应符合要求。

2. 人、机、料、法、环。

3. 检查情况：①开工前的检查；②工序施工中跟踪监控；③重要的部位旁站监理。

质量检验采用：目测法、量测法、试验法。

本章小结

通过本章的学习，主要要求学生了解建筑安装工程施工质量监理概念，适当掌握建筑安装工程施工阶段质量监理的程序和方法。掌握建筑工程施工质量监理；建筑安装工程施工阶段质量控制方法、设计质量控制，重点掌握建筑安装工程施工事故处理、设备安装工程施工质量监理以及建筑安装工程施工阶段工程质量体系、工程实体质量的系统结构、工程施工阶段的工作质量系统组成、建筑安装工程施工阶段监理程序、工序质量控制的基本内容、砌筑工程质量预控图、砌筑工程质量控制对策图、现浇钢筋混凝土工程控制点设置图、事故处理程序等相关图表。通过对全国监理工程师考题摘录的单选、多选和实际案例的学习，掌握了解决监理技术问题的方法和技巧，对监理理论的实际应用更加深化。

复习思考题

1. 从广义质量概念,简述工程质量的内涵。
2. 什么叫做工程的功能和使用价值?
3. 建筑安装工程施工阶段工程质量的特点是什么?
4. 什么叫做第二判断性错误?
5. 试简述影响工程施工质量的主要因素。
6. 试说明参与建设各方对工程施工质量所承担的责任有哪些?
7. 简述建筑安装工程施工阶段的监理程序。
8. 在工程施工阶段,监理工程师主要承担的监理工作任务有哪些?
9. 建筑安装工程施工阶段工程质量监理的主要依据是什么?
10. 常用的建筑安装工程质量验收标准有哪些?
11. 简述建筑工程施工准备阶段的质量控制任务。
12. 工序质量控制的基本内容是什么?
13. 如何进行工序质量控制?
14. 建筑工程施工验收有哪些基本形式?
15. 建筑工程施工竣工验收的依据是什么?
16. 简述建筑工程质量评定标准的主要内容。
17. 简述工程施工阶段质量控制的基本模式及主要工作内容。
18. 什么叫做工程质量检验？简述常用的工程质量检验方法。
19. 什么叫做工程质量的预控？常用的质量预控方法有哪些?
20. 什么叫做工程质量控制点法？设置控制点的基本原则是什么?
21. 什么叫做见证点和停止点?
22. 试简述工程施工阶段设计质量控制的主要工作内容。
23. 试简述工程质量事故处理的程序。
24. 建筑安装工程施工事故出现后,该怎样处理,为什么要及时上报,严禁隐瞒不报或谎报。
25. 本章摘录的近年全国监理工程师考题单选有几题？多选有几题？解答是否正确？能否从本书和有关参考资料中找到解答正确与否的原因?
26. 本章选编的监理案例的内容时什么？有几个问题？监理工程师是怎样解决的?

第 9 章 设备安装工程施工阶段质量监理

内容提要和要求

设备安装是工程施工的重要组成部分,设备安装工作量大,任务复杂,工程施工质量要求高。设备安装工程质量将直接影响建筑安装工程的功能及使用价值,确保设备安装工程的施工质量是建筑安装工程施工阶段监理的重要工作任务。

本章介绍了安装工程施工质量监理;水、暖工程施工质量监理;通风、空调工程施工质量监理;电气照明工程施工质量监理,以及电梯工程施工质量监理。重点将介绍施工质量监理要点、工程施工质量通病、工程质量预控及验收等问题。通过本章的学习,要求初学者掌握水暖工程、通风空调工程、电气照明工程、电梯工程施工质量监理要点以及质量通病,掌握工程质量预控措施,熟悉工程质量验收程序。最后,本章还摘录了《近年全国监理工程师考题和案例选编》,为进一步学习和掌握本书内容提供了参考。

9.1 安装工程施工阶段质量监理

设备安装要按设计文件实施,要符合有关的技术要求和质量标准。设备安装应从设备开箱起,直至设备的空载试运转,必须带负荷才能试运转的应进行负荷试运转。在安装过程中,监理工程师要做好安装过程的质量监督与控制,对安装过程中每一个分项、分部工程和单位工程进行检查质量验收,坚持质量验收标准,确保安装工程的施工质量。

设备安装过程的质量监理主要包括:设备基础检验、设备就位、调平与找正、二次灌浆和设备拆卸清洗等不同工序的质量控制。

9.1.1 安装工程施工阶段质量监理要点

(1)安装过程中的隐蔽工程,隐蔽前必须进行检查验收,合格后方可进入下道工序。

(2)设备安装中要坚持施工人员自检,下道工序的互检,安装单位专职质检人员的专检以及监理工程师的复检(或抽检)并对每道工序进行检查和记录。

(3)安装过程使用的材料,如各种清洗剂、油脂、润滑剂、紧固件等必须符合设计和产品标准的规定,有出厂合格证明及安装单位自检结果。

9.1.2　设备安装施工过程质量监理

(1)设备基础的质量监理

每台设备都必须有坚固的基础,并满足设备定位的要求。因此,监理工程师应在设备定位安装前,认真检查验收设备基础的施工质量。设备基础检查验收的主要内容有:按设计图纸的要求检查设备基础的断面尺寸、位置、标高、平整度、施工质量;检查设备基础的预埋件和预留孔洞的尺寸、数量、位置等是否符合要求;检查设备基础的材料强度是否符合设计要求;对大型设备基础,应审查基础试压和沉降观察记录是否满足规范要求等。

监理工程师对设备基础检查验收时还应注意:

①基础表面的模板、地脚螺栓、固定架以及露出基础外的钢筋,必须拆除,基础表面及地脚螺栓预留孔内油污、碎石、泥土及杂物、积水等,应全部清除干净,预埋地脚螺栓的螺纹和螺母应保护完好,放置垫铁部位的表面应凿平。

②所有预埋件的数量和位置应正确。对不合要求的质量问题,应指令承包单位立即进行处理,直至检验合格为止。

(2)设备就位的质量监理

正确找出并划定设备安装的基准线,然后根据基准线将设备安放到正确的位置上,统称为设备就位。这个位置是指平面的纵横向位置和标高。

设备就位是设备安装的首要工作,监理工程师应认真研究设备安装布置图,审查设备定位是否满足生产工艺的要求;是否有利于安全生产、方便操作、促进车间物流的正常流通;设备平面位置对基准线的距离、设备间的距离及安装定位标高和精度要求等,都应满足设计图纸和技术标准的规定等。

设备安装应正确划定设备和基础的安装基准线,并保证设备安装的偏差控制在允许的范围内。设备安装可以采取有垫铁安装法和无垫铁安装法,并应保持安装平稳,不产生摇晃;对重心较高的设备,应要求安装单位采取措施预防失稳倾覆。

(3)设备调平找正的质量监理

设备调平找正分为设备找正、设备初平、设备精平三个步骤。

设备调平找正主要是使设备通过校正调整达到国家规定的质量标准。设备调平找正需要用特定的工具和量具进行检查验收。

设备找正调平时需要有相应的基准面和测点。安装单位所选择的测点应有足够的代表性(能代表其所在的测面和线),且数量也不宜太多,以保证调整的效率;选择的测点数应保证安装的最小误差。一般情况下,对于刚性较大的设备,测点数可较少;对于易变形的设备,测点应适当增多。监理工程师要对安装单位选择的测点进行检查及确认,对设备调平找正使用工具、量具的精度进行审核,以保证精度满足质量要求。

对安装单位进行设备初平、精平的方法进行审核或复验(如安装水平度的检测;直线度的检测;平面度的检测;平行度的检测;同轴度的检测;跳动检测;对称度的检测等),以保证设备调平找正达到规范的要求。

(4)设备的复查与二次灌浆质量监理

每台设备在安装定位、找正调平以后,安装单位要进行严格的复查工作,使设备的标高、中心和水平及螺栓调整垫铁的紧度完全符合技术要求,并将实测结果记录在质量表格中。安装单位经自检确认符合安装技术标准后，应提请监理工程师进行检验，经监理工程师检查合格，安装单位方可进行二次灌浆工作。

(5)设备拆卸清洗、润滑和装配质量监理

设备拆卸清洗是为了保持设备各部件的清洁；而设备的润滑则是为了使设备保持正常良好运行状态的一项重要准备工作；设备装配是将众多的机械零件进行组装以保证设备协调运行，监理工程师应根据设备装配图纸审查设备的装配质量。

(6)设备安装质量记录资料的质量监理

设备安装的质量记录资料反映了整个设备安装过程，对今后的设备运行及维修也具有一定意义。

1)安装单位质量管理检查资料

安装单位的质量管理制度，质量责任制，安装工程施工组织设计，安装方案；分包单位的资质及总包单位的管理制度；特殊作业人员上岗证书；安装作业安全制度。

2)安装依据

设备安装图，图纸审查记录；作业技术标准；安装设备质量文件资料；安装作业交底资料。

3)设备、材料的质量证明资料

原材料、构配件进厂复验资料；试验检测资料；设备的验收资料。

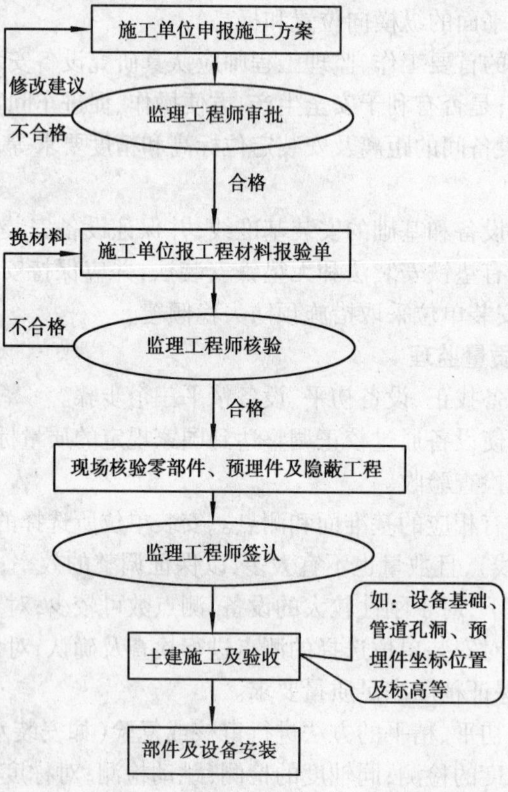

图9.1　设备安装隐蔽工程施工质量监理流程图

4)安装设备验收资料

安装施工过程隐蔽工程验收记录(如基础、管道等)；工序交接验收记录；设备安装后整机性能检测报告；试装、试拼记录，安装过程中设计变更资料；安装过程不合格品处理及返修、返工记录。

5)监理工程师对资料的要求

①安装的质量记录资料要真实、齐全完整,签字齐备;

②所有资料结论要明确;

③质量记录资料要与安装过程的各阶段同步;

④组卷、归档要符合建设单位及接收使用单位的要求,国际投资的大型项目,资料应符合国际重点工程对验收资料的要求。

9.1.3　建筑安装工程施工质量监理程序

(1)设备安装隐蔽工程施工质量监理程序

设备安装隐蔽工程施工质量监理程序如图9.1所示。

(2)部件、设备安装施工质量监理程序

部件、设备安装工程施工质量监理程序如图9.2所示。

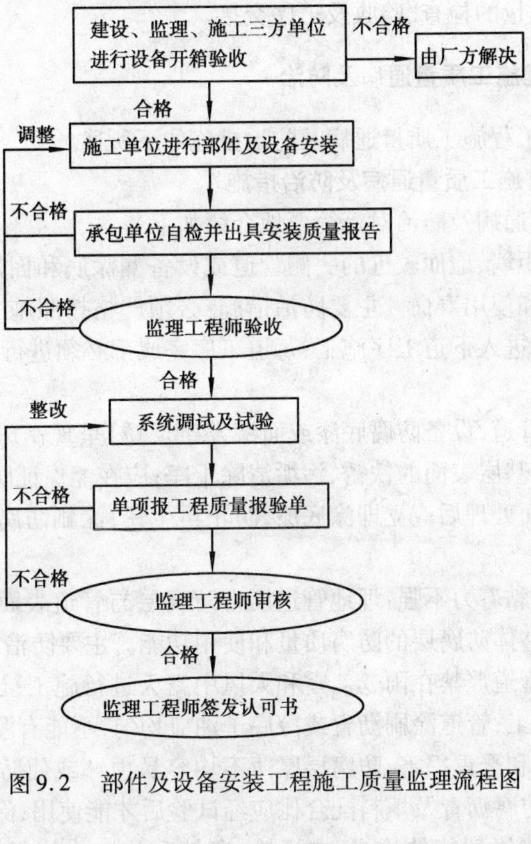

图9.2　部件及设备安装工程施工质量监理流程图

9.2　水、暖工程施工质量监理

水、暖工程施工必须按照《建筑给排水及采暖工程施工及质量验收规范》(GB 50242—2002)、《给水排水管道工程施工及验收规范》(GB 50268—2008)和《通风与空调工程施工质量验收规范》(GB 50243—2002)规定的质量标准,开展对水、暖工程施工质量的控制。

采暖卫生与煤气工程可以划分为室内给水工程、室内排水工程、室内采暖与热水供应工程、室内煤气工程、室外给水工程、室外排水工程、室外供热工程、室外煤气工程、锅炉及附属设备的安装工程等分部工程。

9.2.1 水、暖工程施工质量监理要点

①施工前应具备的条件有:设计及其他技术文件齐备,且已经过会审;按批准的施工方案已进行了技术交底;材料、施工力量、机具等能保证正常施工;施工现场已经具备了施工的良好条件。

②设计修改要求:采暖卫生与煤气工程应按设计图纸的要求组织施工,修改设计必须要有设计单位的文件。

③材料及设备质量要求:工程所用的主要材料、设备和制品,应有符合国家现行标准的技术质量鉴定文件或产品合格证。

④施工组织方面的要求:工程施工过程中,应与建筑及其他有关专业工种密切配合;在施工过程中应做好施工质量的检查、验收及工序交接。

9.2.2 水、暖工程施工质量通病及防治

水、暖工程常见的工程施工质量通病及防治措施如下所述。

(1)管道、设备防腐施工质量通病及防治措施

下面对常见的质量通病及防治对策简要地介绍如下:

①漏涂油漆:室内距墙、地面较近的一侧管道或设备漏涂底和面油漆,使其过早发生锈蚀和渗漏,影响使用功能和使用寿命。主要防治措施:必须严格按照施工程序进行施工,上道除锈、底漆未能完成,不许进入下道工序施工;每道工序完成都必须进行严格的质量检查,发现有漏涂应立即补涂。

②油漆表面反锈:管道、设备防腐底漆或面漆发生反锈,呈现锈斑或油漆整体翘起。主要防治措施:涂漆前,应将基层表面的铁锈、污垢清除干净;应在能保证防腐质量要求的施工环境条件下才允许施工;表面处理后应立即涂底漆,防止再生锈;涂刷防腐油漆应严格执行施工操作规范的有关要求。

③埋地管道防腐层黏着力不强:埋地管道沥青防腐层与管道表面达不到黏附力要求而形成空鼓现象,影响管道整体防腐层的防腐质量和使用功能。主要防治措施:认真做好管道除锈及杂物清洗工作;埋地管道严禁在雨、雾、雪和大风中露天进行施工;当温度低于 5 ℃时,应采取保温措施才能进行施工;管道涂刷沥青或冷底子油应均匀,不能有漏涂等。

④防腐层厚薄不均和严重损害:防腐层厚薄不均容易损坏或使防腐绝缘性能达不到规范要求。主要防治措施:防腐沥青及填料配合比应经试验后才能使用;涂刷应严格按操作规程要求,并应作防腐蚀性和绝缘性能的检查;在运输、存储和施工中应保护好已作防腐涂刷的管道等。

(2)管道、设备保温的主要质量通病及防护措施

①保温造成管道或设备渗漏:管道、设备在施工过程中,未按工艺、技术要求进行操作,造成管道、设备材料在施工过程中损坏,导致投产运行时出现渗漏现象。主要防治措施:由于保温焊件多数在设备试压后进行,造成管道、设备渗漏又未能即时发现,因此,应改变保温焊件焊

接的时间，即改试压后焊接为试压前焊接，并加强焊接质量和母材完好性能检查。

②保温层厚度不够或发生冷桥：保温层厚度未达到设计要求或保温材料接头处和留缝处均未能按施工验收规范要求施工，均会发生冷桥现象。在严寒地区因保温层厚度不够和发生冷桥现象，均会降低管道、设备的保温功能或发生冻裂事故。主要防治措施：为了防止保温层厚度不够和发生冷桥现象，对不同的保温材料应采用不同的施工工艺及技术措施，如对采用玻璃棉、棉毯作保温材料时，一定要将玻璃棉、棉毯绑扎均匀，还应用镀锌铁丝绑扎牢固，并检查保温层厚度是否达到设计要求。为防止产生冷桥在保温施工中还应采取一定的技术措施，如在纵横接缝处用同样材料或相应性能的柔性材料填补密实，封闭保护层。

③保温层施工的质量通病：管道、设备一般多采用金属薄板保护层、玻璃丝布保护层、沥青油毡保护层和软质塑料布等保护层，施工时主要的质量通病是纵、横缝搭接方向错误、保护层与保温层之间接触不严密、保护固定不牢固，容量松散和损坏脱落，影响保温功能和保温效果。主要防治措施：正确制定施工程序和施工方向，如对立式管道、有坡度的水平管道和卧式设备的保护层施工时，应由低（底）处开始，向高处进行；正确制定施工工艺技术措施，为保证保护层与保温层接触严密，对不同的保温材料应采取不同的搭接方式和搭接长度，如使用金属薄板作保护层，事先应根据保护层的外径进行滚圆，其搭接长度边长应压成 R 为 5 ~ 10 mm 的圆槽，搭接长度为 30 ~ 50 mm；采用柔性保护层施工时，应防止保护层被刺破和绑扎不牢固等。

(3) 室内给水、排水系统安装的质量通病及防治措施

①现象：管道连接口处封闭不严发生渗漏；冷热水管并行安装不符合规定要求；排水管道连接角度、雨水管道敷设坡度等不符合要求等。

②防治措施：管道螺纹连接口处应作防腐处理；承接管道严禁用一般水泥砂浆抹口，冷热水管上下平行安装宜热水管在冷水管的上面；管道连接处应按规定弯成一定的角度等。

(4) 卫生器具安装的质量通病及防治措施

①现象：卫生器具安装的位置和高度不符合规范要求；卫生器具给水配件安装不符合要求等，影响使用功能和使用效果。

②防治措施：操作人员认真学习施工图纸和施工验收规范，质量检查人员应坚持质量标准的要求。

(5) 室内采暖、热水供应系统安装的质量通病及防治措施

①现象：安装管道未能按要求设置坡度；墙壁和楼板的管道未设置套管；散热器安装不符合要求，产生渗漏；防冻措施不力，影响使用效果等。

②防治措施：按图施工，认真执行操作规范，加强检查验收。

(6) 管道焊接与锅炉及附属设备安装的质量通病

①现象：焊缝剖口尺寸不符合设计要求，焊缝厚度、长度不够；焊缝出现气孔、夹渣和裂纹等缺陷；锅炉安装的坐标、标高、中心线和垂直度的偏差超过规范要求；烘炉、煮炉和试运行未能达到施工验收规范的标准要求。

②防治措施：焊接应遵守现行技术、劳动保护和消防安全条例的规定；选择与母材材质相适应的焊条规格、型号；加强对操作人员的岗前培训和质量检查；严格执行施工验收规范的要求。

9.2.3　水、暖工程施工质量预控措施

水、暖工程施工时，为了防止出现下列问题，应采取相应措施进行预控。

(1)室内给水管道结露

①设计时选好防结露要求的保温材料。

②检查防结露保温质量,保证保温层的严密性。

(2)采暖管道堵塞

①管材灌砂煨弯后,必须认真清通管膛。

②管材锯断后,管口的飞刺应及时清除干净。

③铸铁散热器组对时,应注意把遗留的沙子清除干净。

④安装管道时,应及时用临时堵头把管口堵好。

⑤使用管材时,必须做到一敲二看,保证管内通畅。

⑥把管道气焊开口时落入管中的铁渣清除干净。

⑦管道全部安装后,应按规范规定先冲洗干净再与外线连接。

(3)圆形弯头、三通角度不准

①保证放样准确。

②各瓣单双口宽度应保持一致。

(4)室内排水管道堵塞

①及时堵死封严管道的甩口,防止杂物掉进管膛。

②卫生器具安装前认真检查原甩口、并掏出管内杂物。

③管道安装时认真疏通管膛,除去杂物。

④保持管道安装坡度均匀,不得有倒坡。

⑤生活排水管道标准坡度应符合规范规定。无设计规定时,管道坡度应不小于1%。

⑥合理使用零件。地下埋设管道应使用TY和Y形三通,不宜使用T形三通;水平横管避免使用四通;排水出墙管及平面清扫口需用两个45°弯头连接,以便流水通畅。

⑦立管检查口和平面清扫口的安装位置应便于维修操作。

⑧施工期间,卫生器具的返水弯丝堵最好缓装,以减少杂物进入管道内。

(5)采暖干管甩口不准

干管的立管甩口尺寸应在现场用钢卷尺实际测量。各工种要共同严格按设计的墙轴线施工,统一允许偏差。

(6)暖气立管的支管甩口不准

①测量立管尺寸,并做好记录。

②立管的支管开挡尺寸要适合支管的坡度要求。一般支管坡度为1%。

③散热器应尽量采用挂装,以减少地面施工标高偏差的影响。

④地面施工应严格遵照基准线,保证其偏差不超过安装散热器范围。

9.2.4 水、暖工程施工质量的验收

(1)工程竣工资料的审查

①施工图纸、竣工图及设计变更文件。

②设备、制品和主要材料的合格证或试验证明。

③隐蔽工程验收记录和中间试验记录。

④设备试运转记录。

⑤水压试验记录。

⑥给水及采暖系统通水冲洗记录。

⑦工程质量事故处理记录。

⑧分项、分部、单位工程质量检验评定记录。

(2)分项工程和分部工程的验收

分项工程和分部工程验收可分为中间验收和竣工验收,应重点检查和校验下列各项:

①坐标、标高和坡度的正确性。

②连接点或接口的严密性。

③散热器、卫生器具和各类支架、档墩、安装的牢固性。

④给排水及消防系统的通水能力是否达到设计要求。

⑤采暖和热水供应系统的热效能是否达到设计和规范的要求。

⑥锅炉、水泵、风机等主要设备的工作性能是否达到设计要求。

⑦防腐、保温层结构是否达到设计和规范要求。

9.3　通风、空调工程施工质量监理

通风、空调工程施工必须严格按照《通风与空调工程施工质量验收规范》(GB 50243—2002)、《制冷设备空气分离设备安装工程施工及验收规范》(GB 50274—2010)和《风机、压缩机、泵安装工程施工及验收规范》(GB 50275—2010)中规定的要求控制工程施工质量。

9.3.1　通风、空调工程施工质量监理要点

①通风、空调工程施工的安全技术、环境保护应按国家现行的有关标准规范执行。

②通风、空调工程所用的原材料、设备、成品与半成品应有出厂合格证明书或质量鉴定文件。

③通风、空调工程必须按照已批准的设计图纸施工,修改变更设计应有设计单位的通知书。

④通风、空调工程施工过程中,必须进行质量跟踪控制,各分项、分部工程完成后都必须进行中间检查验收。

9.3.2　通风、空调工程施工质量通病及防治

(1)风管制作与安装的质量通病及防治措施

①风管连接不严密:风管连接不严密,将严重地影响通风、空调的供风效果和使用功能。防治措施主要有:金属风管接口应按规定的材料厚度进行选择咬接和焊接;正确选择水平风管咬接缝的位置;应保持阀板与阀体的间隔适当,阀板尺寸应正确;应制定防止风管泄漏的措施等。

②风管阻力大:风管产生阻力会影响通风的畅通,造成存留冷凝水,使管道腐蚀和影响空气清洁。防治措施主要应控制风管弯曲、不同心、管径变小、弯头及三通角等是否符合设计要求和规范的规定。

(2)空调设备制作与安装的质量通病及防治

1)通风机性能差

通风机运转时风量不足,造成风压减小。防治措施:通风机的性能应满足设计要求;保证通风机、电动机及其他附属设备安装与试车运转应符合设计和规范规定要求。

2)空调箱性能差

空调箱性能差主要表现在:空气过滤器、加热器阻力大,喷雾管中的水量减少,挡水板过量太大,检查门出现漏风和漏水现象等。防止措施:空气过滤器安装时应开箱检查,安装时应保持清洁;空气过滤器表面积尘时,应用压缩空气吹扫干净;安装时应符合空调箱安装的质量验收标准要求。

3)空调机组制冷量不足

空调机调试时制冷量不足,达不到制冷要求和使用功能。防止措施:检查机组是否达到设计文件规定的性能要求,检修机组的配合性或更换机组的零配件调试时应检查风机叶轮的旋转方向,并调整三角皮带的松紧程度;加大供水量调整冷却水温度等。

4)消声器的消声性能差

各类消声器的消声阻力增大,使消声器的性能改变。防止措施:检查消声器的结构形式及各部尺寸是否符合设计要求;消声器的填料是否满足不同密度的要求,如玻璃丝为 170 kg/m^3、矿棉为 170 kg/m^3 和卡普隆纤维为 38 kg/m^3;消声片表面拉紧后应装订,消声孔子分布应均匀等。

5)空调系统噪声超标

空调系统噪声超标主要是由于空调系统采用的设备精度、制造和施工水平不符合噪声规定的标准。防止措施:空调系统的设备精度、制造和安装必须满足设计和施工规范的要求;通风机进出口风管应避免急弯。空调机房应尽量远离消声的空调房间或作隔声处理等。

9.3.3 通风、空调工程施工质量预控措施

通风、空调工程施工时,为了防止出现下列问题,应采取相应措施进行预控。

(1)矩形风管对角线不相等

1)材料找方划线后,检验每片宽度、长度及对角线的尺寸,对超出误差范围的尺寸应予以校正。

2)下料后将风管相对应的两片重合起来,检验其尺寸的准确性。

3)操作时应保证咬口宽度一致。对于不同的口型,手工咬口宽度可参考有关规定。

4)手工咬口时,可首先固定两端及中心部位,然后再进行均匀咬口。

(2)圆形无法兰风管连接不严

①按风管断面尺寸的大小,采用不同的无法兰接口形式。

②风管无法兰接口处,要求风管接口边宽度尺寸相等。

(3)实际风量过大

1)系统阻力偏小,调节风机风板或阀门,增加阻力。

2)风机有问题,降低风机转速,或更换风机。

(4)实际风量过小

1)系统阻力偏大,放大部分管段尺寸,改进部分部件,检查风道或设备有无堵塞。

2)风机有问题,调紧传动皮带,提高风机转速或改换风机。

3)漏风,堵严法兰接缝、人孔、检查门或其他存在的漏缝。

(5)气流速度过大

风口风速过大,送风量过大,气流组织不合理。可以改大送风口面积,减少送风量,改变风口形式或加挡板使气流组织合适。

(6)噪声超过规定

风机、水泵噪声传入,风道风速偏大,局部部件引起。消声器质量不好。可以做好风机平衡,风机和水泵的隔震;改小风机转速;放大风速偏大的风道尺寸;改进局部部件;在风道中增贴消声材料。

9.3.4　通风、空调工程施工质量的验收

(1)通风、空调工程施工验收的文件审查

主要文件审查有:设计修改的证明文件和工程竣工图;主要材料、设备、成品、半成品和仪表的出厂合格证书;隐蔽工程验收签证和中间验收记录;分项、分部工程质量检验评定记录;制冷系统试验记录;空调系统的联运试车运转记录等。

(2)通风、空调工程各系统的外观检查

外观检查的主要项目有:风管和设备安装正确性和牢固性的检查;检查风管及风管与设备连接处有无漏风现象;各类装置或设备制造、安装是否符合设计和规范要求等。

(3)通风、空调工程联合试运转

通风、空调工程竣工后进行联合试运转,合格后才能组织工程验收。联合试运转的主要工作内容有:首先应完成各项设备的单机试运转;然后进行无生产负荷联合试运转的测定与调试。

9.4　电气工程施工质量监理

工业与民用建筑电气安装工程主要的分项工程有:线路敷设;硬母线和滑接线安装;电气器具、设备安装;避雷针(网)接地装置安装等。

建筑电气照明工程安装应符合《电气装置安装工程施工及验收规范》(GBJ 232—82)《建筑电气安装工程质量检验评定标准》(GBJ 303—88)和《建筑安装工程质量检验评定统一标准》(GBJ 300—88)的规定要求;使用的材料、设备、器具和原料等均应符合现行的有关技术标准的要求。

9.4.1　建筑电气照明工程施工质量监理要点

1)柜、屏、台、箱、盘的金属框架及基础型钢必须接地(PE)或接零(PEN)可靠;装有电器的可开启门,门和框架的接地端子间应用裸编织铜线连接,且有标志。

2)低压成套配电柜、控制柜(屏、台)和动力、照明配电箱(盘)应有可靠的电击保护。柜(屏、台、箱、盘)内保护导体应有裸露的连接外部保护导体的端子。

3)手车、抽出式成套配电柜推拉应灵活,无卡阻碰撞现象。动触头与静触头的中心线应

一致,且触头接触紧密,投入时,接地触头先于主触头接触;退出时,接地触头后于主触头脱开。

4)高压成套配电柜必须按本规范第3.1.8条的规定交接试验合格,且应符合下列规定:

①继电保护元器件、逻辑元件、变送器和控制用计算机等单体校验合格,整组试验动作正确,整定参数符合设计要求。

②凡经法定程序批准,进入市场投入使用的新高压电气设备和继电保护装置,编号按产品技术文件要求交接试验。

5)低压成套配电柜交接试验,必须符合本规范第4.1.5条的规定。

6)柜、屏、台、箱、盘间线路的线间和线对地间绝缘电阻值,馈电线路必须大于0.5 MΩ;二次回路必须大于1 MΩ。

7)柜、屏、台、箱、盘间二次回路交流工频耐压试验,当绝缘电阻值大于10 MΩ时,用2 500 V兆欧表摇测1 min,应无闪络击穿现象;当绝缘电阻值在1~10 MΩ时,做1 000 V交流工频耐压试验,时间1 min,应无闪络击穿现象。

8)直流屏试验,应将屏内电子器件从线路上退出,检测主回路线间和线对地间绝缘电阻值应大于0.5 MΩ,直流屏所附蓄电池组的充、放电应符合产品技术文件要求;整流器的控制调整和输出特性试验应符合产品技术文件要求。

9)照明配电箱(盘)安装应符合下列规定:

①箱(盘)内配线整齐,无绞接现象。导线连接紧密,不伤芯线,不断股。垫圈下螺丝两侧压的导线截面积相同,同一端子上导线连接不多于2根,防松垫圈等零件齐全。

②箱(盘)内开关动作灵活可靠,带有漏电保护的回路,漏电保护装置动作电流不大于30 mA,动作时间不大于0.1 s。

③照明箱(盘)内,分别设置零线(N)和保护地线(PE线)汇流排,零线和保护地线经汇流排配出。

9.4.2 建筑电气照明工程施工质量通病及防治

(1)线路敷设的质量通病及防止措施

线路敷设的质量通病主要表现在下列几方面:线路材料不符合材料质量要求,如高压瓷件有裂纹,导线有断股、有损伤等;电缆敷设标高、坐标不正确,具有防腐、隔热、防燃的电缆保护措施不完善;管路穿过变形缝和墙内等的隐蔽部位无补偿装置和保护套管;管内穿线不符合质量要求等。防止措施:严格按照线路敷设工程施工质量标准进行施工,安装完成后应进行抽查或全数检查。

(2)硬母线和滑接线安装的质量通病及防止措施

硬母线安装工程不符合质量要求,如高压绝缘子和高压穿墙套管的耐压试验不符合施工规范的要求等;滑接线在绝缘子上固定不牢固等。防止措施:对高压绝缘子和高压穿墙套管应进行全数耐压试验检查;滑接线安装应严格按施工验收规范执行。

(3)电气器具、设备安装的质量通病及防范措施

电气器具、设备安装的质量通病主要表现为:灯具、保险扣、吊链荧光灯安装不符合要求;配电箱选择型号不当,安装不符合规定要求;避雷针及接线装置安装不符合规范要求等。主要防范措施有:按设计规定和施工规范要求选择和安装各种电气器具、设备,并应进行抽检或全数检查。

9.4.3　电气照明工程施工质量预控措施

电气照明工程施工时,为了防止出现下列问题,应采取相应措施进行预控。

(1)金属线管保护地线和防腐不够标准

①金属线管连接地线在管接头两端应用 ϕ4 镀锌铁(铅)丝或 ϕ6 以上的钢筋焊接。干线管焊接地线的截面积应达到管内所穿相线截面的1/2,支线时为1/3,地线焊接长度要求达到连接线直径的6倍以上。

②金属线管刷防腐漆(油),除了直接埋设在混凝土层内的可免刷外,其他部位均应涂刷,地线的各焊接处也应涂刷。直接埋在土内的金属线管,管壁厚度须是3 mm以上的厚壁钢管,并将管壁四周浇筑在素混凝土保护层内。浇筑时,一定要用混凝土预制块或钉钢筋楔将管子垫起,使管子四周至少有5 cm厚的混凝+保护层。金属管埋在焦渣层内时必须做水泥砂浆保护层。金属管埋在焦渣层内时必须做水泥砂浆保护层。

(2)导线连接不牢固

1)剥切导线塑料绝缘层时,应用专用剥线钳。剥切橡皮绝缘层时,刀刃禁忌直角切割,要以斜角剥切。

2)铝导线并头连接时,4 mm^2 以下的导线,采用螺旋压接帽拧紧连接6 mm^2 以上的铝导线,用铝套管压接或用气焊连接。气焊焊接如用铝焊粉,则在焊好后趁热用清水将残留的焊药洗净,擦干冷却后再包缠绝缘层。

3)铝导线与铜导线接头可采用下述方法:

①2.5 mm^2 单股铝线与多股铜芯软线接头,铜软线涮锡后缠绕在铝线上,缠5圈后将铝线弯曲180°,用钳子夹紧,或将软铜线涮锡后,采用瓷接头压接。

②2.5 mm^2 铝线与2.5 mm^2 铜线连接,可采用端子板压接,或者将铜线涮锡后再缠绕连接,也可以采用螺旋压接帽压接。

③多股铝线与多股铜线连接时,可先将铜线涮锡用铝套管压接。

④多股铝线接设备电器时,均应采用铜铝过渡端子压接。如确无铜铝过渡端子,可暂用铝接线端子代替,但与设备电器接触处要垫一层锡箔纸,以减少电化腐蚀作用,而且压接螺丝必须加弹簧垫。不允许将多股铝导线自身缠圈压接。

4)导线对接或导线与设备连接好后,应用双臂电桥测定连接点的接触电阻。接触电阻不应大于该段导线本身的电阻值。

(3)日光管灯安装缺陷

1)成行吊式日光灯安装时,如有3盏灯以上,应在配线时就弹好十字中线,按中心线定灯位。如果灯具超过10盏时,即要增加尺寸调节板,用吊盒的改用法兰盘。这种调节板可以调节3 cm幅度。如果法兰盘增大时,调节范围可以加大。

2)为了上下吊距开档一致,若灯位中心遇到楼板肋时,可用射钉枪射注螺丝,或者统一改变日光灯架吊环间距,使吊线(链)上下一致。

3)成排成行吊式日光灯吊装后,在灯具端头处应再拉一直线,统一调整,以保持灯具水平一致。

4)吊装管式日光灯时,铁管上部可用锁母、吊钩安装,使垂直于地面,以保持灯具平正。

5)距地2.5 m以下的金属灯具,应认真做好保护接地或保护接零。

6）灯具在安装、运输中应加强保管，成批灯具应进入成品库，设专人保管，建立责任制度，对操作人员应作好保护成品质量的技术交底。不准过早地拆去包装纸。

（4）花灯及组合式灯具安装缺陷

1）一切花饰灯具的金属构件，都应做良好的保护接地或保护接零。

2）花灯吊钩加工成型后应全部镀锌防腐，并能悬挂花灯自重6倍的重量。特别重要的场所和大厅中的花灯吊钩，安装前应请结构设计人员对它的牢固程度做出技术鉴定，做到绝对安全可靠。

3）采用型钢做吊钩时，圆钢最小规格不小于 $\phi12$ mm；扁钢不小于 50×5 mm。

4）在配合高级装修工程中的吊顶施工时，必须根据建筑吊顶装修图核实具体尺寸和分格中心，定出灯位，下准吊钩。对大的宾馆、饭店、艺术厅、剧场、外事工程等的花灯安装，要加强图纸会审，密切配合施工。

5）在吊顶夹板上开灯位孔洞时，应先用木钻钻个小孔，小孔对准灯头盒，待吊顶夹板钉上后，再根据花灯法兰大小，扩大吊顶夹板眼孔，使法兰能盖住夹板孔洞，保证法兰、吊杆在分格中心位置。

6）凡是在木结构上安装吸顶组合灯、面包灯、半圆球灯和日光灯等灯具时，应在灯抓子与吊顶直接接触的部位，垫3 mm厚的石棉布（纸）隔热，防止火灾事故发生。

7）在顶棚上安装灯群及吊式花灯时，应先拉好灯位中心线、十字线定位。

（5）铝母线安装缺陷

1）铝母带接头搭接长度最少应达到该母带的宽度，一般15 cm^2 的应用两条 $\phi12$ mm的螺丝紧固。

2）铝母带打眼要在台钻上进行，眼孔要正确，使孔中螺栓紧密，螺栓要加装平光垫圈和弹簧垫圈。

3）铝母带及铝配件包括铝接线端子等搪锡部位的氧化层及脏物，可用零号砂布打磨表面，然后立即搪锡。连接好后涂中性工业凡士林，阻止接触面氧化。铝母带连接处应用0.05 mm塞规进行实测，填表验收。

4）铝母带连接端头应用超声波技术或锡锌合金镩焊搪锡，以防铝母带连接处增生氧化层，增加接触电阻。

5）铝母带扳弯要配专门工具在工作台上进行。母带连接或母带与设备连接处，均应用双臂电桥测定接触电阻值。一般规定螺栓连接点的接触电阻，不应大于同长度母带本身电阻的20%，超过时应修理。二次线按标准接线图标志线号。对于三相四线制母带的相序、相色、额定电压，应按照规范统一规定做出标志。

（6）避雷网（带）焊接不够

1）焊接头搭接长度必须留有余地，辅助母材可以预先切割好，切断时两端各加长10 mm，并在居中做出标记，将两个钢筋接头放在中间对齐。

2）施焊时可在辅助母材边起弧，焊完后仍在辅助母材边收弧，这样可以避免因熔池收缩而造成咬边现象。

（7）避雷引下线漏做断接卡子和接电阻测试点

1）引下线与断接卡子的做法：防雷引下线至接地装置的地方一般都设有断接卡子与接地装置相连接，92DQ中的明设在距室外地坪1.8 m，暗敷时在距室外地坪0.5 m。以前施工中常用并沟方法与接地装置连接，这样做的缺点是当引下线与接地装置截面不一致时，造成并沟与接地干线连接不牢固，影响避雷效果。因此常用上述做法进行施工，这样做也符合有关验收要求和设计功能的满足。

2）不管是明引下线还是暗引下线，在引至标高处，将避雷引下线截断，与 40 mm×4 mm 镀锌扁钢作可靠焊接，搭接长度为圆钢直径的6倍，双面施焊，在扁钢上打 ϕ10mm 孔用以与接地扁钢连接，明装卡子做法可参考暗装做法。

9.4.4　电气照明工程施工质量验收

（1）电气照明工程安装技术资料审查

主要的技术资料文件有：施工技术交底记录；大型灯具、吊扇安装检查记录；电气配管（线）隐蔽工程记录；电缆敷设检查记录；防雷接地检查测试记录；绝缘电阻测试记录；接地电阻的测试记录；变压器安装检查记录；成套配电箱安装检查记录；保护装置整定记录；试运行测试记录等。

（2）电气工程安装检查验收

电气照明工程安装完成后，应按电气照明工程施工验收规范组织对各项分项工程的检查验收，其检查的方法有：观察检查、随机抽检和全数检查。各分项工程检查完成后，应按电气照明工程质量检验评定标准组织对各项分项工程和各项分部工程进行质量评定，进而对单位工程作出质量等级的评定。

9.5　电梯工程施工质量监理

对电梯安装工程施工质量控制应严格执行国家规定的电梯安装工程的有关质量标准规定要求，并在全数检查电梯安装分项工程质量的基础上，对单台电梯质量作出评定。现行电梯工程安装质量控制标准主要有：

①《电梯工程施工质量验收规范》（GB 50310—2002）。

②《机械设备安装工程施工及检验评定标准》（TJ 231 中“电梯安装”）。

③《电气装置安装工程电梯电气装饰施工及验收规范》（GB 50182—93）。

④《电梯主参数及轿厢、井道、机房形式与尺寸》（GB 7025—86）。

⑤《电梯技术条件》（GB 10058—88）。

⑥《电梯制造与安装安全规范》（GB 7588—87）。

⑦《电梯试验方法》（GB 10059—88）。

9.5.1　电梯工程安装的质量监理要点

（1）导轨支架及导轨安装

1）用混凝土浇筑的导轨支架若有松动的，要剔出来，按前述的方法重新浇筑，不可在原有基础上修补。

2）用膨胀螺栓固定的导轨支架若松动，要向上或向下改变导轨支架的位置，重新打膨胀螺栓进行安装。

3)焊接的导轨支架要一次焊接成功。不可在调整轨道后再补焊,以防影响调整精度。

4)组合式导轨支架在导轨调整完毕后,须将其连接部分点焊,以增加其强度。

5)固定导轨用的压道板、紧固螺丝一定要和导轨配套使用。不允许采用焊接的方法或直接用螺丝固定(不用压道板)的方法将导轨固定在导轨支架上。

6)调整导轨时,为了保证调整精度,要在导轨支架处及相邻的两导轨支架中间的导轨处设置测量点。

7)冬季尽量不采用混凝土筑导轨支架的方法安装导轨支架。在砖结构井壁剔筑导轨支架孔洞时,要注意不可破坏墙体。

(2)对重安装

1)导靴安装调整后,各个螺丝一定要紧牢。

2)若发现个别的螺孔位置不符合安装要求,要及时解决。绝不允许空着不装。

3)吊装对重过程中,不要碰基准线,以免影响安装精度。

(3)轿箱安装

1)安装立柱时应使其自然垂直,达不到要求,要在上下梁和立柱间加垫片。进行调整,不可强行安装。

2)轿厢底盘调整水平后,轿厢底盘与底盘座之间,底盘座与下梁之间的各连接处都要接触严密,若有缝隙要用垫片垫实,不可使斜拉杆过分受力。

3)斜拉杆一定要上双母拧紧,轿厢各连接螺丝压接紧固、垫圈齐备。

(4)厅门安装

1)固定钢门套时,要焊在门套的加强筋上,不可在门套上直接焊接。

2)所有焊接连接和膨胀螺栓固定的部件一定要牢固可靠。

3)凡是需埋入混凝土中部件,一定要经有关部门检查办理隐蔽工程手续后,才能浇灌混凝土。

4)厅门各部件若有损坏、变形的,要及时修理或更换,合格后方可使用。

(5)机房机械设备安装

1)承重钢梁两端安装必须符合设计和规格要求。

2)凡是要打入混凝土内的部件,在打混凝土之前要经有关人员检查,当符合要求,经检查核验者签字后,才能进行下一道工序。

3)所有设备件连接螺孔要用相应规格的钻头开孔,严禁用气焊开孔。

4)曳引机出厂时已经过检验,原则上不许拆开,若有特殊情况需拆开检修,调整,要由技术部门会同有经验的钳工按有关规定操作。

5)限速器的整定值已由厂家调整好,现场施工中不能调整。若机件有损坏,需送到厂家检验调整。

(6)井道机械设备安装

1)打缓冲器底座用的混凝土成分及水泥标号要符合设计要求。

2)限速器断绳开关、钢带张紧装置的断带开关、补偿器的定位开关的功能可靠。

3)限速绳要无断丝、锈蚀、油污或弯曲现象。

4)钢带不能有折迹和锈蚀现象。

5)补偿链环不能有开焊现象。补偿绳不能有断丝、锈蚀等现象。

6)油压缓冲器在使用前一定要按要求加油,以保证其功能可靠。

(7)钢丝绳安装

1)若钢丝绳较脏,要用蘸了煤油且拧干后的棉丝擦拭,不可进行直接清洗,防止润滑脂被洗掉。

2)断绳时不可使用电气焊,以免破坏钢丝绳强度。

3)在作绳头需去掉麻芯时应用锯条锯断或用刀割断,不得用火烧断。

4)安装钢丝绳前一定要使钢丝绳自然悬垂于井道,消除其内应力。

5)复绕式电梯位于机房或隔音层的绳头板装置,必须稳装在承把结构上,不可直接稳装于楼板上。

(8)电梯所属电气设备安装

1)安装墙内、地面内的电线管、槽,安装后要经有关部门验收合格,且有验收签证后才能封入墙内或地面内。

2)线槽不允许用气焊切割或开孔。

3)对于易受外部信号干扰的电子线路,应有防干扰措施。

4)电线管、槽及箱、盒连接处的跨接地线不可遗漏,若使用铜线跨接时,连接螺丝必须加弹簧垫。

5)随行电缆敷设前必须悬挂松动后,方可固定。

9.5.2　电梯工程安装的质量通病及防治

电梯工程施工时,为了防止出现下列问题,应采取相应措施进行预控。

(1)电梯运行中抖动

电梯无论在快速运行或慢速检修运行中,有明显的颤抖现象,但没有异常的声音。防治方法:

①二人在机房,另二人在轿厢顶上,在机房者,用榔头敲击颤动明显的曳引绳,使轿厢顶上的人得知确定需调整的曳引绳。调节双螺母,使各绳张力相近似。

②将轿厢上的四角接点螺栓均松动一致后,让其自然校正,随后逐步拧紧,试验运行几次。重新进行校正及紧固螺栓。

③校正导轨垂直度、两导轨间距,按要求修光台阶。

(2)电梯运行中轿箱有点歪斜

电梯运行中,轿厢有点倾斜,而且还伴有摇晃。防治方法:

①更换新的靴衬,并合理地调整弹性滑动导靴各有关尺寸。

②调整轿厢斜拉杆。

③校正导轨。校正轿厢,调整安全钳楔与导轮间隙为2~3 mm,且均匀一致,并调整联动装置。

(3)电梯运行速度慢

电梯在运行中,快速与慢速的速度差不多。防治方法:

①检查调整制动器,使松闸间隙稍变大一些。

②校正导轨,排除其松动、接头处错位等毛病。

③检查调整导靴,使其垂直。

(4)电梯运行时听到摩擦声

电梯运行中其声音越来越大。防治方法:

①更换靴衬,调整导靴弹簧压力。

②清洁导轨,清洗毡块。

③加强轿顶轮、对重轮、导向轮的润滑。

④紧固桥厢壁等部位固定螺丝。

(5)电梯不能启动运行

电梯不启动,曳引电动机有“嗡嗡”响声,电动机发热。防治方法:

拆下电动机,更换新铜套(即滑动轴承),并将油室用煤油冲洗干净,重新加入干净的30号机油,至油标标准位置。

9.5.3 电梯工程安装的质量预控措施

(1)电梯运行中抖动

①严格控制导轨对基准线的安装偏差,每5 m不超过0.7 mm,相互偏差在整个高度上不超过1 mm,轿厢导轨间距离正偏差不超过2 mm,对重导轨间距离正偏差不超过3 mm。

②轿厢的连接螺栓应拧紧。

③保持导靴与导轨工作面接触是均匀紧密。

(2)电梯运行中轿箱有点歪斜

①调整好导靴的靴衬与导轨工作面的接触,使达到紧密均匀。如果导靴的靴衬板工作面磨损1 mm时,应予以更换。

②安装轿厢时,调整好轿厢与轿架连接的四根斜拉杆,使其受力均匀。

(3)电梯运行速度慢

①调整闸瓦间隙时,使其两侧闸瓦间隙一致,且不大于0.7 mm,但也不宜过小或打不开。

②导轨接头处允许台阶不大于0.05 mm,大于时应修平。

(4)电梯运行时听到摩擦声

①安装导靴时应清除靴衬内的脏物,并给导靴加好润滑油,在导轨上涂润滑脂。

②给桥顶轮、对重轮、导向轮加上润滑油。

(5)电梯不能启动运行

曳引机在安装后进行调试,发现有异常现象,需拆开检修调整,有问题的应退货。或者修理好了再继续安装。

9.5.4 电梯工程安装施工质量验收

电梯安装的主要的分项工程验收,应首先由施工单位自行组织验收,合格后申请监理工程师组织检查验收,并对工程质量认定签字。分部工程质量是在分项工程质量检查验收的基础上,进行统计分析确定的。

(1)电梯设备安装工程主要的分项工程

电梯设备安装工程主要的分项工程有曳引装置组装、导轨组装、轿门层门组装、电气装置组装、安全保护装置组装和试运转。

(2)分项工程质量标准分为主要项目、基本项目和允许偏差项目

在进行电梯安装工程质量检验时,必须保证各项分项工程达到工程质量检验评定标准的要求,其中《安全保护装置》和《试运转》两个分项的质量评定标准如下所述:《安全保护装置》的质量标准保证项目:各种安全保护接头的固定必须可靠,且不宜采用焊接;与机械配合的各种开关必须要求安全可靠等。基本项目:安全钳楔口面与导轨间隙应符合规范标准的要求。《试运转》的质量标准:保证项目:运行试验、超载试验、实际操作试验和安全钳试验都有必须达到规范的要求;允许偏差项目:电梯平层准确度的允许偏差应满足规范的要求。

9.6　近年监理工程师考题摘录及案例选编

一、近年监理工程师考题摘录

(一)单选

1.(2008三)监理工程师在设备试运行过程中的质量控制,主要是监督安装单位按规定的步骤和内容进行试运行,并督促其做好试运行的(A)。

A.各种检查和记录　　B.时间安排和调度

C.系统划分　　D.技术交底

2.(2008三)下列工作中,属施工过程质量控制的是(C)。

A.设计交底和图纸会审　　B.施工生产要素配置审查

C.作业技术交底　　D.工程质量评定

3.(2008三)对建设项目环境管理提出的"三同时"要求,是指环境治理设施与项目主体工程必须(B)。

A.同时开工、同时竣工、同时投产使用　　B.同时设计、同时施工、同时投产使用

C.同时开工、同时竣工、同时验收　　D.同时设计、同时开工、同时验收

4.(2008三)不能促使承包商降低工程成本,甚至还可能"鼓励"承包商增大工程成本的合同。形式是(B)。

A.成本加固定金额酬金合同　　B.成本加固定百分比酬金合同

C.成本加奖罚合同　　D.最高限额成本加固定最大酬金合同

5.(2008三)建设工程竣工决算时,新增固定资产值计算的对象是已经完成并经验收鉴定合格的(B)。

A.建设项目　　B.单项工程

C.单位工程　　D.分部工程

6.(2008三)建设工程组织流水施工时,某专业工作队在单位时间内所完成的工程量称为(C)。

A.流水节拍　　B.流水步距

C.流水强度　　D.流水节奏

7.(2008三)监理工程师控制物资供应进度的工作内容包括(A)。

A.审定物资供应情况分析报告　　B.履行物资供应合同中的义务

C.确定物资供应分包方式　　D.负责住房供应物资的订货

(二)多选

1.(2009 三)设备安装过程的质量控制主要包括(ABCE)。

A. 设备基础检验　B. 设备就位和调平找正

C. 复查与二次灌浆　D. 设备安装准备的质量控制

E. 设备安装质量记录资料的控制

2.(2008 三)施工阶段监理工程师可应用(ADE)等手段进行质量控制。

A. 审核技术文件报告和报表　B. 向建设单位报告

C. 按承包商要求规定质量监控工作程序　D. 平行检验、旁站监理、巡视检查

E. 制约工程款支付

3.(2008 三)建设工程项目的投资控制应贯穿于项目建设的全过程,但各阶段对投资的影响程度是不同的,应以(AB)阶段为重点。

A. 决策　B. 设计　C. 招投标　D. 施工　E. 试运行

二、工程监理案例选编

[案例]某设备安装和地下管道工程,建设单位和施工单位协商由建设单位供应主材,施工单位采购辅材,工程准备使用的特种水泥和特种钢材,建设单位到外地采购的人员发回信息,称这两种材料都很紧张。工程物资管理部人员对两种建材市场供应的前景推测,可能只能两种材料中的一种可以保证供应,经过本单位经济师的预测,如果特种水泥不能按时供给,将使企业亏损 6 万元。如果特殊钢材不能按时供给,将使企业亏损 18 万元。根据市场信息网的显示数据推测特种水泥的供应概率为 0.3,而特种钢材的供应率为 0.7。

对来年供应的两种主材,建设单位要求监理单位工程师充分发挥意见,以便应对这一风险。

[问题]

1. 这一风险是属于谁的风险?
2. 什么是工程损失衡量?
3. 工程风险包括哪些?该风险属于哪类?
4. 风险管理目标确定的要求有哪些?
5. 监理工程师应建议建设单位如何应对风险。

[案例解析]

1. 因为建筑主材由建设单位负责采购,故不能满足供应是建设单位的责任风险。施工单位没有特种水泥或特种钢材供应时,应向建设单位提出索赔。根据国家现行规定和施工合同约定,应对施工单位的工期给予顺延,对设备闲置、物资积压和施工人员的停工损失给予适当补偿。

2. 所谓风险损失衡量是指在风险已定且风险量确定的情况下损失值的多少。

3. 工程风险包括安全风险、责任风险、投资风险和进度风险。上述风险属于投资风险。

4. 建设单位风险管理目标确定的要求:

①目标的现实性。

②风险管理的目标和总目标一致。

③目标的层次性。

④目标的明确性。

5. 监理工程师应建议建设单位：

①风险识别(分清风险的类型)。

②风险评价(分清风险程度、损失值、严重性)。

③向建设单位提供风险对策,建议性资料和处理风险的最佳方案。

本章小结

本章介绍了安装工程施工质量监理;水、暖工程施工质量监理;通风、空调工程施工质量监理;电气照明工程施工质量监理,以及电梯工程施工质量监理的要点、质量通病、预控措施和验收。对于安装工程,重点掌握设备安装施工过程质量监理、质量通病及防治。特别地,对于水暖工程、通风空调工程、电气照明工程、电梯工程,还要掌握施工质量监理要点、预控措施和验收注意事项。通过对全国监理工程师考题摘录的单选、多选和实际案例的学习,掌握了解决监理技术问题的方法和技巧,对监理理论的实际应用更加深化。

复习思考题

1. 安装工程施工阶段质量监理要点有哪些?

2. 简述安装工程施工质量监理程序。

3. 简述水、暖工程施工质量监理要点。

4. 水、暖工程施工质量验收有哪些主要工作内容?

5. 通风、空调工程施工有哪些主要质量通病及防治措施?

6. 电气照明工程施工质量有哪些常见的质量预控措施?

7. 电梯工程安装质量监理的有哪些质量问题?

8. 电梯工程施工质量通病有哪些预控措施?

9. 本章摘录的近年全国监理工程师考题单选有几题?多选有几题?解答是否正确?能否从本书和有关参考资料中找到解答正确与否的原因?

10. 本章选编的监理案例的内容时什么?有几个问题?监理工程师是怎样解决的?

第 10 章

建筑装饰工程质量监理

内容提要和要求

建筑装饰工程的内容包括各类建筑的室内外抹灰工程、油漆工程、刷(喷)工程、玻璃安装、饰面安装工程等。而抹灰工程、油漆工程、玻璃安装、刷(喷)工程、饰面安装工程是装饰质量监理的要点。

本章主要介绍了建筑装饰工程质量监理内容,包括一般抹灰与装饰抹灰、油漆施工、刷喷浆工程、玻璃安装工程、饰面安装工程监理内容,事前预控、事中、事后质量监理要点。最后,本章还摘录了《近年全国监理工程师考题和案例选编》,为进一步学习和掌握本书内容提供了参考。

在本章学习中应重点掌握一般抹灰与装饰抹灰、油漆施工、刷喷浆工程、玻璃安装工程、饰面安装工程事前预控、事中、事后质量监理要点。

10.1 装饰工程质量监理简介

建筑装饰工程质量监理的工作内容,是根据各类建筑室内和室外墙面、顶棚等装饰工程的质量要求和检验评定标准,对装饰工程承包人在施工过程中所使用的原材料质量、操作工艺、操作质量等,进行监督、控制与检查。

10.1.1 装饰工程质量监理的工作流程

装饰工程质量监理的工作流程见图 10.1。

10.1.2 装饰工程质量监理要求

(1)抹灰施工监理要求

1)抹灰工程应对隐蔽工程项目进行验收。

2)抹灰工程应对水泥的凝结时间和安定性进行复验。

3)各分项工程的检验批应按下列规定划分:

①相同材料、工艺和施工条件的室外抹灰工程每 500 ~ 1 000 m^2 应划分为一个检验批,不足 500 m^2 也应划分为一个检验批。

②相同材料、工艺和施工条件的室内抹灰工程每 50 个自然间(大面积房间和走廊按抹灰

面积30 m^2 为一间)应划分为一个检验批,不足50间也应划分为一个检验批。

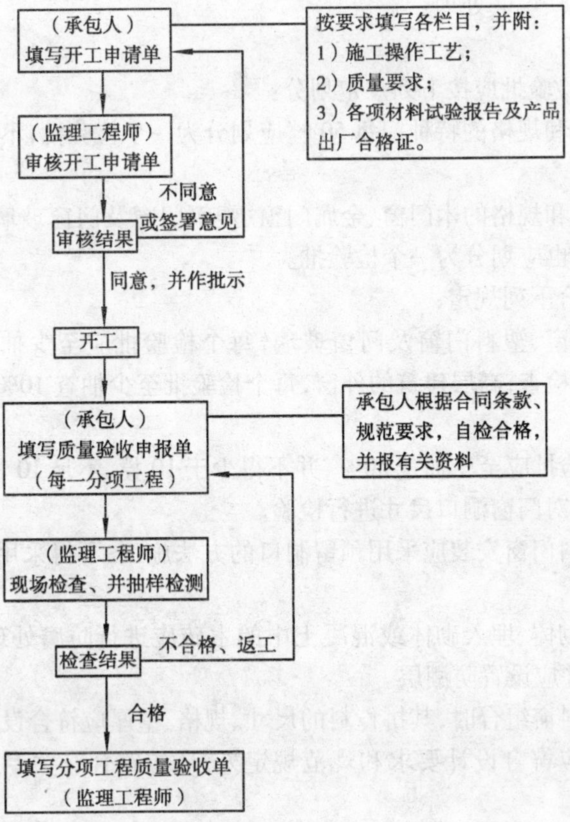

图10.1　装饰工程质量监理的工作流程

4)检查数量应符合下列规定:

①室内每个检验批应至少抽查10%,并不得少于3间;不足3间时应全数检查。

②室外每个检验批每100 m^2 应至少抽查一处,每处不得小于10 m^2。

5)外墙抹灰工程施工前应先安装钢(木)门窗框、护栏等,并应将墙上的施工孔洞堵塞密实。

6)抹灰用的石灰膏的熟化期应不少于15 d;罩面用的磨细石灰粉的熟化期应不少于3 d。

7)室内墙面、柱面和门洞口的阳角做法应符合设计要求。设计无要求时,应采用1:2水泥砂浆做护角,其高度应不低于2 m,每侧宽度应不小于50 mm。

8)当要求抹灰层具有防水、防潮功能时,应采用防水砂浆。

9)各种砂浆抹灰层,在凝结前应防止快干、水冲、撞击、振动和受冻,在凝结后应采取措施防止被玷污和损坏。水泥砂浆抹灰层应在湿润条件下养护。

10)外墙和顶棚的抹灰层与基层之间及各抹灰层之间必须黏结牢固。

(2)门窗工程施工监理要求

1)门窗工程应对下列材料及其性能指标进行复验:

①建筑外墙金属窗、塑料窗的抗风压性能、空气渗透性能和雨水渗漏性能。

②人造木板的甲醛含量。

2)门窗工程应对下列隐蔽工程项目进行验收：

①隐蔽部位的防腐、填嵌处理。

②预埋件和锚固件。

3)各分项工程的检验批应按下列规定划分：

①同一品种、类型和规格的特种门每50樘应划分为一个检验批，不足50樘也应划分为一个检验批。

②同一品种、类型和规格的木门窗、金属门窗、塑钢门窗及门窗玻璃每100樘应划分为一个检验批，不足100樘也应划分为一个检验批。

4)检查数量应符合下列规定：

①木门窗、金属门窗、塑料门窗及门窗玻璃，每个检验批应至少抽查5%，并不得少于3樘，不足3樘时应全数检查；高层建筑的外窗，每个检验批至少抽查10%，并不得少于6樘，不足6樘时应全数检查。

②特种门每个检验批应至少抽查50%，并不得少于10樘，不足10樘时应全数检查。

5)门窗安装前，应对门窗洞口尺寸进行检验。

6)金属门窗和塑料门窗安装应采用预留洞口的方法施工，不得采用边安装边砌口或先安装后砌口的方法施工。

7)木门窗与砖石砌体、埋入砌体或混凝土中的木砖应进行防腐处理；混凝土或抹灰层接触处应进行防腐处理并应设置防潮层。

8)当金属窗或塑料窗组合时，其拼樘料的尺寸、规格、壁厚应符合设计要求。

9)特种门安装除应符合设计要求和规范规定外，还应符合有关专业标准和主管部门的规定。

10)建筑外门窗的安装必须牢固。在砌体上安装门窗严禁用射钉固定。

(3)饰面板(砖)工程施工监理要求

1)饰面板(砖)工程应对下列隐蔽工程项目进行验收：

①预埋件(或后置埋件)。

②连接节点。

③防水层。

2)饰面板(砖)工程应对下列材料及其性能指标进行复验：

①室内用花岗石的放射性。

②粘贴用水泥的凝结时间、安定性和抗压强度。

③外墙陶瓷面砖的吸水率。

④寒冷地区外墙陶瓷面砖的抗冻性。

3)各分项工程的检验批应按下列规定划分：

①相同材料、工艺和施工条件的室外饰面板(砖)工程每500～1 000 m^2 应划分为一个检验批，不足500 m^2 也应划分为一个检验批。

②相同材料、工艺和施工条件的室内饰面板(砖)工程每50间(大面积房间和走廊按施工面积30 m^2 为一间)应划分为一个检验批，不足50间也应划分为一个检验批。

4)检查数量应符合下列规定：

①室内每个检验批应至少抽查10%，并不得少于3间，不足3间时应全数检查。

②室外每个检验批每 100 m^2 应至少抽查一处，每处不得小于 10 m^2。

5）外墙饰面砖粘贴前和施工过程中，均应在相同基层上做样板间，并对样板间的饰面砖粘结强度进行检验，其检验方法和结果判定应符合《建筑工程饰面砖黏结强度检验标准》（JGJ 110）的规定。

6）饰面板（砖）工程的防震缝、伸缩缝、沉降缝等部位的处理应保证缝的使用功能和饰面的完整性。

(4) 刷（喷）工程施工监理要求

1）各分项工程的检验批应按下列规定划分：

①室外刷（喷）浆工程每一栋楼的同类刷（喷）浆的墙面每 500 ~ 1 000 m^2 应划分为一个检验批，不足 500 m^2 也应划分为一个检验批。

②室内刷（喷）浆工程同类的墙面每 50 间（大面积房间和走廊按涂饰面积 30 m^2 为一间）应划分为一个检验批，不足 50 间也应划分为一个检验批。

2）检查数量应符合下列规定：

①室外刷（喷）浆工程每 100 m^2 应至少检查一处，每处不得小于 10 m^2。

②室内刷（喷）浆工程每个检验批应至少抽查 10%，并不得少于 3 间；不足 3 间时应全数检查。

3）刷（喷）浆工程的基层处理应符合下列要求：

①新建筑物的混凝土或抹灰基层在刷（喷）浆涂料前应涂刷抗碱封闭底漆。

②旧墙面在刷（喷）浆涂料前应清除疏松的旧装饰层，并涂刷界面剂。

③混凝土或抹灰基层喷刷溶剂型涂料时，含水率不得大于 8%；涂刷乳液型涂料时，含水率不得大于 10%。木材基层的含水率不得大于 12%。

④基层腻子应平整、坚实、牢固，无粉化、起皮和裂缝；内墙腻子的黏结强度应符合《建筑室内用腻子》（JG/T 3049—1998）的规定。

⑤厨房、卫生间墙面必须使用耐水腻子。

4）水性涂料涂饰工程施工的环境温度应在 5 ~ 35 ℃。

5）涂饰工程应在涂层养护期满后进行质量验收。

10.2　建筑装饰工程质量监理的事前预控要点

建筑装饰工程质量监理应在装饰施工前熟悉和掌握委托装饰监理合同、施工合同、设计图纸、变更通知及有关的规定、规范等资料。组织图纸会审，并督促装饰施工单位在施工前向施工人员做好技术交底。审核施工单位编制的装饰工程施工方案，确保其技术措施、质量控制措施及工艺流程满足有关规范要求，其施工方法要满足投资控制的要求。监理工程师要审查施工单位的质保体系是否完善，施工人员和质量安全人员是否具备上岗证。监理工程师要对装饰材料进行审查，确定后要对样品进行封板保存，封板标签要列明生产厂家、规格、使用部位、数量、价格等内容。

10.2.1　一般抹灰工程施工监理事前预控要点

(1)对抹灰基层的要求

一般抹灰基层应符合下列要求：

①一般抹灰应在基体或基层的质量检查合格后进行。表面偏差过大，应采取相应的技术措施。如将过梁、圈梁及组合柱等表面凸出部分剔平，凹处刷净补平。

②木结构与砖石结构、混凝土结构等相接处，为了防止开裂，基体或基层表面的抹灰应先铺钉金属网，金属网的搭接宽度应不小于100 mm，并绷紧牢固。

③为了防止抹灰层的污染和损坏，应待上下水、煤气管道等安装后进行。管道穿越的墙洞和楼板洞抹灰前应安装套管并用1∶3水泥砂浆填嵌密实。散热器和密集管道等背后的墙面抹灰，宜在散热器和管道安装前进行。

④外墙抹灰工程施工前，应安装好门窗框、阳台栏杆和预埋铁件等，并将墙上的施工洞、脚手眼堵塞密实。

⑤抹灰前检查门窗框安装位置是否正确，与墙连接是否牢固，接缝处用1∶3水泥砂浆或水泥混合砂浆掺少量麻刀嵌塞密实。

(2)脚手架搭设应符合下列要求

①室内提前搭好操作用的高凳和架子，架子要离开墙面200～250 mm，以便操作。

②室外架子要离开墙面200～250 mm，铺三步架板，以满足操作要求，严禁采用单排外架子，不得在墙面上预留临时孔洞。

(3)冬、雨期施工要求

冬、雨期施工应符合下列规定：

①冬期抹灰砂浆应采取保温措施。涂抹时，砂浆的温度不宜低于5 ℃。砂浆抹灰层硬化初期不得受冻。气温低于5 ℃时，室外抹灰所用的砂浆可掺入能降低冻结温度的外加剂，其掺量应由试验确定。做涂料墙面的抹灰砂浆，不得掺入含氯盐的防冻剂。

②用冻结法砌筑的墙，室外抹灰应待其完全解冻后施工；室内抹灰应待抹灰的一面解冻深度不小于墙厚的一半时，方可施工，不得用热水冲刷冻结的墙面或用热水消除墙面的冰霜。

③冬期施工，抹灰层可采用热空气或带烟囱的火炉加速干燥。如采用热空气时，应设通风设备，排除湿气。

④雨期抹灰应采取防雨措施，防止终凝前的抹灰层受雨淋而损坏。

⑤在高温、多风、空气干燥的季节抹灰时，应先对门窗进行封闭，然后进行抹灰。

(4)抹灰层厚度的控制

一般抹灰层的厚度应符合下列要求：

①抹灰层总厚度：抹灰层超厚，容易出现空鼓、裂缝和脱层。抹灰层的平均总厚度，不得大于下列规定：

顶棚板条：现浇混凝土15 mm，预制混凝土18 mm，金属网20 mm。内墙普通抹灰18 mm，中级抹灰20 mm，高级抹灰25 mm。外墙20 mm，勒脚及突出墙面部分25 mm；石墙35 mm。

混凝土大板和大模板建筑的内墙和楼板底面，宜用腻子分遍刮平，各遍黏结牢固，总厚度为2～3 mm。如果聚合物水泥砂浆、水泥混合砂浆喷毛打底，纸筋石灰罩面，以及膨胀珍珠岩水泥砂浆抹面，总厚度为3～5 mm。

②每遍抹灰层厚度涂抹水泥砂浆宜为5～7 mm;涂抹石灰砂浆和水泥混合砂浆宜7～9 mm;面层抹灰赶平压实后的厚度:麻刀石灰不大于3 mm;纸筋石灰、石膏灰不大于2 mm。

(5)做样板间

室内大面积抹灰前,先做样板间,经有关部门鉴定合格后,再正式施工。

(6)装饰抹灰基层和面层应符合下列要求

①装饰抹灰在基体与基层质量检验合格后方可进行。基层必须清理干净,使抹灰层与基层黏结牢固。

②装配式混凝土外墙板,其外墙面和接缝不平处以及缺楞掉角处,用水泥砂浆修补后,可直接进行喷涂、滚涂、弹涂。

③装饰抹灰面层应做在已硬化、粗糙而平整的中层砂浆面上,涂抹前应洒水湿润。

④装饰抹灰面层的厚度、颜色、图案应符合设计要求。

⑤装饰抹灰面层的施工缝,应留在分格缝、墙面阴角,水落管背后或独立装饰组成部分的边缘处。每个分块必须连续作业,不显接槎。

(7)装饰抹灰应满足以下工作条件

①喷涂、弹涂等工艺在雨天或天气预报下雨时不得施工;干粘石等工艺在大风天不宜施工。

②装饰抹灰的周围的墙面、窗口等部位,应采取有效措施,进行遮挡,以防污染。

③做样板装饰抹灰的材料、配合比、面层颜色和图案要符合设计要求,以达到理想的装饰效果。

10.2.2　油漆工程施工监理事前预控要点

油漆工程施工前监理工程师应要求施工单位完成以下工作:

基层处理

基层的处理方法分为基层的处理、金属面基层的处理和其他基层的处理。

①木材面基层表面尘土、胶迹、污垢及灰浆,可用刷子、刮刀刮除干净;钉孔、榫头、裂纹、毛刺的清理,用着色腻子嵌补平整,干后用砂纸打磨光滑,抹布擦净;松脂应将脂迹刮净,流松香的节疤应挖掉;节疤、黑斑和松脂处用漆片点2～3遍,用腻子抹平,细砂纸轻磨、擦净;表面硬刺、木丝、木毛,可涂少许酒精点燃,使木刺变硬后,再进行打磨。

②金属面基层表面铁锈、鳞皮、焊渣、砂浆用钢丝刷、砂布、铲刀、尖锤或废砂轮等打磨敲铲刷除干净,再用铁砂布打磨一遍;也可用空气压缩机喷砂方法将锈皮、氧化层、铸砂除净,再清洗擦干;砂眼、凹坑、缺楞、拼缝等处用石膏油腻子刮抹平整,用砂纸打磨,粉末除尽;毛刺用砂布磨光,油污用汽油、松香水或苯类清洗剂清洗干净。

③抹灰面基层表面灰尘、污垢、溅沫和砂浆流痕等用刷子、铲子、扫帚等清理干净;裂缝、凹陷处用油腻子补嵌均匀,干后磨光;抹灰层内小石灰块,要用小刀挖去嵌腻子,粗糙处用砂纸磨光。

④水泥砂浆基层墙面须用浓度为15%～20%的硫酸锌或氯化锌反复涂刷数次,将墙面有害漆膜的碱性和游离石灰洗去,干后除去析出的粉质和浮粒;凹陷处嵌腻子,干后磨光。

10.2.3　刷(喷)浆工程施工监理事前预控要点

为了保证刷(喷)浆施工质量,要求基层应具备如下条件:

①有缺陷的基层应进行修补，经修补后的基层不平整度及连接部错位，应限制在刷(喷)浆品种、刷(喷)浆厚度及表面装饰状态等允许的范围之内。

②基层表面不应附着灰尘、油脂、锈斑及砂浆和混凝土渗出物等。

③基层表面的强度与刚度应比刷(喷)浆后的涂层高。如果基层材料为加气混凝土等疏松表面，应预先涂刷固化交联溶剂型封底涂料(通常为合成树脂乳液封闭底漆)，以加固基层表面。

④基层表面修补部位所用修补砂浆的碱性、含水率及粗糙性等，应与其他部位相同，如果有不一致时应加涂封底涂料。

⑤基层含水率应根据所用涂料的种类，在允许的范围之内(一般要求在8%以下)。

⑥基层 pH 值应根据所用涂料的种类，在允许的范围之内(一般要求在10以下)。

⑦在基层上安装的金属件、各种钉件等，应进行防锈处理。

⑧在基层上的各种构件、预埋件，以及水暖、电气、空调等管线，均按设计要求安装就位。

10.2.4 玻璃安装工程施工事前质量预控要点

玻璃安装工程包括平板玻璃、夹丝玻璃、磨砂玻璃、钢化玻璃、彩色玻璃、压花玻璃和玻璃砖的安装。其中平板玻璃应用最为广泛，如建筑物的门窗、隔断、温室、橱窗等。对其他品种玻璃应用，是根据工程建筑物、构筑物的需要而决定的。

玻璃安装工程施工事前质量预控要点：

①检查所用的玻璃的品种、规格、颜色和质量是否符合设计要求，安装是否符合设计图纸和施工规范的要求。

②玻璃施工预控内容；

a. 玻璃工程施工条件和环境；

b. 油灰质量。

③玻璃的裁配预控内容：尺寸。

④一般玻璃安装预控内容：

a. 颜色图案拼装；

b. 固定方法；

c. 平整牢固。

10.2.5 饰面工程施工事前质量预控要点

(1)饰面施工条件预控

1)施工顺序和施工环境。

2)室内饰面工程应在抹灰工程完工后进行。室外饰面完工后才能施工勒脚饰面。楼梯、栏板和墙裙的饰面安装应在踏步和地(楼)面层完工后进行。

3)镶贴饰面的基层应清理干净，不准留有残余砂浆、尘土与油渍。

4)夏季施工应防止刚安装(镶贴)好的饰面受雨淋或暴晒，冬期施工砂浆使用温度不应低于5 ℃，并采取防冻措施。

(2)饰面板(砖)的材质预控内容

1)饰面板的品种、规格、图案和砂浆种类应符合要求。

2)饰面板(砖)施工前，应根据设计图案要求，对饰面板(砖)的类型、规格、颜色进行分类。

(3)细部处理预控内容

1)镶贴饰面板(砖)时,暗缝应填嵌密实,防止渗水;分段相接处应平整。

2)室外檐口、腰线、窗台、雨篷等处饰面,必须有流水坡度的滴水线。

3)装配式挑檐、托座等下部或与柱相接处,镶贴饰面板(砖)时应留适量缝隙。变形缝处的留缝宽度应符合设计要求。

(4)饰面板(天然石、人造大理石、水磨石、水刷石)安装预控内容

1)饰面板安装前基层应先找平、分块弹线、进行试排、预拼与编号。

2)饰面板所用的锚固件及连接件一般用镀锌铁件或作防腐处理。镜面和光面的大理石、花岗石饰面应用铜或不锈钢制品连接件。

3)固定饰面板的钢丝网,应与锚固件连接牢固。固定饰面板的连接件直径或厚度大于饰面板的接缝宽度时,应凿槽埋置。

4)每块饰面板安装前,其上、下边打眼数量均不得少于两个;当板宽度大于700 mm时,其上、下边打眼均不得少于三个。

5)饰面板的接缝宽度应按设计要求和规范规定。

6)灌注砂浆前,先将两边竖缝用15~20 mm的麻丝填塞,光面、镜面和水磨石面板的竖缝,可用石膏灰封闭。

7)饰面板安装应采取临时固定措施,以防灌注砂浆时移动。

8)饰面板就位后,应用1∶2.5水泥砂浆固定,分层灌注,每层灌注高度为150~200 mm,且不得大于板高的1/3,并插捣密实;待初凝后,应检查板面位置,如移动错位,应拆除重新安装;若无移动,方可灌上层砂浆。施工缝应留在饰面板的水平接缝以下50~100 mm处。

(5)饰面板(天然石、人造大理石、水磨石、水刷石)镶嵌预控内容

1)检查基层砂浆配合比、镶贴顺序和镶贴方法。

2)基层应湿润,并涂抹1∶3水泥砂浆找平层。如在金属面上涂抹时,砂浆厚度为15~20 mm。

3)镶饰面砖应预排,使接缝顺直、均匀。同一墙面上的横竖排列,不得有一行以上的非整砖。非整砖应排在次要部位或阴角处。

4)基层表面如有管线、灯具、卫生设备等突出物,周围的板(砖)应用整砖套割吻合,不得用非整砖拼凑镶贴。

5)镶贴饰面砖须按弹线标志进行。表面应平整,不显接槎,接缝平直,宽度一致。

6)釉面砖和外墙面砖施工前,应对规格、颜色进行挑选;使用前,应在清水中浸泡2 h以上,晾干后方可使用。

7)镶贴釉面砖时,一般由上往下逐层粘贴,从阳角起贴,先贴大面,后贴阴阳角、凹槽等难度大的部位;室内镶贴面砖时,如设计无要求,接缝宽度为1~1.5 mm。

8)镶贴外墙面砖时,应根据排砖确定的缝宽做嵌缝木条,使用前,木条应先用水浸泡,以保证缝格均匀。施工中要随时清除接缝余灰。

9)镶贴陶瓷锦砖时,整幢房屋宜从上往下进行,但如果上下分段施工时,也可从下往上进行镶贴,整间或独立部位应一次完成;镶贴时,每联板间应留空隙,不应有拼缝。应仔细拍实、拍平。待稳固后,将纸面用水润湿,揭去纸面,再拨缝,使其达到横平竖直,用水泥浆揩缝后擦净面层。

10)镶贴饰面砖的室内房间,阴阳角须找方,要防止地面沿墙边出现宽窄不一的现象。

11)表面不易清洗的部位,可用10%稀盐酸刷洗,但必须随即用水冲洗干净。

10.3 装饰工程监理质量事中控制要点

10.3.1 一般抹灰事中监理控制要点

(1)墙面抹灰施工监理要点

1)内墙抹灰工程应在房屋和室内暗管等完成以及墙身干透后进行,门窗洞口与立墙交接处及各种孔洞均应用1∶3水泥砂浆砌砖堵严。抹灰顺序应先室外后室内,先上面后下面,先地面后天棚。

2)抹灰基层应仔细清扫干净,并洒水湿润。基层为现浇混凝土板时,常夹有油毡、木丝,必须清理干净;当为预制混凝土板时,常有油腻,应用10%浓度的NaOH溶液清洗干净,隔离层应用钢丝刷刷一遍,再用水冲洗净。凹坑须用1∶3的水泥砂浆预先分层修补,凸出处要凿平。

3)抹灰前须用托线板检查墙面的平整及垂直度,找好规矩四角规方,横线找平,立线吊直,并弹出准线和墙裙、踢脚板水平线。

4)为保持抹灰面的垂直平整,内墙面应自四角起进行拉线、贴灰饼,每隔1.2~1.5 m抹一条宽10 cm左右的砂浆冲筋,定出抹灰层厚度,最薄处不应小于7 mm。

5)基层为混凝土时,抹灰前,用清水湿润并刷或刮素水泥浆一遍;采用水泥砂浆面层时,底子灰表面应扫毛或划出纹道,面层应注意接槎,压光不少于两遍,罩面后次日应洒水养护。

6)抹纸筋灰面层,应在底子灰5~6成干时进行;底子灰如过分干燥,应先浇水湿润,罩面分两遍成活,由阴、阳角处开始薄刮一层,找平赶光一层。

7)室内墙面和门窗洞口侧壁的阳角,如设计对护角线无规定时,一般可用1∶2的水泥砂浆抹出护角,护角高度不低于2 m,每侧宽度不小于50 mm,并用捋角器捋出小圆角。

8)墙面阳角抹灰时,应先将靠尺在墙角的一面用线锤找直,然后在墙的另一面用靠尺抹上砂浆,使墙面相交的阳角成一条直线。

9)室内墙裙、踢脚板的抹灰,要比抹灰墙面凸出5~6 mm,根据弹出的高度尺寸弹上线,将八字靠尺靠在线上,用铁抹子切齐,修边清理。

10)外墙窗台、雨篷、阳台、压顶和突出腰线等,上面应做流水坡度,下面应做滴水线或滴水槽(图11.2)。滴水槽的深度和宽度不应小于10 mm,并整齐一致。

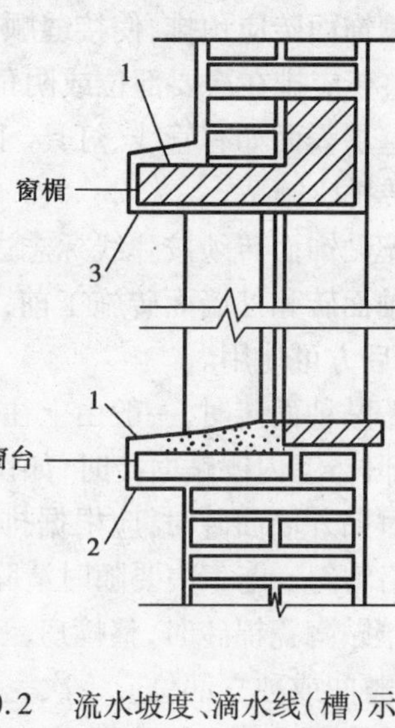

图10.2　流水坡度、滴水线(槽)示意图
1—流水坡度;2—滴水线;3—滴水槽

(2)顶棚抹灰施工监理要点

1)钢筋混凝土板顶棚抹灰前应用清水湿润并刷素水泥浆一遍。

2)顶棚抹灰应根据墙四周弹出的水平线,以墙上水平线为依据,先抹顶棚四周,圈边找平;顶棚抹灰宜在灰线抹完后进行。

3)抹板条顶棚、预制构件天棚底子灰时,要垂直板条并沿模板纹的方向抹;抹得要薄,并应将灰挤入板条、预制板缝隙中,待底子灰 6 ~ 7 成干时,再进行罩面,分三遍压实、压光。

4)在抹大面积的板条顶棚时或顶棚的高级抹灰,应加钉长 350 ~ 450 mm 的麻筋,其间距为 400 mm 并交错布置,分遍按放射状梳理抹进中层砂浆内。

5)灰线抹灰应符合下列规定:

①抹灰线用的抹子,其线型、楞角等应符合设计要求,并按墙面柱面找平后的水平线确定灰线位置。

②简单的灰线抹灰,应待墙面、柱面、顶棚中层砂浆抹完后进行;多线条的灰线抹灰,在墙面柱面的中层砂浆抹完后、顶棚抹灰前进行。

③灰线抹灰应分遍成活,底层、中层砂浆中宜掺入少量麻刀。罩面灰应分遍连续涂抹,表面应赶平、修整、压光。

6)顶棚表面应顺平,并压光压实,不应有抹纹及气泡、接槎不平等现象。顶棚与墙面相交的阴角,应成一条直线。

7)抹灰时,门窗应关闭,以免风干过快而造成抹灰层开裂。

(3)冬期抹灰应注意事项

1)冬期抹灰应采取保温措施。涂抹时,砂浆的温度不能低于 5 ℃。

2)砂浆抹灰层在硬化初期不得受冻。气温低于 5 ℃时,室外抹灰所用的砂浆可掺入能降低冻结温度的外加剂,其掺量需经试验确定。

3)用冻结法砌筑的墙体,室外抹灰应待其解冻后方可施工,室内抹灰应待内墙面解冻深度不小于墙厚的一半时方可施工;但不得用热水冲刷冻结的墙面或用热水消除墙的冰霜。

10.3.2　油漆工程施工事中质量控制要点

(1)木材面油漆施工要点

1)刷混合油漆(厚漆、调和漆)

①木材面油漆应在室内抹灰、地面处理、门窗及其他设施安装完和木材面干燥(含水率小于 2%)后进行。其施工环境温度不宜低于 10 ℃,相对湿度不大于 60%。刷漆前,室内应清扫干净。

②门窗等四周除防腐部分外,其他各面都应先刷清油一遍,干透后再涂漆,以防受潮变形和污染,并增加黏结力。在不平及缺陷处用腻子压实刮平,干后用砂纸磨光,抹布擦净。

③混色油漆使用时,须加入 25% ~ 35% 清油或少量松香水、汽油稀释、过滤后才可涂刷。配制时,根据工程大小,用料多少,一次配齐,以免发生颜色、厚薄不均等现象。厚漆使用前,应根据设计要求的颜色,先制作样板,经选定后,再正式配制涂刷。调和漆使用时,要搅拌均匀,使浓淡适中,色泽一致。外用的调和漆不宜加松香水,以免损害漆膜外观。

④刷油漆应按先上后下、先左后右、先内后外、先浅色后深色的顺序,玻璃口处留出不刷。刷门时,向里开的先刷里面,向外开的先刷外面。

⑤涂漆一般不少于三遍，刷第一遍漆可稀些，使其易渗入木纹，第二、三遍可较稠。刷第二、三遍漆须待第一、二遍漆干透（常温 24 h 左右）后方可进行。漆膜上不平和缺陷处用同色腻子修补填平，干后用细砂纸轻轻打磨光滑，擦净粉末后再行涂刷。

⑥涂刷时蘸油宜少，要向木纹方向多刷多理，做到动作敏捷，刷油饱满，不流不坠，厚薄和光亮均匀，色泽一致。不应横刷乱涂，各处均应刷到、均匀，不可遗漏。涂刷最后一遍油漆时，不得随意地在油质涂料中加入催干剂。

⑦木地板刷混合油漆，可参照以上做法，但油漆遍数不能少于两遍，除最后一遍外，每遍均应用砂纸磨去其表面的光泽。

⑧刷漆不宜在日光暴晒下进行，每遍油漆刷完后，应将门窗扇用风钩或木楔固定，防止扇框油漆粘住而影响质量和美观。

⑨油漆施工完毕，漆膜应保养一周，避免摩擦、碰撞及玷污油渍、粉类，并避免泡水。

2）刷清漆

①树脂清漆使用时，应调均匀，过稠时，加稀清漆调配，或加 200 号溶剂汽油，或与二甲苯按 1∶1混合稀释。

②刷第一遍清漆宜稀，要求理平理光，注意色调均匀，拼色相互一致，表面不露疤节、刷纹。每遍干燥后（至少 3 d），用细砂纸打磨，用湿布拭擦，或用棉纱蘸水着滑石粉摩擦，将表面光亮擦去，但不能磨穿油底，磨损棱角；干后再刷数遍，直至要求遍数（一般不少于三遍），最后一遍不必擦光亮。

③其他涂刷操作要求和养护与刷混色油漆相同。

④清漆施工环境温度宜保持在 20 ~25 ℃。

(2)金属面油漆施工监理要点

1）涂刷前，周围环境应清理干净。金属表面的灰尘、油渍、鳞皮、锈斑、焊渣、毛刺应清除干净。金属表面应干燥，不可有湿气。

2）防锈漆与第一遍银粉漆，应在设备安装就位前涂刷。最后一遍银粉漆，应在刷浆工程完工后涂刷。

3）金属表面不平处用腻子找平，干透后用砂纸磨光。白铁皮制品的咬口缝隙，应用防锈油腻子填抹密实。

4）涂刷防锈漆要均匀，不应刷得太厚，不可遗漏，面漆可用各色调和漆或磁漆，表面与接缝处都要涂刷严实。

5）钢窗必须在安好玻璃及腻子干透后才刷第一遍油漆，以保证外观色彩和整洁。

6）涂刷油漆的方法与木材表面涂刷混色油漆相同，不宜少于两遍。

(3)混凝土面与抹灰面油漆施工要点

1）混凝土面与抹灰面涂刷油漆，必须在表面充分干燥（含水率小于 6%）后进行。

2）外墙应选用有防水、耐碱性能的油漆。涂刷油漆时，应用排笔先刷一度稀释的清漆（按不同种类油漆掺入少量稀释剂），以增加黏结和便于涂刷，然后涂刷各遍油漆。

3）每遍油漆干透后，才可进行次遍油漆，一般不少于两遍。

4）无光漆主要成分为松香水，干燥较快，颜料易沉淀，涂刷时要做到迅速，一次刷完，不得留槎。同时，要不断搅拌，使油漆稀稠一致，以保证涂刷质量。

5）刷漆时要关闭门窗，避免空气对流，使油漆干燥速度减慢，以便于油漆操作。刷完油漆后，宜开启门窗通风以加快干燥。

6）抹灰面刷聚酯酸乙烯乳胶漆，如基层为水泥砂浆，应用木抹搓平，要求基本干燥（含水率不大于10%）。一般三遍成活，正常气温下，每遍须隔1 h，手摸不粘即可刷第二遍，每遍涂刷不宜过厚。

7）混凝土面和抹灰面刷油漆施工时气温应不低于15 ℃。

10.3.3　刷（喷）浆工程施工事中质量监控要点

（1）工艺流程

基层处理→喷、刷胶水→填补缝隙、局部刮腻子→石膏墙面拼缝处理→满刮腻子→喷、刷第一遍浆→复刮腻子→喷、刷第二遍浆。

（2）施工监理要点

1）基层处理

①刷浆前应全面检查墙面，将附在基层表面上的灰尘、灰渣、污垢、油渍和砂浆流痕刮净、扫净。

②刮腻子之前的混凝土墙面上先喷、刷一道胶水（质量比为水：乳液＝5：1），喷、刷要均匀，不得遗漏。

③表面孔眼凹坑和裂缝应用刷浆同种材料配的腻子找补齐平，干后磨光。

2）小面积刷浆宜用扁或圆刷子或排笔工具等刷涂，大面积刷浆宜用手压或电动喷浆机进行喷涂。

3）刷浆次序须先刷顶棚，然后由上而下刷（喷）四面墙壁。

4）内墙刷（喷）浆时，第一遍应横着刷，浆宜稠些，晾干后找补腻子（刷石灰水时不用），打磨平，刷第二、三遍浆宜稍稀些，再竖着刷，做到轻刷、快刷，每遍宜一气呵成，接头处不得重叠，做到颜色均匀，厚度一致，不漏刷，不漏底，不带刷痕、刷毛，每间房间要一次刷完。刷色浆应一次配足，可保证颜色一致。

5）刷（喷）内墙涂料和耐擦洗涂料，其基层处理与喷浆相同。面层涂料使用建筑产品时，要注意外观检查，并参照产品使用说明书去处理和涂刷即可。

6）喷浆时，应将门窗用纸遮盖，以防玷污。

7）室外刷（喷）浆

砖混结构的外窗台、碹脸、腰线等部位涂刷白水泥浆的施工方法：

①窗台、碹脸、腰线等部位，在未罩面灰时，应趁湿刮一层白水泥膏，使之与面层压实并结合在一起；将滴水线（槽）按规定预先埋设好，并趁灰层未干，紧跟涂刷第一遍白水泥浆（配比为白水泥加水重20%的107胶的水溶液拌匀成浆液），涂刷时，可用油刷或排笔自上而下涂刷，要注意应少蘸勤刷，严防污染。

②第二天要涂刷第二遍，达到涂层表面无花感且盖住底下为止。预制混凝土阳台板、阳台分户板、阳台拦板的涂刷。

8）冬季施工

①利用冻结法抹灰的墙面不宜进行涂刷。

②涂刷聚合物水泥砂浆应根据室外温度掺入外加剂，外加剂的材质应与涂料材质配套，外加剂的掺量应由试验决定。

③冬季施工所使用的外涂料,应根据材质和要求去组织施工及使用,严防受冻。

10.3.4 玻璃安装施工事中质量监控要点

(1)钢木框玻璃安装施工监理要点

1)工艺流程

玻璃挑选、裁制→分规格码放→安装前擦净→刮底油灰→镶嵌玻璃→刮油灰→净边。

2)玻璃应在内外门窗五金安装后,经检查合格,并在涂刷最后一遍油漆前进行安装。

玻璃安装顺序一般应先上后下,先内后外,如劳动力允许,也可同时进行安装。

3)钢门窗在安装玻璃前,要检查是否有扭曲及变形等情况,应修正和挑选后,再安装玻璃。

4)玻璃安装前,应按照设计要求的尺寸并参照实测尺寸,预先集中裁制。裁制好的玻璃,应按不同规格和安装顺序码放在安全的地方备用。铝合金框扇、玻璃裁割尺寸应符合国家标准,并满足设计及安装要求。

5)玻璃安装时所用的油灰(腻子)可购买成品,也可自行配制。安装用油灰另入红丹1~2份,使起防锈作用。

6)玻璃安装前,应清理裁口。先在玻璃底面与裁口之间沿裁口的全长均匀涂抹约3 mm厚的底油灰,再把玻璃推铺平整、压实,然后收尽底灰,四周钉上钉子固定,钉子的间距为150~200 mm,但每边不少于两个钉子。检查其是否安装平实,可用手轻敲玻璃,响声坚实,说明玻璃安装平实,如是“口扑”、“口扑”声,说明油灰不严,要重新安装。

7)钢门窗安装玻璃,应用钢丝卡固定,钢丝卡间距应不大于300 mm,且每边不得少于两个,并且油灰填实抹光;如采用橡皮垫,应先将橡皮垫嵌入裁口内,并用压条和螺丝钉加以固定。

8)压花玻璃安装时,压花面应向室外;磨砂玻璃安装时,磨砂面应向室内。

9)安装斜天窗玻璃如设计无要求时,应采用夹丝玻璃,并应从顺流水方向盖叠安装,盖叠搭接的长度应视天窗的坡度而定,当坡度为1/4或大于1/4时,不小于30 mm;坡度小于1/4时,不小于50 mm,盖叠处应用钢丝卡固定,并在缝隙中用密封膏嵌填密实;如采用平板玻璃时,要在玻璃下面加设一层镀锌铅丝网。

10)安装大尺寸玻璃(每块尺寸大于1.5 m或短边大于1 m的玻璃)时,应用橡皮垫和螺钉镶嵌,按图要求施工。

11)玻璃砖的安装应符合下列规定:

①安装玻璃砖的墙、隔断和顶棚的骨架,应连接牢固。

②玻璃砖应排列整齐,图形符合设计要求,表面平整,嵌缝的油灰或密封膏应饱满密实。

12)铝合金、塑料门窗玻璃安装,见门窗工程质量监理的内容。

(2)质量监控

1)玻璃施工监控内容:①玻璃工程施工条件和环境;②油灰质量。

2)斜天窗玻璃安装监控内容:①玻璃品种;②盖叠方向、长度。

3)玻璃砖安装监控内容:①骨架固定;②排列;③嵌缝。

10.3.5　饰面施工事中质量监控要点

(1)常用饰面安装工程施工监理要点:

1)大理石、花岗石饰面板和预制水磨石饰面板的镶贴

①根据图纸要求进行选板,并进行试拼,校正尺寸,进行编号。

②对基层表面的灰砂、油垢和油渍应清除干净,基层为混凝土墙时应凿毛,并凿去凸出部分。

③对大规格的饰面板,应按设计要求在基层表面上绑扎钢筋骨架,并于结构中预埋件固定。

④将板材的上下侧面两端各钻深 12 mm 的孔,将钢丝或铅丝穿人孔内,用木楔楔紧。

⑤贴饰面板时,按事先找好的水平线和垂直线,先在最下一行两头找平、拉线,从阳角或中间一块开始向阴角向两侧进行安装。用铜丝或铅丝将板材固定在钢筋骨架上,离墙保持 20 mm 的空隙,用托线板靠直靠平,要求做到板与板交接处四角平整,水平缝中楔入木楔控制厚度,板的上下口用石膏临时固定,较大的板材固定则应加支撑。两侧及底部缝隙用纸、麻丝或石膏堵严。

⑥每铺完一行后,用 1∶2.5 水泥砂浆(稠度为 8 ~ 12 cm)分层灌注,每次灌注高度为 15 ~ 20 cm,每次间隔 1 ~ 2 h,直至距上口 5 ~ 10 cm 处停止。然后将上口临时固定石膏剔去,清理干净缝隙,再同法安装第二行板材,依次由下往上逐行安装、固定、灌浆。对汉白玉、大理石进行灌浆时,应用白水泥,以防色变影响外观和质量。

⑦对踢脚板等小尺寸板材可采取黏结法镶贴。其方法是先用 1∶3水泥砂浆打底、刮平,厚约 12 mm,表面划毛,待底子灰干硬后,在已湿润板材的背面抹 2 ~ 3 mm 厚的水泥浆进行黏贴,用木槌轻敲,随时用靠尺和水平尺找平。

⑧全部板材镶贴完毕以后,清除石膏和余浆痕迹,用麻布擦洗干净,按铺面板颜色调制色浆嵌缝,并随手擦干净。缝隙应密实、均匀、干净,颜色一致。饰面板清洗晾干后,打蜡并擦亮。

2)釉面瓷板(砖)和面砖的镶贴

①瓷板(砖)和面砖在使用前应经挑选、预排,使规格颜色一致,灰缝均匀,并放入水中浸泡 2 ~ 3 h 取出晾干备用。

②墙面基层扫净浇水湿润,用 1∶3水泥砂浆打底,厚 6 ~ 10 mm,并划毛,打完底后 3 ~ 4 d 开始镶贴。

③在墙面找好规矩,按砖实际尺寸弹好水平和垂直控制线,定出水平标准和皮数,最上一块应为整砖,然后用废面砖抹上水泥混合砂浆作灰饼,间距 1.5 m 左右,阴角处要两面挂直。贴时先湿润底层,放好底尺并找平,作为贴第一皮瓷板(砖)的依据。

④镶贴顺序一般从阳角开始,使不成整块的面在阴角,如有镜框、开洞者,应以镜框及开洞为中心往两边贴,同时由下往上整皮进行。

⑤镶贴方法为在瓷板(面砖)背面均匀刮抹砂浆(配合比为 1∶0.15∶3的水泥石灰砂浆或 1∶1.5 ~2 的水泥砂浆,面砖用 1∶0.2∶2的水泥石灰砂浆另加水泥重量 3% 的 107 胶,砂浆稠度 6 ~8 cm),厚度 5 ~6 mm。四周刮成斜面,贴于面上后,用小木铲把轻轻敲击,使灰浆饱满,用靠尺板按灰饼靠平,理直灰缝,使墙面平整。灰缝宽度控制不大于 1.5 mm(边长大于 20 cm 的饰面砖为 3 mm);灰缝厚度:釉面砖为 7 ~10 mm,面砖为 12 ~15 mm。

⑥贴好后进行检查,不正者用刀拨正,然后用清水冲洗、擦净,缝隙用白水泥擦平或用 1:1 水泥砂浆勾缝。全部镶贴完毕后,用棉丝、砂纸擦净,污垢严重者,用浓度为 10% 的盐酸刷洗并随即用清水冲洗干净。

(2)陶瓷锦砖和玻璃马赛克的镶贴

①按设计图案的要求,挑选好陶瓷锦砖(或玻璃马赛克),并统一编号,以便镶贴时对号入座。墙面用 1:3水泥砂浆(或 1:0.1:2.5 的水泥石灰砂浆)打底、找平、划毛,厚度约 10 ~ 12 mm。

②在墙面按每张马赛克大小弹线,水平线每方马赛克一道,并与楼层保持一致;垂直线每 2 ~3 方马赛克一道,并与角垛中心保持平行。

③镶贴时,在弹好的水平线下口支上垫尺,同时洒水湿润底子灰。一般操作方法是:一人先在墙上刷水泥浆一遍,再抹 2 ~3 mm 厚 1:0.3 水泥纸筋灰或 1:1水泥砂浆粘结层;用靠尺刮平,用抹子抹平;另一人将马赛克置于木垫板上底面朝上,细缝灌细砂(或白水泥浆),先用刷子稍稍湿润表面,再涂一层 1:0.3 水泥纸筋灰,然后逐张按垫尺上口沿线由下往上粘贴,缝子要对齐,灰缝宽度控制在 1.5 mm。

④马赛克贴上后用木板轻轻拍平压实一遍,使基层牢固黏结,待水泥初凝后,用软毛刷刷水将护面纸湿透,约 0.5 h 后揭纸。

⑤每铺贴一张马赛克,应检查贴缝口,对个别不正者用小刀拨正拨匀。粘贴两天后,用刷子蘸水泥浆刷缝,将小缝刷严。起出米厘条的大缝用 1:1水泥砂浆塞缝,再用棉丝头擦净,污染严重者用稀盐酸刷洗,并随即用清水冲洗。

10.4 建筑装饰工程事后质量控制要点

10.4.1 抹灰工程事后质量控制要点

一般抹灰工程施工监理质量控制:

(1)监理验收资料

1)抹灰工程的施工图、设计说明及其他设计文件。

2)材料的产品合格证书、性能检测报告、进场验收记录和复验报告。

3)隐蔽工程验收记录。

4)工程质量验收记录表。

5)施工记录。

(2)施工监理质量控制要点

1)表面质量一般抹灰工程的表面质量应符合《装饰工程质量验收规范》4.2.6 条的要求:普通抹灰表面应光滑、洁净、接缝平整,分格缝应清晰;高级抹灰表面应光滑、洁净,颜色应均匀、无抹纹,分格缝和灰线应清晰美观。

2)细部质量护角、孔洞、槽、盒周围的抹灰面应整齐、光滑;管道后面的抹灰表面应平整(装饰工程质量验批规范 4.2.7 条)。

(3)装饰抹灰工程施工监理验收

监理验收资料：

①抹灰工程的施工图、设计说明及其他设计文件。

②材料的产品合格证书、性能检测报告、进场验收记录和复验报告。

③隐蔽工程验收记录。

④施工记录。

10.4.2　油漆工程事后质量控制要点

(1)色漆涂饰质量控制要点

1)颜色均匀一致。

2)光泽、光滑光泽均匀一致。

3)刷纹通顺无刷纹。

4)裹棱、流坠、皱皮中级抹灰明显处不允许，高级抹灰不允许。

(2)清漆的涂饰质量控制要点

1)颜色均匀一致。

2)木纹棕眼刮平、木纹清楚。

3)光泽、光滑光泽均匀一致。

4)刷纹无刷纹。

5)裹棱、流坠、皱皮中级抹灰明显处不允许，高级抹灰不允许。

检查数量：室外，按油漆面积抽查 10%；室内，按有代表性的自然间抽查 10%；过道 10 延长米，礼堂、厂房等大间按两端轴线为一间，但不少于 3 间。

检查方法：观察、手摸或尺量检查。

10.4.3　刷(喷)工程事后质量控制要点

1)涂饰颜色和图案涂料涂饰工程的颜色、图案应符合设计要求(装饰规范第 10.2.3 条)。

2)涂饰综合质量涂料涂饰工程应涂饰均匀、黏结牢固，不得漏涂透底、起皮和掉粉(装饰规范第 10.2.4 条)。

3)颜色均匀一致。

4)涂层与其他装修材料和设备衔接处应吻合，界面廊清晰。

5)一般刷浆(喷浆)严禁掉粉、起皮、漏刷和透底。美术刷浆的图案、花纹和颜色必须符合设计或选定样品要求；底层质量必须符合一般刷浆(喷浆)相应等级的规定。

检验方法：观察、手轻摸检查。

检查数量：室外，以 4 m 左右高为一检查层，每 20 m 长抽查一处(每处 3 延米)，但不少于 3 处；室内，按有代表性的自然间抽查 10%，过道按 10 延米，厂房、礼堂等大间按两轴线为一间，但不少于 3 间。

10.4.4　玻璃安装工程事后质量控制要点

1)玻璃裁割尺寸正确，安装必须平整、牢固、无松动现象。

检查方法：轻敲和观察检查。

2)油灰填抹质量应符合以下规定:

底灰饱满,油灰与玻璃、裁口黏结牢固,边缘与裁口齐平,四角成八字形,表面光滑,无裂缝、麻面和皱皮。

3)固定玻璃的钉子或钢丝卡的数量应符合以下规定:

钉子或钢丝卡的数量符合施工规范的规定,规格符合要求,并不在油灰表面显露。

4)木压条镶钉的质量应符合以下规定:

木压条与裁口边缘紧贴齐平,割角整齐,连接紧密,不露钉帽。

5)橡皮垫镶嵌质量应符合以下规定:

优良:橡皮垫与裁口、玻璃及压条紧贴,整齐一致。

6)玻璃砖安装除符合第一条规定外,尚应符合以下规定:

排列位置正确、均匀整齐,嵌缝饱满密实,接缝均匀、平直。

检验方法:观察检查。

7)彩色、压花玻璃拼装除符合第一条规定外,尚应符合以下规定:

表面洁净,无油灰、浆水、油漆等斑污;安装朝向正确。

10.4.5 饰面安装工程事后质量控制要点

1)饰面板(砖)的品种、规格、颜色和图案必须符合设计要求。

2)板(砖)安装(镶贴)必须牢固,以水泥为主要黏结材料时,严禁空鼓,应无歪斜、缺楞掉角和裂缝等缺陷。

3)饰面板(砖)表面质量应符合以下要求:

表面平整、洁净,色泽协调一致。

4)饰面板(砖)接缝应符合以下要求:

接缝嵌填密实、平直、宽窄一致,颜色一致,阴阳角处的板(砖)压向正确,非整砖使用部位适宜。

5)突出物周围的板(砖)套割质量应符合以下要求:

用整砖套割吻合、边缘整齐;墙裙、贴脸等上口平顺。突出墙面的厚度一致。

6)滴水线应符合以下规定:

滴水线顺直,流水坡向正确。

7)检验数量:室外,以4 m左右高为一检查层,每20 m长抽查一处(每处3延长米),但不少于三处;室内,按有代表性的自然间抽查10%,过道按10延长米,礼堂、厂房等大间按两轴线为一间,但不少于三间。

10.5 近年监理工程师考题摘录及案例选编

一、近年监理工程师考题摘录

(一)单选

1.(2008三)凡涉及建筑主体和承重结构变动的装修工程,设计方案应经(A)审批后方可进行实施。

A. 原审查机构　　B. 原设计单位

C. 质量监督机构　　D. 监理单位

2. (2009 三)在下列施工成品中,适合用防护措施保护的是(A)。

A. 清水楼梯踏步　　B. 镶面大理石柱

C. 地漏　　D. 垃圾道

3. (2009 三)监理工程师在工程质量控制中,应遵循质量第一、预防为主、坚持质量标准、(A)的原则。

A. 以人为核心　　B. 提高质量效益

C. 质量进度并重　　D. 减少质量损失

4. (2009 三)建设工程质量保修书应由(C)出具。

A. 建设单位向建设行政主管部门　　B. 建设单位向用户

C. 承包单位向建设单位　　D. 承包单位向监理单位

5. (2009 三)用价值工程原理进行设计方案的优选,就是要从多个备选方案中选出(C)的方案。

A. 功能最好　　B. 成本最低

C. 价值最高　　D. 技术最新

6. (2009 三)标底价格在招投标过程中的主要作用是作为(C)。

A. 签订合同的价格依据　　B. 投标报价的依据

C. 评定标价的参考值　　D. 确定中标价的标准

7. (2009 三)为了实现进度控制目标,监理工程师根据建设工程的具体情况,制订了下列进度控制措施,其中属于组织措施的是(C)。

A. 加强索赔管理,公正的处理索赔

B. 建立图纸审查、工程变更和设计变更管理制度

C. 审查承包商提交的进度计划

D. 及时办理工程预付款及工程进度款支付手续

(二)多选

1. (2008 理)工程监理企业应当按照“守法、诚信、公正、科学”的准则从事建设工程监理活动,守法应体现在(ABCE)。

A. 在核定的业务范围内开展经营活动

B. 认真全面履行委托监理合同

C. 根据建设单位委托,客观、公正地执行监理任务

D. 建立健全企业内部各项管理制度

E. 不转让工程监理业务

2. (2008 理)施工准备期项目监理机构应收集的信息有(DE)。

A. 工地文明施工及安全措施信息　　B. 建筑材料必试项目信息

C. 施工设备、水、电等能源动态信息　　D. 承包单位和分包单位资质信息

E. 检测和检验、试验程序和设备信息

3. 下列费用中,属于工程建设其他费用的有(ACDE)。

A. 建设单位管理费　　B. 建筑安装企业管理费

C. 生产准备费　　　　　　　　　　　D. 工程监理费

E. 工程保险费

二、工程监理案例选编

[案例]某监理公司通过投标的方式承担了某项办公楼装饰工程施工阶段的全方位监理工作,已办理了中标手续,并签订了委托监理合同,任命了总监理工程师,并按以下监理实施程序开展了工作:

1. 建立项目监理结构。

2. 确定了本工程的质量控制目标位监理机构工作的目标。

3. 确定监理工作范围和内容;包括设计阶段和施工阶段。

4. 进行向项目监理机构的组织结构设计。

5. 由总监代表组织专业监理工程师编制了建设工程监理规划。

6. 制定各专业监理实施细则。

7. 各专业监理工程师仅以监理规划为依据编制了工程监理规划。

8. 总监代表批准了各专业的监理实施细则。

9. 总监理实施协助的内同是监理工作的流程,监理工作的方法和措施。

10. 规范化地开展监理工作。

11. 参与验收、签署建设工程监理意见。

12. 向建设单位提出交建设工程监理意见。

13. 进行监理工作总结。

[问题]

1. 请指出在监理项目监理机构的过程中"确定工作目标、工作内容和制定监理规划"3 项工作中的不妥做法,并写出正确的做法。

2. 请指出在制订各专业监理实施细则的 3 项工作中的不妥之处,并写出正确的做法。

3. 试述监理工作总结的内容。

[案例解析]

1. (1)仅确定质量控制目标不妥;应制订质量、进度、投资三大控制目标;

(2)监理的工作范围和内容不妥;应只包括施工阶段的监理工作;

(3)总监代表组织编制监理规划不妥;应由总监组织编制。

2. (1)仅以监理规划为依据编制监理实施细则不妥;编制依据应包括已批准的监理规划以及与专业工程相关的标准、设计文件、技术资料、施工组织设计。

(2)总监代表批准了监理实施细则不妥,应由总监批准。

(3)监理实施细则包括的内容不全面:应包括专业工程的特点,监理工作的流程,监理工作的控制要点及目标值,监理工作的方法及措施 4 项内容。

3. 监理工作总结的主要内容:工程概况,建立组织结构,监理人员和投入的监理设施,监理合同履行情况,监理工作成效,施工过程中出现的问题及其处理情况和建议,工程照片(有必要时)。

本章小结

装饰工程施工的任务是通过各种工艺措施来保证建筑装饰能满足使用功能的要求,在质感、线型、色彩等装饰效果方面能符合设计处理意图。而装饰监理任务是保证室内外抹灰工程、油漆和涂料工程、刷浆工程、玻璃安装工程、饰面安装工程达到施工质量验收规范的标准。所以掌握装饰工程质量事前预控、事中、事后控制要点是学习本章的关键。通过对全国监理工程师考题摘录的单选、多选和实际案例的学习,掌握了解决监理技术问题的方法和技巧,对监理理论的实际应用更加深化。

复习思考题

1. 装饰监理的内容包括哪些?
2. 一般抹灰表面应符合哪些要求?
3. 墙面抹灰施工要点有哪些?
4. 油漆施工质量控制要点有哪些?
5. 刷浆工程质量监控要点有哪些?
6. 饰面工程质量监控要点有哪些?
7. 抹灰工程事后质量控制要点有哪些?
8. 油漆工程事后质量控制要点有哪些?
9. 本章摘录的近年全国监理工程师考题单选有几题?多选有几题?解答是否正确?能否从本书和有关参考资料中找到解答正确与否的原因?
10. 本章选编的监理案例的内容时什么?有几个问题?监理工程师是怎样解决的?

第11章 其他土建工程施工阶段质量监理

内容提要和要求

本章所指的其他监理工程是：除前面已经介绍的砖混结构、框架结构、设备安装、建筑装饰工程以及材料、设备项目以外的城市道路、给排水、水利水电以及路桥工程的监理。本章主要介绍公路工程、路桥工程、城镇道路工程、城镇给排水工程、城市防洪工程等基本情况和施工阶段监理的要点。最后，本章还摘录了《近年全国监理工程师考题和案例选编》，为进一步学习和掌握监理概论提供了参考。

要求了解本章所列五个工程的基本情况，对要点中介绍的施工监理手段和方法以及考题必须重点掌握。

11.1 城市道路施工阶段工程质量监理

城市道路工程施工阶段质量监理是指对城市道路工程从测量放样开始到路基、基层、面层的施工全过程进行的质量检查、监督和管理。城镇道路工程虽然属于道路工程的一种，但它与城市外的一般公路工程也有着较大区别，尤其在施工环境、地质条件方面区别甚大，故城市道路工程施工阶段的质量控制也有自己的特点。

11.1.1 道路概述

城市道路是指城市内部的道路，是城市组织生产、安排生活、搞好经济、物质流通所必须的车辆、行人交通往来的道路，是连接城市各个功能分区和对外交通的纽带。城镇道路也为城市通风、采光以及保持城市生活环境提供所需的空间，并为城市防火、绿化提供通道和场地。

我国城镇道路根据其在道路系统中的地位、交通功能以及对沿线的服务功能及车辆、行人进入频度分为四类：

第一类：高速公路：高速路指在特大或大城市中设置，主要为大量、长距离的快速交通服务的城市道路，联系城市各主要功能分区以及为过境交通服务。高速路由于设计车速高、流量大，故采用分向、分车道、全立交和控制进、出口。

第二类：主干路：主干路是联系城市中各功能分区的干道，以交通功能为主，负担城市的主要客、货运交通；是城市内部交通的大动脉。

第三类：次干路：次干路是城市中数量较多的一般交通道路，它与主干路组合成道路网，起集散交通的作用,兼有服务功能。支路也是城市中数量较多的一般交通道路。

第四类:支路:支路为次干路与街坊路的连接线,也是城市中数量较多的一般交通道路。以解决局部地区交通,以服务功能为主。

从结构组成来看,城镇道路一般由路基、路面以及一些附属结构构成。路基是行车部分的基础,它是由土、石按照一定尺寸、结构要求填筑成的带状土工结构物。路基必须具有一定的力学强度和稳定性,又要经济合理,以保证行车部分的稳定性和防止自然破坏力的损害。路面是用各种坚硬材料分层铺筑于路基顶面的结构物,因此路面必须具有足够的力学强度和良好的稳定性,以及表面平整和良好的抗滑性能。路面按其力学性质分为柔性路面和刚性路面两大类。路面常用的材料有:沥青、水泥、碎石、砾石等。

在城镇道路上,除了上述各种基本结构和特殊构造物外,为了保证行车安全、迅速、舒适和美观,还需设置交通安全设施、交通管理设施、防护设施、服务设施和环境保护设施等。交通管理设施是为了保证行车安全,使驾驶员知道前面路况和特点而设置的交通标志和路面标线。道路交通标志有指示标志、警告标志、禁令标志。路面标线是布设在路面上的一种交通安全设施,有白色连续实线、白色间断线、白色箭头指示线、黄色连续实线等。交通安全设施是为了保证行车安全和发挥道路的作用按规定而设置的安全设施,如护栏、护柱、护墙等。城镇道路的服务性设施主要包括汽车站、加油站、停车场等辅助设施。环境美化设施常设在路侧带、中间分隔带、停车场以及道路用地范围内的边角空地等处绿化,但不应妨碍视线。在环形交叉口、立交区和大桥桥头可以设一些景观造型和花草来美化环境。

城镇道路的路幅分为单幅路和双幅路两种。单幅路有单幅单车道和单幅双车道两种。等级高、交通量大的道路要设置中间分隔带,把对向行车道分隔为两幅行车带,每幅行车带包括两条或两条以上行车道。中间分隔带有宽有窄,主要根据地形、行车安全、美观、经济等因素决定。双幅多车道的城镇道路具有通行能力大、车速高的优点,但造价较高且占用土地较多,故在城市交通体系中运用得并不广泛。

11.1.2　城镇道路工程施工监理要点

城镇道路工程具体来讲是由测量放样、地下管线施工、路基工程施工、道路基层施工、道路面层施工等工作顺序组成的。监理工程师应对其中的每个工作认真监督检查,上一工序合格才能进行下一工序。

(1)测量放样监理要点

①监理工程师在熟悉图纸以及其他设计文件的基础上,会同承包商、设计单位、勘察单位在现场交接中心控制桩和水准点,并指示和检查承包商对所有测量控制桩和水准点进行有效保护,直到工程竣工验收。

②监理工程师对图纸上获得的资料(或设计单位现场交桩获得的原始定线资料)进行复核和校核,确保原始定线方法、水准点高度的数据准确。若发现连续两个以上原始基准点或基准高度丢失、损坏时,应及时通过业主由设计勘测单位补定。

③监理工程师应审核和检查承包商提交的施工放样报验单及测量资料。检查验收合格的,应及时给予书面签认;若发现差错,则应及时通知承包商重新测定,合格后再予书面认可。

④监理工程师应对承包商为有利于施工而加密的控制点、辅助基线、临时水准点、施工放样为目的的测量工作进行现场监督、检查、复核并认可。

(2)路基工程监理要点

路基即路面的基础,是道路结构的重要组成部分。路基可分为土质路基和石质路基两种,下面只谈城市道路常见的土质路基的监理要点。

1)监理工程师在开工前应熟悉图纸和其他设计文件,查勘施工现场,掌握挖方和填方的土质情况,复核地下隐蔽设施的标高、位置。对图纸和其他设计文件中不明确的问题和意见,可在交底时请设计单位解决。

2)监理工程师应审核承包商的开工申请报告及施工工艺、质量标准、措施等,检查取土场的土质质量和含水量、最大干密度试验资料,检查施工排水设施。

3)施工过程中,监理工程师应重点监督检查下列工序:

①路基挖土的开挖方法,预留碾压沉降高度,松软路段的处理,压实度及外观质量。

②路基填土的基底处理,用土质量,压实度及外观质量。

③不填不挖路段在地下水位较高或土质湿软情况下的处理措施。

④特殊土路基,冬雨季施工质量。

4)填挖土方在接近设计标高时,监理工程师应及时检测路基宽度、平整度和标高。

5)碾压(夯击)后,监理工程师应立即测定其含水量和湿密度,计算出干密度和压实度,判断是否达到标准。

6)路基工程完工后,必须检查填挖方路基土层标高、宽度、距离及中线的位置、外形。

(3)道路基层监理要点

道路基层是道路结构层的中间层,承受垂直压应力和剪力,有砂石基层、碎石基层、石灰土基层、块石基层、水泥混凝土基层以及石灰、粉煤灰、工业废渣、混合料基层形式。下面只介绍常见的砂石基层、碎石基层和石灰土基层的监理要点。

1)砂石基层的监理要点

①在开工前监理工程师应检测施工放样,检查砂石材料的规格、级配、含泥量等。

②施工时监理工程师应检测上料的均匀性、横断面等。

③砂石基层成型后,应及时对压实度和外形尺寸进行检测。

④施工完成后,应监督承包商对基层进行养护。

2)碎石基层的监理要点

①检查施工放样、路基表面清洁状况。

②检查所使用的碎石、嵌缝材料的规格和形状。

③检测摊铺碎石的均匀度、厚度和纵横坡度。

④检测碾压速度、遍数、压实密度。

⑤施工完成后,检测基层的压实密度、厚度、平整度、中线高程及纵横坡度。

3)石灰土基层的监理要点

①开工前,监理工程师应审核施工方案、施工工艺、石灰质量、灰土配合比和压实度试验报告等。

②施工中,检测摊铺灰土的厚度、标高、宽度是否符合设计要求。

③施工完成后,检测石灰土基层的压实度、平整度、厚度、宽度、中线高程及纵横坡度,并指示承包商进行养护,避免发生缩裂和松散现象。

(4)道路面层监理要点

道路面层是整个道路工程结构层最上一层,也是质量监理工作中的最后一道工序,是确保整个道路工程原定质量目标实现的关键。道路面层质量监理的主要内容一般包括:所用面层材料(沥青混凝土或水泥混凝土)质量检测、混合材料配合比的检测和试验,施工质量的检查以及参与交工竣工验收。

水泥混凝土面层的监理要点:

①施工准备阶段,应检查道路面层的施工放样,检验所用材料和施工配合比,审核检测结果和标准试验报告。

②施工阶段,应随时抽检所使用的水泥、砂、石的品质规格,检验水泥混凝土的水灰比、坍落度等;检测支模的直顺度、高度、位置、模板尺寸等;检查混凝土成型后的压光、抹平及伸缩缝、纵横缝的工序处理,检查厚度、宽度、平整度等;冬季施工,则应控制其施工温度。并重点监理控制以下内容:

A. 路基修整放样:水泥混凝土面层施工,必须在承包人对下承层修整好,并且经过精心放样,且全部工作都得到监理工程师审查批准的下承层上进行。

B. 钢筋设置控制:安放单层钢筋网片时,应在底部先摊铺一层混凝土拌和物;安放双层钢筋网片时,对厚度小于250 mm的板,上下两层钢筋网片可先用架立钢筋扎成骨架后一次安放就位;厚度大于250 mm的板,上下两层钢筋网片应分两次安放。

安放角隅钢筋时,应先在安放钢筋的角隅处摊铺一层混凝土拌和物。钢筋就位后,用混凝土拌和物压住。安放边缘钢筋时,应先沿边缘铺筑一条混凝土拌和物,拍实至钢筋设置高度,然后安放钢筋,在两端弯起处,用混凝土拌和物压住。钢筋网片架立后,任何人不得踩踏网片。

C. 摊铺过程控制:钢模板高度与混凝土板厚度一致,木模板应是质地坚实、变形小及无腐朽、扭曲、裂纹的木材制成。高度允许误差为±2 mm。企口舌部或凹槽的长度允许误差钢模板为±1 mm,木模板为±2 mm。

混凝土板厚度在22 cm以下可一次摊铺,在22 cm以上时应分两次摊铺。下层厚度宜为总厚度的3/5。振捣必须密实,先用插入式振捣器振捣,后用平板式振捣器振捣。振捣时应辅以人工找平(禁止用砂浆补平),振捣时防止模板变形、位移,随时检查随时纠正。

D. 抹面控制:当有烈日暴晒或干旱风吹时,宜快速抹面。抹面前应做好清边整缝,清除粘浆,修补掉边、缺角。严禁在混凝土面板上洒水或撒干水泥。要求板面平整密实,为保证平整度,可随时用3 m直尺边量边抹平。抹面后沿着横板方向拉毛或采用机具压槽。压槽深度一般为1~2 mm。

E. 接缝控制:胀缝必须与路中心线垂直,缝壁自身应垂直,缝宽必须一致,传力杆必须平行于板面及路面中心线,其误差不大于5 mm。

采用切缝法施工时,混凝土的强度必须达到30%以上时,方能进行切割或锯切。

必须设施工缝时,应尽可能将施工缝设在胀缝或缩缝处。缝的位置应与路中心线垂直。

平面纵缝对已浇混凝土板的缝壁应涂沥青,刷涂时应避免涂在拉杆上。浇筑相邻板时,缝的上部应压成规则深度的缝槽,企口板等施工也应注意沥青涂刷的有关规定。

③养护混凝土浇筑后应适时养护。对昼夜温差大的地区,3 d内应采用保温措施。养护期间禁止通车。

④施工完成后,指导和协助承包商做好工程资料的整理归档工作,准备参加工程交工竣工

验收。

(5)沥青混凝土面层的监理要点

1)施工准备阶段:

①根据合同要求、设计文件、技术规范及工程实际情况编制沥青表面处治路面的质量监理细则,补充必要的技术标准,审核承包人的开工报告,施工方案、工艺流程的质量标准。

②检验所用材料规格及技术指标,并对沥青的针入度、延度、软化点等技术指标进行试验。

③检查施工机械设备

2)施工过程:

①检查基层整修是否平整完好,杂物浮土是否清除干净。当有路缘石时,应在安装好路缘石后施工。

②检查对下承层洒布透层或粘层的质量。因沥青表面处置层较薄,不能单独承受汽车荷载作用,要求其下承层有完好的整体性并与之相互黏结良好、共同受力,所以应视下承层的不同类型洒透层沥青或粘层沥青。

③严格控制洒油、撒料、碾压各工序紧密衔接,不能中断。每个作业段长度应根据压路机数量、沥青洒布车、集料撒布机能力等确定,当天施工路段必须当天完成。

④控制气温在15 ℃以上施工较为理想。

⑤洒油时,控制沥青用量及喷洒均匀,不得有油包、油丁、波浪、泛油现象,不得污染其他构筑物。

⑥碾压时控制压路机的重量,一般以8~10 t中型压路机碾压为宜,压至表面平整、稳定、无明显轮迹为度,防止过碾。

⑦初期养护:沥青表面处置成型后,及时对外观及外形各部尺寸进行检查,合格签字认可,并指示承包人做好初期养护工作。

11.2 城市给水排水施工阶段工程质量监理

11.2.1 城镇给水管道工程质量监理

给水管道属压力流管道,对管道材料的质量、管道接口有很严格的要求。给水管道有铸铁管、预应力钢筋混凝土管、钢管、石棉水泥管等类型。

(1)城镇给水管道简介

城镇给水系统是城市的重要组成部分,它为城市提供生活用水、生产用水、消防用水等。它所供给的水在水量、水压和水质方面应适合各种用户的不同要求。城镇给水系统是由相互联系的一系列构筑物组成,给水管道则是构成给水系统的主要部分之一。

给水管道应满足下列要求:有足够的强度,可以承受各种内外荷载;水密性,它是保证管网有效而经济地工作的重要条件;内壁面光滑,以减小水头损失;价格便宜,使用年限长,并且有较高的防止水、土壤、地下水的侵蚀能力。此外,水管接头应施工简易,工作可靠。不同用水对象和不同地区的给水系统,在选择水管类型时,需要考虑多种因素,如输水的水量,管内工作的压力,土壤的性质等,上述因素在不同地区可能有较大的变化。

输配水管网的造价占整个给水工程投资的大部分，正确选用管道材料，对工程质量、供水系统的安全可靠性及维护保养均有很大关系，因此必须重视和掌握水管材料的种类、性能、规格、价格、供应情况，合理选用水管材料。水管材料的选择，取决于承受的水压、埋管条件、供应情况等。

城镇给水管道从材料方面可分为两大类：金属管道和非金属管道。金属管道主要是黑色金属，如铸铁管和钢管。铸铁管是给水管网最常用的材料，有很强的耐腐蚀性，同时安装也较为方便，经久耐用，被广泛地用于埋地管网。钢管分为焊接钢管和无缝钢管两种，钢管的优点是强度高、抗震性能好、重量轻、长度大、接头少、加工方便等，钢管的缺点是易生锈，不耐腐蚀，因此必须采取防腐措施。在给水管中除了由于管径过大、水压过高，穿越铁路河谷和地震区外一般不用钢管，尤其是不适宜埋设于地下。非金属给水管道主要有钢筋混凝土管、预应力钢筋混凝土管、自应力钢筋混凝土管、石棉水泥管、塑料管等。钢筋混凝土管是用离心法制成的，其所用钢筋较少，仅为铸铁管重量的 20% 以下，但不能承受很高压力，一般用于低压输水管线，接口形式采用套箍石棉水泥接口。预应力混凝土管由于采用了预应力技术，因此强度大大增加。预应力钢筋混凝土管是用离心法或立模浇注法制成的。预应力钢筋混凝土管采用承插接口，材料用特制的橡胶圈及自应力水泥，和铸铁管承插接口类似。石棉水泥管是用 2.5∶7 石棉水泥制成的，具有耐压力高、表面光滑、水力性能好、绝缘性能强、质量轻、容易加工等优点，但较脆，不耐弯折碰撞。塑料管是用聚氯乙烯树脂加稳定剂、增塑剂及润滑剂经加热在制管机中挤压而成，此种管材具有强度高、表面光滑、耐腐蚀、重量轻、加工接口方便等优点，但也有较脆及较易老化等缺点。

(2) 城市给排水管道安装工程施工质量监理要点

根据各种管道材质不同而监理要点也不同城市给水管道工程的施工包括测量放、沟槽开挖、垫层、管基施工、管道安装、管件阀门安装、接口、水压试验、管道附件井、回填等工作。

1) 铸铁给水管道安管监理要点

①安装前，应对管材的外观进行检查，查看有无裂纹、毛刺等，不合格的不能使用。

②插口装入承口前，应将承口内部和插口外部清理干净，用气焊烤掉承口内及承口外的沥青。如采用橡胶圈接口时，应先将橡胶圈套在管子的插口上，插口插入承口后调整好管子的中心位置。

③铸铁管全部放稳后，暂将接口间隙内填塞干净的麻绳等，防止泥土及杂物进入。

④复查给水管道从污水管或污水构筑物中穿过的措施是否妥当。

⑤铸铁管下管前，应检测挖好接口的工作坑。

⑥铸铁管管子下槽就位后，应督促承包商检测管身与基础之间的空隙以及胸腔部分是否填夯密实。

⑦复查承包商安装的给水铸铁管承接口的对口最大间隙是否满足规定。

⑧复查承包商安装的铸铁管承接口的环形间隙的标准尺寸是否满足规定，以及铸铁管的承接，允许转角是否在允许范围之内。

2) 预应力钢筋混凝土管安管监理要点

①监理工程师在施工前复查每根管的外观是否符合设计规定和施工要求。

②在预应力钢筋混凝土管套接时要检查胶圈是否扭曲，是否进入承口工作面。

③完工后，要实地复测管道中线位移、插口插入承口长度和胶圈位置。

城镇给水管道工程的施工具体包括测量放样、沟槽、垫层管基、安管、管件阀门安装、接口、水压试验、管道附件井、回填等工作。其中测量放样、沟槽、垫层管基等工作和排水管渠工程基本相同,此处不再重述。

11.2.2 城镇排水管渠工程质量监理

(1)城镇排水管渠简介

城镇中的生活污水、工业废水、雨水等必须有组织地、及时地排除,否则可能污染和破坏环境,甚至形成公害,影响生活和生产,威胁人民健康。为了系统地排除废水而建设的一整套工程设施称作排水系统。排水管渠是排水系统的主要组成部分。排水管渠是埋设于地下的隐蔽工程,必须具有足够的强度和防渗功能以及抗腐蚀、抗冲刷能力,并要求管渠内壁光滑平整。排水管渠必须具有足够的强度,以承受外部的荷载和内部的水压。外部荷载包括土壤的重量形成的静荷载,以及由于车辆运行所造成的动荷载。压力管及倒虹管一般要考虑内部水压。自流管道发生淤塞时或雨水管渠系统的检查井内产生充水时,也可能引起内部水压。此外,为了保证排水管道在运输和施工中不致破裂,也必须使管道具有足够的强度。

排水管渠应具有抵抗污水中杂质的冲刷和磨损的作用,也应该具有抗腐蚀的性能,以免在污水或地下水的侵蚀作用下很快损坏。排水管渠必须不透水,以防止污水渗出或地下水渗入。因为污水从管渠渗出至土壤,将污染地下水或邻近水体,或者破坏管道及附近房屋的基础。地下水渗入管渠,不但降低管渠的排水能力,而且将增大污水泵站及处理构筑物的负荷。排水管渠的内壁应整齐光滑,使水流阻力尽量减小。另外,排水管渠应就地取材,并考虑到预制管件及快速施工的可能,以便尽量节省管渠的造价及运输和施工的费用。

常用的排水管道有混凝土管、钢筋混凝土管、陶土管、金属管、石棉水泥管、塑料管以及大型排水管渠。混凝土和钢筋混凝土管适用于排除雨水、污水,可以在工厂预制,也可在现场浇制,管口通常有承插式、企口式和平口式。混凝土管和钢筋混凝土管可根据不同要求制成无压管、低压管、预应力管等,在排水管道系统中得到普遍应用。陶土管是由塑性黏土制成的,一般成圆形断面,有承插式和平口式两种形式。常用的金属管有铸铁管或钢管。室外重力流排水管道一般很少采用金属管,只有当排水管道承受高内压、高外压或对防渗要求特别高的地方才使用金属管。石棉水泥管是用石棉纤维和水泥制成,石棉水泥管为平口管,用套管连接,有低压和高压石棉水泥管两种,分别用于自流管道和压力管道。排水管道的预制管管径一般小于2 m,实际上当管道设计断面大于1.5 m时,一般就在现场建造大型排水渠道。建造大型排水渠道常用的建筑材料有砖、石、陶土块、混凝土块、钢筋混凝土等。

合理地选择管渠材料,对降低排水系统的造价影响很大。选择排水管渠材料时,应综合考虑技术、经济及其他因素。根据管道受压、管道埋设地点及土质条件,压力管段一般都可采用金属管、钢筋混凝土管或预应力钢筋混凝土管,而在一般地区的重力流管通常采用陶土管、混凝土管、钢筋混凝土管。

(2)排水管渠工程施工阶段质量监理重点

排水管渠工程具体有测量放样、沟槽、基础、安装、接口、顶管、检查井、闭水试验、回填土和沟渠等工作,其施工阶段质量监理重点是:

1)排水管渠工程测量放样质量监理重点

①监理工程师应要求承包商的测量人员熟悉图纸、掌握测量需用的有关数据和做好测量内业准备后,经监理工程师审查同意后方可测量放样。

②监理工程师主要进行复核性检查,核测临时水准点闭合差和导线方位角闭合差是否分别在允许范围之内;检验管渠中线及附属物位置与沟槽长度;检查坡度板设置位置和高度是否准确,是否与另一水准点闭合。

③检测管道中线的控制点、中心桩、中心钉高程;检查接入原有管道或河道接头处高程;检查一层沟槽或多层沟槽中埋设坡度板是否准确。

2)排水管渠沟槽质量监理重点:

①监理工程师在沟槽开挖前,应复核检查沟槽断面形式是否适用安全。

②施工过程中,应随机复查沟槽开挖的中线位置、每侧宽度、沟槽高度、防止槽底土壤超挖或挠动破坏。

③检查沟槽支撑情况。

④检查雨季、冬季施工组织、是否制订了雨季施工技术措施。

3)排水管道安管监理重点

①监理工程师应在下管安管前复核检查承包商下管安全措施、槽底、地基、槽帮、堆土以及管材外观检查结果等是否符合设计规定。

②在安管过程中,监理工程师应随机复测管线中线位置、高度、控制在允许偏差范围之内。

4)排水管道接口监理重点

①监理工程师应根据承包商所申报的砂浆抹带接口施工方案和砂浆配合比、抗压强度等资料,审批开工报告。

②复核检测砂浆配合比、抗压强度。

③监督承包商按操作规程进行分层抹带接口施工。

11.3　水利、水电工程建筑物监理

11.3.1　水利水电工程建筑物施工特点

水利水电工程与一般工民建、市政工程有许多共同之处,但由于水利水电工程施工较为复杂,工程规模较为庞大,且受水流控制影响大,因此具有实践性、复杂性、风险性、多样性和不连续性等特点,主要表现在以下几个方面:

①工程量大,工期较长,耗资大。

②受自然条件影响大,需要修建临时导流工程,要妥善解决施工期通航供水等问题。工程有很强的季节性,须充分利用枯水期施工。

③专业工种多、技术较复杂。应用系统工程学的原理,因时因地选择最优的施工方案,达到缩短工期、均衡施工强度的目的。

④施工工厂和临时设施多,规模大、投资大。

⑤运输量特别大。

⑥技术的发展和创新对工程建设影响较大。

⑦需要做好施工组织设计,必须合理安排计划,精心组织施工,及时解决施工中的防洪、度汛及冰凌等问题。

11.3.2 水利水电工程建筑物组成

水工建筑物由以下建筑物组成:

①挡水建筑物。用以拦截江河,形成水库或雍高水位,如各种坝和闸;以及为抗、卸洪水或挡潮,沿江河海岸修建的堤防、海塘等。

②泄水建筑物。用以宣泄在各种情况下,特别是洪水期的多余入水量,以确保大坝和其他建筑物的安全,如溢流坝、溢洪道、泄洪洞等。

③输水建筑物。为灌溉、发电和供水的需要从上游向下游输水用的建筑物,如输水洞、引水管、渠道、渡槽等。

④取水建筑物。是输水建筑物的首部建筑,如进水闸、扬水站等。

⑤专门建筑物。专门为灌溉、发电、供水、过坝需要而修建的建筑物,如电站厂房、沉砂池、船闸、升船机、鱼道、筏道等。

11.3.3 水利水电工程主要建筑物施工阶段监理要点

根据《水利水电工程施工监理规范》(DL/T 5111—2000),水利水电工程主要建筑物施工阶段监理要点有以下内容:

(1)施工测量监理

1)测量开始前,必须完成对施工单位报送的"测量工作方案"的审查,若施工单位的测量技术力量、仪器配置不能满足测量精度、进度要求时,应通知施工单位采取补充措施,待符合要求后,方可进行测量作业。

2)在合同项目范围内布设的控制网点测量,重要断面测量,重要部位的放样测量等,监理部的测量工程师对测量成果要进行抽查复测。若发现任一测点不符合规范或设计要求,则应责成施工单位进行检查校核或复测。监理工程师进行复核检查。

3)工程单位提交的原始断面测量成果,要进行100%的内业核查,并应在现场进行抽查复测。复测的点数不少于总测点数的5%。还要把所有的断面与1/500地形图进行对照检查,若有矛盾,则应会同施工单位测量人员实地核查,若地形图有问题时,应对经核实的断面测量成果予以认可,并核实成果和备案。

(2)工程地质与爆破监理

对现场进行地质观察,并使用各种方法,包括地质点记录、素描、照相、录像等,记录在开挖过程中揭露出来的工程地质情况。对下列工程地质问题进行重点观察研究,并提出建议:

1)岩体风化带的发育规律的划分。

2)缓倾角结构面、断层、裂隙、岩脉等发育规律及其对建筑物地基和边坡稳定的影响。

3)开挖边坡的稳定状况。

4)钻爆作业必须审查开挖爆破施工方案。其主要内容如下:

①爆破孔的孔径、排间距、深度、倾角和抵抗线等;

②用的炸药类型、单耗药量和装药结构;

③延时顺序、雷管型号和起爆方式;

(3)坝体填筑施工过程监理

在坝体填筑施工过程中,重点检查下列内容:

①坝体填筑应在坝基、两岸岸坡处理验收合格及相应部位的趾板混凝土达到设计强度后才能进行。基坑开挖经验收合格后也可在河床趾板开挖、混凝土浇筑的同时先进行部分坝体填筑。

②主堆石区与岸坡、混凝土建筑物接触带，应回填为 1.0 ~ 2.0 m 的过渡料。周边缝下特殊垫层区应人工配合机械薄层摊铺，每层厚度不应超过 30 mm，采用振动平板、小型振动碾、振动冲击夯等机械压实。

③认真做好作业过程中资料的记录，收集与整理。

(4) 混凝土施工过程监理

在混凝土施工过程中，重点检查以下内容：

1) 模板安装

①模板安装后须有足够的稳定性，刚度和强度。

②模板表面应光洁平整，接缝严密，不漏浆。

③模板安装的允许偏差见《模板安装偏差表》。

④高速水流区、溢流面、闸墩、门槽和尾水管道等要求较高的特殊部位，其模板的允许偏差必须符合有关专项设计的要求。

2) 钢筋布设

①钢筋安装位置、规格尺寸及数量、保护层厚度符合设计图要求。

②钢筋表面清洁、无鳞锈、锈皮、油漆油渍等。

③焊接中不允许有脱、漏焊点，焊缝表面或焊缝中没有裂纹（或裂缝），焊缝表面平顺，没有明显的咬边、烧伤、凹陷及气孔夹渣等。

④搭接或帮条的焊缝长度及绑扎接头的最小搭接长度，应满足规范要求。

⑤钢筋接头应分散布置，在同一截面内的受力钢筋，其接头的截面面积占受力钢筋总截面面积百分率，应符合规范规定。

⑥钢筋安装的允许偏差应符合规范。

3) 冷却、灌浆与排水系统布置

①冷却、灌浆与排水系统的形式、位置、尺寸及材料品种、规格等应符合设计要求。

②管子表面无鳞锈、锈皮、油漆和油渍等。

③管路畅通，接头严实。

④冷却水管安装后，每仓系统须进行通气检查。

4) 止水设施安装

①止水设施形成、位置、尺寸及材料品种、规格等应符合设计规定。

②金属止水片应平整，表面的浮皮、锈污、油腻、油渍均应清除干净，如有砂眼、钉孔、应予焊补。

③金属止水片搭接长度不小于 20 mm，且须双面氧焊。

④金属止水片伸缩缝中的部分应涂（填）沥青。

⑤塑料止水片和橡胶止水片的安装，应采取措施防止变形和撕裂。

⑥止水片深入基岩的部分须符合设计要求。

5) 伸缩缝处理

①采用的沥青油毛毡厚度及铺贴层数应符合设计要求。

②伸缩缝表面应洁净干燥,蜂窝麻面处理填平,外露施工铁件割除。

③沥青油毛毡铺设均匀平整,接头应采用斜接,沥青涂料均匀,无气泡及隆起现象。

6)观测仪器、设备及预埋件

①观测仪器,设备及预埋件应符合设计要求,安装方法应按照有关的专门规程或要求进行。并应遵照《监理实施细则》执行。

②仪器和电缆埋设完毕后,应详细记录施工过程,及时绘制竣工图。

③预埋仪器的规格、数量、高程、方位、埋设深度及外露长度,均应符合设计要求。

7)混凝土浇筑

①混凝土的浇筑应按一定厚度、次序、方向、分层进行,在高压钢管、竖井、廊道等周边浇筑混凝土时,应使混凝土均匀上升。

②浇筑层厚度应根据拌和能力,运输距离、浇筑速度、气温及振捣器的性能因素确定。一般不大于50 cm。

③在倾斜面浇筑混凝土时,应从低处开始浇筑,并使浇筑面保持水平。

④混凝土入仓不应导致骨料分离、且平仓均匀、无骨料集中现象。

⑤浇筑混凝土时,严禁在仓内加水。仓内泌水较多,须及时排除,但严禁在模板上开孔赶水,防止带走灰浆。

⑥应将振捣器插入下层混凝土5 cm左右,按顺序依次振捣,不得漏振、重振,移动间距应不大于振捣器有效半径的1.5倍。

⑦每一位置的振捣时间,以混凝土不再显著下沉、不出现气泡,并开始泛浆为准。

⑧振捣器头至模板的距离应约等于其有效半径的1/2,并不得触动钢筋、止水片及预埋件等。

⑨浇筑过程中,应随时检查模板、支架等稳固情况、如有漏浆、变形或沉陷、应立即处理。相应检查钢筋、止水及预埋件的位置,如发现移动,应及时校正。

⑩浇筑过程中,应及时清除黏附在模板、钢筋、止水片和预埋件表面的灰浆。浇筑到顶时,应立即抹平、排除泌水,待定浆后再抹一遍,防止产生松顶和表面干缩裂缝。

混凝土应随浇随平,不得堆积。不得使用振捣器平仓。有粗骨料堆叠时,应将其均匀地分布于砂浆较多处,严禁用砂浆覆盖。

(5)金属结安装工程质量监理

1)各种试验检测过程;

2)重要部位预埋件的安装;

3)隐蔽工程的重要工序;

4)闸门大件吊装;

5)闸门安装就位。

11.4 公路工程施工阶段建设监理概述

11.4.1 公路工程的项目划分

按《公路工程施工监理规范》JTGG 10—2006、《公路工程质量检验评定标准》JTGF 80/1—2004 第一册(土建工程)和《公路工程质量检验评定标准》JTGF 80/2—2004 第二册(电机工程),公路工程建设项目可以划分为路基工程、路面工程、桥梁工程、互通立交工程、隧道工程、交通安全设施七个单位工程。每个单位工程又可以分为若干个分部工程,而每个分部工程还可以分为若干个分项工程。

11.4.2 施工阶段监理的主要工作内容

公路工程施工阶段监理的主要工作有:施工准备阶段监理的工作;施工过程阶段监理的工作和竣工验收阶段监理的工作。

(1)施工准备阶段监理的工作内容

业主与监理单位签订了公路工程施工阶段监理委托合同后,监理工程师应作好施工准备阶段的监理工作。施工准备阶段监理的工作内容主要有:

①监理工程师的准备工作

监理工程师参与施工监理的自身准备工作有:建立施工项目的监理组织机构;配备参与工程施工监理的相关人员;熟悉工程技术文件及建设目标要求;调查施工环境的基本条件和承包方的生产技术条件等。

②开工准备工作

监理工程师应协助承包商作好开工准备工作:其中包括建立工程施工的承包组织机构;建立承包商的施工质量自检体系;建立材料检查验收制度并对进场材料的抽检或复检;审查机械设备操作人员的资质,并进行操作人员上岗培训;工程测量放样及复查;建立工地试验室及人员、设施的配置;审查施工组织设计及施工技术方案等。

③发布开工指令

经监理工程师对承包商的开工准备条件进行全面审查合格,工程已经完全具备了开工条件后,监理工程师应立即下达开工指令,承包商所承担的合同段的公路工程正式开工。

(2)施工过程阶段

当公路工程施工开工后,监理工程师主要的监理工作内容有:

①工地会议与监理会议

在施工过程阶段中承发包双方可能出现各种急需解决的问题,需要召开工地会议,或者因工程监理过程中,需要解决有关技术及组织问题而召开监理会议,监理工程师应组织或参与相应的工地会议和监理会议。

②现场巡视监理

现场监理工程师要注重施工现场的巡视监理。通过工程巡视监理能尽快地发现问题,及时地解决存在的问题,特别是对某些重大工程施工问题、施工部位、隐蔽工程施工不仅要加强施工现场的巡视监理,还要加强现场施工的旁站监理。

③处理设计变更

在施工过程中的设计变更主要来自于业主、承包商和设计单位的要求。监理工程师应根据各方提出设计变更的理由,严格控制设计变更,并按照一定的程序处理设计变更。

④加强合同管理

监理工程师应协助业主做好施工承包合同的管理,其中包括合同签约和合同实施管理。合同签约有:协助业主选择承包商;协助业主做好签约的准备工作;协助业主草签承包合同和正式签订承包合同。合同实施管理是监理工程师从事施工过程监理的重要工作,其中包括监督、检查承包商合同执行情况;协调承发包双方处理合同纠纷;按合同规定审核工程量清单及工程结算支付;协助承包商协调参与建设各方的建设行为;为承包商创造良好的施工环境条件等。

⑤加强监理目标控制

公路工程建设的监理目标是在控制工程总投资、建设进度和工程建设质量的基础上,全面完成建设监理委托合同中所规定的监理任务,其中包括合同管理、信息管理和对工程建设过程中的建设环境、建设条件及参与建设各方主体的建设行为等方面的组织协调。

⑥加强施工信息管理

公路工程施工阶段的施工信息管理主要有:施工准备阶段的工程技术经济方面的信息,如设计文件及有关说明;设计交底与图纸会审记录;工程地质和水文地质资料;路线测量及控制网点坐标与高程资料。施工过程中的技术经济信息主要有:施工记录与监理记录;建筑材料检查验收签证;材料试验及工程试验证明;工程质量检查验收及签证;工程量清单的审查及签证;工程结算审核及签证;工程事故处理及检查验收,以及监理工程师与业主、承包商、设计单位、供货单位、运输单位等参与建设各方的往来函件等。

(3)竣工验收阶段的监理

1)竣工验收测量审核

当公路工程按合同段全部完成工程施工任务后,监理工程师应立即从事工程竣工后的验收测量检查,主要工作内容有:检查已竣工的承包合同段恢复定线和路线竣工验收测量工作,审批竣工测量报告,视情况组织对部分路段的复测工作;检查承包合同段桥涵及其他设施竣工验收的测量资料,按总监或驻地监理工程师的要求组织复核测量,审核批准复核测量报告;核实因工程设计变更引起的工程量变动所需的测量内容;检查、督办总监或驻地监理工程师要求的其他测量工作。

2)竣工验收资料审核

竣工验收资料审核主要有:设计文件、标准图集及总说明和分部说明等;工程施工的质量保证资料,如工程施工测量资料,材料、半成品、构配件的试验检验资料及合格证书,施工组织及施工技术文件资料等;施工过程的检查验收资料,如监理工程师的检查验收签证,承包商的施工日记及工程自检记录,分部、分项工程及单位工程质量等级评定资料等;事故调查报告资料,工程缺陷监理期的责任、事故处理、鉴定、验收资料等;工程结算、决算及监理总结报告等资料。

3)公路工程施工竣工验收的依据

公路工程竣工验收的依据主要有:设计文件、设计说明、施工图纸及标准图集、设计变更通知书等;施工过程中的各种技术及经济文件,如材料合格证及试验检验证书,现场配制材料配合比及试验证书,工程检查验收试验证明、质量等级评定及各种验收签证等;建设合同、各种协议、建设各方交往文件及现场会议与监理会议的记录等;建设法规及技术标准,如《建设工程质量管理条例》《公路工程质量检验评定标准》等。

4)公路工程竣工验收

公路工程竣工后,监理工程师应督促承包商组织工程的预验收。经预验收合格后,监理工程师还应协助业主组织对工程的正式验收。经验收合格后,监理工程师应协助业主与承包商办理工程的交接手续,并完成工程结算。整个工程施工监理任务完成后,监理工程师应撰写该工程项目施工监理报告。从而完成全部工程施工监理任务,监理委托合同终止。

11.4.3　施工阶段的监理模式

(1)公路工程施工监理的组织模式

施工监理的组织模式一般应根据公路工程项目特点、承包合同段的划分等决定。下面介绍中小型公路工程施工监理组织模式和大型公路工程施工监理组织模式。

1)中小型公路工程施工监理的组织模式

中小型公路工程施工监理可以采取委托型项目监理组织、顾问型项目监理组织和职能型项目监理组织等三种基本组织模式。

①委托型项目监理组织模式,是由监理总负责人(总监)领导并主持全部监理工作,业主对工程项目施工均不发布直接指令。业主的意图完全由总监按监理委托合同授权的范围向承包商发布相关指令,但总监对一些重大问题事前应取得业主的认可或定期向业主提出监理工作报告。

②委托型项目监理组织顾问型项目监理组织模式,是由业主聘请监理总负责人组建项目监理顾问班子。项目监理顾问班子对业主负责,并向业主提供工程项目建设咨询服务。业主对承包商的指令都来自于工程项目施工监理的顾问班子。

③顾问型项目监理组织职能型项目监理组织模式,是由业主聘请项目监理总负责人并组织项目监理班子,总监对业主负责,按监理委托合同授权的范围向承包商发布指令,而业主也有权向承包商发布指令。由于监理指令来自于两处,如果业主与总监在发布指令前未能事先协商一致,有可能造成一定的分歧影响承包商的工作。

④职能型项目监理组织模式,是由业主聘请项目监理总负责人并组织项目监理班子,总监对业主负责,按监理委托合同授权的范围向承包商发布指令,而业主也有权向承包商发布指令。由于监理指令来自于两处,如果业主与总监在发布指令前未能事先协商一致,有可能造成一定的分歧影响承包商的工作。

2)大型公路工程施工监理组织模式

对大型或特大型公路工程施工监理组织建设,应根据工程规模及合同段的划分,采用三层次或四层次的监理组织模式。

(2)监理人员的配置

监理人员包括有:总监理工程师(总监)、总监代表、高级驻地监理工程师(高级驻地)、驻地监理工程师、专业监理工程师、测量人员、试验人员、现场监理人员、行政事务人员、翻译及秘书等。

各级监理人员数量配置应根据工程复杂程度,监理委托任务范围确定。道路工程按施工里程来配置监理人员数量,平均每公里一般配置0.5~1.2人,其中高等级公路每公里平均不应少于1人。高级监理人员,包括总监、总监代表、高级驻地、总监办公室各专业部门负责人应占总人数10%左右;各类专业监理工程师,包括高级、中级专业监理人员占40%左右;各类专业助理及辅助人员等初级监理人员占40%;行政及事务等人员不应超过10%。各级监理人员的权利、职责及相互间的关系应按施工监理的有关规范执行。

11.4.4 公路工程施工阶段监理的程序

监理程序是用来指导、约束监理工程师的工作,协调监理工程师和承包商工作关系的规范性文件,是监理规划及监理实施细则的重要组成部分。公路工程施工阶段监理的程序分为技术管理监理程序、现场监理程序、计量与支付监理程序、合同管理程序、档案管理监理程序等。

(1)技术管理监理程序

技术管理监理程序可以分为试验工作监理程序、测量工作监理程序、变更设计监理程序、质量控制监理程序等,在监理实施细则中都应做出明确的规定。

质量控制监理的基本程序是:审查开工报告、下达开工指令→审查工序自检报告、抽样复查→工序自检认可、质量等级评定→审查中间交工报告→中间交工签证→中间计量、分期结算签证。

(2)现场监理程序

现场监理程序是指导驻地监理工程师从事施工监理的实施细则的组成部分,可以按照分项、分部工程施工程序分为路基工程监理程序、路面工程监理程序、砌石工程监理程序、桥梁工程监理程序、小桥涵工程监理程序、隧道工程监理程序等。

(3)档案管理监理程序

档案管理的监理程序应明确各类表格留存、抄报、抄送、存档等工作程序。

(4)其他工作的监理程序

其他各类工作的监理程序,应该依照分项工程和监理工作内容按工序、工艺过程,详细列出工程内容、检查项目及检查方法;承包商自检表格名称、编号、自检责任人的技术级别、承包商的自检报告;监理复核表格名称、编号、责任监理工程师的级别、监理批复方式、批复时限等。

11.5 桥梁工程施工阶段质量监理简介

本节将简要介绍桥梁工程施工质量监理,其中包括桥梁工程施工监理;桥梁工程施工质量控制的要点;桥梁工程施工质量验收等。

11.5.1 桥梁工程施工监理

(1)大、中、小桥梁的划分

桥梁的划分标准是桥梁的长度。对单孔桥的长度是指两支点间的距离,称为计算长度,用I表示;对多孔桥是指桥梁的总长度,用L表示。于是,大、中、小桥按其长度划分为:

8 m < L < 30 m	5 m < I < 20 m	小桥
30 m < L < 100 m	20 m < I < 40 m	中桥
100 m ≤ L < 500 m	40 m ≤ I ≤ 100 m	大桥
500 m ≤ L	100 m ≤ I	特大桥

(2)桥梁结构组成及分类

1)桥梁结构的组成

桥梁结构体系按其组成可以划分为三大部分:

①上部结构:是桥梁的承重部分,指梁(板)桥墩台帽或盖梁顶面以上;拱桥拱座顶面以上部分。

②下部结构:指桥墩及桥台,是支承上部结构的重要构件包括基础或承顶面至墩帽或梁底部分。

③墩台基础:是将桥上全部荷载传至地基的重要构件,包括基础顶面或承台顶面以下部分。

2)桥梁结构体系的分类

①梁式桥:包括简支梁桥、悬臂梁桥、连续梁桥、T型刚构桥及连续刚构桥等。梁式桥在桥墩或桥台处均无推力。

②拱式桥:按主拱圈的建筑材料分为圬工拱桥、钢筋混凝土拱桥和钢拱桥;按拱上建筑形式分为实腹式拱桥和空腹式拱桥;按拱轴线形式分为圆弧拱桥、抛物线拱桥及悬链线拱桥;按有无水平推力分为有推力拱桥和无推力拱桥;按桥面位置分为上承式拱桥、下承式样拱桥和中承式拱桥;按结构体系分为简单体系和组合体系等。

③斜拉桥:是由受压的塔、受拉的索和承弯的梁体组合起来的一种承重结构体系,分为钢斜拉桥、预应力混凝土斜拉桥、钢与混凝土结合的斜拉桥。

④悬索桥:以高强悬索承受大部分荷载,内力传递明确,以承受拉力为主。施工方便,安装难度小,外形美观,拆分、运输及存放、架设等均方便。

(3)桥梁工程施工监理的准备

1)开工申请报告

桥梁工程或其他构筑物开工前,承包商应按合同规定或监理规划的要求,在规定的期限内向总监(驻地高监)递交书面开工申请报告。报告的主要内容有:申请开工的桥梁名称、位置(桩号)、结构形式、开工竣工日期、各项准备工作情况(机械设备、劳动力、施工组织、技术方案、现场准备等)。

2)检查开工准备

监理工程师收到承包商的开工申请后,应立即组织有关人员进行开工检查。检查开工准备做的主要内容有:

①监理工程师的工作准备检查:当接到监理委托任务后,总监应对监理工程师的监理准备工作检查,包括有:组建桥梁工程施工的监理班子,明确相应的工作职责;总监应组织项目监理工程师认真学习设计文件,熟悉施工图纸、地质和水文资料,了解建设环境条件,制订监理规划及实施细则,协助承包商做好施工准备工作及其工作协调。

②审查施工组织设计及技术方案:审查该工程开工竣工日期是否符合承包合同的要求;现场临时设施是否准备完成,经济是否合理;原材料、机械设备准备工作是否完成;各项工艺技术

方案是否合理、可靠、经济；各种管理制度（包括责任制、工作制、会议制、质量与安全管理制度等）是否完备。

③复核施工测量及放样：包括复核检查承包商测量人员的资质和测量仪器仪表精度和可靠性；审查承包商测量人员提交的工程测量报告、放样测量报告并批复测量及放样报告。

④现场材料检查：现场材料检查包括对水泥、钢筋、砂石、支座、混凝土配合比及外加剂等材料是否符合设计及规范要求。

⑤审查施工现场平面布置图：承包商应提交 1/1 000 ~ 1/500 的施工现场平面布置图，监理工程师应审查施工现场种类设施及设备布置是否合理、现场交通是否有利于各类建设资源的合理流动、平面布置是否有利于安全生产和文明生产等。

⑥审查建设资金准备及流向计划：审查建设资金投入及流向计划是否能保证工程施工进度的要求。

⑦其他建设环境条件的审查：包括有季节性施工条件的准备、现场施工安全设施的准备、现场安全保卫工作准备、参与建设各方协调工作准备等。

3）开工申请报告批复

总监驻地高监接受承包商递交的开工报告后，参考桥梁工程监理工程师、试验监理工程师和测量监理工程师等各专业监理人员，对工程开工的各项准备进行的认真而全面检查所提交的审查报告，对承包商的开工申请做出批复，即同意或拒绝承包商的开工要求。

（4）桥梁工程施工监理的主要工作内容

根据桥梁工程分部、分项工程的划分，桥梁工程施工监理主要包括下述内容：

1）基础工程施工监理

现场监理工程师应充分熟悉设计图纸，了解设计提供的工程地质和水文地质资料，以便审查承包商提出的基础工程施工方案的技术合理性和经济性。如发现设计提供的地质资料与实际工程地质状态不相符合时，应立即通知承包商考虑修正或重新制订基础工程施工方案或技术措施；如果实际测定的地基承载能力与设计提供的承载能力不符合时，监理工程师应组织设计、施工单位共同研究解决方案。

2）钢筋混凝土工程施工监理

钢筋混凝土工程是组成桥梁工程的重要分部工程。钢筋混凝土工程施工监理是桥梁工程施工监理的主要工作内容。钢筋混凝土工程施工监理包括有：钢筋工程施工监理、模板及支架工程施工监理和混凝土工程施工监理。

①钢筋工程施工监理。主要工作内容有：审查钢筋出厂证明书及技术性能指标、钢筋抽检试验及审查试验报告、检查钢筋加工尺寸及绑扎尺寸、做好钢筋工程施工隐蔽工程验收记录及验收签证。

②模板及支架工程施工监理。主要工作内容有：审查模板及支架施工方案、现场巡视检查模板及支架工程施工情况、检查验收模板及支架工程施工及现场，监理工程师检查验收报告提请总监审批。

③混凝土工程施工监理。主要工作内容：检查承包商对混凝土工程施工准备的条件、检查建筑材料质量、检查混凝土配合比及计量、按监理细则及操作规程要求做好现场的测试工作、严格控制混凝土浇灌及振捣质量、检查混凝土的养护、严格控制混凝土拆模时间等。

3）支座施工监理

桥梁支座分为板式橡胶支座、盆式橡胶支座、大吨位支座、特殊形式支座及滑板式支座、圆型板式橡胶支座等，施工监理的基本工作内容如下所述。

板式橡胶支座：安装前应全面检查产品合格证书；支承垫石、顶面标高及表面平整，对同一根梁应满足两端水平面的要求；墩台支座垫石处及梁底面应清理和抹平；检查支座中心位置；检查坡桥、梁板的安装质量。

盆式橡胶支座：检查规格及质量；检查组装时钢垫板的埋置及平整要求；检查滑移面清洁及润滑情况；检查支座中心线和安装轴线精度及顶板底板的固定措施等。

大吨位支座和特殊形式的支座：检查规格及质量是否符合要求；检查支承垫石标高；检查支座位置中心线及临时固定措施等。

4）梁板施工监理

对不同类型的桥梁，其梁板施工方式有所不同，一般常采用梁板安装、顶推施工梁、悬臂施工梁、拱梁安装、桁架拱及桁架梁安装、转体施工梁拱、劲性骨架混凝土拱、钢管混凝土拱、钢筋混凝土索塔、悬臂施工斜拉桥的梁等。施工监理的任务和内容都有所不同，一般应检查安装轴线、中心线、埋件等是否符合设计要求；材料、配构件质量是否满足设计要求；现浇混凝土工程施工、预应力钢筋混凝土工程施工、结构安装工程施工等应满足设计、规范和相应标准的要求。加强施工现场的巡视监理，并按桥梁工程施工监理规划及实施细则组织对工程施工的检查验收。

5）桥面附属工程施工监理

桥面附属工程施工包括有：伸缩缝施工、桥面防水层施工、泄水管施工、桥面铺装施工及桥面防护设施施工等。对不同的附属设施施工监理的内容和要求有所不同。一般应检查材料及配构件质量、施工程序及施工工艺、技术及质量保证措施等应满足设计和施工验收规范的要求。

（5）路面工程的质量检验应完成以下15种质量检验报告单

①检验表1 水泥混凝土面层现场质量检验报告单

②检验表2 沥青混凝土面层和沥青碎（砾）石面层现场质量检验报告单

③检验表3 沥青灌入式面层（或土拌下灌式面层）现场质量检验报告单

④检验表4 沥青表面处治面层现场质量检验报告单

⑤检验表5 水泥土基层和底基层现场质量检验报告单

⑥检验表6 水泥稳定粒料基层及底基层现场质量检验报告单

⑦检验表7 石灰土基层和底基层现场质量检验报告单

⑧检验表8 石灰稳定粒料基层和底基层现场质量检验报告单

⑨检验表9 石灰、粉煤灰基层和底基层现场质量检验报告单

⑩检验表10 石灰、粉煤灰稳定粒料基层和底基层现场质量检验报告单

⑪检验表11 级配碎（砾）石基层和底基层现场质量检验报告单

⑫检验表12 填隙砾石（矿渣）基层和底基层现场质量检验报告单

⑬检验表13 路槽现场质量检验报告单

⑭检验表14 路缘石铺设现场质量检验报告单

⑮检验表15 路肩现场质量检验报告单

11.5.2　桥梁工程施工质量控制的基本要点

(1)桥梁工程施工质量控制的一般要求

桥梁工程施工应严格按照设计图纸、施工规范和有关技术标准及操作规程的要求进行;桥梁工程质量等级应满足施工合同和监理规划的规定要求;审查桥梁工程施工测量的有关资料,并进行现场抽样检测。当检测无误后,监理工程师才能签证验收,允许正式开工。

1)审查设计单位所交付的基点桩及有关测量资料

在进行施工测量前,应检查或审查设计单位所交付的桥梁中线桩、三角网基点桩、水准基点桩等及其测量资料。若发现桩志不足、不稳妥、被移动或测量精度不符合要求时,应按公路工程施工规范规定,进行补测加固、移设或重新测校,并通知设计单位。

2)桥梁中线测量

①对桥梁中线测量应检查标桩的设置及固定是否牢固。

②小桥梁中线位置的桩间距离及桥墩距离可用钢尺直接丈量复测。

③检查校核大中桥梁中线位置的桩间距离及桥墩位置的放样,具有良好丈量条件的,应直接丈量;若直接丈量有困难的,可以采用视差法、三角网法或电磁波测距仪检查测定。

④检查桥梁中线测量的精度是否满足规范要求。

⑤审查桥梁中线测量的有关测量资料的准确性、完备性、可靠性。

3)墩台中心测量及基础放样

复核墩台中心测量的精度,若桥梁中线用直接丈量测量,墩台中心测量可以采用直接丈量复核;否则,可以采用交会法控制墩台位置。基础放样是根据实地标定的墩台中心位置为出发点进行的。无水地点可以直接用经纬仪测定或检查基础纵、横轴线及边线,并保证基础放样的精度要求;当河水不深可待围堰完成后,再进行基础放样;对桩基、沉井、沉箱等基础放样,应根据建设环境条件和设计要求,在测定出基础中心线后,再测定桩基沉井、沉箱等基础的定位轴线和边线。基础放样完成后,监理工程师应审查墩台中心测量和基础放样的有关测量资料,并检查验收签证。

4)曲线上桥梁测量

曲线上墩台中心测量,对位于干旱河沟的桥梁,就根据设计平面图按精密导线测设方法,用钢尺量距,经纬仪测角法来测定墩台中心位置;凡属曲线大桥和有水不能直接丈量的墩台中心测量,均应布设控制三角网,用前方交会法控制墩台位置,并保证测量精度要求。

(2)桥梁基础工程施工质量控制

桥梁基础包括有沉入桩基础、钻(挖)孔灌注桩基础、管柱基础、沉井基础、沉箱基础等。工程施工质量控制要点如下:

1)基础放样复查

基础工程正式施工前,应对基础放样进行复查,无误后才允许施工。

2)审查施工技术方案

审查施工技术方案的重点是:审查天然地基处理及加固方案、审查施工程序、审查作业措施、检查机具设备、审查质量与安全保证体系和防洪排水措施等。

3)抽查材料质量

加强对进场材料质量的检查,材料使用过程中的抽检,审查材料试验报告,检查施工现场材料存储情况等。

4)确保基础施工过程质量

监理工程师应跟踪、巡视检查基础工程施工过程的质量。对不同类型基础工程施工,质量控制重点有所不同。

①天然地基基础施工质量控制要点:检查基底的平面位置、尺寸、标高是否符合设计要求;检查基底土质及其均匀性、稳定性,容许承载力是否符合设计要求;检查特殊地基经加固处理后是否达到设计要求;检查基础开挖排水及施工安全措施;检查基础开挖及基底检查施工及验收记录等。

②沉入桩基础施工质量控制要点:检查桩的加工质量,对钢筋混凝土桩进入沉桩现场前或进入现场后,应经工地质量检查合格才允许施工。重点检查内容是可用超声波探伤器检查桩的内部缺陷;检查桩体表面裂缝宽度是否在允许范围内;检查桩的几何尺寸偏差是否在允许范围内;检查桩顶平面平整程度及是否垂直于桩轴;检查桩尖中心与桩轴的偏差;检查沉桩机械设备是否能正常运行;施工过程中应进行巡视监理,控制施工工艺操作是否符合操作规程要求;检查桩的承载试验;审查施工记录及施工中的有关验收签证等。

③钻(挖)孔桩基础施工质量控制要点:检查施工前的现场准备工作及机械设备的状态;在钻孔、清孔和钢筋笼下放完毕后应分别进行孔的中心位置、孔径、孔深、孔内沉淀土厚度、清孔后的泥浆指标、钢筋及地质等方面的检查;桩的制作质量检查,包括对预制桩的制作质量、灌注桩的施工质量及桩的承载能力试验检查等。

④管柱基础施工质量控制要点:管柱制作质量检查,包括对钢筋混凝土管柱和预应力钢筋混凝土管柱制作质量的控制(详见钢筋混凝土和预应力钢筋混凝土施工质量控制);管柱下沉机械设备运行正常;下沉管柱施工精度应满足规范的要求,如需要钻孔的管柱下沉到设计标高后,倾斜度应满足规范要求等。

⑤沉井(箱)基础施工质量控制要点:检查施工准备工作质量,包括施工现场准备,机械设备准备,施工组织及技术措施准备等。检查沉井(箱)的制作质量,包括外形及尺寸检查,混凝土强度检查等。现场跟踪巡视监理,包括控制沉井下沉速度,且下沉速度应控制在一定范围,如对浮式沉井自落入河床至下沉到设计标高的作业时间内,其平均综合下沉速度为:

砂土中	0.3~0.4	m/d
卵石中	0.15~0.25	m/d
砂黏土及黏沙土互层中	0.2~0.3	m/d

基底清理检验主要工作有:对不排水下沉的沉井到达设计标高后,应由潜水员进行基底检查;对排水下沉的沉井其基底检查工作,按敞坑中检验基底的办法进行,经检查发现问题应立即加以处理。控制水下混凝土封底质量,严格控制混凝土浇灌质量,对个别封底质量有疑惑的,应进行钻孔抽样检查。当封底混凝土达到设计要求后,才允许抽干水,进行井孔填充,并保证填充质量。沉井(箱)基础施工应做好施工记录,按有关规定检查验收及签证等。

(3)钢筋混凝土工程及预应力钢筋混凝土工程施工质量控制要点

钢筋混凝土工程及预应力钢筋混凝土工程是桥梁工程施工中的重要分部工程。监理工程师应按钢筋混凝土工程及预应力钢筋混凝土工程施工验收规范组织对工程质量的控制。施工质量控制的基本要点是:

①钢筋质量控制

钢筋质量控制要点是：钢筋进场质量抽检；控制钢筋冷拉质量；检查钢筋加工质量；检查钢筋的绑扎质量；检查预应力钢筋的张拉质量；检查钢筋的焊接质量等。

②模板及支架的质量控制

检查模板的加工质量和安装质量，包括模板的强度、刚度、稳定性、几何尺寸、接缝的严密性；检查支撑系统的强度、刚度和稳定性等。

③混凝土浇灌质量控制

审查施工配合比；审查混凝土工程施工方案；检查砂、石及水泥进场及使用质量；检查混凝土计量；检查混凝土工程浇灌过程中抽样检验；检查混凝土养护条件；控制拆模时间等。

(4)桥面及辅助工程施工质量控制要点

①桥面铺装质量控制

桥面铺装质量控制的要点：桥面铺装应符合同级路面的要求；检查桥面泄水孔的进水口设置数量及高度是否满足设计要求；检查桥面强度或压实度、平整度、横坡及抗滑构造深度是否满足规范和设计要求。对桥面沥青混凝土铺装，应检查防水胶、黏结层、沥青混合料的矿料质量及矿料级配是否符合设计及施工规范的要求；严格控制各种矿料和沥青用量及各种材料和沥青混合料的加热温度，且压碾温试应符合要求等。

②伸缩缝安装质量控制

伸缩缝安装质量控制的要点：安装前应检查伸缩缝材料的合格证，经验收后才允许安装；伸缩缝必须锚固牢靠，其性能必须有效；伸缩缝的缝宽、纵坡、横向平整度等应满足施工规范及设计要求。

③栏杆、护栏安装质量控制

栏杆、护栏不得有断裂或弯曲现象；栏杆与扶手接缝处的填缝料必须饱满平整；栏杆的平面偏位、栏杆扶手的平面偏位、栏杆柱顶面高差、栏杆柱纵横向竖直度、相邻栏杆扶手高度及护栏外露钢件应按设计要求防护等。

11.5.3 桥梁工程施工质量验收

(1)桥梁工程质量检验评定标准

对桥梁工程质量检验评定和质量等级评定，应坚持《公路工程质量检验评定标准》JTGF 80/1—2004 第一册（土建工程）和《公路工程质量检验评定标准》JTGF 80/2—2004 第二册（电机工程）的有关规定。桥梁工程质量检验评定标准分为基本要求、实测项目和外观鉴定。在《公路工程质量检验评定标准》中，对桥梁工程的各项分部工程、分项工程都制订了相应的质量检验评定标准。如对钻孔灌注桩质量检验评定标准有：基本要求是孔径和孔深必须符合设计要求；成孔后必须清孔，测量孔径、孔深和沉渣层厚度，确认满足设计要求后，再灌注水下混凝土；钢筋笼不得上浮，嵌入承台的锚固钢筋长度不宜低于设计标准的要求；对质量有怀疑的桩或因灌注故障处理过的桩，都应做无损法检查桩的质量，其结果应由设计单位定；清除桩尖的混凝土后，无残余的松散混凝土。

(2)桥梁工程施工质量等级评定

桥梁工程施工质量等级评定，应按照《公路工程质量检验评定标准》的要求，组织对分项工程质量检查验收，并按质量等级评定标准对各分项工程、分部工程、单位工程评定出适宜的质量等级。

11.6　水利工程施工阶段质量监理简介

11.6.1　水利水电工程建筑物施工特点

水利水电工程与一般工民建、市政工程有许多共同之处，但由于水利水电工程施工较为复杂，工程规模较为庞大，且受水流控制影响大，因此具有实践性、复杂性、风险性、多样性和不连续性等特点，主要表现在以下几个方面：

①工程量大，工期较长，耗资大。

②受自然条件影响大，需要修建临时导流工程，要妥善解决施工期通航供水等问题。工程有很强的季节性，须充分利用枯水期施工。

③专业工种多、技术较复杂。应用系统工程学的原理，因时因地选择最优的施工方案，达到缩短工期、均衡施工强度的目的。

④施工工厂和临时设施多，规模大、投资大。

⑤运输量特别大。

⑥技术的发展和创新对工程建设影响较大。

⑦需要做好施工组织设计，必须合理安排计划，精心组织施工，及时解决施工中的防洪、度汛及冰凌等问题。

11.6.2　水利水电工程建筑物组成

水工建筑物由以下建筑物组成：

①挡水建筑物。用以拦截江河，形成水库或雍高水位，如各种坝和闸；以及为抗、卸洪水或挡潮，沿江河海岸修建的堤防、海塘等。

②泄水建筑物。用以宣泄在各种情况下，特别是洪水期的多余入水量，以确保大坝和其他建筑物的安全，如溢流坝、溢洪道、泄洪洞等。

③输水建筑物。为灌溉、发电和供水的需要从上游向下游输水用的建筑物，如输水洞、引水管、渠道、渡槽等。

④取水建筑物。是输水建筑物的首部建筑，如进水闸、扬水站等。

⑤专门建筑物。专门为灌溉、发电、供水、过坝需要而修建的建筑物，如电站厂房、沉砂池、船闸、升船机、鱼道、筏道等。

11.6.3　利水电工程主要建筑物施工阶段监理要点

根据《水利水电工程施工监理规范》（DL/T 5111—2000）；水利水电工程主要建筑物施工阶段监理要点有以下内容：

(1) 施工测量监理

1）测量开始前，必须完成对施工单位报送的“测量工作方案”的审查，若施工单位的测量技术力量、仪器配置不能满足测量精度、进度要求时，应通知施工单位采取补充措施，待符合要求后，方可进行测量作业。

2)在合同项目范围内布设的控制网点测量,重要断面测量,重要部位的放样测量等,监理部的测量工程师对测量成果要进行抽查复测。若发现任一测点不符合规范或设计要求,则应责成施工单位进行检查校核或复测。监理工程师进行复核检查。

3)施工单位提交的原始断面测量成果,要进行100%的内业核查,并应在现场进行抽查复测。复测的点数不少于总测点数的5%。还要把所有的断面与1/500地形图进行对照检查,若有矛盾,则应会同施工单位测量人员实地核查,若地形图有问题时,应对经核实的断面测量成果予以认可,并核实成果和备案。

(2)工程地质与爆破监理

对现场进行地质观察,并使用各种方法,包括地质点记录、素描、照相、录像等,记录在开挖过程中揭露出来的工程地质情况。对下列工程地质问题进行重点观察研究,并提出建议:

1)岩体风化带的发育规律的划分。

2)缓倾角结构面、断层、裂隙、岩脉等发育规律及其对建筑物地基和边坡稳定的影响。

3)开挖边坡的稳定状况。

4)钻爆作业必须审查开挖爆破施工方案。其主要内容如下:

①爆破孔的孔径、排间距、深度、倾角和抵抗线等。

②用的炸药类型、单耗药量和装药结构。

③延时顺序、雷管型号和起爆方式。

(3)坝体填筑施工过程监理

在坝体填筑施工过程中,重点检查下列内容:

①坝体填筑应在坝基、两岸岸坡处理验收合格及相应部位的趾板混凝土达到设计强度后才能进行。基坑开挖经验收合格后也可在河床趾板开挖、混凝土浇筑的同时先进行部分坝体填筑。

②主堆石区与岸坡、混凝土建筑物接触带,应回填1.0~2.0 m宽的过渡料。周边缝下特殊垫层区应人工配合机械薄层摊铺,每层厚度不应超过30 mm,采用振动平板、小型振动碾、振动冲击旁等机械压实。

③认真做好作业过程中资料的记录,收集与整理。

(4)混凝土施工过程监理

在混凝土施工过程中,重点检查以下内容:

1)模板安装

①模板安装后须有足够的稳定性,刚度和强度。

②模板表面应光洁平整,接缝严密,不漏浆。

③模板安装的允许偏差见《模板安装偏差表》。

④高速水流区、溢流面、闸墩、门槽和尾水管道等要求较高的特殊部位,其模板的允许偏差必须符合有关专项设计的要求。

2)钢筋布设

①钢筋安装位置、规格尺寸及数量、保护层厚度符合设计图要求。

②钢筋表面清洁、无鳞锈、锈皮、油漆油渍等。

③焊接中不允许有脱、漏焊点,焊缝表面或焊缝中没有裂纹(或裂缝),焊缝表面平顺,没有明显的咬边、烧伤、凹陷及气孔夹渣等。

④搭接或帮条的焊缝长度及绑扎接头的最小搭接长度，应满足规范要求。

⑤钢筋接头应分散布置，在同一截面内的受力钢筋，其接头的截面面积占受力钢筋总截面面积百分率，应符合规范规定。

⑥钢筋安装的允许偏差应符合规范规定。

3)冷却、灌浆与排水系统布置

①冷却、灌浆与排水系统的形式、位置、尺寸及材料品种、规格等应符合设计要求。

②管子表面无鳞锈、锈皮、油漆和油渍等。

③管路畅通，接头严实。

④冷却水管安装后，每仓系统须进行通气检查。

4)止水设施安装

①止水设施形成、位置、尺寸及材料品种、规格等应符合设计规定。

②金属止水片应平整，表面的浮皮、锈污、油腻、油渍均应清除干净，如有砂眼、钉孔、应予焊补。

③金属止水片搭接长度不小于20 mm，且须双面氧焊。

④金属止水片伸缩缝中的部分应涂(填)沥青。

⑤塑料止水片和橡胶止水片的安装，应采取措施防止变形和撕裂。

⑥止水片深入基岩的部分须符合设计要求。

5)伸缩缝处理

①采用的沥青油毛毡厚度及铺贴层数应符合设计要求。

②伸缩缝表面应洁净干燥，蜂窝麻面处理填平，外露施工铁件割除。

③沥青油毛毡铺设均匀平整，接头应采用斜接，沥青涂料均匀，无气泡及隆起现象。

6)观测仪器、设备及预埋件

①观测仪器，设备及预埋件应符合设计要求，安装方法应按照有关的专门规程或要求进行。并应遵照《监理实施细则》执行。

②仪器和电缆埋设完毕后，应详细记录施工过程，及时绘制竣工图。

③预埋仪器的规格、数量、高程、方位、埋设深度及外露长度，均应符合设计要求。

7)混凝土浇筑

①混凝土的浇筑应按一定厚度、次序、方向、分层进行，在高压钢管、竖井、廊道等周边浇筑混凝土时，应使混凝土均匀上升。

②浇筑层厚度应根据拌和能力，运输距离、浇筑速度、气温及振捣器的性能因素确定。一般不大于50 cm。

③在倾斜面浇筑混凝土时，应从低处开始浇筑，并使浇筑面保持水平。

④混凝土入仓不应导致骨料分离、且平仓均匀、无骨料集中现象。

⑤浇筑混凝土时，严禁在仓内加水。仓内分泌水较多，须及时排除，但严禁在模板上开孔赶水，防止带走灰浆。

⑥应将振捣器插入下层混凝土5 cm左右，按顺序依次振捣，不得漏振、重振，移动间距应不大于振捣器有效半径的1.5倍。

⑦每一位置的振捣时间，以混凝土不再显著下沉、不出现气泡，并开始泛浆为准。

⑧振捣器头至模板的距离应约等于其有效半径的1/2，并不得触动钢筋、止水片及预埋

件等。

⑨浇筑过程中，应随时检查模板、支架等稳固情况、如有漏浆、变形或沉陷、应立即处理。相应检查钢筋、止水及预埋件的位置，如发现移动，应及时校正。

⑩浇筑过程中，应及时清除黏附在模板、钢筋、止水片和预埋件表面的灰浆。浇筑到顶时，应立即抹平、排除泌水，待定浆后再抹一遍，防止产生松顶和表面干缩裂缝。

混凝土应随浇随平，不得堆积。不得使用振捣器平仓。有粗骨料堆叠时，应将其均匀地分布于砂浆较多处，严禁用砂浆覆盖。

(5)金属结安装工程质量监理

①各种试验检测过程。

②重要部位预埋件的安装。

③隐蔽工程的重要工序。

④闸门大件吊装。

⑤闸门安装就位。

11.7　近年监理工程师考题摘录及案例选编

一、近年监理工程师考题摘录

(一)单选

1.(2008 理)与建设工程平行承发包模式相比，建设工程设计或施工总分包模式的优点是(A)。

A.有利于投资控制　　B.有利于质量控制

C.有利于缩短建设周期　　D.合同价格较低

2.(2008 理)《建设工程质量管理条例》规定，施工单位的质量责任和义务有(A)。

A.总承包单位与分包单位对分包工程的质量承担连带责任

B.施工单位有权改正施工过程中发现的设计图纸差错

C.施工单位可以将工程转包给符合资质条件的其他单位

D.施工单位可以将主体工程分包给具有资质的分包单位

3.(2008 理)《建设工程监理规范》规定，(B)应对承包单位报送的分项工程质量验评资料进行审核，符合要求后予以签认。

A.总监理工程师　　B.专业监理工程师

C.总监理工程师代表　　D.监理员

4.(2008 三)施工过程中，对出现的工程质量问题，监理工程师首先应(D)。

A.签发《监理通知》　　B.签发《工程暂停令》

C.报告业主　　D.判断其严重程度

5.(2008 三)施工质量事故的技术处理方案按规定程序和要求核签以后，监理工程师应要求施工单位制定详细的(C)付诸实施。

A.施工组织设计　　B.施工进度计划

C.施工方案　　D.施工整改计划

6.(2008 三)在收集质量数据中,当总体很大时,很难一次抽样完成预定的目标,此时,质量数据的收集方法宜采用(D)。

A.分层抽样　　B.等距抽样

C.整群抽样　　D.多阶段抽样

7.(2008 三)在质量管理中,将正常型直方图与质量标准进行比较时,可以判断生产过程的(D)。

A.质量问题成因　　B.质量薄弱环节

C.计划质量能力　　D.实际质量能力

(二)多选

1.(2008 三)监理工程师对施工单位的现场施工机械配置进行控制的内容有(ABC)。

A.审查施工机械设备的数量是否足够

B.审查所需的施工机械设备是否按已批准的施工组织设计要求备妥

C.审查已准备的施工机械设备能否保证可用的良好状态

D.审查施工机械设备在使用期间能否按期大修

E.审查施工机械设备租赁合同

2.(2008 三)在施工准备阶段,现场监理机构内部需要做好的质量监控的基础工作有(BCDE)。

A.完善监理规划　　B.配备监理人员及明确工作分工

C.配备必要的检测工器具　　D.及时完成监理实施细则的编制

E.熟悉有关的检测方法和规程

3.(2008 理)《建设工程质量管理条例》关于施工单位对建筑材料、建筑构配件、设备和商品混凝土进行检验的具体规定有(ADE)。

A.检验必须按照工程设计要求、施工技术标准和合同约定进行

B.检验结果未经监理工程师签字,不得使用

C.检验结果未经施工单位质量负责人签字,不得使用

D.未经检验或者检验不合格的,不得使用

E.检验应当有书面记录和专人签字

二、工程监理案例选编

[案例]某道桥工程项目,建设单位与施工单位签订了施工承包合同,合同中规定钢材由建设单位指定厂家,施工单位负责采购,厂家负责运输到工地,并委托监理单位实行施工阶段的监理。当第一批钢筋运到工地时,施工单位认为是由建设单位制定用的钢筋,在检查了产品合格证、质量保证书后即可以用于工程,反正如有质量问题均由建设单位负责。监理工程师认为必须进行材质检验。此时,建设单位现场项目管理代表正好到场,认为监理工程师多此一举,但监理工程师坚持必须进行材质检验,可施工单位不愿进行检验,于是监理工程师按规定进行了抽检,检验结果达不到设计要求,遂要求对该批钢筋进行处理,建设单位现场项目管理代表认为监理工程师故意刁难,要求监理单位赔偿材料的损失,并支付试验费用。

[问题]

1.施工单位的做法是否正确?说明理由。

2.若施工单位将该批材料用于工程造成质量问题是否没有责任?说明理由。

3. 监理工程师的行为是否正确？若监理单位将该批材料用于工程而造成质量问题，其是否应承担责任？说明理由。

4. 若该批材料用于工程造成质量问题建设单位是否有责任？说明理由。

5. 建设单位现场项目管理代表要求监理单位赔偿相应损失是否合理？说明理由。

6. 材料的损失由谁承担？试验费由谁承担？

7. 该批钢筋应如何处理？

[案例解析]

1. 不正确。对到场的材料施工单位有职责必须进行抽验检验。

2. 有责任。施工单位对用于工程的原材料必须确保其质量。

3. 正确。有责任，监理对进场原材料必须进行检查，不合格材料不准用于工程。

4. 没有。建设单位只是指定厂家，采购是由施工单位负责的。

5. 不合理。材料质量由厂家和施工单位负责，控制材料质量是监理工程师的职责，监理工程师履行了职责，维护了建设单位的权益。

6. 材料的损失由厂家承担，试验费用由施工单位承担。

7. 退场或降级使用。

本章小结

通过本章学习，已经了解市政工程质量监理、城镇道路工程监理、城市给排水监理要点，认识了水利水电工程主要施工项目监理的内容，为在工作中从事以上项目的监理工作、编制监理大纲打下一定的基础。对水利水电工程主要施工项目监理在实用中还需更进一步地熟悉《水利工程建设项目施工监理规范》(SL 288—2003)、《水利水电工程施工质量评定规程》(SL 176—1996)、《水电水利工程项目建设管理规范》(DL/T 5432—2009)、《水电建设工程监理规范》(DL/T 5434—2009)，才能掌握全面水利水电工程施工项目监理。对公路工程、桥梁工程的施工阶段的监理也必须了解，其中监理的要点要重点掌握。通过对全国监理工程师考题摘录的单选、多选和实际案例的学习，掌握了解决监理技术问题的方法和技巧，对监理理论的实际应用更加深化。

复习思考题

1. 对市政工程质量监理的要求是什么？
2. 城市道路分为哪几类？
3. 城镇道路工程施工监理要点有哪些？
4. 水泥混凝土道路面层监理要点有哪些？
5. 沥青混凝土道路面层监理要点有哪些？
6. 铸铁结水管道安装监理要点有哪些？
7. 排水管渠工程沟槽质量监理要点有哪些？

8. 水利水电工程由哪些建筑物构成？

9. 水工混凝土工程施工过程监理有什么内容？

10. 公路工程施工阶段监理有哪些主要内容？

11. 公路工程施工监理有哪几种常用的监理组织模式？

12. 阐述公路工程施工监理的基本程序。

13. 桥梁工程施工监理有哪些主要工作内容？

14. 本章摘录的近年全国监理工程师考题单选有几题？多选有几题？解答是否正确？能否从本书和有关参考资料中找到解答正确与否的原因？

15. 本章选编的监理案例的内容时什么？有几个问题？监理工程师是怎样解决的？

第12章 工程建设监理的信息和档案管理系统简介

内容提要和要求

建设工程监理的主要方法是控制，控制的基础是信息，信息管理是工程监理任务的主要内容之一。而建立工程建设监理的信息系统，是建设监理利用建设工程项目管理软件进行监理档案管理的重要途径。本章介绍了工程项目建设信息以及信息管理，建设工程文件和档案管理及建设工程项目管理软件的功能。最后，本章还摘录了《近年全国监理工程师考题和案例选编》，为进一步学习和掌握本书内容提供了参考。

对上述内容应重点掌握信息数据与信息的概念，建设工程项目中的信息，建设工程监理文件档案资料管理的内容，建设工程监理表格体系和主要文件档案，常用建设工程项目管理软件的功能。

12.1 工程项目建设监理信息概述

监理信息系统是建设工程信息系统的一个组成部分。建设工程信息系统由建设方、勘察设计方、建设行政管理方、建设材料供应方、施工方和监理方各自的信息系统组成。建立工程建设监理的信息系统，是实现建设监理的计算机辅助管理的重要途径，使监理工程师便于收集、传递、处理、存储各类监理表格、数据、指令等；同时还可以为监理工程师进行科学的预测、有效的决策提供支持，从而提高建设监理的工作效益和效率。为了加强建设工程文件和技术资料的归档整理工作，统一建设工程档案的验收标准，建立完整、准确的工程档案，必须贯彻中华人民共和国国家标准 GB/T 50328—2001，《建设工程文件归档整理规范》，本规范适用于建设工程文件资料的归档整理以及建设工程档案的验收，监理工程师必须认真遵照执行。

12.1.1 信息技术对建设工程的影响

现代信息技术的高速发展和不断应用，其影响已涉及传统建筑业的方方面面。随着现代信息技术在建筑业中的应用，建设工程的手段不断更新和发展，如图 13.1 所示。建设工程的管理手段与建设工程思想、方法和组织不断互动，产生了许多新的管理理论，并对建设工程的实践起到了十分深远的影响。项目控制、集成化管理、虚拟建筑等都是在此背景下产生和发展的。

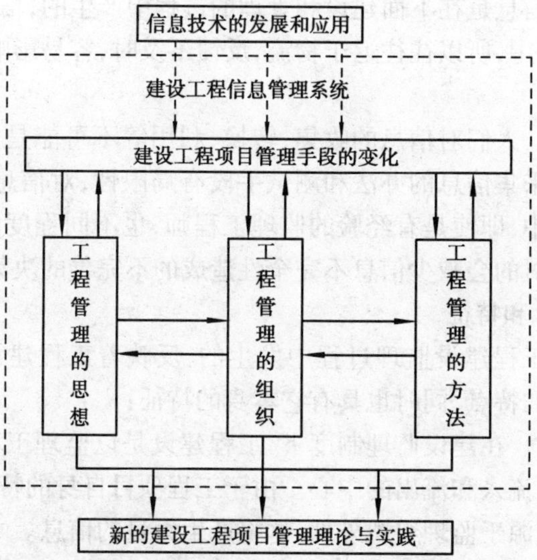

图12.1 信息技术对建设工程的影响

12.1.2 工程项目建设监理信息的基本概念和特征

(1)信息的概念和特征

信息是内涵和外延不断变换和发展的一个概念。随着信息在各个领域得到广泛的应用，其含义往往各不相同。信息论的创始人申农认为，信息是对事物不确定性的量度。由于信息的客观存在，才有可能使人们由表及里、由浅入深的认识事物发展的内在和外在的规律，进而使人们在社会活动中做出正确而有效的决策。

为了深刻理解信息含义和充分利用信息资源，必须了解信息的特征。一般认为，信息具备以下特征：

①信息的客观性。信息是对客观实际的现实反映，因而它必须真实地反映客观情况，项目执行过程中如果没有一套有效地保证项目信息客观性的机制，会给项目的实施活动带来负面影响。

②信息的可存储性。信息可以储存。通过各种记录或者采用电子计算机都可以存贮信息，储存信息的目的是为了方便今后查找、使用。

③信息的可传递性。信息通过传播媒体可以进行传递和传播。信息传递可以说是进行任何管理的基础。随着广播、电视、电话等通信工具的发展，加强了信息传递范围，缩短了信息传递的时滞，并提高了信息传递的质量。

④信息的可加工性。所谓信息的可加工性，是指信息可以进行形式上的转换，例如信息可以从一种语言转换成另外一种语言，从一种载体转换到另一种载体下，另外数据信息可以通过数学统计的方法进行加工处理，形成新的信息以适合使用者加以利用。

⑤信息具有共享性，即信息可以为不同的使用者加以利用，而信息本身并不因此而有损耗，项目中信息的共享问题对于项目管理者来说非常重要。

⑥信息的等级性。管理系统是分级的，不同级别的管理者对同一事物所需的信息也不同，信息也是分级的，不同级别的信息，有不同的属性，一般分为战略级、战术级和作业级。

⑦信息的滞后性。信息是在下面建设和管理的过程中产生的，信息反馈一般要经过整理、传递，然后达到决策者手中，所以往往迟于物流，反馈不及时，容易影响信息作用的发挥而造成失误。

⑧信息的不完全性。人们对信息的收集、转换、利用等不可能是完全的、绝对的。这是由于人们的感官以及各种采集信息的办法和测试手段有局限性，对信息资源的开发和认识难以做到全面。在监理过程中，即使是有经验的监理工程师，也不同程度的会得到不完全的信息，但是，如果经验丰富，相对的会减少信息不完全性造成的不完善的决策，准确度相对要高一些。

(2)监理信息的概念和特征

监理信息是在整个工程建设监理过程中发生的、反映着工程建设的状态和规模的信息。监理信息具有一般信息的特点，同时也具有它本身的特征：

①来源广、信息量大。在建设监理制度下，工程建设是以监理工程师为中心的，从而项目监理组织成为信息生成、流入和流出的中心。由于工程项目自身的特点，监理信息可能来源于监理组织内部，也可能来源于监理组织外部，这将产生大量的信息。

②动态性强。由于工程项目自身的特点，监理工程师在监理过程中要实施动态控制，因而大量的监理信息也是动态的，这就需要及时的收集和处理这些信息，对监理信息进行动态管理。

③有一定的范围和层次。业主委托监理工作的范围不同，监理信息也不一样。工程建设过程中，会产生很多信息，但这些信息并非都是监理信息，只有那些与监理工作有关的信息才是监理信息。而且，不同的监理工作，所需的信息也不一样。

(3)建设工程项目监理信息的划分

不同的监理工作，需要不同的监理信息。为了便于建立工程项目建设监理信息系统，对工程项目建设信息可以按建设信息的性质、用途、载体和建设阶段等划分为若干类型来满足不同监理工作的信息需求，并进行有效的管理。

1)按建设信息的性质划分

建设信息可以划分为引导信息和辨识信息。

①引导信息：是用于指导人们的正确行为，以便有效地从事工程项目建设中的各种技术经济活动。引导信息包括施工方案、施工组织设计、工程建设计划、各种技术经济措施、各类建设指令、施工图纸及变更通知书、技术标准及规程等。

②辨识信息：是用于指导人们正确认识工程项目建设中各类事物的性质、特征和效果，如原材料、配构件、机械设备的出厂证明书，试验检验报告，中间产品和最终产品检查验收签证。对工程项目建设中的某些信息，如施工图纸、技术方案等既属于引导信息，又属于辨识信息。

2)按建设信息的用途划分

建设监理信息按用途可以划分为投资控制信息、质量控制信息、进度控制信息、合同管理信息、组织协调信息及其他用途的信息。

①投资控制信息。指与投资控制直接有关的信息，属于这类信息的有一些投资标准，如类似工程造价、物价指数、概算定额、预算定额等；有工程项目计划投资的信息，如工程项目投资估算指标、设计概预算、合同价等；有项目进行中产生的实际投资信息，如施工阶段的价款支付、投资调整、原材料价格、机械设备台班费、人工费、运杂费等；还有对以上这些信息进行分析比较得出的信息，如投资分配信息、实际投资与计划投资的动态比较信息、实际投资统计信息、

项目投资变化预测信息等。

②质量控制信息。指与建设工程项目质量有关的信息，属于这类信息的有与工程质量有关的标准信息，如国家有关质量的政策、法规、质量标准、质量验收规范、工程项目建设标准等；有与计划工程质量有关的信息，如合同中对质量的要求、质量控制工作流程、质量控制的工作制度等；有项目进展中实际质量信息，如工程质量检验信息、材料的质量抽样检查信息、设备的质量检验信息、质量和安全事故信息。还有由这些信息加工后得到的信息，如质量目标的分解结果信息、质量控制的风险分析信息、工程质量统计信息、安全事故预测信息等。

③进度控制信息。指与工程进度有关的标准信息，如工期定额信息等；有与工程计划进度有关的信息，如工程项目总进度计划、进度控制的工作流程、进度控制的工作制度等。有项目进展中产生的实际进度信息；有上述信息加工后产生的信息，如工程实际进度控制的风险分析、进度目标分解信息、实际进度与计划进度对比分析、实际进度与合同进度对比分析、实际进度统计分析、进度变化预测信息等。

④合同管理信息。指与建设工程相关的各种合同信息，这类信息包括合同管理法规，如建筑法、招标投标法、经济合同法等；建设工程合同文本，如勘察合同、设计合同、施工合同、采购合同等；合同实施信息，如合同执行情况、变更合同、签证记录、工程索赔等。

⑤组织协调信息。这类信息包括有建设进度调整及建设项目调整的指令；建设合同变更及其协议书；政府主管部门对工程项目建设过程中的指令、审批文件；有关建设法规及技术标准等。

⑥其他用途的信息。这类信息是除上述 5 类用途的信息外，对工程项目建设决策提供辅助支持的某些其他信息，如工程中往来的信函、建设场地的有关资料等。

3）按建设信息的载体划分

①文字图形信息包括勘察、测绘、设计图纸及说明书、计算书、合同，工作条例及规定，施工组织设计，情况报告，原始记录，统计图表、报表，信函等信息。

②语言信息包括口头分配任务、作指示、汇报、工作检查、介绍情况、谈判交涉、建议、批评、工作讨论和研究、会议等信息。

③新技术信息包括通过网络、电话、电报、电传、计算机、电视、录像、录音、广播等现代化手段收集及处理的一部分信息。

监理工作者应当捕捉各种信息并加工处理和运用各种信息。

4）按建设阶段信息划分

按建设阶段划分，信息分为投资前期的信息、设计阶段的信息、施工阶段的信息及使用阶段的信息。

12.1.3　建设工程项目信息管理

(1) 建设监理信息管理的概念

建设监理信息管理是指在工程项目建设的各个阶段，对所产生的且面向工程建设项目监理业务的信息进行收集、加工、储存、传递、维护和使用等的信息规划及组织管理活动的总称。建设监理信息管理的目的是通过有效的建设信息规划及其组织管理活动，使参与建设各方能及时、准确地获得有关的建设信息，以便为项目建设全过程或各个建设阶段提供建设决策所需要的可靠信息。

(2)工程项目建设信息管理的内容

建设工程监理的主要方法是控制,控制的基础是信息,信息管理是工程监理任务的主要内容之一。因此在建设信息管理中,重点应抓好信息的收集、传递、加工、存储及信息检索与维护。

1)建设监理信息的收集

在工程建设过程中,每时每刻都会产生大量的信息。而建设监理信息的收集,首先应根据项目管理(或监理)的目标,通过对信息的识别,制订建设信息需求规划,即确定对信息需求的类别及种类信息量的大小,根据需要进行有目的、有组织、有计划的收集,这样才能提高信息的质量,充分发挥信息的作用。

①收集监理信息的作用

a. 收集信息是运用信息的前提。各种信息一经产生,就必然会受到传输条件、人们的思想意识及各种利益关系的影响。所以,信息有真假、有用无用之分。监理工程师要取得有用的信息,必须通过各种渠道,采取各种方法收集信息,然后经过加工、筛选,从中选择出对进行决策有用的信息。

b. 收集信息是进行信息处理的基础。不经过收集就没有进行处理的对象,所以信息处理必须在信息收集的基础上进行。信息收集工作的好坏,直接决定着信息加工处理的质量。在一般情况下,如果收集到的信息时效性强、真实度高、价值大、全面系统,再经过加工处理,信息的质量就更高,反之更低。

②收集建设监理信息的基本原则

a. 主动及时。监理工程师要取得对工程控制的主动权,就必须积极主动及时地收集信息,善于及时发现、取得、加工各类工程信息。监理工作的特点和监理信息的特点都决定了收集信息要主动及时。监理是一个动态控制的过程,信息量大、时效性强,如果不能及时得到工程中大量发生的变化极大的数据,不能及时把不同的数据传递给需要相关数据的不同单位、部门,势必影响各部门的工作,影响监理工程师作出正确的判断,影响监理质量。

b. 真实可靠。收集信息的目的在于对工程项目进行有效的控制。由于建设过程中人们不同的经济利益关系、工程建设的复杂性、信息在传输过程中会发生失真现象等主客观原因,难免产生不能真实反映工程建设实际情况的虚假信息。因此,必须认真严肃地进行收集工作,要将收集到的信息进行严格核实、检测、筛选,去伪存真。

c. 全面系统。监理信息贯穿在工程建设的全部过程。各类监理信息或每一条信息,都是监理内容的反应或表现。所以,收集监理信息不能以点代面,把局部当成整体,或者不考虑事物之间的联系。同时工程建设不是杂乱无章的,而是有着内在的联系。因此收集信息不仅要注意全面性,而且要注意系统性和连续性。

d. 重点选择。收集信息要全面系统和完整,不等于主次不分,所谓重点选择,就是根据监理工作的实际需要,根据监理的不同层次、不同部门、不同阶段对信息需求的侧重点,从大量的信息中选择使用价值大的主要信息。

③监理信息收集的基本方法

监理工程师主要通过各种方式的记录来收集监理信息,这些记录统称为监理记录,它是与工程项目建设监理相关的各种记录中的资料的集合。通常分为以下几类:

a. 现场记录。现场监理人员必须每天利用特定的表格或以日志的形式记录工地上所发生的事情。所有记录应始终保存在工地办公室，供监理工程师及其他监理人员查阅。这类记录每月由专业监理工程师整理成书面资料上报监理工程师办公室。现场记录通常记录以下内容：详细记录所监理工程范围内的机械、劳力的配备和使用情况；记录气候及水文情况；记录承包商每天的工作内容，完成工程数量，以及开始和完工的时间，记录出现的技术问题，采取了怎样的措施进行处理，效果如何，能否达到技术规范的要求等；简单描述工程施工中每步工序完成后的情况，如此工序是否已被认可等。在现场要特别注意记录隐蔽工程的有关情况；记录现场材料供应和储备情况；记录并分类保存一些必须在现场进行的试验。

b. 会议记录。由专人记录监理人员所主持的会议，并且要形成纪要，并经与会者签字确认，这些纪要将成为今后解决问题的重要依据。会议纪要应包括以下内容：会议地点及时间；出席者姓名、职务、他们所代表的单位；会议中发言者的姓名及主要内容；形成的决议；决议由何人及何时执行等；未解决的问题及其原因。

c. 计量与支付记录。包括所有计量及付款资料，应清楚记录哪些工程进行过计量，哪些工程已经进行了支付；已同意或确定的费率和价格变更等。

d. 试验记录。除正常的试验报告外，试验室应由专人每天以日志形式记录试验室工作情况。记录内容包括：工作内容的简单叙述；承包商试验人员配备情况；对承包商试验仪器、设备配置、使用和调动情况记录，需增加新设备的建议；监理试验室与承包商试验室所做同一试验，其结果有无重大差异，原因何在。

e. 工程照片和录像。以下情况可以辅以工程照片和录像进行记录：科学试验，如新材料、新工艺、新技术等；能证明或反映未来会引起索赔或工程延期的特征照片或录像，能向上级反映即将引起影响工程进展的照片；工程试验、实验室操作及设备情况；隐蔽工程；工程事故处理现场及处理事故的状况，工程事故处理和补救工艺，能证实保证了工程质量的照片。拍照或录像时，要采用专门登记本表明拍照或录像的序号、时间、内容、人员等。

2）监理信息的传递

监理信息的传递，是指监理信息借助于一定的载体（如纸张、软盘、活动硬盘等）从信息源传递到使用者的过程。监理信息在传递过程中，形成各种信息流。为了保证信息传递不至于产生“失真”或“泄密”，必须要建立科学的信息传递渠道体系，以完善信息传递保证体系，提高信息传递质量。

常见的信息流有以下几种：

①自上而下的信息流。自上而下的信息流就是指主管部门、业主、工程项目负责人、总监理工程师、监理工程师、旁站监理之间由上向下逐级流动的信息，即信息源在上，接受信息者是其下属，这些信息主要是指建设目标、工作条例、命令、办法及规定、业务指导意见等。

②自下而上的信息流。自下而上的信息流，是指下级向上级流动的信息，信息源在下，接受信息者在上，主要指项目实施中有关目标的完成量、进度、成本、质量、安全、消耗、效率等情况，此外，还包括上级部门关注的意见和建议等。

③内部横向间的信息流。横向流动的信息指工程项目监理工作中，同一层次的工作部门或工作人员之间相互提供和协作互通有无或相互补充，以及在特殊、紧急情况下，为了节省信息流动时间而需要横向提供的信息。

④以信息管理部门为集散中心的信息流。信息管理部门为项目决策做准备，因此，既需要大量信息，又可以作为有关信息的提供者，它是汇总信息、分析信息、分散信息的部门，帮助工

作部门进行规划，任务检查、对有关专业技术问题进行咨询，因此，各项工作部门不仅要向上级汇报，而且应当将信息传递给信息管理部门，以有利信息管理部门为决策做好充分准备。

⑤工程项目内部与外部环境之间的信息流：工程项目的政府主管部门、业主、承包商、监理单位和设计单位等都不同程度地需要信息交流，既要满足自身的需要，又要满足与环境的协作要求或按国家规定的要求相互提供信息。

上述几种信息流都应有明晰的流线，并都要畅通。因此，在实际工作中，监理工程师应当采取措施保证信息传递不至于产生"失真"或"泄密"，必须要建立科学的信息传递渠道体系，以完善信息传递保证体系，确保信息流畅通，发挥信息流应有的作用，特别是对横向间的信息流动以及自上而下的信息流动，应给予足够的重视，增加流量，以利于合理决策，提高工作效率和经济效益。

3）监理信息的加工整理

①监理信息加工整理的作用和原则。监理信息的加工整理是对收集来的大量原始信息，进行筛选、分类、排序、压缩、分析、比较、计算等的过程。

a. 监理信息加工整理的作用。首先，通过加工，将信息分类，使之标准化、系统化，收集来的信息往往是原始的、零乱的、孤立的，信息资料的形式也可能不同，只有经过加工后，使之成为标准化、系统化的信息资料，才能进入使用、储存，以及提供检索和传递；其次，收集到的资料，真实程度、准确程度可能都比较低，甚至还混有一些错误，经过对它们进行分析、比较、鉴别，乃至计算、校正，使获得的信息准确、真实；再次，信息在加工整理的过程中，通过对信息的综合、分解、整理、增补，可以得到更多有价值的信息。

b. 监理信息加工整理的原则

信息加工总的原则是：由高层向低层，对信息要求要逐层细化；由低层向高层，对信息要求要逐层浓缩。为了适应信息用户使用和交流，应当遵守已制定的标准，使来源和形态多样的各种信息标准化；要按监理信息的分类，系统、有序地加工整理，符合信息管理系统的需要；要对收集的监理信息进行校正、剔除，使之准确、真实地反映工程建设状况；要及时处理各种信息，特别是对那些时效性强的信息；要使加工整理后的监理信息符合实际监理工作的需要。

②监理信息加工整理的成果。监理工程师对各种信息进行加工整理，形成各种监理报告，如各种往来信函、来往文件、各种指令、会议纪要、备忘录、协议和各种工作报告等。监理报告是最主要的加工整理成果。这些报告有以下几种：

a. 现场监理日报表。它是现场监理人员根据每天的现场记录加工整理而成的报告。主要内容包括：当天的施工内容；当天参加施工的人员（工种、数量、施工单位等）；当天施工用的机械的名称和数量等；当天发现的施工质量问题；当天的施工进度和计划进度的比较，如果发生进度拖延，应说明原因；当天天气综合评语；其他说明及应注意的事项等。

b. 现场监理工程师周报。它是现场监理工程师根据监理日报加工整理而成的报告，每周向总监理工程师汇报一周内所发生的重大事件。

c. 监理工程师月报。它是集中反映工程实际情况和监理工作的重要文件。一般由总监理工程师组织编写，每月一次报给业主。大型项目的监理月报，往往由各种合同或子项的总监理工程师代表组织编写，上报总监理工程师审阅后报给业主。监理月报一般包括以下内容：工程进度、工程质量、计量支付、质量事故、工程变更、民事纠纷、合同纠纷和监理工作动态。

4)监理信息的储存

监理信息存储的目的是将信息保存起来以备将来使用。对信息存储的基本要求是应对信息进行分类分目分档有规律地存储,以便使用者检索。建设信息存储方式、存储时间、存储部门或单位等,应根据建设项目管理的目标和参与建设各方的管理水平而定。

信息的储存,可以汇集信息,建立信息库,有利于进行检索,可以实现监理信息资源共享,促进监理信息的重复利用,便于信息的更新和剔除。

监理信息储存的主要载体是文件、报告报表、图纸、音像材料等。监理信息的储存,主要就是将这些材料按不同的类别,进行详细地登录、存放,建立资料归档系统。该系统应简单和易于保存,但内容应足够详细,以便于快速查处已归档的资料。

5)信息使用与维护

①信息的使用程度取决于信息的价值。信息价值高,使用频率高,如施工图纸及施工组织设计等信息。因此,使用频率高的信息,应保证使用者易于检索,并应充分注意信息的安全性和保密性,防止信息遭受破坏。

②信息的维护是保持信息检索的方便性,保证项目信息处于准确、及时、安全和保密的可用状态,能为管理决策提供使用服务,准确是要保持数据是最新的状态,数据是在合理的误差范围以内。信息的及时性是能够及时地提供信息,常用的信息放在易取的地方,能够高速度高质量的把各类信息、各种信息报告提供到使用者手边。安全性和保密性是说要防止信息受到破坏和信息失窃。以便准确、及时、安全、可靠地为用户服务。

12.2 建设工程文件和档案资料管理

12.2.1 建设工程文件和档案资料管理概述

(1)建设工程文件档案资料概念

1)建设工程文件概念

建设工程文件,是指在工程建设过程中形成的各种形式的信息记录,包括工程准备阶段文件、监理文件、施工文件、竣工图和竣工验收文件。

2)建设工程档案概念

建设工程档案,是指在工程建设活动中直接形成的具有归档保存价值的文字、图表、声像等各种形式的历史记录。

3)建设工程文件档案资料

由建设工程文件和档案组成建设工程文件档案资料。

4)建设工程文件档案资料载体

①纸质载体以纸张为基础的载体形式。

②缩微品载体以胶片为基础,利用缩微技术对工程资料进行保存的载体形式。

③光盘载体以光盘为基础,利用计算机技术对工程资料进行存储的形式。

④磁性载体以磁性记录材料(磁带、磁盘等)为基础,对工程资料的电子文件、声音、图像进行存储的方式。

5）工程文件归档范围

①凡与工程建设有关的重要活动、记载工程建设主要过程和现状、具有保存价值的各种载体的文件，均应收集齐全，整理立卷后归档。

②建设工程文件的具体归档范围按照现行《建设工程文件归档整理规范》（GB/T 50328—2001）中“建设工程文件归档范围和保管期限表”共5大类执行。

（2）建设项目工程文件档案资料管理和职责

建设工程档案资料的管理涉及建设单位、监理单位、施工单位等以及地方城建档案管理部门。对于一个建设工程而言，归档有三方面含义：

①建设、勘察、设计、施工、监理等单位将本单位在工程建设过程中形成的文件向本单位档案管理机构移交。

②勘察、设计、施工、监理等单位将本单位在工程建设过程中形成的文件向建设单位档案管理机构移交。

③建设单位按照现行《建设工程文件归档整理规范》（GB/T 50328—2001）要求，将汇总的该建设工程文件档案向地方城建档案管理部门移交。

（3）一般的通用职责

①工程各参建单位填写的建设工程档案应以施工及验收规范、工程合同、设计文件、工程施工质量验收统一标准等为依据。

②工程档案资料应随工程进度及时收集、整理，并应按专业归类，认真书写，字迹清楚，项目齐全、准确、真实，无未了事项。表格应采用统一表格，特殊要求需增加的表格应统一归类。

③工程档案资料进行分级管理，建设工程项目各单位技术负责人负责本单位工程档案资料的全过程组织工作并负责审核，档案管理员负责工程档案资料的收集、整理工作。

④对工程档案资料进行涂改、伪造、随意抽撤或损毁、丢失等，应按有关规定予以处罚，情节严重的，应依法追究法律责任。

（4）建设单位职责

①在工程招标及与勘察、设计、监理、施工等单位签订协议、合同时，应对工程文件的套数、费用、质量、移交时间等提出明确要求。

②收集和整理工程准备阶段、竣工验收阶段形成的文件，并应进行立卷归档。

③负责组织、监督和检查勘察、设计、施工、监理等单位的工程文件的形成、积累和立卷归档工作；也可委托监理单位监督、检查工程文件的形成、积累和立卷归档工作。

④收集和汇总勘察、设计、施工、监理等单位立卷归档的工程档案。

⑤在组织工程竣工验收前，应提请当地城建档案管理部门对工程档案进行预验收；未取得工程档案验收认可文件，不得组织工程竣工验收。

⑥对列入当地城建档案管理部门接收范围的工程，工程竣工验收3个月内，向当地城建档案管理部门移交一套符合规定的工程文件。

⑦必须向参与工程建设的勘察设计、施工、监理等单位提供与建设工程有关的原始资料，原始资料必须真实、准确、齐全。

⑧可委托承包单位、监理单位组织工程档案的编制工作；负责组织竣工图的绘制工作，也可委托承包单位、监理单位、设计单位完成，收费标准按照所在地相关文件执行。

(5) 施工单位职责

①实行技术负责人负责制,逐级建立、健全施工文件管理岗位责任制,配备专职档案管理员,负责施工资料的管理工作。工程项目的施工文件应设专门的部门(专人)负责收集和整理。

②建设工程实行总承包的,总承包单位负责收集、汇总各分包单位形成的工程档案,各分包单位应将本单位形成的工程文件整理、立卷后及时移交总承包单位。建设工程项目由几个单位承包的,各承包单位负责收集、整理、立卷其承包项目的工程文件,并应及时向建设单位移交,各承包单位应保证归档文件的完整、准确、系统,能够全面反映工程建设活动的全过程。

③可以按照施工合同的约定,接受建设单位的委托进行工程档案的组织、编制工作。

④按要求在竣工前将施工文件整理汇总完毕,再移交建设单位进行工程竣工验收。

⑤负责编制的施工文件的套数不得少于地方城建档案管理部门要求,但应有完整施工文件移交建设单位及自行保存,保存期可根据工程性质以及地方城建档案管理部门有关要求确定。如建设单位对施工文件的编制套数有特殊要求的,可另行约定。

(6) 监理单位职责

①应设专人负责监理资料的收集、整理和归档工作,在项目监理部,监理资料的管理应由总监理工程师负责,并指定专人具体实施,监理资料应在各阶段监理工作结束后及时整理归档。

②监理资料必须及时整理、真实完整、分类有序。在设计阶段,对勘察、测绘、设计单位的工程文件的形成、积累和立卷归档进行监督、检查;在施工阶段,对施工单位的工程文件的形成、积累、立卷归档进行监督、检查。

③可以按照委托监理合同的约定,接受建设单位的委托,监督、检查工程文件的形成积累和立卷归档工作。

④编制的监理文件的套数、提交内容、提交时间,应按照现行《建设工程文件归档整理规范》、(GB/T 50328—2001)和各地城建档案管理部门的要求,编制移交清单,双方签字、盖章后,及时移交建设单位,由建设单位收集和汇总。监理公司档案部门需要的监理档案,按照《建设工程监理规范》(GB 50319—2000)的要求,及时由项目监理部提供。

(7) 地方城建档案管理部门职责

①负责接收和保管所辖范围应当永久和长期保存的工程档案和有关资料。

②负责对城建档案工作进行业务指导,监督和检查有关城建档案法规的实施。

③列入向本部门报送工程档案范围的工程项目,其竣工验收应有本部门参加并负责对移交的工程档案进行验收。

(8) 建设工程档案编制质量要求与组卷方法

建设工程档案编制质量要求与组卷方法,应该按照建设部和国家质量检验检疫总局 2002 年 1 月 10 日联合发布,2002 年 5 月 1 日实施的《建设工程文件归档整理规范》(GB/T 50328—2001)国家标准,此外,尚应执行《科学技术档案案卷构成的一般要求》(GB/E 11822—2000)。《技术制图复制图的折叠方法》(GB 106093—89)、《城市建设档案案卷质量规定》(建办[1995]697 号)等规范或文件的规定及各省、市地方相应的地方规范执行。

1)归档文件的质量要求

①归档的工程文件一般应为原件。

②工程文件的内容及其深度必须符合国家有关工程勘察、设计、施工、监理等方面的技术规范、标准和规程。

③工程文件的内容必须真实、准确。

④工程文件应采用耐久性强的书写材料。

⑤工程文件应字迹清楚,图样清晰,图表整洁,签字盖章手续完备。

⑥工程文件中文字材料幅面尺寸规格为 A4 幅面(297 mm × 210 mm)。图纸宜采用国家标准图幅。

⑦工程文件的纸张应采用能够长期保存的韧力大、耐久性强的纸张。图纸一般采用蓝晒图,竣工图应是新蓝图。计算机出图必须清晰,不得使用计算机所出图纸的复印件。

⑧所有竣工图均应加盖竣工图章。

⑨利用施工图改绘竣工图,必须标明变更修改依据;凡施工图结构、工艺、平面布置等有重大改变,或变更部分超过图面 1/3 的,应当重新绘制竣工图。

⑩不同幅面的工程图纸应按《技术制图复制图的折叠方法》(GB 10609.3—89)统一折叠成 A4 幅面,图标栏露在外面。

⑪工程档案资料的缩微制品,必须按国家缩微标准进行制作,主要技术指标(解像力、密度、海波残留量等)要符合国家标准,保证质量,以适应长期安全保管。

⑫工程档案资料的照片(含底片)及声像档案,要求图像清晰,声音清楚,文字说明或内容准确。

⑬工程文件应采用打印的形式并使用档案规定用笔,手工签字,在不能够使用原件的应在复印件或抄件上加盖公章并注明原件保存处。

2)归档工程文件的组卷要求

立卷应遵循工程文件的自然形成规律,保持卷内文件的有机联系,便于档案的保管和利用;一个建设工程由多个单位工程组成时,工程文件应按单位工程组卷,立卷采用如下方法:

①工程文件可按建设程序划分为工程准备阶段的文件、监理文件、施工文件、竣工图、竣工验收文件 5 部分。

②工程准备阶段文件可按单位工程、分部工程、专业、形成单位等组卷。

③监理文件可按单位工程、分部工程、专业、阶段等组卷。

④施工文件可按单位工程、分部工程、专业、阶段等组卷。

⑤竣工图可按单位工程、专业等组卷。

⑥竣工验收文件可按单位工程、专业等组卷。

⑦立卷过程中宜遵循下列要求。

A. 案卷不宜过厚,一般不超过 40 mm。

B. 案卷内不应有重份文件,不同载体的文件一般应分别组卷。

卷内文件的排列要求,文字材料按事项、专业顺序排列。同一事项的请示与批复、同一文件的印本与定稿、主件与附件不能分开,并按批复在前、请示在后,印本在前、定稿在后,主件在前、附件在后的顺序排列。图纸按专业排列,同专业图纸按图号顺序排列。既有文字材料又有图纸的案卷,文字材料排前,图纸排后。

3)案卷的编目

编制卷内文件页号应符合下列规定:

①卷内文件均按有书写内容的页面编号。每卷单独编号，页号从“1”开始。

②页号编写位置：单页书写的文字在右下角；双面书写的文件，正面在右下角，背面在左下角。折叠后的图纸一律在右下角。

③成套图纸或印刷成册的科技文件材料，自成一卷的，原目录可代替卷内目录，不必重新编写页码。

④案卷封面、卷内目录、卷内备考表不编写页号，卷内目录式样宜符合现行《建设工程文件归档整理规范》中附录 B 的要求。

(9)建设工程档案验收与移交

凡列入城建档案管理部门档案接收范围的工程，建设单位在组织工程竣工验收前，应提请城建档案管理部门对工程档案进行预验收。建设单位未取得城建档案管理部门出具的认可文件，不得组织工程竣工验收。

城建档案管理部门在进行工程档案预验收时，应重点验收以下内容：

①工程档案分类是否齐全、系统是否完整。

②工程档案的内容真实、准确地反映工程建设活动和工程实际状况。

③工程档案已整理立卷，立卷符合现行《建设工程文件归档整理规范》的规定。

④竣工图绘制方法、图式及规格等符合专业技术要求，图面整洁，盖有竣工图章。

⑤文件的形成、来源符合实际，要求单位或个人签章的文件，其签章手续完备。

⑥文件材质、幅面、书写、绘图、用墨、托裱等符合要求。

工程档案由建设单位进行验收，属于向地方城建档案管理部门报送工程档案的工程项目还应会同地方城建档案管理部门共同验收。国家、省市重点工程项目或一些特大型、大型的工程项目的预验收和验收，必须有地方城建档案管理部门参加。为确保工程档案的质量，各编制单位、地方城建档案管理部门、建设行政管理部门等要对工程档案进行严格检查、验收。编制单位、制图人、审核人、技术负责人必须进行签字或盖章。对不符合技术要求的，一律退回编制单位进行改正、补齐，问题严重者可令其重做。不符合要求者，不能交工验收。

凡报送的工程档案，如验收不合格则将其退回建设单位，由建设单位责成责任者重新进行编制，待达到要求后重新报送。检查验收人员应对接收的档案负责。地方城建档案管理部门负责工程档案的最后验收，并对编制报送工程档案进行业务指导、督促和检查。

(10)移交

列入城建档案管理部门接收范围的工程，建设单位在工程竣工验收后 3 个月内向城建档案管理部门移交一套符合规定的工程档案。停建、缓建工程的工程档案，暂由建设单位保管。

对改建、扩建和维修工程，建设单位应当组织设计单位、监理单位、施工单位据实修改、补充和完善工程档案。对改变的部位，应当重新编写工程档案，并在工程竣工验收后 3 个月内向城建档案管理部门移交。

建设单位向城建档案管理部门移交工程档案时，应办理移交手续，填写移交目录，双方签字、盖章后交接。

施工单位、监理单位等有关单位应在工程竣工验收前将工程档案按合同或协议规定的时间、套数移交给建设单位，办理移交手续。

12.2.2　建设工程监理文件档案资料管理

建设项目工程监理文件档案资料管理主要内容是:监理文件档案资料收、发文与登记;监理文件档案资料传阅;监理文件档案资料分类存放;监理文件档案资料归档、借阅、更改与作废。

(1)监理文件和档案收文与登记

所有监理文件收文应在收文登记表上进行登记(按监理信息分类别进行登记)。应记录文件名称、文件摘要信息、文件的发放单位(部门)、文件编号以及收文日期,必要时应注明接收文件的具体时间,最后由项目监理部负责收文人员签字。

对监理信息在有追溯性要求的情况下,应注意核查所填部分内容是否可追溯。如材料报审表中是否明确注明该材料所使用的具体部位以及该材料质保证明的原件保存处等。

如不同类型的监理信息之间存在相互对照或追溯关系时(如监理工程师通知单和监理工程师通知回复单),在分类存放的情况下,应在文件和记录上注明相关信息的编号和存放处。

有关工程建设照片及声像资料等应注明拍摄日期及所反映工程建设部位等摘要信息。收文登记后应交给项目总监或由其授权的监理工程师进行处理,重要文件内容应在监理日记中记录。

部分收文如涉及建设单位的工程建设指令或设计单位的技术核定单以及其他重要文件,应将复印件在项目监理部专栏内予以公布。

(2)监理文件档案资料传阅与登记

应由建设工程项目监理部总监理工程师或其授权的监理工程师确定文件、记录是否需传阅,如需传阅应确定传阅人员名单和范围,并注明在文件传阅纸上,随同文件和记录进行传阅。也可按文件传阅纸样式刻制方形图章,盖在文件空白处,代替文件传阅纸。每位传阅人员阅后应在文件传阅纸上签名,并注明日期。文件和记录传阅期限不应超过该文件的处理期限。传阅完毕后,文件原件应交还信息管理人员归档。

(3)监理文件资料发文与登记

发文由总监理工程师或其授权的监理工程师签名,并加盖项目监理部图章,对盖章工作应进行专项登记。如为紧急处理的文件,应在文件首页标注“急件”字样。

所有发文按监理信息资料分类和编码要求进行分类编码,并在发文登记表上登记。登记内容包括文件资料的分类编码、发文文件名称、摘要信息、接收文件的单位(部门)名称、发文日期(强调时效性的文件应注明发文的具体时间)。收件人收到文件后应签名。

发文应留有底稿,并附一份文件传阅纸,信息管理人员根据文件签发人指示确定文件责任人和相关传阅人员。文件传阅过程中,每位传阅人员阅后应签名并注明日期。发文的传阅期限不应超过其处理期限。重要文件的发文内容应在监理日记中予以记录。

项目监理部的信息管理人员应及时将发文原件归入相应的资料柜(夹)中,并在目录清单中予以记录。

(4)监理文件档案资料分类存放

建筑项目监理文件档案经收发文、登记和传阅工作程序后,必须使用科学的分类方法进行存放,这样既可满足项目实施过程查阅、求证的需要,又方便项目竣工后文件和档案的归档和移交。项目监理部应备有存放监理信息的专用资料柜和用于监理信息分类归档存放的专用资料夹。在大中型项目中应采用计算机对监理信息进行辅助管理。

信息管理人员则应根据项目规模规划各资料柜和资料夹内容。文件和档案资料应保持清晰,不得随意涂改记录,保存过程中应保持记录介质的清洁和不被破损。

项目建设过程中文件和档案的具体分类原则应根据工程特点制订,监理单位的技术管理部门可以明确本单位文件档案资料管理的框架性原则,以便统一管理并体现出企业的特色。

(5)监理文件档案资料归档

对监理文件档案资料归档内容、组卷方法以及监理档案的验收、移交和管理工作,应根据现行《建设工程监理规范》及《建设工程文件归档整理规范》并参考工程项目所在地区建设工程行政主管部门、建设监理行业主管部门、地方城市建设档案管理部门的规定执行。

对一些需连续产生的监理信息,如对其有统计要求,在归档过程中应对该类信息建立相关的统计汇总表格以便进行核查和统计,并及时发现错漏之处,从而保证该类监理信息的完整性。

监理文件档案资料的归档保存中应严格按照保存原件为主、复印件为辅和按照一定顺序归档的原则。如在监理实践中出现作废和遗失等情况,应明确地记录作废和遗失原因、处理的过程。

如采用计算机对监理信息进行辅助管理的,当相关的文件和记录经相关责任人员签字确定、正式生效并已存入项目部相关资料夹中时,计算机管理人员应将储存在计算机中的相关文件和记录改变其文件属性为"只读",并将保存的目录记录在书面文件上以便于进行查阅。在项目文件档案资料归档前不得将计算机中保存的有效文件和记录删除。

按照现行《建设工程文件归档整理规范》(GB/T 50328—2001),监理文件有 10 大类 27 个,要求在不同的单位归档保存,现分述如下。

1)监理规划

①监理规划(建设单位长期保存,监理单位短期保存,送城建档案管理部门保存)。

②监理实施细则(建设单位长期保存,监理单位短期保存,送城建档案管理部门保存)。

③监理部总控制计划等(建设单位长期保存,监理单位短期保存)。

2)监理月报中的有关质量问题(建设单位长期保存,监理单位长期保存,送城建档案管理部门保存

3)监理会议纪要中的有关质量问题(建设单位长期保存,监理单位长期保存,送城建档案管理部门保存)

4)进度控制

①工程开工/复工审批表(建设单位长期保存,监理单位长期保存,送城建档案管理部门保存)。

②工程开工/复工暂停令(建设单位长期保存,监理单位长期保存,送城建档案管理部门保存)。

5)质量控制

①不合格项目通知(建设单位长期保存,监理单位长期保存,送城建档案管理部门保存)。

②质量事故报告及处理意见(建设单位长期保存,监理单位长期保存,送城建档案管理部门保存)。

6)造价控制

①预付款报审与支付(建设单位短期保存)。

②月付款报审与支付(建设单位短期保存)。

③设计变更、洽商费用报审与签认(建设单位长期保存)。

④工程竣工决算审核意见书(建设单位长期保存,送城建档案管理部门保存)。

7)分包资质

①分包单位资质材料(建设单位长期保存)。

②供货单位资质材料(建设单位长期保存)。

③试验等单位资质材料(建设单位长期保存)。

8)监理通知

①有关进度控制的监理通知(建设单位、监理单位长期保存)。

②有关质量控制的监理通知(建设单位、监理单位长期保存)。

③有关造价控制的监理通知(建设单位、监理单位长期保存)。

9)合同与其他事项管理

①工程延期报告及审批(建设单位永久保存,监理单位长期保存,送城建档案管理部门保存)。

②费用索赔报告及审批(建设单位、监理单位长期保存)。

③合同争议、违约报告及处理意见(建设单位永久保存,监理单位长期保存,送城建档案管理部门保存)。

④合同变更材料(建设单位、监理单位长期保存,送城建档案管理部门保存)。

10)监理工作总结

①专题总结(建设单位长期保存,监理单位短期保存)。

②总结(建设单位长期保存,监理单位短期保存)。

③竣工总结(建设单位、监理单位长期保存,送城建档案管理部门保存)。

④评估报告(建设单位、监理单位长期保存,送城建档案管理部门保存)。

存放在项目监理部的文件和档案原则上不得外借,如政府部门、建设单位或施工单位确有需要,应经过总监理工程师或其授权的监理工程师同意,并在信息管理部门办理借阅手续。监理人员在项目实施过程中需要借阅文件和档案时,应填写文件借阅单,并明确归还时间。信息管理人员办理有关借阅手续后,应在文件夹的内附目录上作特殊标记,避免其他监理人员查阅该文件时,因找不到文件引起工作混乱。

监理文件档案的更改应由原制订部门相应责任人执行,涉及审批程序的,由原审批责任人执行。若指定其他责任人进行更改和审批时,新责任人必须获得所依据的背景资料。监理文件档案更改后,由信息管理部门填写监理文件档案更改通知单,并负责发放新版本文件。发放过程中必须保证项目参建单位中所有相关部门都得到相应文件的有效版本。文件档案换发新版时,应由信息管理部门负责将原版本收回作废。考虑日后有可能出现追溯需求,信息管理部门可以保存作废文件的样本以备查阅。

12.2.3 建设项目工程监理表格体系和主要文件档案

(1)监理工作的基本表式

建设项目工程监理在施工阶段的基本表式按照《建设工程监理规范》(GB 50319—2000)

附录执行，该类表式可以一表多用。根据《建设工程监理规范》，规范中基本表式有三类。

A 类表共 10 个表（A1 ~ A10），为承包单位用表，是承包单位与监理单位之间的联系表，由承包单位填写，向监理单位提交申请或回复。

B 类表共 6 个表（B1 ~ B6），为监理单位用表，是监理单位与承包单位之间的联系表，由监理单位填写，向承包单位发出的指令或批复。

C 类表共 2 个表（C1、C2），为各方通用表，是工程项目监理单位、承包单位、建设单位等各有关单位之间的联系表。

1）承包单位用表（A 类表）

本类表共 10 个，A1 ~ A10，主要用于施工阶段。使用时应注意以下内容。

①工程开工/复工报审表（A1）

施工阶段承包单位向监理单位报请开工和工程暂停后报请复工时填写，如整个项目一次开工，只填报一次，如工程项目中涉及多个单位工程且开工时间不同，则每个单位工程开工都应填报一次。申请开工时，承包单位认为已具备开工条件时向项目监理部申报“工程开工报审表”，监理工程师审核后，认为具备开工条件时，由总监理工程师签署意见，报建设单位。

由于建设单位或其他非承包单位的原因导致工程暂停，在施工暂停原因消失、具备复工条件时，项目监理部应及时督促施工单位尽快报请复工；由于施工单位原因导致工程暂停，在具备恢复施工条件时，承包单位报请复工报审表并提交有关材料，总监理工程师应及时签署复工报审表，施工单位恢复正常施工。

②施工组织设计（方案）报审表（A2）

施工单位在开工前向项目监理部报送施工组织设计（施工方案）的同时，填写施工组织设计（方案）报审表，施工过程中，如经批准的施工组织设计（方案）发生改变，工程项目监理部要求将变更的方案报送时，也采用此表。施工方案应包括工程项目监理部要求报送的分部（分项）工程施工方案，季节性施工方案，重点部位及关键工序的施工工艺方案，采用新材料、新设备、新技术、新工艺的方案等。总监理工程师应组织审查并在约定的时间内核准，同时报送建设单位，需要修改时，应由总监理工程师签发书面意见退回承包单位修改后再报，重新审核。

③分包单位资格报审表（A3）

由承包单位报送监理单位，专业监理工程师和总监理工程师分别签署意见，审查批准后，分包单位完成相应的施工任务。

④报验申请表（A4）

本表主要用于承包单位向监理单位的工程质量检查验收申报。用于隐蔽工程的检查和验收时，承包单位必须完成自检并附有相应工序、部位的工程质量检查记录；用于施工放样报检时应附有承包单位的施工放样成果；用于分项、分部、单位工程质量验收时应附有相关符合质量验收标准的资料及规范规定的表格。

⑤工程款支付申请表（A5）

在分项、分部工程或按照施工合同付款的条款完成相应工程的质量已通过监理工程师认可后，承包单位要求建设单位支付合同内项目及合同外项目的工程款时，填写本表向工程项目监理部申报。

工程项目监理部的专业工程监理工程师对本表及其附件进行审批，提出审核记录及批复建议。同意付款时，应注明应付的款额及其计算方法，报总监理工程师审批，并将审批结果以

“工程款支付证书”(B3)批复给施工单位并通知建设单位。不同意付款时应说明理由。

⑥监理工程师通知回复单(A6)

本表用于承包单位接到项目监理部的“监理工程师通知单”(B1),并已完成了监理工程师通知单上的工作后,报请项目监理部进行核查。表中应对监理工程师通知单中所提问题产生的原因、整改经过和今后预防同类问题准备采取的措施进行详细地说明,且要求承包单位对每一份监理工程师通知都要予以答复。监理工程师应对本表所述完成的工作进行核查,签署意见,批复给承包单位。本表一般可由专业工程监理工程师签认,重大问题由总监理工程师签认。

⑦工程临时延期申请表(A7)

当发生工程延期事件,并有持续性影响时,承包单位填报本表,向工程项目监理部申请工程临时延期;工程延期事件结束,承包单位向工程项目监理部最终申请确定工程延期的日历天数及延迟后的竣工日期。此时应将本表表头的“临时”两字改为“最终”。申报时应在本表中详细说明工程延期的依据、工期计算、申请延长竣工日期,并附有证明材料。工程项目监理部对本表所述情况进行审核评估,分别用“工程临时延期审批表”(B4)及“工程最终延期审批表”(B5)批复承包单位项目经理部。

⑧费用索赔申请表(A8)

本表用于费用索赔事件结束后,承包单位向项目监理部提出费用索赔时填报。在本表中详细说明索赔事件的经过、索赔理由、索赔金额的计算等,并附有必要的证明材料,经过承包单位项目经理签字。总监理工程师应组织监理工程师对本表所述情况及所提的要求进行审查与评估,并与建设单位协商后,在施工合同规定的期限内签署“费用索赔审批表”(B6)或要求承包单位进一步提交详细资料后重报申请,批复承包单位。

⑨工程材料/构配件/设备报审表(A9)

本表用于承包单位将进入施工现场的工程材料构配件经自检合格后,由承包单位项目经理签章,向工程项目监理部申请验收;对运到施工现场的设备,经检查包装无破损后,向项目监理部申请验收,并移交给设备安装单位。工程材料/构配件还应注明使用部位。随本表应同时报送材料/构配件/设备数量清单、质量证明文件(产品出厂合格证、材质化验单、厂家质量检验报告、厂家质量保证书、进口商品海关报检证书、商检证等)、自检结果文件(如复检、复试合格报告等)。项目监理部应对进入施工现场的工程材料/构配件进行检验(包括抽验、平行检验、见证取样送检等);对进厂的大中型设备要会同设备安装单位共同开箱验收。检验合格,监理工程师在本表上签认,注明质量控制资料和材料试验合格的相关说明;检验不合格时,在本表上签批不同意验收,工程材料/构配件/设备应清退出场,也可据情况批示同意进场但不得使用于原拟定部位。

⑩工程竣工报验单(A10)

在单位工程竣工,承包单位自检合格,各项竣工资料齐备后,承包单位填报本表向工程项目监理部申请竣工验收。表中附件是指可用于证明工程已按合同约定完成并符合竣工验收要求的资料。总监理工程师收到本表及附件后,应组织各专业工程监理工程师对竣工资料及各专业工程的质量进行全面检查,对检查出的问题,应督促承包单位及时整改,合格后,总监理工程师签署本表,并向建设单位提出质量评估报告,完成竣工预验收。

(2)监理单位用表(B 类表)

本类表共 6 个,B1 ~ B6,主要用于施工阶段。使用时应注意以下内容。

①监理工程师通知单(B1)

本表为重要的监理用表,是工程项目监理部按照委托监理合同所授予的权限,针对承包单位出现的各种问题而发出的要求承包单位进行整改的指令性文件。监理工程师现场发出的口头指令及要求,也应采用此表,事后予以确认。承包单位应使用"监理工程师通知回复单"(A6)回复。本表一般可由专业工程监理工程师签发,但发出前必须经过总监理工程师同意,重大问题应由总监理工程师签发。填写时,"事由"应填写通知内容的主题词,相当于标题,"内容"应写明发生问题的具体部位、具体内容,写明监理工程师的要求、依据。

②工程暂停令(B2)

在建设单位要求且工程需要暂停施工;出现工程质量问题,必须停工处理;出现质量或安全隐患,为避免造成工程质量损失或危及人身安全而需要暂停施工;承包单位未经许可擅自施工或拒绝项目监理部管理;发生了必须暂停施工的紧急事件时,发生上述五种情况中任何一种,总监理工程师应根据停工原因、影响范围,确定工程停工范围,签发工程暂停令,向承包单位下达工程暂停的指令。表内必须注明工程暂停的原因、范围、停工期间应进行的工作及责任人、复工条件等。签发本表要慎重,要考虑工程暂停后可能产生的各种后果,并应事前与建设单位协商,宜取得一致意见。

③工程款支付证书(B3)

本表为项目监理部收到承包单位报送的"工程款支付申请表"(A5) 后用于批复用表由各专业工程监理工程师按照施工合同进行审核,及时抵扣工程预付款后,确认应该支付工程款的项目及款额,提出意见,经过总监理工程师审核签认后,报送建设单位,作为支付的证明,同时批复给承包单位,随本表应附承包单位报送的"工程款支付申请表"(A5)及其附件。

④工程临时延期审批表(B4)

本表用于工程项目监理部接到承包单位报送的"工程临时延期申请表"(A7)后,对申报情况进行调查、审核与评估后,初步做出是否同意延期申请的批复。表中"说明"是指总监理工程师同意或不同意工程临时延期的理由和依据。如同意,应注明暂时同意工期延长的日数,延长后的竣工日期。同时应指令承包单位在工程延长期间,随延期时间的推移,应陆续补充的信息与资料。本表由总监理工程师签发,签发前应征得建设单位同意。

⑤工程最终延期审批表(B5)

本表用于工程延期事件结束后,工程项目监理部根据承包单位报送的"工程临时延期申请表"(A7)及延期事件发展期间陆续报送的有关资料,对申报情况进行调查、审核与评估后,向承包单位下达的最终是否同意工程延期日数的批复。表中"说明"是指总监理工程师同意或不同意工程最终延期的理由和依据,同时应注明最终同意工期延长的日数及竣工日期。本表由总监理工程师签发,签发前应征得建设单位同意。

⑥费用索赔审批表(B6)

本表用于收到施工单位报送的"费用索赔申请表"(A8)后,工程项目监理部针对此项索赔事件,进行全面的调查了解、审核与评估后,做出的批复。本表中应详细说明同意或不同意此项索赔的理由,同意索赔时,同意支付的索赔金额及其计算方法,并附有关的资料本表由专业工程监理工程师审核后,报总监理工程师签批,签批前应与建设单位、承包单位协商确定批准的赔付金额。

(3)各方通用表(C 类表)

①监理工作联系单(C1)

本表适用于参与建设工程的建设、施工、监理、勘察设计和质监单位相互之间就有关事项的联系,发出单位有权签发的负责人应为:建设单位的现场代表(施工合同中规定的工程师)、承包单位的项目经理、监理单位的项目总监理工程师、设计单位的本工程设计负人政府质量监督部门的负责监督该建设工程的监督师,不能任何人随便签发,若用正式函件形式进行通知或联系,则不宜使用本表,改由发出单位的法人签发。该表的事由为联系内容的主题词。本表签署的份数根据内容及涉及范围而定。

②工程变更单(C2)

本表适用于参与建设工程的建设、施工、勘察设计、监理各方使用,在任一方提出工程变更时都要先填该表。在建设单位提出工程变更时,填写后由工程项目监理部签发,必要时建设单位应委托设计单位编制设计变更文件并签转项目监理部;承包单位提出工程变更时填写本表后报送项目监理部,项目监理部同意后转呈建设单位,需要时由建设单位委托设计单位编制设计变更文件,并签转项目监理部,施工单位在收到项目监理部签署的“工程变更单”后,方可实施工程变更,工程分包单位的工程变更应通过承包单位办理。该表的附件应包括工程变更的详细内容,变更的依据,对工程造价及工期的影响程度,对工程项目功能安全的影响分析及必要的图示。总监理工程师组织监理工程师收集资料,进行调研,并与有关单位磋商,如取得一致意见时,在本表中写明,并经相关的建设单位的现场代表、承包单位的项目经理、监理单位的项目总监理工程师、设计单位的本工程设计负责人等在本表上签字,此项工程变更才生效。本表由提出工程变更的单位填报,份数视内容而定。

(4)监理规划

监理规划应在签订委托监理合同,收到施工合同、施工组织设计(技术方案)、设计图纸文件后一个月内,由总监理工程师组织完成该工程项目的监理规划编制工作,经监理公司技术负责人审核批准后,在监理交底会前报送建设单位。

监理规划的内容应有针对性,做到控制目标明确、措施有效、工作程序合理、工作制度健全、职责分工清楚,对监理实践有指导作用。监理规划应有时效性,在项目实施过程中,应根据情况的变化作必要的调整、修改,经原审批程序批准后,再次报送建设单位。

(5)监理实施细则

对于技术复杂、专业性强的工程项目应编制“监理实施细则”,监理实施细则应符合监理规划的要求,并结合专业特点,做到详细、具体、具有可操作性,监理实施细则也要根据实际情况的变化进行修改、补充和完善,内容主要有:专业工作特点,监理工作癫程,监理控制要点及目标值,监理工作方法及措施。

(6)监理日记

《建设工程监理规范》(GB 50319—2000)中 3.2.5 第七款规定:“由专业工程监理工程师根据本专业监理工作的实际情况做好监理日记”和 3.2.6 第六款:“(监理员应履行以下职责)做好监理日记和有关的监理记录。”监理日记,通称为项目监理日志,由专业监理工程师和监理员书写。监理日记和施工日记一样,都是反映工程施工过程的实录,一个同样的施工行为,往往两本日记可能记载有不同的结论,事后在工程发现问题时,日记就起了重要的作用,因此,认真、及时、真实、详细、全面地做好监理日记，对发现问题，解决问题，甚至仲裁、起诉都有作用。

监理日记应从不同角度的记录，项目总监理工程师可以指定一名监理工程师对项目每天总的情况进行记录，通称为项目监理日志；专业工程监理工程师可以从专业的角度进行记录；监理员可以从负责的单位工程、分部工程、分项工程的具体部位施工情况进行记录，侧重点不同，记录的内容、范围也不同。

(7)监理例会会议纪要

监理例会是履约为各方沟通情况，交流信息、协调处理、研究解决合同履行中存在的各方面问题的主要协调方式。会议纪要由项目监理部根据会议记录整理。例会上意见不一致的重大问题，应将各方的主要观点，特别是相互对立的意见记入"其他事项"中。会议纪要的内容应准确如实，简明扼要，经总监理工程师审阅，与会各方代表会签，发至合同有关各方，并应有签收手续。

(8)监理月报

监理月报由项目总监理工程师组织编写，由总监理工程师签认，报送建设单位和本监理单位，报送时间由监理单位和建设单位协商确定，一般在收到承包单位项目经理部报送来的工程进度，汇总了本月已完工程量和本月计划完成工程量的工程量表、工程款支付申请表等相关资料后，在最短的时间内(5~7天)提交。

(9)监理工作总结

监理总结有工程竣工总结、专题总结、月报总结三类，按照《建设工程文件归档整理规范》的要求，三类总结在建设单位都属于要长期保存的归档文件，专题总结和月报总结在监理单位是短期保存的归档文件，而工程竣工总结属于要报送城建档案管理部门的监理归档文件。

(10)其他监理文件档案资料

建筑工程项目监理文件档案资料有两种：一种是施工阶段的监理文件档案资料；另一种是设备采购监理和设备监造工作的监理文件档案资料。除上述主要监理文件外，其他监理文件档案资料详见《建设工程监理规范》(GB 50319—2000)。

12.3　建设工程项目管理软件简介

建设工程项目管理软件是指在项目管理过程中使用的各类软件。这些软件主要用于收集、综合和分发项目管理过程的输入和输出的信息。传统的项目管理软件包括时间进度计划、成本控制、资源调度和图形报表输出等功能模块，但从项目管理的内容出发，项目管理软件还应该包括合同管理、采购管理、风险管理、质量管理、索赔管理、组织管理等功能。如果把这些软件的功能集成、整合在一起，即构成了建设工程项目管理信息系统。因此，国内外已开发出由计算机辅助的各种项目管理软件，可以作为工程建设监理人员从事工程项目管理的重要工具。

12.3.1　建设工程项目管理软件分类

目前，在项目管理过程中使用的项目管理软件数量多，应用面广。按项目管理软件提供的基本功能划分,主要包括进度计划管理、费用管理、资源管理、风险管理、交流管理和过程管理等。这些基本功能有些独立构成一个软件,大部分则是与其他某个或某几个功能集成构成一个软件。

12.3.2 建设工程项目管理软件的应用形式

目前,在项目管理软件的应用过程中,存在以下几种形式。

(1)以业主为主导的统一的项目管理软件应用形式

采用这类形式的往往是大型或特大型建设工程项目。在这类项目的实施过程中,业主或者聘请专业的咨询单位或人员为建设工程项目提供涉及项目管理全过程的咨询,或者自行建立相应的部门专门从事这方面的工作,无论采用哪种方式,都需要做到事前针对项目的特点和业主自身的具体情况对项目管理软件(或项目管理信息系统)的应用进行详细地规划,包括应用范围、配套文档编制(招标文件、合同、系统输入输出表格、使用与审查细则等)。各类编码系统的编制、信息的标准化、建设工程项目管理网络系统的建立和相关培训工作。在应用的准备过程中,建立实施时数据和文档的申报、确认、审查、处理、存储、分发和回复程序,并在合同文件中用相应的条款对这些程序的执行进行约束。从使用的效果来看,由于在业主的组织下,将建设工程项目的各个参与方凝聚成一个有机的整体,实现了统一规划、统一步调、统一标准、协调程序,因此应用效果较好。

(2)项目的某个参与方单独或各自单独应用项目管理软件的形式

这种项目管理软件的应用形式目前在建设工程项目管理中普遍存在。由于建设工程项目的各个参与方对项目管理软件应用的认识程度存在很大差距,只要业主没有对项目管理软件在项目管理中的应用进行统一布置,则往往是工程参与方中的先知先觉者会单独选用适用于自己的项目管理软件或使用自己完善的面向企业管理和项目管理的信息系统,使得使用项目管理软件的参与方比其他未使用项目管理软件的参与方有更高的效率,能掌握更多的信息,能更早地预知风险,能对出现的问题做出快速响应,在各个参与方之间处于一种有利的地位。各自单独使用建设工程项目管理软件,又会带来诸多的不协调,从整体上看,应用效果不如前一种形式。

12.3.3 常用工程建设项目管理软件

自1982年第一个基于PC的项目管理软件出现至今,项目管理软件已经历了20多年的发展历程。据统计,目前国内外正在使用的项目管理软件已有2 000多种,这里按照综合进度控制管理软件、合同及费用控制管理软件两大类别介绍几种国内外较为流行的项目管理软件。

综合进度计划管理软件:

(1)Primavera Project Planner(P3)

在国内外为数众多的大型项目管理软件当中,美国Primavera公司开发的Primavera Project Planner(P3)普及程度和占有率是最高的。国内的大型和特大型建设工程项目几乎都采用了P3。目前国内广泛使用的P3进度计划管理软件主要是指项目级的P3。

P3软件主要是用于项目进度计划、动态控制、资源管理和费用控制的项目管理软件。

P3的主要功能包括下述几方面的内容:

①建立项目进度计划

P3 以屏幕对话形式设立一个项目的工序表,通过直接输入工序编码、工序名称、工序时间等完成对工序表的制定,并自动计算各种进度参数,计算项目进度计划,生成项目进度横道图和网络图。

②项目资源管理与计划优化

P3 可以帮助编制工程项目的资源使用计划,可应用资源平衡方法对项目计划优化。

③项目进度跟踪比较

P3 可以跟踪工程进度,随时比较计划进度与实际进度的关系,进行目标计划的调控。

④项目费用管理

P3 可以在任意一级科目上建立预算并跟踪本期实际费用、累计实际费用、费用完成的百分比、盈利率等,实现对项目费用的控制。

⑤项目进度报告

P3 提供了 150 多个可自定义的报告和图形,用于分析反映工程项目的计划及进展效果。

P3 还具有友好的用户界面。屏幕直观,操作方便;能同时管理多个在建项目;能处理工序多达 10 万个以上的大型复杂项目;具有与其他软件匹配的良好接口等优点。

(2) Microsoft Project

由 Microsoft 公司推出的 Microsoft Project 是到目前为止在全世界范围内应用最为广泛的、以进度计划为核心的项目管理软件。Microsoft Project 可以帮助项目管理人员编制进度计划,管理资源的分配,生成费用预算,也可以绘制商务图表,形成图文并茂的报告。

该软件的典型功能特点如下:

①进度计划管理

Microsoft Project 为项目的进度计划管理提供了完备的工具,用户可以根据自己的习惯和项目的具体要求采用"自上而下"或"自下而上"的方式安排整个建设工程项目。

②资源管理

Microsoft Project 为项目资源管理提供了适度、灵活的工具,用户可以方便地定义和输入资源,可以采用软件提供的各种手段观察资源的基本情况和使用状况,同时还提供了解决资源冲突的手段。

(3) 费用管理

Microsoft Project 为项目管理工作提供了简单的费用管理工具,可以帮助用户实现简单的费用管理。

(4) 强大的扩展能力,与其他相关产品的融合能力

作为 Microsoft Office 的一员,Microsoft Project 也内置了 Visual Basic for Application(VBA),VBA 是 Microsoft 开发的交互式应用程序宏语言,用户可以利用 VBA 作为工具进行二次开发,一方面可以帮助用户实现日常工作的自动化;另一方面还可以开发该软件所没有提供的功能。此外,用户可以依靠 Microsoft Project 与 Office 家族其他软件的紧密联系将项目数据输出到 Word 中生成项目报告,输出到 Excel 中生成电子表格文件或图形,输出到 PowerPoint 中生成项目演示文件,还可以将 Microsoft Project 的项目文件直接存储为 Access 数据库文件,实现与项目管理信息系统的直接对接。

(5)合同事务管理与费用控制管理软件(监理手册 P482-483)

Primavera Expedition 合同管理软件

由 Primavera 公司开发的合同管理软件 Expedition。Expedition 以合同为主线,通过对合同执行过程中发生的诸多事务进行分类、处理和登记,并和相应的合同有机地关联,使用户可以对合同的签订、预付款、进度款和工程变更进行控制;同时,可以对各项工程费用进行分摊和反检索分析;可以有效处理合同各方的事务,跟踪有多个审阅回合和多人审阅的文件审批过程,加快事务的处理进程;可以快速检索合同事务文档。

Expedition 可用于建设工程项目管理的全过程。该软件同时也具有很强的拓展能力,用户可以利用软件本身的工具进行二次开发,进一步增强该软件的适用性。以达到适应建设工程项目建设要求的目的。

Expedition 的基本功能,可以归纳为如下几个方面。

①合同与采购订单管理

用户可以创建、跟踪和控制其合同和采购清单的所有细节,提供各类实时信息。Expedition 内置了一套符合国际惯例的工程变更管理模式,用户也可以自定义变更管理的流程;Expedition 还可以根据既定的关联关系帮助用户自动处理项目实施过程中的设计修改审定、修改图分发、工程变更、工程概算/预算、合同进度款/结算。

②变更的跟踪管理

Expedition 对变更的处理采取变更事项跟踪的形式。将变更文件分成四大类:请示类、建议类、变更类和通知类,可以实现对变更事宜的快速检索。通过可自定义的变更管理,用户可以快速解决变更问题,可以随时评估变更对工程费用和总体进度计划的影响,评估对单个合同的影响和对多个合同的连锁影响,对变更费用提供从估价到确认的全过程管理,通过追踪已解决和未解决的变更对项目未来费用变化趋势进行预测。

③费用管理

费用控制上,通过可动态升级的费用工作表,将实际情况自动传递到费用工作表中,各种变更费用也可反映到对应的费用类别中,从而为用户提供分析和预测项目趋势时所需要的实时信息,以便用户做出更好的费用管理决策;通过对所管理的工程的费用趋势分析,例如,可以分析材料短缺或工资上涨对工程费用的影响,用户能够采取适当的行动,以避免不必要的损失。

④交流管理

Expedition 通过内置的记录系统来记录各种类型的项目交流情况。通过请示记录功能帮助用户管理整个工程的跨度内各种送审件,无论其处于处理的哪个阶段,在什么人手中,都可以随时评估其对费用和进度的潜在影响;通过会议纪要功能记录每次会议的各类信息;通过信函和收发文的功能,实现往来信函和文档的创建、跟踪和存档;通过电话记录功能记录重要的电话交谈内容。

⑤记事

可以对送审件、材料到货、问题、日报进行登录、归类、事件关联、检索、制表等。

⑥项目概况

可以反映项目各方的信息,项目执行状态及项目的简要说明。

(6)Cobra 成本控制软件

Cobra 是由 Welcom 公司开发的成本控制软件,该软件的功能特点如下。

①费用分解结构

可以将工程及其费用自上而下地分解,可在任意层次上修改预算和预测。可以设定不瞻数目的费用科目、会计日历、取费费率、费用级别、工作包,使用户建立完整的项目费用管理结构。

②费用计划

可以和进度计划管理相结合,形成动态的费用计划。预算元素或目标成本的分配可在作业级或"工作包"级进行,也可直接从预算软件或进度计划软件中读取。支持多种预算,可实现量价分离,可合并报告多种预算费用计划。每个预算可按用户指定的时间间隔分布,如每周、每月、每年等。支持多国货币,允许使用16种不同的间接费率,自定义非线性曲线,并提供大量自定义字段,可定义计算公式。

③实际执行反馈

可用文本文件或DBF数据库递交实际数据,可连接用户自己的工程统计软件和报价软件,自动计算间接费。可修改过去输入错误的数据,可总体重算。

④执行情况评价/赢得值

软件内置了标准评测方法和分摊方法,可按照所使用的货币、资源数量或时间计算完成的进度,可用工作包、费用科目、预算元素或分级结构、部门等评价执行情况。拥有完整的标准报告和图形,内置电子表格。

⑤预测分析

提供无限数量的同步预测分析,可手工干预或自动生成;无限数量的假设分析;可使用不同的预算、费率、劳动力费率和外汇费率,可自定义计算公式;还可用需求金额,来反算工时。

⑥进度集成

提供了在工程实施过程中任意阶段的费用和进度集成的动态环境,该软件的数据可以完全从软件提供的项目专家或其他项目中读取,不需要重复输入。工程状态数据可利用进度计划软件自动更新,修改过的预算也可自动更新到项目专家的进度中去。

⑦开放的数据结构

数据库结构完全开放,可以方便地与用户自己的管理系统连接。市场上通用的电子报表软件和报表生成器软件都可利用该软件的数据制作报表。该软件也自带电子报表。

(7)PKPM系统功能简介

《PKPM建筑工程资料管理系统》是应广大施工技术人员的要求开发的。该软件有如下特点:

①软件提供了快捷、方便的工程所需的各种表格(材料试验记录、施工记录及预检、隐检等)的输入方式。

②具有完善的工程资料数据库的管理功能,可方便地查询、修改、统计汇总。

③实现了从原始数据录入到信息检索、汇总、维护等一体化管理。

④所见即所得地打印输出。

《PKPM建筑工程质量验收管理系统》是依据国家标准《建筑工程施工质量验收统一标准》(GB 5030—2001)以及各专业工程施工质量验收规范编写。其填写方式与《建筑建设工程资料管理系统》完全一致。

12.4 近年监理工程师考题摘录及案例选编

一、近年监理工程师考题摘录

(一)单选

1.(2008 理)下列关于监理文件和档案收文与登记管理的表述中,正确的是(B)。

A. 所有收文最后都应由项目总监理工程师签字

B. 经检查,文件档案资料各项内容填写和记录真实完整,由符合相关规定的责任人员签字认可

C. 符合相关规定的责任人员签字可以盖章代替

D. 有关工程建设照片注明拍摄日期后,交资料员处理

2.(2008 理)《建设工程文件归档整理规范》规定,监理单位应长期保存的监理文件是(D)。

A. 监理实施细则　　B. 项目监理机构总控制计划

C. 设计变更、洽商费用报审与签认　　D. 工程延期报告及审批

3.(2009 理)下列关于工程建设不同阶段信息手机的表述中,正确的是(A)。

A. 施工实施期的信息来源比较稳定、单纯,容易实现规范化

B. 施工准备阶段的信息收集最为关键

C. 设计阶段信息收集范围广泛,但内容比较确定

D. 施工招投标阶段的信息收集由建设单位负责

(二)多选

1.(2008 理)建设工程文件档案资料的特征有(ACD)。

A. 分散性和复杂性　　B. 随机性和动态性

C. 全面性和真实性　　D. 继承性和时效性

E. 多专业性和科学性

2.(2008 理)依据《工程监理企业资质管理规定》,我国工程监理企业资质等级划分为(ABD)。

A. 综合　B. 专业　C. 技术咨询　D. 事务所　E. 管理所

3.(2009 理)项目监理机构接收文件时,均应在收文登记表上进行登记,登记内容包括(ABDE)。

A. 文件名称　　B. 文件摘要信息

C. 文件的签发人　　D. 文件的发放单位

E. 收文日期

4.(2009 理)下列监理文件中,要求在监理单位长期保存的有(BCE)。

A. 监理规划　　B. 有关质量问题的监理会议纪要

C. 有关进度控制的监理通知　　D. 分包单位资质材料

E. 工程竣工总结

二、工程监理案例选编

［案例］某塔楼工程即将完工，为了顺利通过竣工验收。质检站的同志要求档案管理人员提前进行档案验收。建设单位要求监理机构组织工程档案资料的预验收。有人则成工程档案的预验收不是这样做……

［问题］

1. 工程档案由谁预验收？由谁主持？

2. 工程档案由谁编写？由谁检查？

3. 工程档案怎样分类？应准备几套？

4. 分包单位的工程文件如何形成，向谁移交？

5. 档案资料长期保存的年限为多少？

［案例解析］

1. 工程档案在竣工验收前有建设单位汇总后组织建立单位、施工单位参加，请当地城建档案管理机构进行工程档案预验收。并取得工程档案验收认可证。不符合要求时，提出意见，整改后再进行验收。

2. 工程档案由参建单位各自形成相关资料，并移交建设单位归档。建设单位根据城建档案馆的要求，按《建设工程文件归档整理规范》对档案文件的完整性、准确性、系统性和案卷的质量进行审核，并为城建档案馆的监督、检查、指导提供方便。

3. 工程档案根据《建设工程文件归档整理规范》的提示应分为：工程准备阶段的施工文件、监理文件、竣工图、竣工验收文件五类。工程档案一般不少于两套。建设单位与勘察、设计、监理、施工单位签订合同、协议时，对工程档案所需要的套数、费用的承担、质量要求及移交的时间应书面明确。

4. 分包单位的工程文件由分包单位形成。分包单位移交总承包单位，总承包单位整理汇总各分包单位的工程档案后移交建设单位。

5. 长期保存的档案资料时间等同于建、构筑物的寿命周期。

本章小结

通过本章学习、已了解建设工程信息及档案管理系统在建设工程监理中的作用，信息管理是工程监理的主要任务，而信息管理是指对信息的收集、加工整理、储存、传递与应用等一系列工作的总称。因此，在工程监理中掌握了信息才能正确建立工程档案资料，同时工程档案资料又通过建设工程管理软件来实现。学好本章内容才能建立完整的工程监理资料，为做好建设工程监理工作和工程监理档案，为竣工验收做好资料准备。通过对全国监理工程师考题摘录的单选、多选和实际案例的学习，掌握了解决监理技术问题的方法和技巧，对监理理论的实际应用更加深化。

复习思考题

1. 按建设项目信息的用途划分为哪些信息？

2. 什么是投资控制信息？

3. 什么是进度控制信息？

4. 建设工程项目中的信息怎样构成？

5. 建筑项目信息管理内容有哪些？

6. 建设工程中的信息有哪些分类？

7. 工程档案文件管理中监理单位有什么职责？

8. 监理档案中监理单位用表有哪些？

9. 建设工程项目管理软件有哪几种？

10. 本章摘录的近年全国监理工程师考题单选有几题？多选有几题？解答是否正确？能否从本书和有关参考资料中找到解答正确与否的原因？

11. 本章选编的监理案例的内容时什么？有几个问题？监理工程师是怎样解决的？

第13章 土木工程建设监理实用监控技术和技巧简介

内容提要和要求

本章介绍了土木工程建设监理实用监控技术与技巧，主要内容有：土木工程施工图纸会审、施工现场技术准备内容、工程施工建造阶段的监控、设计人员配合现场施工情况的监控、竣工验收资料的监控、监理过程中必须重视的几个问题。

对上述内容应重点加强：施工图纸的会审、工程施工建造阶段的监控以及竣工验收资料的监控等内容。

13.1 土木工程施工图纸会审的监控

13.1.1 图纸的会审

图纸会审：应事先由监理公司组织相关专业人员进行图纸自审后，再与业主会商意见，由业主主持或委托专业人员主持图纸会审。由业主通知设计单位、施工单位、监理单位、建设单位以及其他相关单位的技术人员参加。首先由建设单位介绍工程整体建设情况，然后由设计单位相关人员介绍设计概况和意图，再由参会的各单位人员，提出图纸设计中存在的问题和在自审中发现的问题，以设计人员为主，可与施工单位协同讨论解决，但由设计人员作出最后决定，责任由设计人员承担。

(1)图纸会审的目的

业主应清楚地知道：设计图纸和有关设计技术文件资料(如地质勘察、钻探等资料)，是施工单位进行施工的技术文件和主要依据。必须对它们进行严格的会审，会审的目的有两个：一是认真熟悉图纸和设计技术文件资料，达到了解该项目设计意图、工程质量标准、新结构、新材料、新工艺的技术要求，了解图纸间的尺寸关系，各单项工作相互要求与配合等内在的联系，以便能采取正确的施工方法和施工手段去实现设计意图。二是在熟悉图纸和技术文件资料的基础上，通过有设计、建设、施工、监理等单位的专业人员参加会审，将存在的问题尽可能在施工之前解决，为工程开工创造良好的前提条件。

(2)会审方法

业主应清楚地知道：图纸会审由建设单位或业主组织，监理单位应作好参谋和监控，设计单位要做好设计交底，施工单位和监理单位的参监人员必须参加，对施工单位在图纸自审过程中提出的一般问题，会审人员通过修改后，可在图纸会审记录中注释修改并办理手续；对较大的问题，必须由建设、设计和施工单位三方洽谈协商，三方同意后由设计单位修改并签发设计变更图或变更通知单才能生效；监理单位只能为业主提出监控建议，无决策权和签认权。如果设计变更影响了建设的规格和投资，要报请原审批初步设计单位，同意后方可修改。凡提出的问题和涉及的技术变更均应会签，并整理出图纸会审纪要，加盖各参审单位的公章发至各有关单位执行，与施工图有同等效力，以此作为指导施工的依据。

(3)图纸会审的内容(主要有八方面)

1)建筑、结构、设备安装等设计图纸是否齐全，手续是否完备，设计是否符合国家现行的有关经济和技术政策规范、规定和技术标准。

2)设计图纸之间相互配合的尺寸是否一致、吻合，分尺寸与总尺寸、大样图、建筑与结构、土建与安装之间的尺寸配合是否正确，有无错误和遗漏。

3)图纸总的做法和说明是否齐全、清楚、明确，设计图本身及各专业图纸在立体空间上有无矛盾，预留孔、预埋件、大样图或采用标准配件图的型号、尺寸有无错误与矛盾。

4)总图的建筑物坐标与单位工程平面图是否一致，建筑物的设计标高是否可行，地基和基础的设计与实际情况是否相符，结构性能和安全度是否符合规范，建筑物与地下管线、地下建筑物间有无矛盾。

5)结构的设计尺寸、标高、轴线是否与建筑设备一致，主要部件的构造是否合理，设计能否保证工程质量和施工安全。

6)设计图纸的结构方案、建筑装饰与施工单位的施工能力、技术水平、技术装备有无矛盾；采用的新工艺、新技术、施工单位有无困难；所需特殊建材的品种、规格、数量能否满足；专用设备能否保证。

7)特殊设备的安装资料是否齐全，技术要求能否满足。

8)按照2004年1月建设部质量安全监督与行业发展司颁布的《施工图设计文件审查要的》相关内容进行会审。

13.1.2 监控图纸会审记录填写方法是否规范

第一，工程名称：按合同书中建设单位提供的名称或按设计图注的名称填写。

第二，工程编号：施工企业按施工顺序编排或按设计图注编写。

第三，结构类型：按设计文件确定的结构类型填写。

第四，参加人员：按表列单位参加会审人员分别签记姓名。

第五，会审日期：注明年、月、日。

第六，主持人：一般由建设单位主持或建设、设计单位共同主持，有多人主持时也可以分别签记姓名。

第七，记录内容：记录会审中发现的所有需要修改、增加的内容，并提出解决的办法、解决的时间等。

记录应由设计、施工单位的任何一方整理，一般情况下由施工方整理记录，但必须经参加会审的设计、建设、施工、消防、监督等单位审定后方可生效，特别注意保存好签审底稿，以利于对会审纪要内容负责。一旦经多方签字认可后，任何一方单独修改都是违法的。

13.2　施工现场技术准备内容的监控

监理公司的主管监理(总监)应清醒地知道:施工现场的技术准备是优质、高效、低消耗地完成施工任务和组织有节奏、均衡和连续施工的重要保证;是为工程正式施工提供物质保证和创造良好的技术条件的基础。总监应深入施工现场,重点检查施工现场控制网点和标高点的技术准备工作情况,并做好记录。

监理人员应深入施工现场了解,“三通一平”即水、电、路要通和场地已平整;“七通一平”即指水、电、气、路、通讯、排污和排洪要通及场地已平整。施工现场“三通一平”或“七通一平”既有组织管理问题,又有现场技术准备工作内容,监理必须重点帮助解决。

13.2.1　监控场地的平整

平整场地应按建筑总平面图中确定的标高进行,并根据现场的地形特点和土方量平衡调配的原则,确定场地平整的施工方案、土方及运输机械配套,监控在总土方调运量最少、最经济的目标前提下,完成施工现场平整的技术及组织工作。

13.2.2　监控水通情况

监理应了解,施工现场用水是保证现场正常施工和生活的必备条件。保证现场水通,一是保证对施工现场供水量的足够供应;二是保证供水设施、设备的正常运行。因此,施工现场的水通既有组织管理问题,也有技术管理问题。

(1) 复核和控制供水量的计算方法

施工现场供水量主要由现场施工用水量、施工机械设备用水量、现场生活用水量和消防用水量组成。

①现场施工用水量 Q_1

现场施工用水量由下式计算:

$$\sum \frac{q_1 \cdot N_1}{T_1 \cdot t} \cdot \frac{K_1}{8 \times 3\,600} \tag{13.1}$$

$$Q_1 = 1.05 \sim 1.15$$

式中　Q_1——现场施工用水量,L/s;

q_1——年(季)度工程量;

N_1——各项工作用水定额;

T_1——年(季)度有效作业天数 d;

K_1——用水不均衡系数,取为 1.5 ~2.5;

t——每天作业班数,班;

1.05 ~1.15 为不可预见的用水保险系数。

②施工机械用水量 Q_2

$$\sum q_2 \cdot N_2 \cdot \frac{K_2}{8 \times 3\,600} \tag{13.2}$$

式中 q_2——同一种机械台数,台;

N_2——施工机械台班用水定额;

$K_{定}$——机械用水不均衡系数,施工(运输)机械取 2.0,动力设备取 1.1 ~ 1.2;

t——每天作业班数(班);

1.05 ~ 1.15 为不可预见的用水保险系数。

③现场生活用水量 Q_3

现场生活用水量由下式计算:

$$Q_3 = \sum \frac{P_1 \cdot N_3 \cdot K_3}{8 \times 3\,600t} + \frac{P_2 N_4 K_4}{24 \times 3\,600} \tag{13.3}$$

式中 P_1——施工现场高峰昼夜施工人数(人);

P_2——施工现场平均居住人数(人);

N_3——施工现场施工人员用水定额,按 20 ~ 60 L/(人·班)取值;

N_4——现场居住人员生活用水定额,按 100 ~ 120 L/(人·班)取值;

K_3,K_4——用水不均衡系数,K_3 = 1.30 ~ 1.50,K_4 = 2.0 ~ 2.50;

t——每天作业班数。

④复核施工现场消防用水量 Q_4 的方法

消防用水量查消防用水量的实际记载。

⑤施工现场用水量 Q

当 $Q_{1+} Q_{2+} Q_3 < Q_4$ 时,则 $Q = Q_4 + 1/2(Q_{1+} Q_{2+} Q_3)$;

当 $Q_{1+} Q_{2+} Q_3 > Q_4$ 时,则 $Q = Q_{1+} Q_{2+} Q_3$;

当工地面积小于 5 公顷(0.05 km^2)且 $Q_{1+} Q_{2+} Q_3 < Q_4$ 时,则 $Q = Q_4$。

(2)监控供水设施选择及布置

监理应根据施工现场平面布置和工程特点,合理选择各类供水设备和合理布置供水管网,尽量使用供水永久性设施,以保证供水设施设置的经济合理性。

13.2.3 监控电通(含强电和弱电)情况

电力是施工现场的动力来源。应根据工程特点、施工方案、施工机械种类和数量等,合理地计算施工现场的电力需求量及电力设施的布置。

(1)复核施工现场用电总量 P 的方法

施工现场用电总量 P 可按下式计算:

$$P = 1.1 \times (K_c \sum P_c + K_a \sum P_a + K_b \sum P_b) \tag{13.4}$$

式中,$\sum P_c + \sum P_a \cdot \sum P_b$ 分别为现场全部用电设备、室内照明设备、室外照明设备总的额定容量;$K_c \cdot K_a \cdot K_b$ 分别为相应项目使用系数,且 $0 < K_c \cdot K_a \cdot K_b < 1$,按实际情况凭经验确定。

(2)施工现场用电设施

施工现场用电设施如变压器、配电房、输电网等应尽量使用永久性设施。

13.2.4 通讯要通

现场建筑工程施工的信息流量大,需要设置相关的通信设施,以便传递各方面的信息,包括设计信息、执行信息、管理信息、检查信息和反馈信息等。根据工程施工规模配置足够电话机、传真机及信息加工、处理、存储等设施,以保证施工信息的有效流通。因此,通讯要通是应用高科技技术来组织施工生产活动的必备手段。

13.2.5　气通

在施工现场中,各种空压机及蒸汽锅炉产生的高压空气和蒸汽供施工之用,需要配置有关设施及输气管网。保证气通是保持施工连续进行的重要条件。

13.2.6　排污、排洪要通

随着城市建设力度加大,在城市组织建筑工程施工必须保持施工现场的文明;同时,施工过程中产生的垃圾、污水应随时排除,且应使现场在洪涝灾害和暴雨季节中,能保持排洪畅通。因此设置排污、排洪设施体系是建筑施工技术准备中不可缺少的一项任务。

13.3　工程施工建造阶段的监控

13.3.1　工程质量过程控制主要措施

(1)事前控制

①建立健全自身的质量监理控制体系,监督承包商建立健全工程质量保证体系。

②认真编写监理实施细则,并使每个监理人员熟悉所从事的监理工作。

③坚持施工方案报审制度。

④坚持进场材料与设备报验制度。

⑤坚持开工条件审批制度。

(2)事中控制

事中控制是工程质量控制最基本的、最直接的、最重要的环节。影响施工阶段工程质量的因素有五个:“人、机、料、法、环”,为实现各因素控制目标,主要是综合地利用目视检验、试验检测和事先审查几种控制方法,如图 13.1 所示。

其主要措施包括:

①跟踪检查作业人员是否具备相关资格证件,特殊工种是否受过特别培训,是否具备上岗证;材料与工程设备、施工设备、施工工艺和施工环境等是否符合要求。

②通过检查、检测等方式,检验工序、单元工程、隐蔽工程质量,抽测外观工程质量;严格控制工程质量签证,坚持质量一票否决制度。

③及时进行工程质量经验总结与问题剖析,批准或签发经论证的工程缺陷处理和工程质量事故处理方案。

④采取旁站监理,特别是对关键部位、关键工序的施工质量实施全过程现场跟班的监督活动。监理机构要对下列关键部位、关键工序进行旁站监督:土方回填,地下连续墙、后浇带及其他结构混凝土、防水混凝土浇筑,卷材防水层细部构造处理,主体结构的梁柱结点钢筋隐蔽过程,混凝土浇筑,装配式结构安装等。

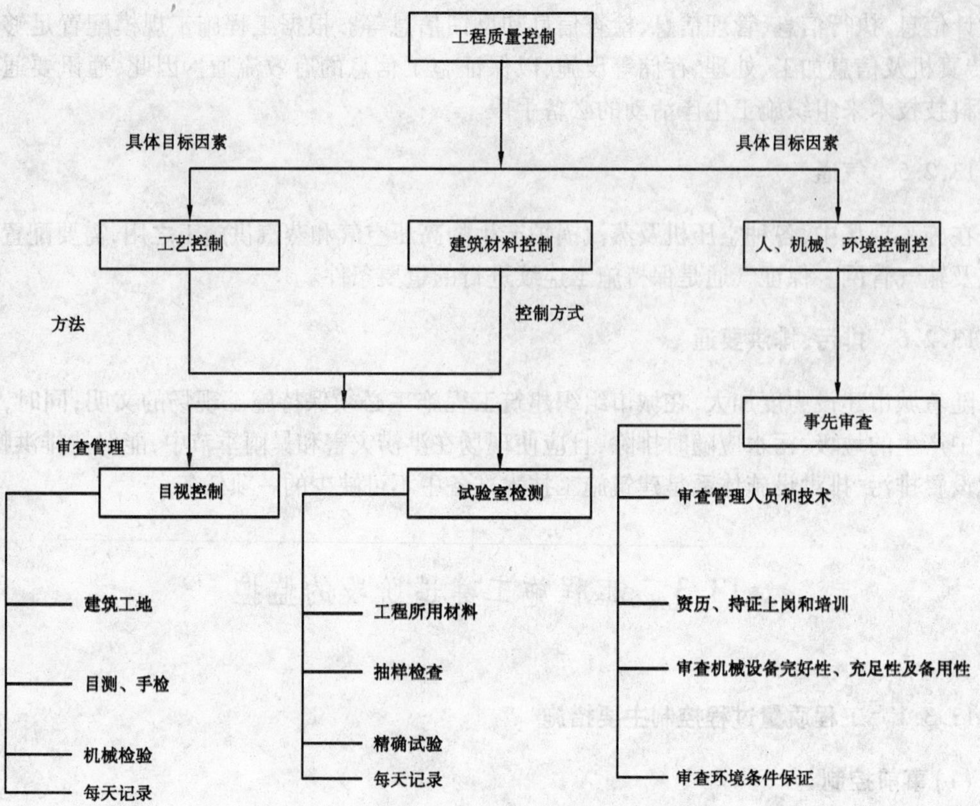

图 13.1　质量目标因素控制方法图

(3)事后控制

事后控制既是鉴定和验收工程质量是否达到设计要求,提交工程实体成果和技术资料成果的重要环节,也是对工程质量存在的问题进行分析、处理,使质量进一步改进提高的阶段。监理机构在工程的验收评定过程中应要求承包商对质量缺陷进行全面登记,并及时加以分析,查找原因,提出明确的解决方案,进一步提高后续施工质量。

13.3.2　工程质量控制的主要方法

(1)现场记录

监理人员每天要认真、完整地记录施工现场的人员、设备、材料、天气、环境以及施工中出现的各种情况。

(2)旁站监理

监理人员按照合同约定,在施工现场对工程项目的重要部位和关键工序的施工,实施连续性的全过程检查、监督与管理。

1)巡视检查

监理人员对工程项目进行定期或不定期的检查、监督和管理。

2)跟踪检测

在承包商进行试样检测前,监理机构对其检测人员、仪器设备以及拟订的检测程序和方法进行审核;在承包商对试样进行检测时,实施全过程监督,确认其程序、方法的有效性以及检测结果的可信性，并对该结果进行确认。

3）平行检验

监理机构在承包商对试样进行检测的同时，独立抽样进行检测，以核验承包商的检测结果。平行检测必须选择具有资质条件的检测机构承担。

4）发布文件

监理机构可采用发布通知、指示、批复、签认等文件的形式对施工过程进行控制和管理。

5）协调解决

监理机构应有能力对工程参建各方之间的关系以及施工过程中出现的问题和争议进行协调和解决。

13.3.3　跟踪检查的主要内容

（1）开工检查

开工检查是指检查承包商开工前的各项准备工作完成情况，是否具备开工条件，能否保证工程连续施工和顺利完成。

（2）操作规范巡视检查

监理人员必须加强对操作规范的巡视检查，对违反规程规定、影响工程质量的施工活动加以劝阻和纠正。若劝阻无效，则可发出现场通知、违规通知或停工指令。

（3）工序交接检查

工序交接检查是指前一道工序完工后，在进行下一道工序作业前，监理人员在承包商自检的基础上对前一道工序的质量进行检查。检查合格后方可进行下一道工序作业。

（4）隐蔽工程覆盖前的检查

隐蔽工程（或作业）完成后，施工单位应首先进行自检，自检合格后，在封闭或掩盖前向监理结构提出验收申请。监理机构在接到申请后，应立即组织测量人员和地质人员分别进行复测和测绘素描，并由测量、地质、设计和现场检查人员会签，然后由监理工程师现场签证。未经监理机构检查、验收，承包商自行封闭或掩盖的，则不予认可，并作违规处理。

（5）施工预验

施工预验是指监理人员在施工前所进行的预先检查，以防出现差错，造成损失和浪费，影响工程质量和进度。

（6）成品保护质量检查

监理人员应对成品的保护质量经常进行巡视检查，督促承包商对成品采取“护”、“盖”、“封”等保护措施。

（7）复工前的检查

为保证工程质量，对停工后准备复工的工程必须在施工前进行必要的检查，以确保复工条件具备，减少类似事件的发生。

（8）跟踪检查的主要方法

1）感觉检查

包括观察、目测和手摸检查。

2）量测检查

采用测量仪器和工具进行检查。

3)信息管理

监理人员一方面要监督检查承包商的施工日志和试验室记录,另一方面要在现场巡视、值班检查的基础上,按工作分工分级编报监理日报、周报、月报,做好监理资料的管理。

13.4 设计人员配合现场施工情况的监控

建筑施工图是指导建筑施工的依据,正确掌握和彻底弄清设计构思,除了施工技术人员的努力外,业主还应提出要求,规定专业设计人员的配合,配合施工的方案、措施、时间,这样才能确保完成施工任务。下面简要介绍建筑施工图在实施中,专业设计人员配合施工的主要内容。

13.4.1 监控建筑专业人员配合施工的内容

1)解决、协调施工过程中建筑专业与结构专业、设备专业、电气专业之间的矛盾和各个专业之间的相互矛盾。

2)对影响使用安全的关键部位,检查施工情况。

3)对影响设计质量的其他问题进行必要的检查核对。

4)协助甲方、施工单位对会影响建筑设计质量关键性用材和有关产品的选用提出意见,使设计能达到预期的目的。

5)对业主方要求的设计变更及室内设计装修、弱电设计等二次设计进行修改、补图和配合。

13.4.2 监控结构专业人员配合施工的内容

(1)基础验槽

1)基槽开挖深度、宽度是否符合设计要求,深基边坡是否稳定。

2)场地土类别及槽底持力层土质与勘察报告是否一致,需与勘察单位共同验证。

①查看打钎记录,并找出过软或过硬的异常部位。

②现场检查槽底土质,并对异常部位重点探明,是否有填土坑、墓穴、深井、旧房基等。

③桩基应按《建筑桩基技术规范》JGJ 94—94 要求,对不同桩型进行桩位、桩尖标高、持力层土质及单桩承载力等的检测。

3)验槽发现的异常部位,应采用可靠措施进行处理,并与勘察、施工和建设单位共同协商处理。

(2)结构验收

第一章查阅施工记录及有关资料是否齐全,是否符合设计要求以及签署是否有效。

1)隐蔽工程检查及验收记录。

2)材料试验报告及合格单——水泥、钢材、砖、混凝土、砂浆等。

3)质量检查及评定记录。

第二章施工现场检查。

①主要承重结构外观。

②混凝土构件是否振捣密实,有无蜂窝麻面、露筋现象。板、墙、梁有无挠度。

③钢结构构件是否安装良好,焊缝、螺栓、加劲板等连接件应符合设计要求。

④砌体砂浆及灰缝是否饱满,构造柱混凝土与墙体连接处是否振捣密实等。

⑤重点部位及特殊要求部位的处理:如网架支座节点、大跨度预应力梁、预应力筋的位置、预应力梁端锚固等,是否符合设计要求。

(3)施工现场配合

①重要部位参加结构质检。

②施工中出现的专业矛盾、现场事故处理等必要的施工配合。

13.4.3　监控电气专业人员配合施工的内容

1)隐蔽工程,验收记录

①接地电阻测试报告、记录。

②防雷接地装置是否满足设计要求。

③隐蔽线路施工应符合 GB 50303 验收规范及防火要求。

2)高低压柜、配电箱(柜)、控制箱(柜)、信号箱、高低压断路器规格、整定电流及继电保护、控制要求等是否符合设计要求。

3)变压器安装、柴油发电机组安装、不间断电源安装、配电柜(箱)安装、封闭母线安装、电缆桥架安装;电缆敷设、电线穿管敷设、槽板敷设;灯具安装、开关、插座、风扇安装;接地装置安装、接闪器安装等电位连接应符合《建筑电气工程施工质量验收规范》GB 50303 的要求。

4)火灾自动报警系统的施工应符合《火灾自动报警系统施工及验收规范》GB 50166 的要求,火灾自动报警系统的产品选用应通过主管质检机构的认证。

5)各弱电系统(有特殊要求的除外)设备安装、线路敷设的施工应符合《建筑电气工程施工质量验收规范》GB 50303 的要求;系统的功能应符合《智能建筑工程质量验收规范》GB 50339 的要求。

6)建筑电气产品的选用应符合国家、地方、行业制定的现行产品标准。

建筑工程各专业施工验收,具体监督由施工监理完成。

13.4.4　监控给排水专业人员配合施工的内容

(1)配合施工

1)及时处理因设计图纸考虑不周或图纸表达不清出现的施工问题。

2)参与解决本专业施工与其他专业施工中发生的矛盾。

3)配合处理施工中因各方面的原因需要更改设计的要求。

4)核对施工安装与图纸是否一致,检查施工质量。

5)下工地发现和处理的问题,及时向项目和专业负责人汇报,并按规定做好质量记录。

(2)工程验收

1)听取施工单位对项目完成的情况介绍,了解已完工和尚未完成项目的工程进度。

2)根据工程需要参加隐蔽工程验收,总验收时检查隐蔽工程及试压等记录文件。

3)对完工项目的系统安装及安装质量外观进行检查。

4)系统功能检查和试用效果,核对设备参数。

5)了解试用后出现的问题,并针对问题分析原因,共同商讨解决方案。

6)约定工程遗留问题的解决途径和期限,明确设计单位服务的工作内容。

13.4.5 监控暖通空调专业人员配合施工的内容

(1)配合施工

1)及时处理因设计图纸考虑不周或图纸表达不清出现的施工问题。

2)参与解决本专业施工与其他专业施工中发生的矛盾。

3)配合处理施工中因各方面的原因需要更改设计的要求。

4)核对施工安装和图纸是否一致,检查施工质量。

5)下工地发现和处理的问题,及时向项目和专业负责人汇报,并按规定做好质量记录。

(2)工程验收

1)听取施工单位对项目完成情况的介绍,了解已完工和尚未完成项目的工程进度。

2)对完工项目的系统安装及安装质量外观进行检查。

3)系统功能检验和试用效果,核对设备参数。

4)了解试用后出现的问题,并针对问题分析原因,共同商讨解决方案。

5)约定工程遗留问题的解决途径和期限,明确设计单位服务的工作内容。

13.4.6 监控设计总代表配合施工的要求

1)设计总代表是设计院派到施工现场解决施工问题的总负责人。由结构或建筑专业的设计人员承担,并具有相当的施工现场处理设计问题的经验和经历。

2)按照提出的问题,通过相关专业设计人员处理或由设计代表直接处理。

3)代表设计单位参加相关的会议并履行责任。

4)代表设计单位完成各项施工技术文件资料。

13.5 竣工验收资料的监控

13.5.1 对《建筑施工技术资料》的六大监控技术

(1)对《工程质量事故报告内容》的监控

监理人员应清楚地知道:凡工程发生重大质量事故,应对发生事故的时间准确记载为年、月、日、时、分;估计造成的损失,因质量事故导致的返工、加固等费用,包括人工费、材料费和管理费;事故情况,包括倒塌情况(整体倒塌或局部倒塌的部位)、损失情况(伤亡认定、损失程度、倒塌面积等);事故原因,包括设计原因(计算错误、构造不合理等)、施工原因(施工粗制滥造、材料、构配件或设备质量低劣等)、设计和施工的共同问题、不可抗力等;处理意见,包括现场处理情况、设计和施工的技术措施、主要责任,坚持对质量事故处理"三不放过"的规定。

(2)对《施工技术交底记录填写内容和方法》的监控

①技术交底记录包括施工组织设施交底,专项施工方案技术交底,分项工程施工技术交底,"四新"(新材料、新产品、新技术、新工艺)技术交底和设计变更交底。各项交底应有文字

记录，交底双方签证应齐全。

②重点和大型工程施工组织设计交底应由施工企业的技术负责人把主要设计要求、施工措施以及重要事项对项目主要管理人员进行技术交底。其他工程施工组织设计交底应由项目技术负责人进行交底。

③专项施工方案技术交底应由项目专业技术负责人负责，根据专项施工方案对专业工长进行交底。

④分项工程施工技术交底由专业工长对专业施工班组(或专业分包)进行交底。

⑤“四新”技术交底由项目技术负责人组织有关人员编制后，有书面文字交底和现场交底。

⑥设计变更技术交底应由项目技术部门根据变更要求，并结合具体施工步骤、措施及注意事项等对专业工长进行交底。

(3)对《施工组织设计》的监控

监理应对施工组织设计的内容从下述几方面进行审查。

1)编制内容是否完善。按照工程情况，分别编制施工组织总设计、单位工程施工组织设计、分部分项工程施工方案，逐项检查编制内容是否齐全合理适用。

2)质量责任是否履行。不同规模和技术要求的施工组织设计，应由相应级别的技术负责人组织编写和校审，检查编审单位和人员的资格是否符合规定，签章是否齐全。

3)能否真正起到指导施工的作用，应从下面四个方面检查：

①从时间上检查，施工时间、编制时间、审批时间是否符合和及时。

②从实际情况检查，将施工日志、施工平面布置、施工进度计划等由施工组织对照检查。

③施工措施执行情况检查，对照进行材料、构件和施工措施、质量检验评定表检查。

④针对施工组织设计修改、补充进行检查，对照技术交底、技术变更通知书和施工组织设计修改补充资料进行检查。

(4)对《图纸会审记录》的监控

对图纸会审记录的监控主要有下述几方面内容：

①图纸会审记录的格式、书写打印方式是否符合规定。

②会审的设计图纸是否符合国家有关的技术政策、经济政策和有关规定。

③检查会审的图纸与施工的图纸是否相同，图纸会审记录是否符合规范。杜绝施工的图纸与会审通过的图纸走样的犯罪做法。

④查看图纸会审的时间与开工时间。图纸会审应在开工之前，还应对照施工日记和施工图，是否与会审记录相适应。

⑤核实图纸会审的内容是否完善。将施工图与会审纪要对照，各类专业图纸是否都进行了图纸会审。

⑥核实会审人员的职责。应对建设单位、设计单位、施工单位、监理部门、消防部门、主管部门是否都派人参加会审进行检查，各单位和会审代表是否签章齐全，核实打印内容与会签内容是否相同。

⑦图纸会审记录填写是否真实，工程名称、会审日期、主持人、记录人、参加代表是否填写清楚。

(5)对《设计变更通知(或技术核定单)》的监控

设计变更通知的鉴定内容:

①设计单位和建设单位都有权办理设计变更通知,但双方必须事先商定统一意见,共同签字认可,施工单位只办理技术核定单。

②变更单或核定单都应有连续编号。

③施工单位办的技术核定单必须经设计签字认可,建设单位的设计变更需通知设计单位并要设计单位核定签字认可,没有经设计单位认可的变更单,不是合法的技术文件。

④重大技术变更通知或重大技术核定书,只能由设计单位发出,不能由建设单位发出,否则就不能作为技术变更通知;一般的技术变更通知,要由设计单位审定签章,否则不能作为技术变更通知。

⑤技术变更通知的执行情况,应将检查表格中的执行结果填写清楚,若没有执行单位签字也不能作为技术变更通知。

(6)对《定位放线测量记录》的监控

定位放线测量记录,由施工单位的测绘专门技术人员将建筑物(构筑物)的坐标和标高定位在规划部门批准的红线范围内的引测记录。定位完成后,按规定格式做好定位放线测量记录。

定位放线测量记录技术鉴定内容包括核查定位放线的示意图,新建工程是否符合建筑总平面图的要求,建筑物的坐标方位、相对位置和标高是否标注清楚,参与放线定位技术人员、各级技术人员完整,检查使用的仪器、导线点、水准点是否填写清楚。若检查合格方可作为工程施工技术资料。业主可以抽检此项记录。

13.5.2 对《建筑施工管理资料》的五大监控技术

(1)对《施工日志填写内容》的监控

1)施工日志是施工活动的原始记录,是编制施工文件、积累资料、总结施工经验的重要依据,由项目技术负责人具体负责。

2)施工日志应以单位工程为记载对象,以工程开工起至工程竣工止,按专业指定专人负责逐日记载,并保证内容真实、连续和完整。

3)施工日志可采用计算机录入、打印,也可按规定式样(印制的施工日志)用手工填写方式记录,并装订成册,但必须保证字迹清楚、内容齐全。施工日志填写须及时、准确、具体、不潦草,不随意撕毁,妥善保管,不得丢失。

4)施工日志填写内容,应根据工程实际情况确定取舍。

(2)监理对《开、竣工报告》的监控

1)开工报告

单位工程具备开工条件后,由建设单位、施工单位共同提出开工报告,并按规定报有关部门批准后,施工单位就可开工。

2)竣工报告

单位工程施工的项目已经完成,具备竣工条件,由施工单位向建设单位提出竣工报告,由建设单位组织有关部门进行验收,满足条件,即可提出竣工报告。

开、竣工报告是否符合技术规范和规定,其鉴定内容包括下述几个方面:

①是否按开工报告的日期开工，并与施工日志、定位测量放线记录、现场技术交底等技术资料对应检查，其日期应基本吻合。

②工期是否符合国家定额工期或合同工期的规定。如果在短于国家定额工期的时间内完成了施工任务，还应鉴定施工单位采取的缩短工期是否合理。施工工期的检查经验公式为：

实际工期＝竣工报告中的竣工日期－开工报告中的开工日期－停工、复工报告中的停工日期－影响工期证明文件中的日期[国家定额工期（或合同工期）]。

(3)对《技术交底执行情况》的监控

1)技术交底的程序是否符合规范

①设计单位向施工单位技术负责人在图纸会审会上进行设计交底。

②施工单位技术负责人向工程项目技术负责人进行施工技术总交底。

③项目工程技术负责人向各专业工长或班组长进行施工技术全面交底。

④施工工长向班组长交底，班组长向操作人员交底，其内容主要是分项工程施工全过程的质量、进度、方法等。

2)技术交底的内容是否符合规范

①设计单位交底的内容包括：设计意图、工程特点、使用要求、生产工艺、质量标准、技术要求和施工中必须注意的问题。

②施工单位技术负责人的总交底内容除包括设计单位交底内容外，还应增加施工组织设计、能源材料供应、施工中总平面布置、施工技术准备计划；确保质量、安全、工期的措施；采用的新技术、新材料、新工艺、新设备及施工中应注意的重大问题。

③项目工程技术负责人和班组长的技术交底应结合工程的实际情况，根据施工图纸、技术总交底的内容，按照施工验收规范、操作规程、施工合同、工程任务单、施工组织设计的要求进行技术交底；还应制作样板间、样板部位，并进行示范操作，切实确保工程质量。

3)技术交底记录（或书面资料）鉴定内容是否完全

①核实检查技术交底记录是否齐全。

②核实检查技术交底的内容是否翔实。

③核实检查技术交底是否及时。

④核实检查技术交底的质量责任是否履行。

⑤核实检查技术交底的格式和内容是否符合规定和与实际施工工程相同，签章是否齐全。

经检查核实后的技术交底记录符合规定方能作为技术资料。

(4)对《施工日记》的鉴定与监控

施工日记是单位工程自开工之日起至竣工之日止，对工程施工全过程如实进行逐日记录，是施工技术追踪的依据；是工程技术总结的基础；是技术问题、质量、问题争执评判的依据；是施工技术问题处理的备忘录。因此，认真做好施工日记，有十分重要的作用。

施工日记鉴定内容包括检查施工日记记录时间是否及时，内容是否准确，记录的技术、操作、配合比、材料等是否实际，有无遗漏、间断、技术交底中的口头交代，要有文字记录。施工日记决不允许事后补做。

(5)对《工程竣工验收证书》的监控

单位工程的竣工验收证书，是施工工程符合交工条件后由施工单位填写，政府质量监督站评定工程质量等级，经竣工验收到会的有关部门代表在证书上签字盖章，作为工程竣工交付使用的证明文件，是十分重要的工程技术资料。

单位工程竣工验收证书鉴定内容包括检查证书上填写内容是否准确；最重要是核定质量评定的情况与质监站评定的质量是否符合，进一步检查应参加验收的责任单位是否都派代表参加，各单位审查签章是否齐全。

13.5.3 对《建筑施工质量保证技术资料》的五大监控技术

(1)对《建筑工程质量保证技术资料》的监控

1)建筑材料的出厂合格证或试验报告

重点抽查钢材、水泥、砖、防水材料、建筑构件、焊件试验等的合格证、试验报告。

2)施工单位抽检或验收的质量保证资料

施工单位对进场的原材料、半成品、配件的质量应进行必要的抽检或复检，并由有关技术部门代表校审签证后，作为施工质量保证技术资料，其中包括下述几种质量技术资料：

①混凝土试验报告单。

②砂浆试验报告单。

③土壤试验、打(试)桩记录。

④地基验槽记录。

⑤结构吊装、结构验收记录。

⑥隐蔽验收记录。

⑦钢材、水泥、红砖、焊件、防水材料等施工抽验试验报告。

3)关键部位施工验收记录

①地基验槽记录。

②结构吊装验收记录。

③主体结构验收记录。

④隐蔽验收记录。

(2)对《建筑采暖、给排水与煤气工程质量保证技术》的监控

对建筑采暖、给排水与煤气工程质量保证技术监控以下质量保证技术资料：

①材料、设备出厂合格证。

②管道、设备强度严密性试验及隐蔽工程检验。

③锅炉、烘炉、煮炉及设备试运转记录。

④系统清洗(吹扫)记录。

⑤排水管、消防水管通水验收记录。

⑥消防系统试验记录。

(3)对《建筑电气安装工程质量保证技术资料》的监控

监理应了解建筑工程中的电气设备主要有：变压器、电动机、变压设备、配电柜盘、避雷器、隔离开关、油开关、自动空气开关、互感器、各类继电器、温度计、各类供电灯具等。在施工安装过程中，有以下4种主要的建筑电气安装工程质量技术资料：

①主要电气设备、材料合格证。

②电气设备试验、高速记录。

③绝缘电阻、接地电阻测试记录。

④建筑电气安装隐蔽工程记录。

(4)对《通风与空调工程质量保证技术资料》的监控

监理应了解建筑工程中的通风与空调工程的主要质量保证技术资料有：

①材料、设备出厂合格证。

②通风、空调调试报告。

③制冷制热系统检验(试验)报告。

(5)对《电梯安装工程质量保证技术资料》的监控

监理应了解建筑工程中的电梯安装工程的主要质量保证技术资料有：

①电梯及其附件、材料合格证。

②电梯空、满、超载运行记录。

③电梯的调整、试验报告。

13.6　监理过程中必须重视的几个问题

(1)准备把握合同授权

在监理合同实施过程中，对于未授权的重大问题的决定，监理人员应及时提交业主，由业主作出决定。对合同中授权监理人员决定的事宜，业主应维护监理工作的权威性，不得随意干涉，但可以按照合同监督检查其执行情况。

(2)妥善处理管理与服务的关系

监理工程师应严格按照法律和合同的要求，正确行使项目管理的权力，保证工程建设有序进行。由于监理工作的特殊地位和监理人员在某些方面具有的权威性，许多建议和意见对工程的实施影响很大，故监理人员尤其是总监对此应谨慎从事，避免承担额外责任。

1)不断规范业主行为

业主的行为是否符合规定和工程建设要求，直接关系项目的成败。然而，在目前的建设管理体制下，业主普遍处于强势位置，对工程建设的干预较多，有时甚至影响工程的顺利进行。这就要求监理工程师具有扎实的专业理论和丰富的施工管理经验，依据法律、法规、施工承包合同和一切有约束力的文件，依靠自己的特殊地位和作用，不断规范业主的行为，正确处理合同各方的关系，保证合同顺利履行。

2)加强内部建设管理

要建立健全考勤制度、工资福利制度、培训制度、考核制度和工作程序制度等，并强化制度的贯彻落实。

3)逐步树立监理权威

监理工程师要以身作则，诚实守信，做到言必行、行必果，通过勤奋、严谨、高效的工作，为监理人员树立良好的榜样，为业主提供满意的服务，使合同各方的利益得到维护，逐步树立工作权威，为监理工作的顺利开展创造良好的环境氛围。

13.7 近年监理工程师考题摘录及案例选编

一、近年监理工程师考题摘录

(一)单选

1.(2008 理)决定建设工程价值与使用价值的主要阶段是(A)阶段。

A.设计　B.施工　C.竣工验收　D.工程保修

2.(2008 理)总监理工程师通过调整合同管理工作流程来加强合同管理,属于监理工作的(A)措施。

A.合同　B.组织　C.技术　D.经济

3.(2008 理)在建立项目监理机构的工作步骤中,最后需要完成的工作是(A)。

A.制定工作流程和信息流程　B.制定岗位职责和考核标准

C.确定组织结构和组织形式　D.安排监理人员和辅助人员

4.(2008 理)《建设工程监理规范》规定,(B)属施工阶段的监理资料。

A.施工组织设计　B.勘察设计文件

C.工程定位测量资料　D.建筑物沉降观测记录

5.(2009 三)描述质量特性数据离散趋势的特征值是(C)。

A.算术平均值　B.中位数

C.极差　D.期望值

6.(2009 三)下列费用中,属于建设工程静态投资的是(A)。

A.基本预备费　B.涨价预备费

C.建设期利息　D.运营期利息

7.(2009 三)固定节拍流水施工与加快的成倍节拍流水施工相比较,共同的特点是(A)。

A.相邻专业工作队的流水步距相等　B.专业工作队数等于施工过程数

C.不同施工过程的流水节拍均相等　D.专业工作队数等于施工段数

(二)多选

1.(2008 理)就监理单位内部而言,监理规划的作用主要体现在(ADE)。

A.作为对项目监理机构及其人员工作进行考核的依据

B.作为业主确认监理单位履行合同的依据

C.作为监理主管部门对监理单位监督管理的依据

D.指导项目监理机构全面开展监理工作

E.作为监理单位的重要存档资料

2.(2008 理)监理单位技术负责人审核监理规划时,主要审核(ABC)。

A.监理范围与工作内容是否包括了全部委托的工作任务

B.监理组织形式、管理模式等是否合理

C.监理的内、外工作制度是否健全

D.项目监理机构是否有保证监理目标实现的充分依据

E.监理工作计划是否符合国家强制性标准

3. (2008 理)《建设工程监理规范》规定，专业监理工程师应签发监理工程师通知单，要求承包单位整改的情况有(CD)。

A. 施工存在重大质量隐患　　B. 承包单位拒绝项目监理机构的管理

C. 工程材料验收不合格　　D. 工程实际进度滞后于计划进度

E. 施工中出现重大安全隐患

二、工程监理案例解析

[案例]某工程项目，施工单位已按规定标准完成了施工合同、设计图样所包含的所有施工任务。

工程竣工验收前，施工单位在组织自检自评的基础上，填写了竣工报验单并将资料一起报给监理机构，监理机构附上质量评估报告报送建设单位，建设单位收藏好资料并将工程投入使用。

[问题]

1. 竣工验收的程序对吗？应如何进行竣工验收？

2. 竣工验收阶段的合同管理包括哪些内容？

3. 竣工验收的结算怎样处理？

[案例分析]

1. 不对。施工单位应按标准完成施工合同、设计图样所包含的所有施工任务并准备好竣工报告及所需报送的资料后，经监理工程师审查合格达到验收条件时由总监理工程师组织预验收，然后提出意见，要求施工单位进行整改，整改完成后，由总监理工程师在验收单签认。

建设单位在竣工验收前将汇总的档案资料请工程所在地档案馆管理人员进行预验收，达到合格后进行工程实体竣工验收，参加验收的各方人员在工程竣工验收记录上签认，监理工程师向建设单位提交质量评估报告。

竣工验收应由建设单位组织勘察单位、设计单位、监理单位、施工单位进行验收，质量监督部门到场监督。

2. 竣工验收阶段的合同管理包括：

①竣工验收和工程移交。②未能通过竣工验收。③重新验收。④重复验收仍未能通过，再进行一次重复验收；视情况，建设单位有权获得施工单位赔偿(建设单位为整个工程或部分工程所支付的全部费用及融资费用；或拆除工程、清理现场和将永久工程设备、材料退还给施工单位所支付的费用)。⑤颁发接收证书(建设单位同意验收的情况下)折价接收该部分工程，价款以工程缺陷给建设单位造成的损失予以扣留。

3. 竣工结算：

①施工单位报送竣工验收报表。颁发接收证书后的 84 天内，施工单位按规定的格式报送竣工验收报表。

②竣工结算与结算工程款的支付。

本章小结

通过对本章土木工程建设监理实用监控技术与技巧的学习，应重点掌握土木工程施工图纸会审、施工现场技术准备内容以及工程施工建造阶段的监控内容,了解设计人员配合现场施工情况的监控、竣工验收资料的监控、监理过程中必须重视的几个问题。通过对全国监理工程师考题摘录的单选、多选和实际案例的学习,掌握了解决监理技术问题的方法和技巧,对监理理论的实际应用更加深化。

对上述内容应重点加强:施工图纸的会审、工程施工建造阶段的监控以及竣工验收资料的监控等内容。

复习思考题

1. 简述图纸会审的内容包括哪些?
2. 怎样进行复核和控制施工现场的供水量?
3. 监控供水设施选择及布置的原则是什么?
4. 怎样进行施工现场用电总量 P 的计算?
5. 工程质量过程控制主要措施包括哪几个阶段?简述每阶段的基本内容。
6. 图示说明影响施工阶段工程质量的因素。
7. 简述工程质量控制跟踪检查的主要内容。
8. 简述怎样监控建筑设计人员配合现场施工?
9 简述怎样监控结构设计人员配合现场施工?
10. 简述怎样监控电气设计人员配合现场施工?
11. 简述怎样监控给排水设计人员配合现场施工?
12. 简述怎样监控暖通设计人员配合现场施工?
13. 简述怎样监控建设计总代表人员配合现场施工?
14. 竣工验收资料的监控主要是指哪几个方面?
15.《建筑施工技术资料》的六大监控技术主要是指哪些内容?
16. 监理过程中必须重视的问题包括哪些?

附 录 1　2010 年后实施的新规范

1.1　2010 年出版规范共 37 种

1.《工业安装工程施工质量验收统一标准》	GB 50252—2010
2.《建筑施工工具式脚手架安全技术规范》	JGJ 202—2010
3.《严寒和寒冷地区居住建筑节能设计标准》	JGJ 26—2010
4.《夏热冬冷地区居住建筑节能设计标准》	JGJ 34—2010
5.《轻型钢结构住宅技术规程》	JG 209—2010
6.《建筑门窗工程检测技术规程》	JGJ/T 205—2010
7.《后锚固法检测混凝土坑压强度技术规程》	JGJ/T 208—2010
8.《预应力筋用锚具、夹具和连接器应用技术规程》	JG 85—2010
9.《建筑工程水泥、水玻璃双液注浆技术规程》	JGJ/T 211—2010
10.《建筑玻璃点支承装置》	JG/T 138—2010
11.《混凝土裂缝修复灌浆树脂》	JG/T 264—2010
12.《中华人民共和国建筑法》	2011 年修订版
13.《现行建筑施工规范大全》	(上下册)
14.《二级建造师执业资格考试大纲》(建筑工程专业)	(2012 年版)
15.《混凝土结构设计规范》	GB 50010—2010
16.《建筑抗震设计规范》	GB 50011—2010
17.《总图制图标准》	GB/T 50103—2010
18.《建筑制图标准》	GB/T 50104—2010
19.《建筑结构制图标准》	GB/T 50104—2010
20.《混凝土强度检验评定标准》	GB/T 504107—2010
21.《砌体基本力学性能试验方法标准》	GB/T 50129—2010
22.《建筑地面工程施工质量验收规范》	GB 50209—2010
23.《建筑防腐蚀工程施工质量验收规范》	GB 50224—2010
24.《建筑结构加固工程施工质量验收规范》	GB 50550—2010
25.《墙体材料应用统一技术规范》	GB 50704—2010

26.《建筑物防雷工程施工与质量验收规范》 GB/T 50602—2010
27.《住宅区和住宅建筑内通信设施工程验收规范》 GB/T 50624—2010
28.《钢管混凝土工程施工质量验收规范》 GB 50628—2010
29.《建设工程施工现场消防安全技术规范》 GB 50720—2010
30.《智能建筑工程施工规范》 GB 50606—2010
31.《地下工程渗漏治理技术规程》 JGJ/T 212—2010
32.《抹灰砂浆技术规程》 JGJ/T 220—2010
33.《民用建筑绿色设计规范》 JGJ/T 229—2010
34.《施工企业安全生产评价标准》 JGJ/T 77—2010
35.《砌筑砂浆配合比设计规程》 JGJ/T 98—2010
36.《建筑施工工具式脚手架安全技术规范》 JGJ 202—2010
37.《铝合金门窗工程设计规范》 JGJ 214—2010

1.2 2011 年出版规范共 16 种

1.《建筑地基基础设计规范》 GB 50007—2011
2.《混凝土结构工程施工规范》 GB 50666—2011
3.《房屋建筑和市政基础设计工程质量检测技术管理规范》 GB 50618—2011
4.《节能建设评价标准》 GB/T 50688—2011
5.《砌体结构加固设施规范》 GB 50702—2011
6.《房屋建筑和市政基础设施工程质量检测技术管理规范》 GB 50618—2011
7.《地下防水工程质量验收规范》 GB 50208—2011
8.《坡屋面工程技术规范》 GB 50693—2011
9.《高层建筑混凝土结构技术规程》 JGJ 3—2011
10.《混凝土泵送施工技术规程》 JGJ/T 10—2011
11.《建筑工程冬期施工规程》 JGJ/T 104—2011
12.《水泥配合比设计规程》 JGJ/T 233—2011
13.《建筑外墙防水工程技术规程》 JGJ/T 261—2011
14.《外墙内保温工程技术规程》 JGJ 261—2011
15.《建筑施工扣件式钢管脚手架安全技术规范》 JGJ 130—2011
16.《普通混凝土配合比设计规程》 JGJ 242—2011

附录2 工程建设监理常用法规

文件一 建设工程监理范围和规模标准规定(略)

2001年1月17日中华人民共和国建设部令第86号发布

文件二 房屋建筑工程施工旁站监理管理办法(试行)(略)

2001年1月17日中华人民共和国建设部令第86号发布

文件三 国家规定最新的《工程监理费用的计算方法》(摘要)

工程监理费的计算方法

1. 工程监理费的构成

建设工程监理是指业主依据委托监理合同支付给监理企业的监理酬金。它是构成工程概(预)算的一部分,在工程概(预)算中单独列支。建设工程监理费由监理直接成本、监理间接成本、税金和利润四部分构成。

(1)直接成本

直接成本是指监理企业履行委托监理合同时所发生的成本。主要包括:

①监理人员和监理辅助人员的工资、奖金、津贴、补助、附加工资等。

②用于监理工作的常规检测工器具、计算机等办公设施的购置费和其他仪器、机械的租赁费。

③用于监理人员和辅助人员的其他专项开支,包括办公费、通讯费、差旅费、书报费、文印费、会议费、医疗费、劳保费、保险费、休假探亲费等。

④其他费用。

(2)间接成本

间接成本是指全部业务经营开支及非工程监理的特定开支,具体内容包括:

①管理人员、行政人员以及后勤人员的工资、奖金、补助和津贴。

②经营性业务开支。包括为招揽监理业务而发生的广告费、宣传费、有关合同的公证费等。

③办公费。包括办公用品、报刊、会议、文印、上下班交通费等。

④公用设施使用费。包括办公使用的水、电、气、环卫、保安等费用。

⑤业务培训费、图书、资料购置费。

⑥附加费。包括劳动统筹、医疗统筹、福利基金、工会经费、人身保险、住房公积金、特殊补助等。

⑦其他费用。

(3)税金

税金是指按照国家规定,工程监理企业应交纳的各种税金总额,如营业税、所得税、印花税等。

(4)利润

利润是指工程监理企业的监理活动收入扣除直接成本、间接成本和各种税金之后的余额。

2. 监理费的计算方法

①按建设工程投资的百分比计算法。

②工资加一定比例的其他费用计算法。

③按时计算法。

④固定价格计算法。

文件四　我国建设工程监理收费标准

1. 工程监理收费价格体系(略)

2. 建设工程监理与相关服务的主要工作内容

(1)勘察阶段:协助业主编制勘察要求、选择勘察单位,核查勘察方案并监督实施和进行相应的控制,参与验收勘察成果。

(2)设计阶段:协助业主编制设计要求、选择设计单位,组织评选设计方案,对各设计单位进行协调管理,监督合同履行,审查设计进度计划并监督实施,核查设计大纲和设计深度、使用技术规范合理性,提出设计评估报告(包括各阶段设计的核查意见和优化建议),协助审核设计概算。

(3)施工阶段:施工过程中的质量、进度、费用控制,安全生产监督管理、合同、信息等方面的协调管理。

(4)设备采购监造阶段:协助业主编制设备采购方案和计划,参与设备采购的招标活动,协助业主签订设备制造合同,对设备的设计、零部件采购、生产、到货验收等过程实施监督、管理、控制和协调。

(5)保修阶段:检查和记录工程质量缺陷,对缺陷原因进行调查分析并确定责任归属,审核修复方案，监督修复过程并验收，审核修复费用。

3. 工程监理与相关服务收费计算办法

工程监理与相关服务收费包括两种类型：一是建设工程施工阶段的工程监理收费；二是勘察、设计、设备采购监造、保修等阶段的相关服务收费。两种收费的计算方法不同，先分述如下：

(1)施工阶段工程监理收费计算办法。

施工监理服务收费按照下列公式计算：

施工监理服务收费 = 施工监理服务收费标准价 ×（1 + 浮动幅度值）

施工监理服务收费基准价 = 施工监理服务收费基价 × 专业调整系数 × 工程复杂程度调整系数 × 高程调整系数

——施工监理服务收费基准价：按照收费标准计算出的施工监理服务基准收费额，发包人与监理人根据项目的实际情况，在规定的浮动幅度范围内协商确定施工监理服务收费合同额。

——施工监理服务收费基价：完成国家法律法规、行业规范规定的施工阶段监理服务内容的酬金。具体数额见附表2.1。

附表2.1　施工监理服务收费基价表(单位:万元)

序　号	计费额	收费基价
1	500	16.5
2	1 000	30.1
3	3 000	78.1
4	5 000	120.8
5	8 000	181.0
6	10 000	218.6
7	20 000	393.4
8	40 000	708.2
9	60 000	991.4
10	80 000	1 255.8
11	100 000	1 507.0
12	200 000	2 712.5
13	400 000	4 882.6
14	600 000	6 835.6
15	800 000	8 658.4
16	1 000 000	10 390.1

注：如果计费额大于100亿元，则收费基价按计费额乘以1.03%的收费率进行计算；如果计费额处于两个数值之间，则收费基价按直线内插法确定。(下略)

附 录 3　工程项目建设监理全过程系列资料编写纲目

资料一　监理大纲

第一节　项目概况及工程特点

1. 项目概况;2. 工程特点。

第二节　监理工作范围及工作内容

1. 监理工作范围;2. 监理工作内容。

第三节　监理工作控制措施

1. 监理服务的质量及工期目标;2. 实现监理服务目标的保证措施;3. 技术措施;4. 合同及造价管理目标控制的对策;5. 安全、文明施工及环境保护目标控制的具体对策;6. 管理措施。

第四节　施工质量控制

1. 土建工程;2. 给水、排水、暖气、通风、煤气工程质量控制;3. 电气、设备安装工程质量预控及质量监理要点;4. 装饰工程的监控重点及难点。

第五节　工程施工质量控制的常规内容

1. 控制内容;2. 质量控制程序框图(程序表附后)。

第六节　利用有效监理控制手段和控制程序努力实现优良工程目标

1. 提高、完善、加强项目管理工作的质量;2. 模板工程;3. 钢筋工程;4. 混凝土工程;5. 我司创“北京市建筑长城杯”的几项有效措施;6. 混凝土工程资料管理;7. 重点复查如下部位。

第七节　施工进度控制

1. 进度控制的原则;2. 进度控制的内容(进度事前控制、进度事中控制)。

第八节　造价控制

1. 工程造价控制;2. 设计阶段造价控制的重要性;3. 工程造价控制的原则;4. 控制内容;5. 工程造价控制措施与方法;6. 工程量清单管理;7. 中间计量的管理;8. 中期支付的管理;9. 工程变更的管理办法;10. 费用索赔的处理方法。

第九节　合同管理

1. 合同管理的原则;2. 合同管理的范围;3. 合同管理的内容;4. 监理工程师对延期事件的

受理条件必须是有根据的;5.监理工程师受理延期事件时的工作;6.监理工程师评估延期的原则;7.索赔的控制与管理;8.合同管理的方法、措施。

第十节　项目档案及信息管理(略)

第十一节　监理日常安全管理、文明施工检查与管理

第十二节　监理工作制度

1.工地会议制度;2.信息管理制度。

第十三节　提交建设单位的监理工作阶段性成果(略)

附:监理工作程序(共7种)

施工监理工作总程序、质量控制的基本程序、进度控制的基本程序、投资控制基本程序、费用索赔管理的基本程序、工程变更管理的基本程序、工程质量问题及工程质量事故处理程序。

资料二　监理规划

目　录

一、工程项目概况

二、监理工作依据

三、监理工作范围

四、监理工作目标和措施

1.工程质量控制目标和措施

(1)质量目标;(2)质量控制措施;(3)质量控制程序;(4)工程原材料、构配件、钢筋、混凝土、模板工程的质量预控;(5)暖卫通专业材料、构配件及安装质量控制;(6)电气专业安装质量控制;(7)电梯安装质量控制。

2.工程进度控制目标和措施

(1)进度控制的目标和依据;(2)进度控制的内容;(3)进度控制工作流程;(4)进度控制的措施。

3.工程投资控制目标和措施

(1)投资控制的原则和目标;(2)工程投资控制的内容及重点;(3)投资控制的措施。

4.施工合同及信息管理等措施

(1)施工合同管理制度;(2)合同管理执行措施;(3)索赔;(4)信息管理目录表。

5.信息管理制度

五、项目监理机构的组织形式

六、项目监理机构的人员配备计划

七、项目监理机构的人员岗位职责

(1)总监理工程师的职责;(2)总监理工程师代表职责;(3)监理员的职责;(4)信息管理员岗位职责。

八、监理工作制度

(1)监理例会制度;(2)监理日记制度;(3)向监理公司和建设单位报告制度;(4)项目监理机构管理及执行公司质量体系文件的监督检查制度。

九、监理设施
十、监理工作内容
十一、监理工作程序
十二、监理工作方法及措施
十三、旁站方案

资料三　工程监理实施细则(共18种)

一、工程监理实施细则的类别

①基坑围护、开挖工程监理实施细则;②地下室工程监理实施细则;③电气安装工程监理实施细则;④电梯安装工程监理实施细则;⑤给排水及通风消防工程监理实施细则;⑥见证取样监理实施细则;⑦屋面工程监理实施细则;⑧智能化工程监理实施细则;⑨主体工程监理实施细则;⑩装饰装修工程监理实施细则;⑪钻孔灌注桩工程监理实施细则;⑫泥浆护壁成孔灌注桩基础工程监理实施细则;⑬夯扩桩分项工程施工监理实施细则;⑭模板工程施工监理实施细则;⑮预应力混凝土结构工程监理实施细则;⑯水电站施工监理实施监理细则;⑰长距离胶带机运行监理实施细则;⑱环保机组技改工程安全监理细则……

二、工程监理实施细则编写纲目

监理实施细则(编者注:监理实施细则编写如下内容)

①专业工程特点;②监理工作流程;③监理工作控制要点及目标值;④监理工作方法及措施;⑤收集整理相应技术资料。

资料四　监理月报

目　录

一、工程概况
二、承包单位项目组织系统
三、工程进度
四、工程质量
五、工程计量与工程款支付
六、构配件与设备
七、合同其他事项的处理情况
八、气象对施工影响的情况
九、项目监理部机构与工作统计
十、本期监理工作小结

资料五　旁站监理方案

目　录

一、工程概况

二、旁站监理依据

三、旁站监理组织架构

四、旁站监理的范围

五、旁站监理的内容

1. 旁站监理的通用要求;2. 旁站监理的分项要求:(1)预应力混凝土管桩工程;(2)梁柱节点钢筋隐蔽过程;(3)混凝土工程。

六、旁站监理的程序

七、旁站监理人员的职责

八、对施工单位的要求

附一　工程施工旁站监理制度

附二　旁站监理记录表填写要求

资料六　工程质量评估报告

目　录

一、监理单位简介

二、工程基本情况

1. 工程概况(略)。2. 地质概况(略)。

三、工程建设基本情况

1. 执行法规情况;2. 监理情况;3. 施工单位基本情况和评价;4. 主要建筑材料使用情况;5. 主要采取的施工方法;6. 工程地基基础和主体结构质量状况;7. 其他分部工程的质量状况;8. 施工中发生的问题,质量、安全事故发生的原因分析和处理情况。

四、对工程质量的综合评估意见

资料七　工程监理工作总结

目　录

一、工程概况

二、项目监理机构人员组成

三、主要的质量监理控制情况

1. 天然基础、桩基础的质量监理。2. 原材料的质量监理。3. 钢筋混凝土工程的控制。

4. 内、外装饰工程的控制。5. 天面及楼地面工程控制。6. 门窗工程的控制

四、施工安全与文明的控制

五、进度投资的控制

六、施工质量的评定和管理

七、监理工作经验总结

附录4　常见主体结构施工阶段质量监控方法简介

简介一　砌混结构房屋施工质量监控概述

1. 砖混结构施工质量监理概述

监理人员清楚地掌握砌体除应采用符合质量要求的原材料外，还必须有良好的砌筋质量，以使砌体有良好的整体性、稳定性和良好的受力性能，一般要求灰缝横平竖直，砂浆饱满，厚薄均匀，砌块应上下错缝，内外搭砌，接槎牢固，墙面垂直；要预防不均匀沉降引起开裂；要注意施工中墙、柱的稳定性；冬期施工时还要采取相应的措施。我们必须重视砖混结构房屋的质量监理，特别是施工准备阶段和施工过程的质量监理。本章从事前控制（即预控）、事中控制、事后控制三个方面对砖混结构的施工质量监理进行介绍。

2. 砖混结构施工前质量监理

2.1　总监理工程师的准备工作

在设计交底前，总监理工程师应组织监理人员熟悉设计文件，并对图纸中存在的问题通过建设单位向设计单位提出书面意见和建议。工程项目开工前，总监理工程师应组织现场监理负责人审查施工单位报送的施工组织设计（方案）报审表，提出审查意见，并经总监理工程师审核、签认后报建设单位。

2.2　现场监理负责人的准备工作

(1)在施工前，要事先做好各工序工种的质量控制，检查各工序工种的配合情况及相应的技术措施。审查承建单位编制的施工组织设计和技术措施，选择最佳施工方案。

严格按标准检查和验收订购的设备、材料、成品和半成品的质量，严禁无合格证或复试不合格的材料用于工程。砌体材料质量监理程序见附图4.1。

(2)分包工程开工前，现场监理负责人应审查施工单位报送的分包单位资格报审表和分包单位有关资质资料，符合有关规定后，由总监理工程师予以签认。

(3)现场监理负责人应按以下要求对施工单位报送的测量放线控制成果及保护措施进行检查，符合要求时，现场监理负责人对施工单位报送的施工测量成果报验申请表予以签认。

(4)现场监理负责人应审查施工单位报送的工程开工报审表及相关资料，具备以下开工

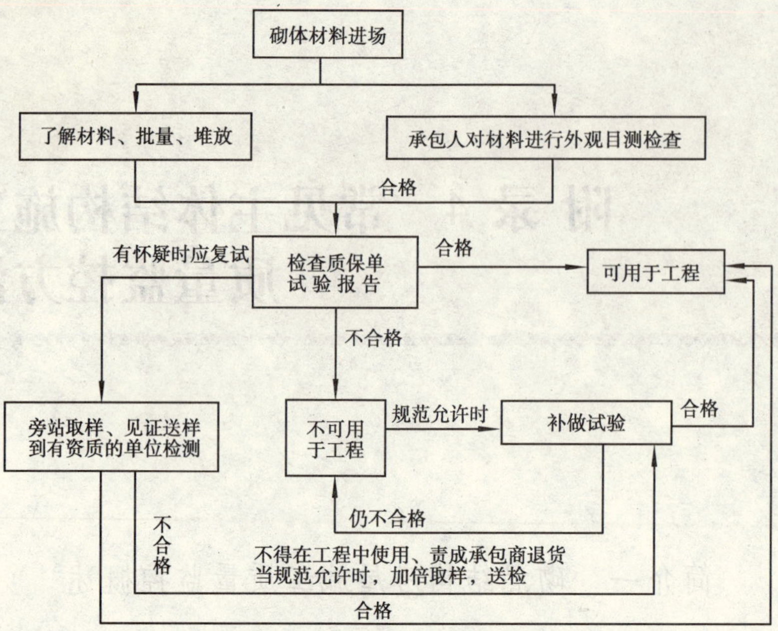

附图 4.1　砌体材料监理程序

条件时，由总监理工程师签发，并报建设单位。

监理机构负责起草，并经与会各方代表会签。

3. 砖混结构施工中质量监理

3.1　砖混结构施工中质量监理要点

砖混结构的主要承重构件有多种，比如基础，有砖基础、毛石基础、混凝土基础等，墙体、柱也有多种，本节以砖基础、砖墙、砖柱为例介绍施工监理应注意的问题。

3.2　砖混结构中构造柱、圈梁钢筋绑扎的质量监理

(1)构造柱钢筋的绑扎

先调正由基础或楼面伸出的搭接钢筋，然后将每层的所有箍筋套在伸出的搭接筋上。绑扎主筋时应注意将箍筋的搭接处沿受力钢筋方向错开，根据抗震的构造要求，箍筋端头平直长度不小于10 d(d为箍筋直径)，弯钩角度不小于135°。

为了保证构造柱与圈梁、墙体连接在一起，构造柱的钢筋必须与圈梁钢筋扎在一起，并在柱脚、柱顶与圈梁交汇处按规范要求适当加密柱的箍筋。

(2)圈梁钢筋的绑扎

箍筋必须垂直于受力钢筋，箍筋的搭接处应沿受力钢筋方向互相错开。圈梁与构造柱交接处，圈梁钢筋应放在构造柱钢筋的内侧，锚入柱内长度要符合设计要求。圈梁钢筋绑扎要交圈，特别注意内外墙交接处、大角转角处的锚固拐入长度要符合设计要求。

3.3　砖混结构施工中常见的几个重要质量问题的控制措施

(1)“四度”的质量控制措施。

“四度”，即表面平整度、垂直度、灰缝厚度、砂浆饱满度控制，它们是影响砌体强度和结构安全的重要因素。

(2)施工洞、眼的质量控制措施，对临时施工洞要严加控制。

(3)与卫生间相连房间墙体渗漏的控制,我们认为在此处增设现浇混凝土拦水坝,混凝土浇筑时与板面混凝土一同进行,确保此处不形成施工缝,就可以确保不渗漏。

(4)外墙窗户渗漏,解决方法是窗塞缝采用软填料,确保其热胀冷缩系数基本与砂浆一致。窗框线粉刷时上边留出滴水线,下边留泛水,确保上框边水顺滴水线流下,下边顺泛水流出。

4. 砖混结构施工后质量监理

4.1　砖混结构验收质量监理

(1)分部分项工程的验收

对完成的分部、分项工程中间验收,应当根据《建筑工程施工质量验收统一标准》(GB 50300—2001)要求施工单位进行分部、分项工程质量等级的评定,提供核查。

(2)单位工程或整个工程项目的竣工验收

监理工程师参与拟验收工程项目的预验收,如发现质量问题应指令施工单位进行处理。对拟验收项目预验收合格后,即可上报业主。

监理工程师应审查施工单位提交的竣工验收所需文件资料,包括各种质量检查、试验报告以及各种有关的技术性文件等。审核施工单位提交的竣工图,并与已完工程、有关的技术文件(如设计图纸、设计变更文件、施工记录及其他文件)对照进行核查。

4.2　砖混结构质量保修期的质量监理

工程竣工验收后,监理工程师的工作并没有结束。除了整理、保存监理资料外,还应对处于质量保修期的工程进行质量监控,主要做以下几方面的工作:

(1)应依据委托监理合同约定的工程质量保修期监理工作的时间、范围和内容开展工作。

(2)承担质量保修期监理工作时,监理单位应安排监理工程师对建设单位提出的工程质量缺陷进行检查和记录,对施工单位重新修复的工程质量进行验收,合格后予以签认。

(3)监理工程师应对工程质量缺陷原因进行调查分析并确定责任归属,对非施工单位原因造成的工程质量缺陷,监理人员应核实修复工程的费用和签署工程款支付证书,并报建设单位。

简介二　框架结构房屋施工质量监控概述

1. 框架结构施工质量监理,监理工程师应着重抓好这三个重点。

1.1　模板工程施工质量监理,应把握以下原则:

(1)支撑面应坚实、牢固。

(2)结构和构件形状、尺寸和空间位置必须正确。

(3)承载能力、刚度和稳定性必须足够,特别是稳定性,必要时应进行验算。

(4)要方便施工。

(5)模板接缝要严密,不得漏浆。

1.2　钢筋工程施工质量监理

钢筋工程施工质量监理,就是要求监理工程师严格监督施工单位对用于所建工程的钢筋质量是否合格,是否先试验后使用,钢筋加工、制作、绑扎等是否达到规范要求的工艺标准,是否与设计图纸要求的一致。

1.3　混凝土工程施工质量监理

混凝土施工质量监理就是要求监理工程师从混凝土的组成材料的质量控制,到施工配合比的计算、混凝土的搅拌、运输、浇筑、振捣以及养护等全过程进行监控,从而确保其强度及各种性能达到设计要求。

2.框架结构施工前质量监理

2.1　模板工程施工前质量监理

①学习有关图纸和技术资料。

②学习操作规程和质量标准。

③模板及其支架的材料和材质的选择须符合有关要求。

④组合钢模板、大模板、滑升模板等的设计、制作和施工应符合国家现行标准。

⑤模板与混凝土的接触面应涂隔离剂。对油质类等影响结构或妨碍装饰工程施工的隔离剂不宜采用。严禁隔离剂玷污钢筋与混凝土接槎处。

⑥底板抄平放线。

⑦对操作人员进行技术交底。

2.2　钢筋工程施工前质量监理

①学习有关图纸、技术资料、操作规程和质量标准。

②选购钢筋和接头中使用的钢板和型钢,出具出厂质量证明书或试验报告单。进场时应分批检验,合格后方可使用。储存时应分批堆放整齐,避免锈蚀或油污。

③焊条、焊剂准备,出具合格证。

④加工及焊接设备准备,注意保养。

⑤有关操作人员应有相应的上岗证。上岗前对操作人员进行技术交底。

2.3　混凝土工程施工前质量监理

①学习有关图纸、技术资料、操作规程和质量标准。

②编制施工组织设计。

③混凝土工程所用有关材料、机械设备须报监理工程师审批同意后方能使用。

④检查脚手架及道路。

⑤对模板内的杂物和钢筋上的油污等应清理干净;对模板的缝隙和孔洞应予堵严;对木模板应浇水湿润,但不得有积水。

⑥浇筑前对模板及其支架、钢筋和预埋件等进行检查和专业会签。

⑦对操作人员进行技术交底。

3.框架结构施工中质量监理

3.1　模板工程施工质量监理

(1)模板安装的允许偏差

模板及其支撑系统必须具有强度、刚度和稳定性,支撑部分应有足够的支撑面积。

(2)框架结构模板的安装质量监理要点(略)

3.2　钢筋工程施工质量监理

(1)钢筋的制作质量监理要点简介

1)钢筋冷拉和冷拔

①钢筋的冷拉可采用控制应力或控制冷拉率的方法。

②钢筋的冷拉速度不宜过快,待拉到规定的控制应力(或冷拉率)后须稍停,然后再放松。

③钢筋冷拉后,表面不得有裂纹和局部颈缩,并应抽样进行拉力和冷弯试验。

④低碳钢丝冷拔后,应逐盘检查外观,钢丝表面不得有裂纹和机械损伤,还应逐盘检验甲级钢丝(乙级钢丝可分批抽样检验)的力学性能。

2)钢筋加工

钢筋的级别、种类和直径应按设计要求采用,不得擅自代换。加工的形状、尺寸须符合设计要求。

(2)钢筋的连接质量监理要点简介。

钢筋的连接形式有焊接、绑扎和机械连接,焊接和绑扎应用较多。

3.3　混凝土工程施工质量监理

(1)混凝土的拌制质量监理要点

1)应保证原材料称量准确。

2)混凝土搅拌的最短时间需符合要求。

(2)混凝土运输

1)混凝土应以最少的转载次数和最短的时间,从搅拌地点运至浇筑地点。到达浇筑地点应符合浇筑时规定的坍落度,当有离析现象时,还须在浇筑前进行二次搅拌。

2)采用泵送混凝土时应符合规范要求。

(3)混凝土的浇筑(略)

(4)混凝土的养护质量监理要点

混凝土浇筑完毕后,应在12 h以内加以覆盖和浇水,浇水次数应能保持混凝土有足够的润湿状态。

4. 框架结构施工后质量监理

4.1　竣工验收阶段的质量监理

(1)竣工预验收的组织

总监理工程师应组织专业监理工程师,依据有关法律、法规、工程建设强制性标准、设计文件及施工合同,对承包单位报送的竣工资料进行审查,并对工程质量进行竣工预验收。工程质量评估报告应经总监理工程师和监理单位技术负责人审核签字。

(2)竣工预验收的程序

1)当单位工程达到竣工验收条件后,承包单位应在自审、自查、自评工作完成后,填写工程竣工报验单,并将全部竣工资料报送项目监理机构,申请竣工验收。

2)总监理工程师应组织各专业监理工程师对竣工资料及各专业工程的质量情况进行全面检查,对检查出的问题,应督促承包单位及时整改。

3)对需要进行功能试验的工程项目(包括单机试车和无负荷试车),监理工程师应督促承包单位及时进行试验,并对重要项目进行现场监督、检查,必要时请建设单位和设计单位参加;监理工程师应认真审查试验报告单。

4)监理工程师应督促承包单位搞好成品保护和现场清理。

5)经项目监理机构对竣工资料及实物全面检查、验收合格后,由总监理工程师签署工程竣工报验单,并向建设单位提出质量评估报告。

(3)竣工验收

项目监理机构应参加由建设单位组织的竣工验收,并提供相关监理资料。对验收中提出的整改问题,项目监理机构应要求承包单位进行整改。工程质量符合要求,由总监理工程师会同参加验收的各方签署竣工验收报告。

4.2　工程质量保修期的质量监理(略)

附 录 5　已实施的工程项目监理案例(摘录)

案例一　×××××体育中心施工阶段监理规划及监理实施细则

深圳福田区体育公园
(监 理 规 划)

编制单位:深圳市
九州建设监理有限公司
编制人:陈文富总监理工程师
编制时间:二零零三年九月
第一章　概述
第一节　工程总述
第二节　工程设计概况

1. 建筑概况;2. 结构概况;3. 强电概况;4. 弱电概况;5. 给排水概况;6. 空调、通风概况。

第三节　现场环境及自然条件

第四节　工程特点

第二章　监理工作范围

第三章　监理工作内容

1. 施工阶段监理内容;2. 保修阶段的监理内容。

第四章　监理工作目标

1. 质量控制目标;2. 投资控制目标;3. 进度控制目标;4. 安全文明施工控制目标。

第五章　监理依据

第六章　监理组织机构

第七章　项目监理机构人员的岗位职责

1. 总监理工程师;2. 总监理工程师代表;3. 专业监理工程师;4. 监理员。

第八章　监理工作程序

1. 质量控制监理工作程序;2. 进度控制监理工作程序;3. 投资控制监工作程序;4. 安全文明施工监理工作程序;5. 主要监理工作程序框图。

第九章　监理工作方法及措施

第一节　质量控制方法

1. 质量控制的基本方法;2. 质量控制的基本手段;3. 质量控制的措施。

第二节　投资控制方法

1. 投资控制的方法;2. 投资控制的措施。

第三节　进度控制方法

1. 进度控制的方法;2. 进度控制的措施。

第四节　安全文明施工控制方法

1. 安全文明施工管理的原则;2. 施工现场的不安全因素;3. 施工安全措施;4. 文明施工。

第五节　组织协调的方法和措施

1. 组织协调的基本方法

第六节　合同管理的方法

第七节　信息管理方法

1. 信息分类。2. 信息管理的方法。

第十章　监理工作制度

第十一章　监理仪器和设备

第一章　概述

第一节　工程总述

工程名称:福田区体育公园(二期)

建设单位:福田区政府投资项目管理中心

设计单位:美国纳德华公司、北京市建筑设计研究院

监理单位:深圳市九州建设监理有限公司

监督单位:福田区工程质量监督站

福田区体育公园是深圳市福田区标志性体育建筑之一,位于福强路与滨河大道之间,南近广深高速公路及深圳湾,北临滨河路。整个工程由五段组成,总用地面积6.3公顷,总建筑面积101 200 m^2。该工程外观造型新颖、美观,室内设施齐全。

本工程第Ⅴ段(体育场部分)已在一期中实施,本次招标范围为公园的二期,包括Ⅰ~Ⅳ段。Ⅰ段位于用地西端,为人防及停车库;Ⅱ段位于用地中部,包括体育综合大楼和游泳馆;Ⅲ段为体育文化街,连接Ⅱ段和Ⅳ段;Ⅳ段位于用地东端,为体育馆和地下车库;除Ⅰ段外,各段地下室均连通为一体。各段的建筑特征及功能分区具体如下:

Ⅰ段(人防、停车库):建筑面积为9 709.05 m^2,地下一层为双层停车库兼人防,层高5.5m;首层为停车场及锅炉房,层高5.1 m;二层1~8轴为露天网球场,8~16轴与Ⅱ段四层连通为屋顶花园,此部分高低错落,有较多缓坡、台阶,标高极为复杂,最高为15.027 m,最低为7.918 m,呈东高西低的趋势。

Ⅱ段(综合楼、游泳馆):总建筑面积为50 682.5 m^2,其中地上42 501.5 m^2,地下8 481 m^2,总建筑高度为99.62 m,主要包括体育综合大楼和游泳馆。以体育文化商业街为界,街北侧五层以下为综合大楼的大堂、餐饮和管理部分;街南侧五层以下为游泳馆部分,内设50×25 m的比赛用标准泳池、儿童泳池及375座的看台;五层为屋顶花园、包括综合楼五层屋面和游泳馆屋面;六至九层为综合大楼附属娱乐餐饮部分,层高4.2 m,六层顶板为结构转换层,上部为三层钢框架,外围用弧形钢构包成半球形;九层为设备层,层高4.2 m;十层至二十六层为运动员宿舍,层高3.3 m;二十七层为设备电梯机房,层高4.6 m;地下室部分为设备电气机房,层高为6.05 m。

Ⅲ段(体育文化街):总建筑面积3 918.09 m^2,建筑高度18.94 m,包括地下和地面两个层次,其中地下文化街标高为-6.52 m,地面文化街标高-0.02 m。地面及地下文化街采用架空地面,在标高6.98 m设有钢结构环形回廊,将Ⅱ~Ⅴ段联系起来。另外本段还设有斜跨文化街,连接Ⅱ、Ⅳ段的105.6 m跨钢管桁架梭棚,高40.8 m(九层)的二部钢结构观光电梯及电动扶梯等。

Ⅳ段(体育馆和地下车库):总建筑面积21 822.28 m^2,建筑高度19.46 m,本段由体育馆、高尔夫发球台和地下停车库三部分组成,其中体育馆部分设有2 769座的多功能体育馆、健身中心、体操训练房等。地下一层层高5.8 m,地上四层除体育馆上空为架空形式,其他层高均为3.5 m。屋面呈西高东低的坡形,设有屋顶花园及9列屋面天窗,另外在28~29轴区间7.0 m标高处设有利用屋顶钢桁架悬吊的钢结构马道。

本工程建筑造型以流畅多变的弧线、极具视觉冲击的梭形为主,整体协调一致,空间布局紧凑、合理、动线明晰,立面层次高低错落、互相穿插,且多呈斜面造型。室外通过点支撑钢架幕墙、隐框幕墙、金属波纹板、金属穿孔板、不规则分隔的彩色玻璃等高档材料饰面,使整个建筑充满浓郁的现代气息,酣畅淋漓地体现了体育运动场馆所应具备的特征,在夜晚灯光的投射下将更能突出其造型新颖、虚实相生、晶莹通透的建筑特色。

第二节　工程设计概况

建筑概况

一、设计标准

1. 本工程为一类建筑,耐久年限为一级(一百年以上);

2. 本工程按7度抗震设防。

3. 本工程耐火等级为一级。

4. 本工程地下工程防水等级为Ⅰ级，屋面防水等级为Ⅱ级。

结构概况

二、工程抗震设防等级

1. 本工程设计基准期为50年，结构的设计使用年限为50年；

2. 建筑物抗震设防类别为丙类；

3. 结构安全等级为二级（巨型柱、梁为一级）；

4. 抗震设防烈度为7度，建筑场地土类别为Ⅱ类；

5. 结构抗震等级：框架二级、剪力墙二级。

（下略）

第二章　监理工作范围

根据业主监理招标说明书要求，本项目监理范围包括：施工阶段和保修阶段监理，其具体内容如下：

1. 土建工程：深基坑支护及土石方工程；桩基工程；主体结构工程；门窗工程；楼地面工程；屋面工程；室内外装修工程；防水工程。

2. 安装工程：供电、防雷及发电机组安装；电力照明及动力；给水、排水工程；通风工程；消防工程（含火灾自动报警及职动控制、防排烟、消火栓灭火系统、自动喷淋、紧急广播、气体消防等）；电话通讯工程；智能管理系统（含智能管理、闭路电视监控、巡更、门禁、停车场管理等）；电梯安装。

3. 室外工程：地下管线、道路等。

4. 发电机环保工程。

5. 工程施工图所包含的其他内容。

第三章　监理工作内容

一、施工阶段监理内容

1. 协助业主办理开工手续，审批承建商的开工报告。

2. 协助业主选择分包单位和各种设备的供应商，组织招标，编制招标文件。协助业主考察及参与确认承建商选择的分包商。

3. 核查工程施工图设计，审查各专业设计中的技术可行性和经济性，对设计中存在的问题组织讨论、论证，并及时向业主提供专项书面报告。

4. 组织施工图纸会审。

5. 审查施工图预算。

6. 报经业主同意后，发开工令、停工令、复工令。

7. 审核承建商提出的施工组织设计、施工技术方案、施工进度计划、施工质量保证体系和施工安全保证体系。

8. 督促、检查承建商严格执行工程承包合同和国家、地方的工程技术规范、标准，协调业主与承建商之间的关系。

9. 审核承建商与业主提供的材料、构配件和设备的规格、质量和数据，对不符合设计要求及国家质量标准的材料、设备，有权通知承建商停止使用。

10. 控制工程进度、质量和投资，督促、检查承建商落实施工安全保证措施。对不符合规范和质量标准的工序、分项分部工程和不安全的施工作业,有权通知承建商停工整改或返工。

11. 主持协商业主、设计、承包商及监理提出的工程设计变更。

12. 监督承包合同的履行,主持协商承包合同条款的变更,调解合同双方的争议,处理索赔事项。

13. 检查工程进度及施工质量,组织分部分项工程和隐蔽工程的检查、验收,审查工程计量,签发工程付款凭证。

14. 做好有关本项工程的合同管理和信息管理工作。

15. 协调工地参建各方的关系,保证工程顺利实施。

16. 督促承建商整理合同文件和技术档案资料(需符合深圳市城建档案归档要求)。

17. 组织工程竣工初步验收。

18. 审核竣工验收申请报告。

19. 参加工程验收,审查工程结算。

二、保修阶段的监理内容

负责组织检查工程状况,参与鉴定质量方面出现问题的责任,督促承建商回访,督促保修直至达到规定的质量标准,其具体内容如下:

1. 工程进入保修期后,监理项目部应根据总监理工程师的安排对业主及有关单位定期进行监理回访,主动找出工程质量及服务质量存在的问题,及时安排责任单位进行处理,对于台风、暴雨等特殊气候情况,监理部应组织施工单位检查体育场使用情况,及时为用户解决保修责任范围内的问题。

2. 保修期内若发现工程质量缺陷,业主应及时通知监理工程师,由监理工程师组织业主、设计人、承包商及有关各方对工程缺陷的原因及责任进行调查和确诊,并协助进行处理。在确定质量缺陷的事实和责任时,若有必要,可建议业主邀请质量监督机构及具有相应资质的专业部门参与。

3. 在保修期内,当接到投诉后,监理工程师应会同物业管理处、承包商等人员及时到达现场,认真分析投诉产生原因,并根据施工合同及有关文件,确定质量缺陷责任。责任确定后,监理工程师应要求责任方提出缺陷的解决方案,审批并监督该方案尽快实施。

4. 根据合同要求确定整改时间,合同没有确定整改时间的,一般整改期限不超过7天,复杂的整改工程不应超过15天。整改的同时,应向业主作出合理的说明,征得业主的谅解。如果属于业主自身原因造成的,应当仔细作出解释,并采用灵活机动的方式为业主提供解决问题的方法和途径。

5. 若缺陷处理方案不能得到及时实施,监理工程师应书面通知业主并建议由其他承包商完成上述工作,其处理的费用应根据合同有关规定执行。

6. 监理部设专人检查承包商在保修合同规定的内容和范围内修复缺陷的质量,督促保修直至达到规定的质量标准。

7. 保修期内发生质量缺陷,监理工程师应将引起工程保修延长的事件及延长时间书面通知业主及承包商。若在工程保修期间发生质量缺陷或损害,导致工程不能使用,则工程保修期限相应延长,其延长时间为其引起工程不能使用的时间,监理工程师应对这一时间进行确认;若对工程缺陷的处理并不影响整个工程的使用,则整个工程的保修期不再延长,但经过处理的部分保修期限相应延长,其延长时间为该部分工程由于缺陷或损坏而不能使用的时间。

8. 如果在保修期内没有出现质量缺陷或虽出现质量缺陷但经过上述程序处理后未发现新的缺陷,总监应在保修期结束之后,及时签发解除保修期通知书给承包商并抄送业主。

9. 保修责任解除后,总监应及时向业主签发退还剩余保修金或保函的证明文件。

第四章　监理工作目标

质量控制目标

深圳国际会展大厦工程质量控制的目标是:确保优良。

质量控制目标分解详见下表:(下略)

第五章　监理依据

1. 有关工程的法律、法规。

2. 有关规范、规程和技术标准。

3. 政府批准的工程建设文件。

4. 工程建设监理合同。

5. 其他工程建设合同、协议文件(施工合同、供货合同、工程设计合同等,附工程量清单及施工图预算)。

6. 设计图纸和工程地质勘察报告。

7. 经监理部及业主审定的施工组织设计(方案)。

8. 项目可行性研究报告、招标文件、投标文件、工程预算文件、工程咨询报告等工程实施过程中形成的有关工程文件。

9. 工程项目的自然和社会外部条件。

10. 业主的有关要求。

11. 工程建设监理方案等。

第六章(略)

第七章(略)

第八章　监理工作程序

一、质量控制监理工作程序

施工阶段审查施工单位的技术资质,对工程所需原材料、构配件的质量进行检查与控制,对永久性生产设备或装置,按要求组织采购订货,设备到货后,应进行检查和验收。审查施工单位提交的施工方案和施工组织设计,对工程中所采用的新材料、新结构、新工艺、新技术应审核其技术鉴定书,协助施工单位完善质量保证体系,组织设计交底和图纸会审,对工程中使用的主要施工机械、设备,应审核其技术性能。主要程序如下:

1. 检查承包商质量保证和管理体系。

2. 审查分承包商资质。

3. 查验承包商测量放线。

4. 签认材料检验。

5. 签认建筑构配件、设备验证。

6. 检查进场主要施工设备。

7. 审查主要分部分项工程施工方案。

8. 建立现场记录系统。

9. 按照监理程序要求对施工过程进行检查,及时纠正违规操作,消除质量隐患,跟踪质量问题,验证纠正效果。

10. 采用必要检查、测量和试验手段、验证施工质量。

11. 加强对隐蔽工程质量管理,所有隐蔽的工程必须在封闭作业之前检查签字。

12. 对工程关键工序和重点部位施工过程进行旁站监理。

13. 严格执行现场有鉴证取样和送检制度。

14. 建议撤换承包商不称职人员和不合格分包单位。

15. 施工阶段协助施工单位完善工序控制,选好质量预控点,严格工序间交接检查;审核设计变更和图纸修改,行使质量监督权,必要时可下发停工令,组织定期或不定期的现场会,及时分析、通报工程质量状况。

16. 施工阶段按规定的质量评定标准和办法,对完成的分项、分部工程、单项工程进行检查验收,审核施工单位提供的质量检验报告及有关技术性文件,审核施工单位提交的竣工图。

二、进度控制监理工作程序

1. 编制项目实施总进度计划

编制项目实施总进度计划是为工程的进度控制制定一个总目标,也是确定施工承包合同中工期条件的依据,编制总进度计划时要考虑以下因素:

①项目建设需要。

②项目的特殊性。

③已建成的同类或相似项目的实际进度。

④资金条件。

⑤定额资料。

⑥其他,如气候等。

2. 审核承包商提交的进度计划

承包商提交的进度计划要符合合同规定的工期,并具科学性、协调性和合理性。此外,还应有技术保障措施,承包商的进度计划是进行进度控制的重要依据。

3. 审核承包商提交的施工方案。

4. 审核承包商提交的施工总平面图。

5. 核定由业主提供材料、设备的采供计划。

6. 协助业主等有关单位按合同要求在开工前做好三通一平。

7. 协助业主及时向承包商提供设计图纸等文件。

8. 协助业主及时向承包商支付预付款。

9. 工程进度检查。

检查的主要内容:

①计划进度与实际进度的差异。

②形象进度、实物工程量与工作量的指标的一致性。

③有关进度、计量方面的签证。

10. 工程进度的动态管理。

分析工序进度发生偏差后,对工期可能产生的影响,找出需要调整的工序,再与承包商共同讨论解决的措施。

11. 定期向业主报告有关工程进度的情况。

三、投资控制监工作程序

1. 项目开始前,协助业主做好充分准备,避免由于业主方面项目准备工作不充分导致索赔,协助业主选择合适的同类型防止或减少施工过程中索赔。

2. 协助业主完善承包合同。

3. 协助编制资金使用预测表,使业主可按工程进展情况进行资金合理使用调配,并可保证工程有充足奖金,以顺利实施。

4. 建立完善造价监控系统。

5. 协助业主制定一套针对本项目完善合理的变更和索赔管理程序。

6. 对已完工程进行审核,代表业主签发月度付款证明。

7. 施工期间按月向业主汇报工程投资状况,使业主及时准确了解工程投资情况。

8. 分析潜在变更对工程价格的影响,提出合理建议。

9. 审核承包商提出变更申请,确定合理价格。

10. 按月提交成本预测报告,供项目业主审核,并采取相应措施。

11. 加强设计管理,及时发现设计中的错误和不足。

12. 根据合同审核承包商的竣工决算书,审核内容包括工量计算、单价审核。

四、安全文明施工监理工作程序

1. 任命项目总监代表为兼职安全主任,负责整个工程的安全文明施工监理,任命一名工程师为兼职安全员,对日常安全文明施工进行监督管理。每周组织安全文明巡视,对违章情况进行处罚,每月形成《安全月报》,对安全文明施工情况进行评估,每位工程师均具有安全文明施工管理责任。

2. 督促并定期检查承建商贯彻实施国家及省、市关于安全文明施工的规定。

3. 督促承建商每周召开一次安全文明施工职工教育会,做到警钟长鸣。

4. 监督承建商在施工现场配备足够的消防器材、安全器材,如灭火器、安全带等。

5. 公司安委会每月组织一次安全文明施工检查评比,通过交流学习和讲评,不断提高监理部安全文明施工管理水平。

6.《现场施工处罚管理办法》中规定了现场平面布置、安全文明施工、成品半成品保护达到或达不到规定的标准进行奖或罚的数额,并对会议纪要、监理通知单的执行情况进行量化,做到监理依据充分,奖罚分明,约束总承包商和独立分包商或分包商的安全文明施工。

7. 实行工序交接单制度,交接单在那一方成品保护,责任即在那一方,做到成品保护责任分明,协调有依据。

8. 积极协助项目参加深圳市安全文明施工评比,争创合格业绩,本工程力争获得市安全文明施工样板工地称号。

9. 临时用电监督管理,审核施工现场的临时用电设计方案,配电箱(柜)、线路敷设严格按照施工规范进行,并由专职电工 24 h 维护。

10. 安全文明施工检查项目:严格按"中华人民共和国行业标准,建筑施工安全检查标准 JGJ 59—99"及深圳市关于安全文明施工的关有关规定委行,具体包括(但不限于)安全管理、文明施工、脚手架、基坑支护与模板工程、三宝四口、施工用电、物料提升机与外用电梯、塔吊、起重吊装、施工机具等。

五、主要监理工作程序框图

我公司在多年监理工作实践中已按 ISO 9002 标准总结了一套符合深圳市监理工作特点的监理工作,同时结合本工程进行调整补充如下:(略)

第九章(略)

第十章(略)

第十一章(略)

深圳福田区体育公园监理细则(二期)(土建部分)

一、工程概述

二、工程总述

(一)工程设计概况

1. 建筑概况。2. 结构概况。

(二)工程特点

1. 工程的重要性。2. 施工难度大。3. 二次深化设计量大。4. 工程项目多、平面、立面作业交叉多。5. 工程一次性投入大。6. 安全、文明施工要求高。

三、本工程监理重点和难点

1. 建设意义重大。2. 设计标准高。3. 体育工艺的特殊性强。4. 协调工作繁重。5. 投资控制难度大。6. 施工技术复杂。7. 消防控制重点。8. 防水工程控制重点。9. 安全文明施工,实现社会效益。

四、监理目标

1. 质量控制目标。2. 资控制目标。3. 进度控制目标。4. 安全文明施工控制目标。

五、监理工作程序

1. 质量控制监理工作程序。2. 进度控制监理工作程序。3. 投资控制监工作程序。4. 安全文明施工监理工作程序。5. 主要监理工作程序框图。

六、监理质量控制方案

七、质量控制方案

1. 质量控制的依据。2. 质量控制的基本方法。3. 质量控制的基本手段。4. 质量控制的措施。5. 工程质量监理要点。6. 测量放线。7. 人工挖孔桩施工监理实施细则。8. 底板大体积混凝土的施工监理实施细则。9. 地下室外墙混凝土防裂。10. 后浇带及施工缝的施工。11. 防水工程。12. 砌体工程。13. 玻璃幕墙。14. 钢结构工程。

八、投资控制方案

1. 投资控制的内容。2. 投资控制的依据。3. 投资控制的方法。4. 投资控制的措施。5. 投资控制的过程。

九、进度控制方案

1. 进度控制的目标。2. 进度控制的依据。3. 进度控制的原则。4. 进度控制的方法。5. 进度控制的措施。6. 进度控制的过程。7. 施工进度控制流程。

十、安全文明施工控制方案

1. 安全文明施工管理的原则。2. 施工安全措施。3. 文明施工。

十一、组织协调工作

1. 重点处理好与设计方的关系。2. 加强对施工单位的协调。3. 重点抓好土建与机电安装的协调与配合。4. 组织协调的基本任务。5. 组织协调的基本方法。

十二、合同管理

1. 合同管理的原则。2. 合同管理的内容。3. 合同管理的方法。4. 合同管理的过程。5. 施工合同管理重点——索赔管理及变更管理。6. 合同交底。

十三、信息管理

1. 信息分类。2. 信息管理的内容。3. 信息管理措施。

第一章　工程概述(详监理规划中的工程概述)

第二章　监理目标(第二章内容及后面各章内容全略)

案例二　×××××保税区—商务中心施工阶段监理规划及监理实施细则

"福田保税区—商务中心"工程施工阶段监理规划

编制 王在

批准 陈文富

深圳市九州建设监理公司

工程概况

工程名称:福田保税区—商务中心

地理位置:保税区 3#门旁

总建筑面积:79 742 m^2;工程总投资:12 000 万元

结构形式: 钢筋混凝土框架核心筒结构;抗震设防等级:除地下二层及以下为三级外其余为二级;基础形式:人孔挖孔桩、钻孔桩。

工程规模:地下二层,地上四十层

建设单位:长平(深圳)发展有限公司

施工单位:中铁建工集团有限公司深圳分公司

质监单位:福田质监站

安监单位:福田安监站

设计单位:深圳市艺恒建筑设计有限公司

监理依据(有关内容自查相关文件)

2.1　建筑法及国家、地方有关法律、法规、政策。

2.2　国家及地方的有关技术规范。

2.3　政府批准的工程建设文件。

2.4　施工合同文件、设计文件。

2.5　监理合同。

2.6　在工程实施过程中的会议纪要、业主函电和有关部门签字的其他文字记载以及业主签发的所有指令均可作为监理依据。

3. 监理的范围、任务和目标

3.1　监理的范围:施工阶段和保修阶段。

3.2　监理任务:

提供监理范围内的监理服务,以质量控制和进度控制为主,同时对工程支付进行审核,以此为基础,提供相应的工程信息管理、合同管理和协调服务。

3.3　监理目标:

通过有效的管理,力求实现施工合同文件所规定的项目目标。

其中:

质量目标:合格工程

工期目标:24 个月

投资目标:中标合同价

4. 实现监理的措施(略)

5. 监理组织机构(略)

6. 监理工作主要环节

6.1　图纸会审及施工组织设计(方案)审查

为了使工程进度能够达到合同工期的要求,并保证工程质量目标的实现,监理方应当对承包商的施工组织设计进行审核,确认该方案中采用的技术和组织措施满足合同中对项目的进度、质量等有关要求,以及对投资额可能带来的影响,对控制和管理流程所具有的影响,承包商的施工组织设计必须经过确认后方可实施。对施工组织设计的审核还包括在任何深度的有关施工技术和组织方法的审核。

6.2　设计变更

为了避免必然存在的设计变更对管理所带来的可能干扰,必须明确设计变更的正常流程,其流程如下图:(略)。

"福田保税区—商务中心"工程施工阶段监理实施细则

一、工程概况

1. 项目特征工程

1.1　项目名称:福田保税区—商务中心

1.2　项目建设地点:福田保税区 3#门南侧

1.3　建设单位:长平(深圳)发展有限公司

2. 项目目的和内容

2.1　项目建设的目的:综合楼

2.2　工程范围和内容

(1)总占地面积:11 189.2 m^2

(2)建筑面积:79 742 m^2

(3)层/幢:地下二层,地上四十层,一幢

2.3　地质情况

2.4　建筑特点及装饰标准

2.5　结构特点

2.6　建筑安装工程单位:中铁建工集团有限公司深圳分公司

2.7　设计单位:深圳市艺建筑设计有限公司

2.8　工程勘察单位

二、监理范围

1. 根据建设单位的委托和签认的监理合同规定的内容进行监理。

2. 范围及程序:(略)

三、监理依据(略)

四、监理目标控制关系(略)

五、施工阶段的投资控制(略)

六、施工阶段的质量控制(略)

七、施工阶段的进度控制(略)

八、合同管理(略)

九、信息管理(略)

十、监督检查安全施工、文明施工措施(略)

十一、工程竣工验收(略)

十二、整理工程有关文件资料及归档工作(略)

十三、会议制度(略)

十四、监理人员工作守则(略)

备注:以上监理规划及监理实施细则由深圳市九州建设监理有限公司总监理工程师陈文富提供,编者对该监理规划进行了适当的摘录。

附 录 6　高职(大专)工程监理专业方向学生毕业前教学任务文件(此文件仅供教学时参考)

文件一　高职、大专《工程监理专业方向毕业实习》教学任务、指导书

《工程监理专业方向毕业实习》教学任务、指导书

课程名称:《工程监理专业方向毕业实习》

适用专业:土建类相关专业、建筑工程施工技术监理方向专业

课程类型:专业课程

总 学 时:少学时(40 学时以内)、中学时(40~70 学时)、多学时(70 学时以上)

(一)综合能力实习课程的定位和思路

1. 课程定位

综合训练学习领域是高等职业教育"建筑工程施工技术监理方向"专业基于监理和施工过程构建的工作过系统化课程体系中实践课程体系的主要专业课程,是综合性的实践教学环节,是对所学专业知识进行系统的梳理、检验和总结,是专业必修课程。该课程对建筑工程施工技术监理方向专业学生综合职业能力培养和职业素养的养成起重要的支撑作用。课程定位见附表 6.1。

附表 6.1　课程定位

课程性质	专业核心课程、必修课程	备　注
前导课程	基础工程施工、主体工程施工(砖混结构、框架框剪结构、钢结构)建筑施工技术等	课程的开设应与监理岗位内容衔接
平行课程	竣工验收与交付、工程造价实务、建筑设备识图与安装	
后续课程	顶岗实习	

2. 设计思路

综合训练学习课程以培养学生施工图识读与图纸会审、建筑工程施工和监理现场设施安

全设计计算、实施监理方案、监理细则、单位工程施工组织设计和建筑工程计量计价等监理岗位能力为主要目标，以某多层框架结构工程全套施工图纸（建施、结施、设施）为载体，以行动情境中相对独立完整的工作任务构件学习情境及其对应的工作任务，理论实践一体化设计监理综合岗位能力和职业素养。

（二）学习领域课程目标

1. 知识目标

①掌握建筑工程施工图的识读方法；

②掌握施工图纸会审和监理的组织程序、步骤和方法；

③掌握监理人员在建筑工程施工现场设施安全设计计算（基坑支护计算和脚手架计算）工作中的基本方法；

④掌握施工组织设计的编制内容、编制步骤和编制方法；

⑤掌握工程量清单和投标报价编制的内容和方法。

2. 能力目标

①具有识读建筑工程施工图的能力，正确领会设计意图；

②具有监督和组织实施图纸会审的能力；

③具有监督和进行建筑工程施工现场设施安全设计计算的基本能力；

④具有编制和运用监理方案和细则的能力；

⑤具有监督和绘制建筑工程施工图的能力；

⑥具有施工组织设计的校审能力和监理方案、细则的运用能力；

⑦具有监督和编制建筑工程量清单和投标报价的能力。

3. 素质目标

①培养学生自觉遵守职业道德和行业规范；

②培养学生具有高度的社会责任感、严谨的工作作风、爱岗敬业的工作态度、自觉学习的良好习惯；

③培养学生团队意识、创新意识、自我学习、动手能力、分析解决协调问题能力、收集处理信息能力。

（三）学习领域情境划分（见附表6.2）

附表6.2　综合训练学习领域情境划分（120学时）

序　号	学习情境	工作任务	训练内容	学　时
1	施工图综合识读与图纸会审的监理	施工图综合识读基本功	某多层框架结构工程建筑、结构、设备施工图识读；建筑、结构构造节点设计	24
		图纸会审	图纸会审组织与实施	6

续表

序 号	学习情境	工作任务	训练内容	学 时
2	了解和掌握施工安全设计计算的监理方法	了解基坑支护工程安全设计计算	基坑支护类型基本数学模型;放坡支护;坑槽管沟设计计算;悬臂桩支护结构设计计算;钢筋混凝土状加环形支护结构设计计算;锚杆支护结构设计计算	14
		扣件式钢管脚手架安全设计计算	基本规定;纵向水平杆、横向水平杆计算;立杆计算;连墙杆计算;立杆地基承载力计算;模板支架计算	16
3	施工组织设计的监理内容	了解施工组织设计的编制	单位工程施工组织设计步骤、内容、方法	24
		了解施工平面布置图的绘制	施工平面布置绘制内容、方法	6
4	计量计价	了解工程量清单编制	工程量清单编制的内容、步骤和方法	18
		投标报价编制	投标报价编制的内容、步骤和方法	12

(四)实训成果的实际编制,从中获取监理方法

1. 节点构造设计图纸(2号图一张或3号图两张)。
2. 图纸会审记录一份。
3. 基坑支护工程安全设计计算书一份。
4. 扣件式钢管脚手架安全设计计算书一份。
5. 单位工程施工阻止设计一份。
6. 施工平面布置图(2号图一张)。
7. 工程量清单一份。
8. 投标报价书一份。

(五)实施要求

1. 教学要求

①以行动为导向,以小组为单位,以某多层框架结构工程全套图纸(建施、结施、设施)为载体,通过多个具体的工作任务开展教学,强化学生是行动的主体,教师的角色是引导。

②知识梳理与任务演练相结合,采取“教、学、做”合一的教学方法,注重与实际工作过程

的一致性,尽量做到“课堂职场化,学习职业化”。

③在课程实施过程中,教师应注重教学目标与实际学习效果的关系,随时了解学生掌握情况的动态,加强与学生的互动和交流沟通,据此对教学内容和教学进度进行适当调整,确保教学质量。

④结合实训任务和职业能力培养目标,编写翔实的实训指导书。

2. 考核评价要求

课程成绩采用“优、良、中、及格、不及格”五级评分制评定,其中,实训成果占60%,过程考核占40%。

3. 课程资源开发与利用

①充分利用专业教学资源库中丰富的教学资源进行教学;

②任课教师应积极收集工程监理案例,开发丰富教学媒体,不断更新、完善教学的资源库。

文件二　高职、大专《工程监理专业方向毕业设计》任务指导书

《工程监理专业》方向毕业设计任务指导书。

1. 毕业设计的性质与任务

毕业设计是综合性的实践教学环节,是对多学知识的检验和总结。其目的是通过设计提高学生综合应用知识,分析问题和解决问题的能力;提高学生设计能力及完成施工、监理、招投标业务能力。实现培养目标,满足人才培养的需要。毕业设计任务具体包括:建筑施工项目管理、工程监理两部分。课题涉及具体的工程项目(属于已建、在建项目)包括投资、质量、进度、安全等目标控制的全部内容。要求学生在老师的指导下以土建工程师和监理工程师的角色独立完成建设项目施工与工程监理主要技术文件编写、归档全过程。

2. 毕业设计总体思路

监理专业的毕业生,要能在投身监理单位后能顺利开展有关监理业务,不仅要求掌握监理全过程实务,而且要熟悉施工全过程的相关工作。因此,本次毕业设计考虑了两个方面的要求,同时考虑全体学生到施工现场从事施工和监理不太现实的实际情况,拟采用如下思路:

把在建工程“搬”到教室,以图纸构想实体建筑,以班级学生分组组建施工、监理、质检人员,教师充当甲方、设计单位和总监,学生运用所学专业知识和技能,各组完成一个建筑工程从准备、开工、施工到竣工验收全过程的有关施工、监理所有设计工作。

假设该班共40人,分7个小组,每个小组下设一个施工项目部和一个监理项目部,施工项目部下设一个技术负责人,一个土建工程师,一个造价工程师,一名质检员,一名试验员。监理项目部下设一个总监,2名专业监理工程师或监理员。每个大组应完成一个在建工程的施工管理和工程管理的相关的设计。在整个设计期间内,同组内同学可以进行角色的互换,以保证每个同学都有机会饰演各种角色。

3. 毕业设计的基本内容

毕业设计内容包括施工项目管理、工程监理两部分,主要涉及施工管理、工程监理、建筑技术、建筑结构、建筑预决算以及建筑经济等基本知识。

3.1　施工单位内业资料管理:其中所用表格必须使用四川省建筑厅制专用表格,填写方

法可参照《建筑工程施工质量验收规范实施指南》或者《学习资料》(校组编)。

3.2　施工组织设计(含报审);由于施工组织设计文件涉及内容广泛,在毕业设计周期内无法完成,现假定已具有施工组织设计文件,但每个监理部必须完成以下内容:

3.2.1　以施工单位名义完成施工组织设计文件报审;

3.2.2　完成施工现场总平面图(要求采用 AutoCAD 作图);施工现场自拟,以避免场地材料二次搬运为最佳原则。

3.2.3　以监理工程师名义做进度控制

(1)设计建设工程施工进度控制工作流程图。

(2)假定每个项目建设工期为 200 天,完成监理公司内部总进度控制计划(采用横道图法,双代号网络图或者单代号网络图均可)。

(3)完成施工总进度控制计划。

3.3　监理规划

该分课题是本次毕业设计的关键,是编制深广度体现了一个总监理工程师或专业监理工程师的基本技能水平和实践经验,更是监理规划系列文件中的关键文件。因此学会编写监理规划是每个学生最基本的技能要求。由于工程类别、技能复杂程度等不同,致使监理规划不尽相同,但万变不离其宗,基本内容包括:

3.3.1　工程项目概况。

3.3.2　监理工作范围:根据建设工程委托监理合同示范文本要求,假定本工程监理范围是土建、给排水、电气、建筑智能化以及场地附属工程等施工阶段监理。

3.3.3　监理工作内容:四控制二管理一协调。

3.3.4　监理工作目标。

3.3.5　监理工作依据。

3.3.6　项目监理机构的组织形式,可以设置为直线制,直线职能制,职能制或者矩阵制等形式。

3.3.7　项目监理机构人员配置计划及人员岗位职责:每个监理部自选项目总监理工程师1人,专业监理工程师各1人,其余的就充当土建工程师、设计师。

3.3.8　监理工作程序:主要涉及监理工作总程序、原材料(构配件、设备)进场、工程计量、单位工程质量控制、工程质量事故处理、施工过程质量控制及建筑工程隐蔽验收等流程。

3.3.9　监理工作方法及措施(重点)。

3.4　监理实施细则

3.4.1　编制监理实施细则的依据。

3.4.2　主要内容。

3.4.3　专业工程特点。

3.4.4　监理工作流程。

3.4.5　监理工作中的质量控制点。

3.4.6　监理工作方法及措施。

3.5　旁站监理

3.5.1　关于旁站监理的有关规定详细查阅补充资料。

3.5.2　旁站监理人员的主要职责。

3.5.3　旁站监理记录。

3.6　监理工作日常事务

3.6.1　监理日记。

3.6.2　工地会议纪要:反映时间,地点,参会单位与人员,主要内容(至少每周一次)。

3.6.3　质量报告包括地基与基础、主体工程及单位工程质量学会查阅、收集、分析资料。

3.7　建设工程招标投标实务

3.7.1　编制招标文件。

3.7.2　编制投标文件。

3.8　分项工程量清单编制

3.8.1　基础、主体钢筋。

4. 学生应提交的成果

每个学生应提交下表所示成果:(要与学时数相对应进行删减)

序号	内　容	备　注
1	钢筋工程量计算书及清单	每个小组 1 份
2	招标或投标文件	每个小组 1 份
3	施工组织设计	每个小组 1 份
4	监理规划、实施细则、旁站监理等系列文件	同上
5	毕业实习报告(二)	每人 1 本,每小组 1 份
6	每个人至少 1 张各不相同的 A2 机绘结施图	每人 1 张
7	施工、监理常用表格	每小组 1 份
8	毕业设计总结,参考文献	

5. 毕业设计的要求(根据学时适当选择)

5.1　成果要求

所有同学必须完成各种的任务,所有成果必打印,每个小组将成果汇集成册并予装订。要求撰写格式符合科技文献要求,制图符合标注,内容充实,深度符合指导书要求。凡小组成果不符合要求者,该小组重做,否则,该小组所有成员不及格。

5.2　设计过程控制

5.2.1　在设计过程中,严格进行考勤。实行四级检查考核制度:小组自检,指导教师抽查,辅导员督检,院系领导临检。

5.2.2　迟到或早退 10 min,计 1 次旷课。凡是累计无故旷课达 1/3 总设计周期者,毕业设计为不及格。

6. 时间分配(仅供短学时参考)

毕业设计时间:(由指导教师按教学计划定)

每天安排如下表:

序 号	教学内容	天 数
1	本专业毕业设计要求	1
2	指导学生读图、图纸会审及前期准备阶段	3
3	钢筋工程量	2
4	编制招标或投标文件	3
5	施工组织设计	5
6	编制监理规划系列文件及绘制施工平面图、结构施工图	5
7	填写施工、监理内业资料及其他工程资料、毕业设计资料整理、装订	1
	合计	20

7. 成绩评定

(1)严格根据毕业设计评分标准,按优、良、中、及格、不及格五级评分。

(2)附毕业设计评分标准。(略)

文件三　高职、大专《建设监理概论与实践》学习领域课程标准

《建设监理概论与实践》学习领域课程标准

课程名称:《建设监理概论与实践》

适用专业:建筑工程相关专业

课程性质:建筑工程技术专业的一门拓展专业课

总 学 时:待定

讲课学时:A 类(少学时)40 学时以内

B 类(适学时)40 ~ 70 学时

C 类(多学时)70 学时以上

实践学时:A 类(一周)、B 类(3 周)、C 类(5 周)

一、学习领域课程描述

(一)课程性质

《建设监理概论与实践》学习领域是高等职业教育“建筑工程相关专业”工作过程化课程体系中的拓展课程之一,通过本学习领域课程的学习,学生能熟悉建设工程监理基础概念、理论、方法和建设工程监理相关法规,具有从事监理业务的基本技能,适应建设监理事业发展和监理市场人才的需求,对建筑工程技术专业学生职业能力和职业素养的养成起支撑作用。

(二)开发思路

《建设监理概论与实践》学习领域课程是以行动导向教学模式,根据监理员和监理工程的岗位在从事监理实务过程中若干相对独立完整的职业行动构件学习情境,归纳典型工作任务,提炼学生必需的知识和技能。在教学中,主要采用案例教学法、现场教学法、专家教学法、“情境”模拟法等方法。

(三)学习领域课程特色

在“411”人才培养模式的前提下,《建设监理概论与实践》学习领域课程按照工作过程设计,校内教学阶段课程采用教、学、做合一等行动导向的教学模式,模拟岗位工作过程开展教学活动,充分体现职业岗位工作过程中的内涵,使学生领会职业岗位工作的主要内容,形成职业岗位工作的基本能力。在此基础上,学生经过校外半年顶岗实习,置身于企业的实际工作情境中,结合实际工作任务,完成职业教育的全过程。最终全面形成职业动手能力,从而实现教育与岗位的零距离对接。

二、学习领域课程目标

(一)课程性质

熟悉建设工程监理基本理论,掌握监理单位质量、进度、投资的管理、工程监理的合同管理、工程安全及职业健康目标控制、工程建设信息有关知识。

(二)能力目标

具有相关法规知识并能用于处理工程监理实务的能力;具有质量控制的能力;具有投资控制的能力。

具有进度控制的能力;具有合同管理的能力;具有信息管理的能力;具有与相关单位协调的能力。

(三)素质目标

培养学生自觉遵守职业道德和行业规范;培养学生具有高度的社会责任感、严谨的工作作风、爱岗敬业的工作态度、自觉学习的良好习惯;培养学生团队意识、创新意识、动手能力、分析解决问题能力、收集处理信息能力;培养学生安全质量意识,满足职业岗位要求。

学习领域情境划分

《建设监理概论与实践》学习领域情境划分(仅列举的8个主要项目,见下表)

序　号	学习情境	工作任务	学时(仅供短学时)
1	建设监理认知	任务1 工程监理体制	2
		任务2 工程监理范围	2
		任务3 工程监理业务承接	2
2	质量控制	任务4 材料质量控制	2
		任务5 砖混结构施工阶段质量控制	2
		任务6 框架结构施工阶段质量控制	2
		任务7 安装工程施工阶段质量控制	2
		任务8 装饰工程施工阶段质量控制	2
3	投资控制	任务9 招投标阶段造价控制	2
		任务10 施工阶段造价控制	2
		任务11 竣工阶段造价控制	2
4	进度控制	任务12 施工阶段进度控制	4

续表

序号	学习情境	工作任务	学时(仅供短学时)
5	合同管理	任务13 工程建设施工合同的管理	2
		任务14 工程建设物资采购合同的管理	2
6	工程建设信息管理	任务15 施工阶段信息管理	2
7	工程建设监理协调	任务16 各方关系的组织协调	2
8	工程建设安全、质量、职业环境体系文件	任务17 施工阶段安全管理	2
		任务18 职业健康管理	2

三、学习领域情境划分(略)

四、实施要求

1.教学要求

(1)通过多个有机联系的具体工作任务开张教学,以行动为导向,强化学生是行动的主体。

(2)以引导的形式切入,理论讲授简洁明了,切忌长篇大论。

(3)每一次课、每一个情境开始学习之前,必须让学生先明确学习目标。

(4)知识学习与任务演练相融合,切忌理论与实践脱节。

(5)教师应侧重启迪和开发学生的智慧,培养学生独立学习的能力,学生是主体,教师是角色的引导。

(6)每次课前,教师必须注重教学方法、教学过程的准备。

(7)在课程实施过程中,教师应注重教学目标与实际学习效果的关系,随时了解学生掌握情况的动态,加强与学生的互动和交流。随时进行职业素养教育和职业安全教育等。

(8)教材使用(或编写)要求

(9)教材是实现课程教学目标,实施课程教学的重要手段,应体现指导作用。

(10)建议使用教材:《建设监理概论与实践》石元印主编,重庆大学出版社出版。

(11)应围绕学习情境、典型工作任务形成内容主线、再适当扩展内容进行教材的重编。

2.考核评价要求

采用过程考核和集中考核(期末综合考试)相结合的考核评价方式。课程总分100分。过程考核占课程总成绩的60%,期末集中考核占课程总成绩的40%。(印象分20分,考勤分20分)

1)过程考核分八个教学单元进行,每个单元基准分为100分。某一个单元考核低于60分。学生可申请重新学习和考核。每个教学单元过程考核主要包括学习态度、思考题及练习题、期末考试三部分:

①学习态度(20分)包括:

a.听课认真情况:要求学生上课专心、认真。

b.笔记记录:要求学生上课认真听讲,认真做笔记,并不定期检查笔记。

c.发言:要求学生上课认真听讲,勤于思考,发言积极踊跃。

d.出勤:要求学生不能迟到、早退、中途溜号和旷课。

e. 平时作业:按时、保质、保量完成作业并上交,检验学生学习掌握情况。

②思考题集练习题完成情况(20 分)

③期末考试(60 分)

2)集中考核主要指课程全部结束后的期末综合考试,为笔试、开卷(或闭卷),答题时限 120 min。集中考试主要考核学生对理论知识的掌握情况以及分析问题、解决问题的能力。

附录7　有关监理工程师执业资格考试相关问题

一、报考信息

报考信息(以2011年报考为例,此年以后报考,时间相应推后数年计算并适当了解当年另外规定。此仅作报考时参考。)

各地的报名信息,一般在每年12月中旬公布具体请查阅各省人事考试中心网站。

二、报考条件

凡中华人民共和国公民,身体健康,遵纪守法,具备下列条件之一者,可申请参加监理工程师执业资格考试。

(一)参加全科(四科)考试条件

1. 工程技术或工程经济专业大专(含大专)以上学历,按照国家有关规定,担任工程技术或工程经济专业中级职务,并任职满3年。

2. 按照国家有关规定,担任工程技术或工程经济专业高级职务。

3. 1970年(含1970年)以前工程技术或工程经济专业中专毕业,按照国家有关规定,担任工程技术或工程经济专业中级职务,并任职满3年。

(二)免试部分科目条件

对从事工程建设监理工作并同时具备下列四项条件的报考人员,可免试《工程建设合同管理》和《工程建设质量、投资、进度控制》两科。

1. 1970年(含1970年)以前工程技术或工程经济专业中专(含中专)以上毕业。

2. 按照国家有关规定,担任工程技术或工程经济专业高级职务。

3. 从事工程设计或工程施工管理工作满15年。

4. 从事监理工作满1年。

三、报名所需材料

1. 根据各省物价局、省财政厅文件规定，监理工程师执业资格考试考务费由各省自行确定。

2. 需要收据报销的考生，根据各省的规定办理。如四川省规定：携带本人身份证和准考证，于考试当天在考试现场领取，或于考试结束后一个月内到所报考考区的人事考试部门领取。

四、报名时间、程序及地点

（一）报名时间

根据各省规定的不同，请登录所在省市人事考试网站。

（二）报名程序

全国监理工程师执业资格考试全部实行网上报名和网上缴费、现场资格审查和现场打印发票的方式。报考者须在规定时间内先登录人事考试网，进行网络注册，并认真阅读有关文件，了解有关政策规定和注意事项等内容，然后根据本人的实际情况进行报名。

1. 签订《人事考试考生诚信承诺书》。报考者在填报基本信息前须签订考生诚信承诺书，承诺自己所填报的所有信息真实可靠，准确无误，并自觉遵守人事考试的有关规定。报考者如隐瞒有关情况或者提供虚假材料，所造成的一切后果由报考者本人承担。

2. 选择是否免试部分科目。报考者如果符合文件有关条件需免试部分科目的，请选择“免试部分科目”进行报名。

3. 确认档案号。全国监理工程师执业资格考试实行滚动和非滚动两种管理模式，档案号是成绩滚动管理的依据，非 2011 年新参考人员，应直接到网上查询档案号并完成网上报名和缴费事项。如果在网上查询不到自己的档案号，请及时到当地人事考试机构核查。否则其考试成绩将无法进行滚动管理，造成的后果，责任自负。

4. 填报信息。报考者按网络提示要求，如实、准确填写《2011 年度全国监理工程师执业资格考试报名基本信息表》的各项内容。

5. 上传相片。报考者按网络提示上传相片，相片为报考者近期的免冠照片，文件为 JPG 格式，大小应为 16 ~ 30 kB。

（三）资格审查

1. 考生报名资格审查，仍按属地划分进行。首次报考人员在网上所填报的基本信息经确认无误且相片质量审查合格后，再于 2011 年 1 月 12 日至 2 月 12 日上网自行打印本人所填报的《2011 年度全国监理工程师执业资格考试报名表》（以下简称《报名表》），符合免试部分科目的报考人员，还须打印《2011 年度全国监理工程师执业资格考试免试科目申报表》（以下简称《免试申报表》）、加盖本人所在单位公章后并持学历证明、专业技术职务证书和本人身份证原件及复印件等到市（州）建设局进行资格审查。

2. 资格审查人员应在《报名表》、《免试申报表》上明确签署审核意见、签名并加盖单位印章，全部报考人员《报名表》、《免试申报表》须清点整理，于报名结束后集中送市州考试机构备查。对所有报考人员，各资格审查部门还须登录所在省人事考试管理信息平台（简称考务通）进行网上资格审查确认。对资格审查不合格的人员，应说明理由，对相片质量不符合要求的应要求报考人员重新上传。具体操作说明详见所在省市人事考试网。

3. 资格审查要落实责任制，做到谁复审、谁负责，谁出问题、谁承担责任。各市、州职称工作部门和考试机构要按照管理权限，对本地区资格报考人员的情况进行抽查，对不符合报考条件的人员，要立即取消考试资格。对提供虚假证明或以其他不正当手段获取考试资格的人员和不严格按照报名条件或以不正当手段协助他人取得考试资格的人员，必须按《专业技术人员资格考试违纪违规行为处理规定》进行严肃处理。

（四）报名地点

具体报名地点请查阅所在省市人事考试中心网站。

五、考试时间和科目

全国监理工程师执业资格考试基本上定于每年 5 月 28—29 日举行。5 月 28 日上午 9:00—11:00 考建设工程合同管理；下午 2:00—5:00 考建设工程质量、投资、进度控制。5 月 29 日上午 9:00—11:00 考建设工程监理基本理论与相关法规；下午 2:00—6:00 考建设工程监理案例分析。

在四个考试科目中，“建设工程合同管理”“建设工程质量、投资、进度控制”“建设工程监理基本理论与相关法规”三科均为客观题，全部在答题卡上作答，试卷卷本可作草稿纸使用。“建设工程监理案例分析”为主观题，在专用答题卡上作答。由于此科目实行计算机网络方式阅卷，请在考前务必提醒考生：1. 答题前要认真阅读作答须知（答题卡首页）。2. 使用黑色墨水笔、2B 铅笔作答。3. 在答题卡划定的题号和区域内作答。考场上应备草稿纸，供考生索取，考试结束后统一收回。

监理工程师执业资格考试成绩实行滚动管理，即参加全部 4 个科目考试的人员必须在连续两个考试年度内通过全部考试科目、考两个科目的人员必须在一个考试年度内通过全部科目，方能获得监理工程师执业资格。

附 录 8　全国监理工程师执业资格考试题型选编

题型一　2011 年《建设工程监理基本理论和相关法规》考试题型

一、单项选择题(共 50 题,每题 1 分。每题的备选项中,只有 1 个最符合题意)

1. 关于建设工程监理的说法,正确的是(　　)。

A. 建设工程监理的行为主体主要包括监理单位、建设单位和施工单位

B. 监理单位处理工程变更权限是建设单位授权的结果

C. 建设工程监理的实施需要建设的委托和施工单位的认可

D. 建设工程监理的依据包括委托监理合同、工程总承包合同和分包合同

(其余题目略)

二、多项选择题(共 30 题,每题 2 分。每题的备选项中,有 2 个或 2 个以上符合题意,至少有 1 个错项。错选,本题不得分;少选,所选的每个选项得 0.5 分)

51. 根据《国务院关于投资体制改革的决定》,对采用(　　)方式的政府投资项目,有关主管部门只审批资金申请报告。

A. 直接投资　　B. 资本金注入　　C. 贷款贴息　　D. 投资补助　　E. 转贷

(其余题目略)

题型二　2011 年《建设工程合同管理》考试题型

一、单项选择题(共 50 题,每题 1 分。每题的备选项中,只有 1 个最符合题意)

1. 采用示范文本《建设工程施工合同》订立合同的工程项目,建筑工程一切险的投保人应为(　　)。

A. 发包人　　B. 承包人　　C. 监理人　　D. 分包人

(其余题目略)

二、多项选择题(共30题,每题2分。每题的备选项中,有2个或2个以上符合题意,至少有1个错项。错选,本题不得分;少选,所选的每个选项得0.5分)

51. 根据《合同法》,下列合同中,属于可撤销合同的有(　　)的合同。

A. 因重大误解而订立　　B. 赔偿损失

C. 交纳罚款　　D. 上缴非法所得

E. 双倍返还定金

(其余题目略)

题型三　2011年《建设工程质量、投资、进度控制》考试题型

一、单项选择题(共80题,每题1分。每题的备选项中,只有1个最符合题意)

1. 选择合适的承包单位是工程质量管理的重要环节,工程承发包管理属于(　　)的职能管理。

A. 业主　　B. 政府　　C. 监理单位　　D. 施工单位

(其余题目略)

二、多项选择题(共40题,每题2分。每题的备选项中,有2个或2个以上符合题意,至少有1个错项。错选,本题不得分;少选,所选的每个选项得0.5分)

81. 应由监理工程师负责组织或主持的与设计质量控制有关的活动有(　　)。

A. 施工图审核　　B. 施工图会审

C. 设计交底准备　　D. 设计交底会议

E. 设计交底会议纪要整理

(其余题目略)

题型四　2011年《建设工程监理案例分析》考试题型(共六题)

第三题(其余题目略)

某施工监理的工程,甲施工单位选择乙施工单位分包基坑支护及土方开挖工程。

施工过程中发生如下事件:

事件1:乙施工单位开挖土方时,因雨季下雨导致现场停工3 d。在后续施工中,乙施工单位挖断另一处在建设单位提供的地下管线图中未标明的煤气管道,因抢修导致现场停工7 d。为此,甲施工单位通过项目监理机构向建设单提出工期延期10 d和费用补偿2万元(合同约定,窝工综合补偿2 000元/d)的要求。

事件2:为赶工期,甲施工单位调整了土方开挖方案,并按规定程序进行了报批。总监理工程师在现场发现乙施工单位未按调整后的土方开挖方案施工并造成围护结构变形超限,立即向甲施工单位签发《工程暂停令》,同时报告了建设单位。乙施工单位未执行指令仍继续施工,总监理工程师及时报告了有关主管部门。后因围护结构变形过大引发了基坑局部坍塌事故。

事件3:甲施工单位凭施工经验,未经安全验算就编制了高大模板工程专项施工方案,经项目经理签字后报总监工程师审批的同时,就开始搭设高大模板。施工现场安全生产管理人员则由项目工程师兼任。

事件4:甲施工单位为便于管理,将施工人员的集体宿舍安排在本工程尚未竣工验收的地下车库内。

问题:

1. 指出事件1中挖断煤气管道事故的责任方,说明理由。项目监理机构应批准工程延期和费用补偿各多少?说明理由。

2. 根据《建设工程安全生产管理条例》,分析事件2中甲、乙施工单位和监理单位对基坑局部坍塌事故应承担的责任,说明理由。

3. 指出事件3中甲施工单位的做法有哪些不妥,写出正确的做法。

4. 指出事件4中甲施工单位的做法是否妥当,说明理由。

参考文献

[1] 中国建设监理协会. 2012 全国监理工程师培训考试教材(上)[M]. 北京:知识产权出版社,2012.

[2] 中国建设监理协会. 2012 全国监理工程师培训考试教材(下)[M]. 北京:知识产权出版社,2012.

[3] 刘宪文,等. 建设工程监理案例解析 300 例[M]. 北京:机械工业出版社,2008.

[4] 陈虹,等. 工程建设监理实用大全[M]. 北京:中国建材工业出版社,1999.

[5] 钱昆润,等. 简明监理师手册[M]. 北京:中国建材工业出版社,2000.

[6] 中国建设监理协会. 全国监理工程师执业资格考试辅导资料[M]. 北京:知识产权出版社,2005.

[7] 贾宏俊. 全国一级建造师执业资格考试(房屋建筑专业)应试指南[M]. 北京:人民交通出版社,2004.

[8] 石元印,等. 土木工程建设监理[M]. 2 版. 重庆:重庆大学出版社,2004.

[9] 石元印,等. 建筑施工技术[M]. 3 版. 重庆:重庆大学出版社,2010.

[10] 石元印. 建设工程投资风险分析与评估准则[J]. 成都:四川建筑科学研究,1998(1).

[11] 石元印. 房屋结构可靠度的研究与诊断方案[J]. 攀枝花:攀枝花大学学报,2002(3).

[12] 姜涌. 职业建筑师业务指导手册[M]. 北京:中国计划出版社,2011.

[13] 石四军. 建设工程监理全过程方案编制方法与实例精选 50 篇[M]. 北京:中国电力出版社,2005.

[14] 肖维品. 工程建设施工现场定置设计技术[J]. 重庆:重庆建筑大学学报,1994(4).

[15] 肖维品. 建设监理与工程控制[M]. 北京:科技出版社,2001.

[16] 苏振民. 工程建设监理百问[M]. 北京:中国建筑工业出版社,2001.

[17] 李清立. 建设工程监理[M]. 北京:机械工业出版社,2003.

[18] 工程建设标准强制性条文(房屋建筑部分)咨询委员会. 工程建设标准强制性条文(房屋建筑部分)实施导则[M]. 北京:中国建筑工业出版社,2004.

[19] 蒲建明. 建设工程监理手册[M]. 北京:化学工业出版社,2005.

[20] 中国建设监理协会组织编写. 建设工程监理概论[M]. 北京:知识产权出版社,2006.
[21] 中国建设监理协会组织编写. 建设工程质量控制[M]. 北京:知识产权出版社,2006.
[22] 刘红艳,等. 土木工程建设监理[M]. 北京:人民交通出版社,2005.
[23] 李惠强,等. 建设工程监理[M]. 北京:中国建筑工业出版社,2004.
[24] 孙犁,等. 建设工程监理概论[M]. 郑州:郑州大学出版社,2006.